现今活跃的日本威士忌蒸馏厂（2017年之后建立）

18 利尻蒸馏所
19 新雪谷蒸馏所
20 游佐蒸馏所
21 新潟龟田蒸馏所
22 野泽温泉蒸馏所
23 八乡蒸馏所
24 羽生蒸馏所
25 鸿巢蒸馏所
26 秩父第二蒸馏所
27 富士北麓蒸馏所
28 井川蒸馏所
29 仓吉蒸馏所
30 京都Miyako蒸馏所
31 丹波蒸馏所
32 六甲山蒸馏所
33 海峡蒸馏所
34 樱尾蒸馏所

35 濑户内蒸馏所
36 新道蒸馏所
37 久住蒸馏所
38 山鹿蒸馏所
39 尾铃山蒸馏所
40 大隅酒造
41 嘉之助蒸馏所
42 日置蒸馏藏 ◆
43 御岳蒸馏所

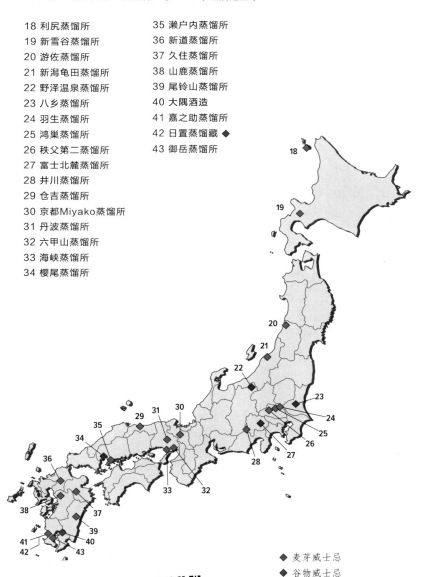

◆ 麦芽威士忌
◇ 谷物威士忌
◆ 麦芽+谷物威士忌

U0246234

已经消失的蒸馏厂

1 宝酒造白河工厂
2 轻井泽蒸馏所
3 羽生蒸馏所
4 盐尻蒸馏所
5 本坊酒造山梨工厂
6 三乐欧逊山梨蒸馏所
7 川崎蒸馏所
8 本坊酒造鹿儿岛工厂

其他相关地点

A 日果栃木工厂
B 三宅制作所
C 日果柏市工厂
D 三得利八岳酒窖（已废除）
E 三得利近江熟成酒窖
F 日果西宫工厂（已废除）
G 有明产业都农工厂
H 本坊酒造屋久岛熟成酒窖

注：本书插图均系原书插图

巨大的愤怒，就像伟大的威士忌一样，需要很长时间的酝酿。
——杜鲁门·卡波特

WHISKY RISING

威士忌百科全书

THE

DEFINITIVE GUIDE

TO

THE FINEST JAPANESE

WHISKIES

AND

DISTILLERS

THE SECOND EDITION

日本

[比] 斯蒂芬·凡·艾肯 ● 著　　支彧涵 ● 译

中信出版集团 | 北京

图书在版编目（ＣＩＰ）数据

威士忌百科全书.日本 /（比）斯蒂芬·凡·艾肯著；
支彧涵译. -- 北京：中信出版社，2024.1
书名原文：Whisky Rising：The Definitive Guide
to the Finest Japanese Whiskies and Distillers,
Second Edition
ISBN 978-7-5217-6135-1

I.①威… II.①斯…②支… III.①威士忌酒－基
本知识－日本 IV.①TS262.3

中国国家版本馆 CIP 数据核字（2023）第 218881 号

WHISKY RISING: THE DEFINITIVE GUIDE TO
THE FINEST JAPANESE WHISKIES AND DISTILLERS, SECOND EDITION
Copyright © 2023 by Stefan Van Eycken
简体中文著作权 © 2024 清妍景和 × 湖岸 ®
ALL RIGHTS RESERVED

本书仅限中国大陆地区发行销售

威士忌百科全书：日本
著者： ［比］斯蒂芬·凡·艾肯
译者： 支彧涵
校译： 胡弗居
出版发行：中信出版集团股份有限公司
（北京市朝阳区东三环北路 27 号嘉铭中心 邮编 100020）
承印者： 北京中科印刷有限公司

开本：880mm×1230mm 1/32 印张：21.25（插页：1） 字数：360 千字
版次：2024 年 1 月第 1 版 印次：2024 年 1 月第 1 次印刷
审图号：GS 京 (2023)2118 号 京权图字：01-2024-0104
书号：ISBN 978-7-5217-6135-1
定价：198.00 元

献给拉法和雷米

目录

中文版推荐序

福舆伸二
■ 三得利第五代首席调配大师 ■

　　了解到本书简体中文版即将出版，作为一名日本威士忌调配师，我感到非常激动。早在 2018 年，我阅读过本书初版的日文版，书中详尽介绍了日本威士忌的历史、蒸馏厂、酒吧以及经典产品等。在暗红色的书页上，无论是相关信息、专栏内容还是图片，都十分有趣。在本次全新增订第 2 版即将上市之际，我也借此机会再次翻开它，并有了很多新的发现。

　　作者在本书初版（2017 年）中曾经好奇，随着当时日本威士忌生产扩张，"等到东京奥运会时，是将掀开日本威士忌的一个新的'黄金时代'（并希望到时随着供应增加，价格将下降到合理水平，使得日本威士忌重新成为人们饮用的杯中物，而不仅是收藏或交易的标的物），还是将出现类似于 20 世纪 80 年代末苏格兰威士忌库存过剩时的'威士忌湖'"？

　　如今，东京奥运会已于 2021 年举办，时间也来到了 2023 年。当我有幸写下这篇序时，我相信所有中文读者都可以在这本书里找到答案。

　　作为一名日本威士忌调配师，我十分感激可以有这样珍贵的机会，让更多中国的威士忌爱好者走进和了解日本威士忌。同时，我也十分荣幸能通过这种方式，表达我对于中国的日本威士忌爱好者的感谢。

日本威士忌于我而言，是我热爱并愿意为之投入终生的事业。从当初加入白州蒸馏所到如今成为三得利第五代首席调配大师，在这近四十年间，我与我的团队日复一日地钻研学习，力求不断创新，将我们对品质的追求通过酒液表达出来，以此回馈一直支持和认可我们的烈酒爱好者们。

自 1923 年，日本第一家威士忌蒸馏厂——山崎蒸馏所创立之日起，日本威士忌已经走过百年，并形成了别具一格的魅力。最初，它是为东方人口味应运而生的，与世界其他地区威士忌相比风味更加清雅、柔和。在酒液之中，除了细腻的风味，匠人们还融入了他们对人文、自然的精微哲思与洞察。这些让日本威士忌与众不同。

在我看来，酿造日本威士忌需要用创作艺术品的心态来对待。因此，在我的眼中，日本威士忌不仅是一份份拥有独特东方风味的极具品鉴价值的饮品，更是一件件凝聚了匠心的文化艺术品。只要你走进它，了解它，我可以很有信心地说，你一定会感受到日本威士忌的与众不同和美好。

近年来，随着日本威士忌走向亚洲，乃至世界，我也有幸到访世界各地，包括多次前往中国。在与中国的日本威士忌爱好者交流切磋的过程中，我感受到中国的烈酒爱好者也在快速成长和进步，对威士忌的了解越来越深入，也越来越专业。这是十分令人鼓舞的，也激励着我们去不断创新，勇往直前，持续打磨更加优质的作品。

我相信，通过本书简体中文版，大家一定可以更加清晰和深入地了解与认知日本威士忌的百年匠心。我也期盼着能与各位一道，品味日本威士忌的匠心风味，感受酒液及其背后蕴藏的文化所带来的独特魅力。

威士忌与现代化

刘 柠

■ 作家，日本文化研究家 ■

2023 年，日本威士忌悄然走过百年的路标。巷子再深也藏不住酒香，再低调的酿酒商也挡不住来自市场、特别是国际市场的猛烈反馈。经过新冠肺炎疫情三年，眼见着连国际一线城市的楼市都绷不住了，日威的价格却在直线飙升，主流厂商则受制于产能瓶颈，无一不面临原酒不足的窘境，而这种矛盾反过来又加剧了日威市场的资本化。

当然，如此状况的酿成非一日之寒。事实上，进入 21 世纪之后，日威遍得国际大奖，日威吧如雨后春笋般出现在大都市的街头，中产以品鉴、谈论日威为时尚……随着画风的切换，威士忌地图已改写（或曰升级）。新的常识是：威士忌基本分两种，日威和日威以外。就价格而言，日威雄踞金字塔顶端，与其他产地威士忌（包括威士忌家族的"元祖"苏威在内）品牌的"格差"已然形成并固化。姑且打个未必很贴切的比方，在纽约和旧金山的高档餐厅吃牛扒，菜单上通常会有两个选项：用当地产牛烹制的牛扒，一般是二三十美元；而用和牛烹制的牛扒，则要一百二三十美元，这还是 15 年前的行情——日本威士忌与其他地区威士忌的价格差也基本如是。百年日威史，可以说是一部"新参者"忍辱负重、苦练内功，终于制霸强敌且后来居上的历史。

一

大正时代（1912—1926 年）只有短短的 15 年，却是日本近现代史上空前西化的时期，有所谓"大正民主""大正浪漫主义"的说法，最洋范儿的事物、美轮美奂的洋馆，基本都是那个时代的遗留，其中也包括威士忌。

整整 100 年前的大正十二年（1923）6 月，洋酒商寿屋（1963 年更名为 Suntory 株式会社，中文音译为三得利）的掌门人鸟井信治郎（Shinjiro Torii）在靠近大阪与京都府交界处的山崎，建立了第一座麦芽威士忌蒸馏厂，正式开始研发适合日本人嗅觉和味蕾的本土威士忌。蒸馏厂依山傍水，山是天王山系，水是名僧千利休备茶依赖的水源——桂川、宇治川和木津川三川交汇的名水，厂长是竹鹤政孝，下面有 15 名员工。在上班族平均年薪 600 日元的年代，鸟井为竹鹤提供的薪资为 4000 日元，合约期限为 10 年——这是鸟井与竹鹤，两位日威史上最具"卡里斯马"的关键人物的"蜜月期"。

不过，虽说山崎蒸馏所[1] 是日威史的起点，但日本人与威士忌的瓜葛是一个更长的故事，几乎与日本近代史等长。嘉永六年（1853）7 月，黑船来航——美国海军准将马修·佩里叩关。尽管西方人不谙日本社会的繁文缛节，却也并非两手空空，而是带了伴手礼，自然少不了洋酒。

半年后的 1854 年 3 月，性急的佩里再度叩关，这次携带了更多的威士忌，且有一份清单。根据清单可知：一整桶指名送给幕府第

1　在本书中，日本酒厂的名字名从主人，采用各自原有的日语表达方式，比如"蒸馏所""蒸馏藏""酒造"等，"distillery"一词在其他语境下则译为"蒸馏厂"。——编者注

十三代将军德川家定；德川幕府的老中首座阿部正弘等实务派负责人，每人获赠 20 加仑（约 75.7 升）；其他 9 位官员，每人获赠 5—10 加仑（约 18.9—37.9 升）。威士忌是"润滑油"，两周后，双方便在佩里的舰上签署了《美日亲善条约》，日本长达 200 余年的锁国政策遂告终结。可惜，当时的西方人并没有很强的品牌意识，以至于我们无从知道日本人获赠的究竟是何种威士忌，据推测，有可能是黑麦威士忌（Rye Whisky）。不过，无论是哪一种威士忌，在幕末日本人的知识谱系中，统统归类为"西洋烈酒"。

日本人第二次与威士忌的正面"遭遇"更耐人寻味。作为新生的明治政府首次派遣的大型考察团，岩仓使节团清一色由政府高官组成，他们肩负着摸索、厘定国家未来发展方向的重任。明治六年（1873）秋，经过对欧美主要国家长达一年零七个月的实地考察，使节团回国，带回一款苏格兰欧伯（Old Parr）威士忌。欧伯系 Macdonald Greenless 公司生产的一款经典调和麦芽威士忌举世闻名，品牌名源于英格兰民间传说中的老寿星托马斯·帕尔（Thomas Parr）。近乎正立方体的咖啡色酒瓶，玻璃表面带爆裂纹，摸上去有种凸凹的触感。因瓶子所有的角都是圆滚滚的，看上去容量比一般酒瓶都大，是实打实的一升瓶。背标是一帧巴洛克艺术巨匠鲁本斯绘制的肖像画，画上的寿星长髯郁然，须眉皆白，面相酷似俄国文豪列夫·托尔斯泰，肖像底部印着两行小字：THOMAS PARR（1483—1635）。有心人会发现，老帕尔得年 152 岁。托马斯·帕尔实有其人，本尊是一个英格兰农夫，据说他 80 岁初婚，105 岁婚内出轨，122 岁再婚。国王查理一世曾赐给他一栋伦敦市中心的住宅，可或许是水土不服的缘故，老帕尔在乔迁新居的当年就一命呜呼，倒应了中国人那句"少不挪坟，老不搬家"的老理儿。老帕尔死后，国王动议将其安葬于西敏寺诗人墓地，可谓备极哀荣。

身为右大臣（事实上的政府首脑）的岩仓具视，将从西方带回的欧伯威士忌中的一瓶献给了明治天皇，此举既有"借景"老帕尔，向天皇陛下表达"长命百岁"之真诚祝愿的意图，也包含对使节团旷日持久的考察活动进行"述职"的意味。这款当时顶级的苏威是一种象征，一种文明的象征。正如同为使节团的成员、参议木户孝允从美国致信日本，对友人坦陈自己以前对西方的先进性认识不足时所说的那样，"（日本）现在的文明不是真正的文明，我们现在的开化不是真正的开化"。可以说，"文明开化"既是明治维新的政治口号，也不失为一种意涵明确的表达，即"追求新思想、尝试新技术和新产业也成为新的时代精神"（斯蒂芬·凡·艾肯语）。唯其政治精英的推动，威士忌在进入日本之初，便与政治文化融合，也可以说是中途植入了与原产地不同的东洋 DNA。欧伯威士忌是日本政财两界的宠儿，著名的善饮者是战后史上两位实力派大宰相——吉田茂和田中角荣，此乃后话。

而在这两次相遇之间，日本人对威士忌文化的了解也在升级：安政五年（1858），随着《美日友好通商条约》的签署，横滨、长崎开港，洋酒舶来的渠道比以前通畅了很多；庆应三年（1867），福泽谕吉在其著书《西洋衣食住》中，记述了关于威士忌的知识；明治四年（1871），一位名叫沈口仓吉的东京药酒商在京桥区竹河町的店中，把浸染过糖浆的染色茜草添加到烧酎中，成功勾兑了一款烈性洋酒——自此，日本威士忌市场进入舶来（进口或走私酒）与山寨（密造勾兑酒）并存的混沌期。

二

混沌期的终结，端赖两位人物的登场：鸟井和竹鹤。二人的合作与分手竟勾勒了一部日威史的骨架，恐怕连当事人自己也始料未及。明治三十五年（1902），日英正式结盟，从原产地英国输入的洋酒陡增，从权力精英到一般国民，对威士忌的理解进一步深化，但与此同时，恢复了关税自主权的明治政府开始对进口酒类课税，客观上酿成了"驱逐山寨，研制本土的本格派威士忌酒"的时代氛围。大正七年（1918）7月3日，竹鹤踏上了前往苏格兰的留学之旅。从神户码头出发时，前来送行的人群中除了家人，还有寿屋的老板鸟井和朝日啤酒株式会社的前身、大日本麦酒的老板山本为三郎。竹鹤的留学，名义上是摄津酒造的老板阿部喜兵卫的派遣，川资和学费也是阿部掏的腰包。而身为广岛竹原清酒酿造商的第三个儿子，他原本应继承竹鹤家的清酒产业……竹鹤青年单薄的身形，实在是背负了太多、太沉重的期冀。与众亲友在神户码头唏嘘话别后，他从神户港搭乘"天洋丸"先到旧金山，再从纽约搭上一艘到利物浦的军舰，辗转抵达英伦已是离开神户五个月后的12月2日。时年，竹鹤24岁。

尽管竹鹤在格拉斯哥大学和皇家技术学院注册了化学课程，可对原本就毕业于大阪高等工业学校（现大阪大学工学部）酿造科的他来说，学院的课业既非主要任务，也不是新东西，压倒一切的目标只是一个梦想，即"在日本酿造真正的威士忌"。而接近目标的第一步，是叩开苏威蒸馏厂的大门。为此，竹鹤不惜穷尽所有的资源和路径，不懈试错，终于得到了先后在三家蒸馏厂实习的机会，一家是1894年创立的麦芽威士忌厂商朗摩（Longmorn），另一家是谷物蒸馏厂博内斯（Bo'ness），最后一家是哈索本蒸馏厂（Hazelburn）。两年后，竹鹤学成回国时，带回了两册学徒报告《壶式蒸馏威士忌》。"竹鹤笔记"囊括了苏格兰麦芽和谷物威士忌酿造工艺的方方面面，包括主要设备的细节，堪称苏威秘籍，事实上成了日本威士忌工业的"路线图"，至今仍藏于日果（Nikka）公司的社史陈列馆。

在那个时代，苏威是作坊式生产、国家专卖的特殊商品，一向有所谓"Know How 不出（蒸馏厂）大门"的传统，但鬼使神差般，却对这个瘦小的日本人开放了门户。对此，英国人始终耿耿于怀，以至于半个世纪之后的 1962 年，时任英国外务大臣、后成为首相的保守党领袖亚力克·道格拉斯-霍姆在访日之际的欢迎宴会上，一边对池田勇人首相称赞日威，一边吐槽："50 年前，一个脑瓜很好使的日本青年来到我们国家，他凭借一支钢笔和笔记本，把相当于英国外汇储备箱的威士忌的酿造秘密给偷了去。"

至此还没完。差不多又过了半个世纪，NHK 晨间剧《阿政》热播，这个桥段竟被搬上了屏幕。只是在剧中，外务大臣变成了驻日大使约翰斯的设定，吐槽的话稍加修改又变成了大使的台词：

> 50 年前，一个脑瓜很好使的日本青年来到苏格兰，他凭借一支钢笔和笔记本，硬是把酿造威士忌的秘密连同一位美丽的女性一起夺走了。整个一江洋大盗，一个大坏蛋（笑）。

大使的口吻是戏谑的，目光却很温柔，扯出"一位美丽的女性"，更坐实了日威与苏威的"血缘关系"。不过对此，日本人原本就不讳言，何止是"不讳言"，那反而是他们念兹在兹，并试图以某种"文化"凸显、强化的所在，仿佛是一种血统证明。如世界五大威士忌产国，酒标和包装上对"威士忌"的英语拼法分两派：爱（尔兰）威和美威是"whiskey"，而苏威、加（拿大）威则是"whisky"，少了字母"e"。日威自然站苏威一边，也用"whisky"。

似乎有些跑马嫌疑，赶紧拽回。话说 1920 年 11 月，竹鹤抱得美人归——携新婚妻子、苏格兰医生的女儿竹鹤丽塔（Rita Taketsuru）回到了日本，却发现国内环境已大变："一战"带来的战时经济景气不再，经济萎缩，百业萧条。派遣竹鹤出国留学的摄津酒造，也因陷入财务困境而决定放弃研制传统苏威的计划，继续走山寨洋酒的老路。竹鹤感到意兴阑珊，索性辞职，去当地中学当了一名化学教师（丽塔则在女校教英语），"这份工作比制造仿冒威士忌快乐多了"，直到被寿屋老板鸟井高薪挖走，于是有了上文提及的"日威元年"（1923）破天荒的创业。尽管山崎蒸馏所从厂房设计到设备采购，全部是照"竹鹤笔记"实操的结果，但选址却是投资人鸟井的决断。按竹鹤的想法，在地形和气候更接近苏格兰的北海道建厂，应该是更优的方案。

经过长达五年的熟成，昭和四年（1929）4月，山崎蒸馏所推出了第一款威士忌，命名为三得利白扎。这是日威史上划时代的大事，也是寿屋头一次启用"Suntory"的商标。这个商标包含了"sun"（太阳）和"tory"（鸟井的日语发音）两个意思，发音也很悦耳，但那款酒的销售可以说是失败的。主要原因，除了价格的不上不下（售价3.5日元一瓶，而尊尼获加黑牌是5日元）之外，是消费者不习惯那款酒的烟熏味道和灼烧的口感。随后推出的两种新酒——三得利红扎和特角，市场反应也不甚理想。加上一些投资问题的意见分歧，鸟井与竹鹤的关系逐渐产生了裂痕。1934年3月，竹鹤从寿屋辞职单飞，时年40岁。

同年6月，竹鹤与几位"靠谱"的生意伙伴（其中两位系丽塔夫人的引荐，是她学生的夫君）共同创设了大日本果汁株式会社（简称日果，1952年改为Nikka威士忌株式会社）。资本金10万日元，比鸟井当年办山崎蒸馏所时少很多。竹鹤的梦想当然还是"做日本真正的威士忌"，但他深知，威士忌漫长的酿制工艺，特别是入桶后的熟成，无论如何也要六到十年，而在新酒装瓶上市之前，公司需运营。彼时，果汁工业正在上升期，作为一个权宜之计，或许可解燃眉之急。基于在苏格兰的经验，竹鹤这次把目光投向了"理想乡"北海道。经过反复考察和审慎的比较，最终把蒸馏厂的厂址定在了北海道中西部的余市町，"因为那里冬天虽冷却不至于严寒，夏天则因靠近日本海而比较凉爽，再加上土地便宜，又是苹果产地，这些都是纳入考量的主要因素"。

对这个选址方案，最高兴的是丽塔夫人，她觉得"简直像是回到了苏格兰一样"，完全没有违和感。应该说，这也是 Nikka 走向成功的重要条件之一。威士忌固然不是农作物，但作为用麦芽和谷物酿制的"生命之水"，"风土决定论"也并不全是无稽之谈。

余市蒸馏所建成六年后的昭和十五年（1940）6 月，终于发布了第一号产品：稀有老日果威士忌，酒标印作"Rare Old NIKKA WHISKY"。透明的长方形酒瓶，颇像大号香水瓶，玻璃表面交叉镂刻着一道道斜线，看上去像是由凸起的菱形水晶块制成，通过复杂的光折射，瓶内的琥珀色酒液更显质感。这款纯麦芽威士忌，从酒体的味道、品质到酒瓶、酒标，都相当惊艳，完美实现了竹鹤的创意。说到市场对这款酒的接受度，那不是高和低的问题，而是在市场上根本见不到，一出厂便被军部包圆儿了。

说到这一层，似有必要稍作展开。日威在走出混沌期之后，进入伴随着经济高增长的战后成长期之前（权且称初期发展期），其实还有一个重要的推动力，那就是战争特需。但出于某种心理，这个因素往往是当事者和绝大多数日威史出版物倾向于缄口不谈，或顾左右而言他、有意无意暧昧化之的对象。在这个问题上，斯蒂芬这本《威士忌百科全书：日本》没有背过脸去，而是选择直视历史。

要知道，日本帝国海军很大程度上沿袭了英国海军的传统，威士忌之于日本海军与朗姆酒之于英国海军如出一辙。实际上，很多年轻人都是在穿上士官制服后才头一次品尝威士忌酒。斯蒂芬写道：

> 毫无疑问，这场战争带来了消耗和破坏，但事后看来，两家公司显然都从中受益。由于受到军队管辖，他们得以获取各种原材料。大麦在战时是一种稀缺资源，但寿屋和大日本果汁都能获得稳定的供应。另一个好处则是军队对于威士忌有着巨大需求。一些产品便是专门为军方定制的，比如寿屋在1943年推出的碇印威士忌（瓶底有个船锚图案）。而按照大日本果汁的说法，海军购买了如此多威士忌，使得在战争期间，他们成了公司的唯一客户；自己的产品在市面上则完全看不到。

"老日果"甫一出厂，Nikka即被海军接管。1944年11月，又划归陆军，"导致了新老客户之间争夺威士忌的暗中角力"。但鹬蚌之争，渔翁得利，甭管公司划归谁管辖，只要能确保特种战略物资（大麦、谷物、酵母和酒桶）的供应，且负责包销产品，客观上便可确保新酒研发不中断，酿酒商何乐不为？庇护加管制，恩威并施，这其实就是战时统制经济的奥秘，经济学家野口悠纪雄称之为"1940年体制"。实际上，这种体制一直延续到战后，特别是在美国占领时期，也产生了举足轻重的影响。

利用这种特殊的体制优势，加上对日本税法的反手利用（税法经1940年、1943年和1944年几次修改，对威士忌等烈酒的制贩构筑了严格的分级管理体系），寿屋开发了一系列低度、生产周期短，但更适合日本人口味的新酒，同时也为驻日美军调制"正宗"口味的高度酒，在市场上一骑绝尘。相形之下，Nikka则比较保守，基本无视第三级威士忌（酒精度 37%—39%）的巨大市场诱惑，始终执着于"真正"的第一级（酒精度 43%）威士忌。

鸟井和竹鹤同为日威史上不世出的雄杰，但"日威之父"的美誉却为竹鹤所独享。对此，我个人是理解的：鸟井是商人、职人合体，但竹鹤更像是纯职人，是"稀代的创意者"。对竹鹤来说，威士忌酿造与其说是为市场提供产品，毋宁说更接近职人的创作活动。他在回忆录中写道：

> 制作威士忌的工作，对我来说，就跟恋人似的，再苦再累，都不会感到任何苦与累，反而乐在其中，干得既投入，又开心。

无论如何，从战时到战后初期，寿屋和 Nikka 都拥有不止一家蒸馏厂，产出了一批名酒，且保有各自的原酒储备，为实现战后高速增长期的跨越式发展奠定了基础。尤其值得一提者，是寿屋推出的两款调和威士忌品牌：一款是 1937 年发售的三得利角瓶，另一款是老三得利，1950 年发售。前者 40 度，按税法属于第二级威士忌，但口感清爽，颇适合日本人特有的各类稀释品饮方式，特别是对嗨棒（Highball）的普及，起到了"播火者"的作用；老三得利 43 度，公认是一款高品质、口味纯正的酒，对日威成为"国民酒"功不可没。查阅手头的资料，仅 1980 年，老三得利便售出 1240 万箱（一箱 12 瓶），别说日威史，就是在世界威士忌史上，也是空前的纪录。

老三得利的包装明显受到了苏威"老炮儿"欧伯威士忌的启发，酒瓶也使用深咖啡色玻璃制成，造型浑圆憨萌，但更具日式风格，绰号"达摩"。说起日本人对达摩的眷爱，那真是无底线，关于达摩的各种广播、电视广告曲、广告词，简直不计其数。在小津安二郎的封镜之作《秋刀鱼之味》（1962）中，几个已毕业多年的上班族开同窗会叙旧，老师（东野英治郎饰）应邀出席。酒过三巡，老师先告辞。站起来正要离席的当儿，弟子说"等一下，您带上这个"，说着便把达摩往恩师怀里杵。老师见状挺高兴，说句"啊，是嘛"，便作势接过达摩。众弟子虽异口同声地说"拿去，拿去"，却死活不肯撒手……小津自己就是达摩粉，通过硬广植入的场面，暗示了上品日威的价值，为昭和时代第四个十年的中产生活增添了一个生动的注脚。

嗜饮达摩者，当然不止日本人。1966年，法国哲学家保尔·萨特携波伏娃访日，在东瀛各地演讲、对谈、游历，为期一个月，日方提供的口粮酒是达摩。老萨颇中意，每餐必干掉三杯双份（double），回房间后跟波伏娃接着喝。陪同萨特与波伏娃的是萨著的御用日译者朝吹登水子。几天下来，朝吹见老萨太不节制，一方面担心他的身体，另一方面也怕第二天的行程受影响，在送他们回酒店房间后，故意把老萨带回来的开了封的达摩偷偷带走。翌日早上去酒店接人时，朝吹一准会受到老萨的质问："登水子小姐，您昨晚又把酒给拿走了吧？"待访日各项行程圆满结束，朝吹送两人到羽田机场。临别之际，朝吹问萨特："我下次去巴黎，给您带什么礼物好呢？"话音未落，老萨当即接口道："Daruma（日语，达摩）！"

三

在日本经济的高速增长期，威士忌不仅是社会经济活动的"润滑油"，其渗透力之强，有时甚至会触及政治。威士忌酿造涉及大麦谷物等粮食贸易，各类木材熟成桶的加工和运输，在酿制过程中需消耗大量的优质水，可以说其本身便构成了一个产业。成酒的装瓶与贩售还不是产业链的末端，连大都市的酒吧业和下酒小零食加工业都被带火。就日威而言，细加研究会发现，这个产业的从无到有、由小而大，包括盛极而衰和衰落后再度崛起的叙事，不但与日本的现代化进程同步，其增长曲线几乎与日本经济消长的轨迹相重合，这点颇耐人寻味。

1953 年，日本第一家超市纪之国屋在东京市中心的青山开业。东京闹市区到处可见新开业的酒吧，洋酒销量骤增。从 50 年代后期开始，日威生产步入高增长轨道，一路高歌，取得了长足的发展。不但三得利和 Nikka 公司各自新建了更大、更环保，也更梦幻的蒸馏厂（如三得利有白州、知多和大隅蒸馏厂，Nikka 则有宫城峡），麒麟－施格兰、坚展实业、犀之川酒造、本坊酒造等酿造商也纷纷上马新蒸馏厂。70 年代，日威进入"战国时代"，轻井泽、长滨、厚岸、安积、秩父、静冈、津贯、冈山、嘉之助……据《日本威士忌年鉴 2023》提供的数据，截止到年鉴成书前，日本威士忌蒸馏厂共 76 处，从北海道至冲绳，覆盖整个列岛。

日本人对威士忌的迷恋真是不分年龄、性别、职业和阶层。尽管后来在总量上被排山倒海的啤酒超越，但倘若以价格来计算的话，说威士忌与啤酒共享"国民酒"的名头，怕不为过。如 1983 年，全国共消耗了 3.8 亿升威士忌。彼时日本尚未步入老龄化，如剔除法律禁止饮酒的 20 岁以下人口，人均威士忌消耗量委实惊人。在这种情况下，威士忌文化渗透到从政治到国民生活的方方面面，毫不足怪。

出身于新潟县家畜商家庭的田中角荣，是日本的实力派党人政治家，被称为"今太阁"。新潟是日本数一数二的优质稻米产地，田中自然嗜饮日本酒。其实，包括啤酒、红酒、白兰地和中国白酒在内，田中是样样拿得起，来者不拒，日本政治记者认为他善于"在推杯换盏中掌握人心"。

昭和三十七年（1962）夏天，田中在池田勇人政权中出任大藏大臣，走马上任之初，便通过佐藤荣作的引荐，前往湘南海岸的大矶，拜会自民党第一大佬、"1955 年体制"的总设计师吉田茂。一见面，田中便献上伴手礼——一幅良宽的字。吉田心情不错，问道："是真货吗？"田中说："从价格来判断，我觉得应该不错。"吉田笑了笑，接着说："这个吧，其实分人。攥在你小子手里，真货也成了赝品。搁我这儿呢，即使是赝品，也会变成真的。"说着，便差人上酒：苏格兰欧伯，喝法是水割。虽说是水割，但相当浓，一杯差不多得比双份多一倍。然后，大口闷。后来，田中跟佐藤聊起去大矶拜码头的情况。佐藤正色道："得，只要拿出那个（指欧伯威士忌——笔者注）来就齐活了，看来你小子是被相中了。"据说，从那以后，田中的口粮酒便换成了欧伯威士忌。三个半世纪前的苏格兰寿星老帕尔，也成了自民党"保守本流"的吉祥物。

　　不仅如此，在自民党金权政治甚嚣尘上的时代，威士忌甚至成了党总裁选举之际，根据政治献金的多寡来预估选举实力的指标。可即使在那个时代，政治献金也是不宜摊在桌面上公开聊的禁忌。于是，便有了一套隐语：说候选人可从两个派阀那里得到资助，叫 Nikka（日语发音像是"2"）；能从三个派阀得到资助，叫 Suntory（日语发音与"3"近似）；如能从党内所有派阀都拿到资助，那就是 Old Parr（日语读音很像"all"）。随着日本法制的进一步完善，《政治资金规制法》出台了，金权政治受到法律的制约，昔日的黑话如今已成死语。不过，永田町人士和大报的番记者（即跑政治口的记者）对此应不陌生。

　　金权政治的秘密，在于所谓政、官、财三界雨露均沾、利益共享的"铁三角"结构。政界如是，财界岂甘人后？在高速增长期，三得利开的托里斯酒吧（Torys Bar）遍布全国，堪称英式 Pub 的日本版。

每当夜幕降临，酒吧里坐满了西装革履的上班族，每个人都可以用交际费或太太给的零花钱，尽情地与同事推杯换盏、交换情报，跟妈妈桑和女酒保讲个段子，调几句比较"卫生"的情。哪怕是刚入社未久、脸上稚气未脱的愣头青，只要端一杯角瓶嗨棒也能表演某种成熟感，课长喝老三得利，部长喝秘藏，进入董事会的老炮儿喝洛雅……三得利公司真是把上班族文化这事儿给琢磨透了。

日本酒吧均提供存酒服务。消费者上次喝剩的酒连瓶存在店里，下次来时取出接茬喝。每只酒瓶的脖子上都挂着一张名牌，上面写着田中主任、小森课长、工藤部长等，绝不会混淆。入夜，趁打烊之前，丰田公司的销售员会溜进来，猫在屋角的座位上，随便点一杯廉价的碳酸饮料，然后伺机溜到存酒的架子前，用笔在手账上抄存酒牌，看有没有落下什么新名字。日本是企业社会，每个街区的托里斯吧对应的就是那几家公司，田中、小森、工藤们是在哪间公司拿薪水，丰田销售员门儿清。他们抄完名牌，回到座位上，会对着表格升级数据。表格有几种，分别是卡琳娜表、科罗娜表、马克Ⅱ表、皇冠和世纪表等。丰田小哥知道，酒格直接对标车格：一般主任、系长一级只能开卡琳娜；课长开辆科罗娜就觉得自个儿很拉风了；部长开马克Ⅱ；到了专务、社长的级别，多配有专职司机，那可就是皇冠、世纪级坐骑了。

这种文化在 1985 年终于走到了尽头。整个泡沫期，日本人的口味越来越清淡，无论威士忌还是香烟，只要在包装上打出"Light""Super Light"，或日文"轻柔""滑顺"等宣传语，便能大卖。"轻"（Karui），成为有文化、有品的代名词。威士忌市场日渐萎缩，逐渐为烧酎文化所取代。到 2008 年，日威经过连续二十余年的衰退，市场萎缩至全盛期的五分之一。战后两代日本人一向有种成见，觉得日威虽廉价、爽口，却并不是真正的威士忌，若想品鉴正儿八经的尖货，还需放眼苏美加威。然而不知不觉间，事态悄然起了变化：

> 2001 年 2 月，《威士忌杂志》（由英国的 Paragraph 出版公司出版）第一次组织了一项盲品比赛。世界各地的威士忌生产商共送来了 293 款产品参赛，然后它们由来自爱丁堡、肯塔基和日本的 62 位专家进行评审。一款余市 10 年单桶麦芽威士忌在日本威士忌组别中得到了最高分（7.79/10），而且不仅如此，到头来它还是所有组别中得分最高的。因此，此次比赛的至高无上奖（Best of the Best）既不是一款苏格兰威士忌，也不是一款波本威士忌，而是一款日本威士忌。显而易见，这个结果让很多人都感到吃惊。

同一年，在伦敦举办的国际葡萄酒烈酒大赛（IWSC）中，轻井泽纯麦芽威士忌 12 年也拿到了金奖。两年后的 2003 年，在素有威士忌界奥斯卡奖之誉的世界威士忌大奖（WWA）中，山崎 12 年单桶威士忌折桂。在山崎蒸馏所建厂 80 年之后，从那里出品的酒体，首次被打上"至高至纯"的标记。

总之，进入 21 世纪之后，日威不仅"咸鱼翻生"，且变身为国际大奖得奖专业户。不过，应当承认，真正让日威出圈的动力是文化。2003 年，好莱坞导演索菲亚·科波拉执导的影片《迷失东京》风靡全球。故事情节围绕一个快过气的中年明星（比尔·默瑞饰），到日本为三得利公司拍摄威士忌广告展开。默瑞在片中的一句广告词，顷刻间变成了大众流行语："让放松的时光，成为三得利的时光。"（For relaxing time, make it Suntory time.）作为硬广植入的三得利麦芽 – 谷物调和威士忌"響"，成了日威家族中炙手可热的新宠，至今人气不衰。

如今，经过泡沫经济后"失去的三十年"历练的日本，已然变成老龄社会。老龄社会的一个特点，就是慢热。明明日威已得到举世公认的资质证明，且早已出圈，成为全球一线城市中产酒柜里的藏品，但衰落的进程一时仍难以遏制。直到 2014 年，才出现反弹，而且是爆炸性的反弹。这一年，三得利公司斥资 160 亿美元收购了美国老牌波本威士忌厂商比姆（Beam）；Nikka 的创业者竹鹤政孝的故事上了 NHK 晨间剧场，阿政的人生要多励志有多励志，其与苏格兰妻子丽塔的爱情赚足了日本主妇的眼泪。据说当年，Nikka 的营业额便暴增 124%。

2015 年 8 月，一瓶轻井泽（1960 年，52 年）在香港邦瀚斯拍卖行以 918 750 港元的价格落槌。同一位买家还以相当于一间日本公寓价格的 3 797 500 港元购得了一整套伊知郎的羽生扑克牌系列（54 瓶）。至于说"这些来自这两家已经因之前销售不佳而关停的小型日本蒸馏厂的威士忌，是如何在突然之间被推上了威士忌殿堂的最高处呢"，则没人知道答案。但一个显而易见的事实是，从那以后，日威日益资本化。

日威从衰落、破局，到再度崛起的故事，既令人唏嘘，也发人深省。依笔者的体察，如我们一而再、再而三见证过的浮世绘、日料等文化案例，如大导演黑泽明、建筑大师安藤忠雄、艺术家奈良美智和村上隆一样，先扬名海外，再反射回日本国内，所谓墙外开花墙内香，唯迂回路线，才是成功秘籍。没法子，日本人太在乎国际评价了。

四

20 世纪 90 年代初期，我在位于淮河南岸的一个小城市出差，为做一个能源项目，差不多需在那里待上一个冬天。我住在当地条件最好的三星级酒店（尽管实际上更像是招待所）。酒店无暖气，且房间内的壁挂式空调很旧，工作起来像拖拉机，动静不小，可马力不足。那个冬天是对我这个北京人的严峻考验。

阴冷潮湿，室内与室外基本同温，我每天从电厂回来，需立马跳到床上，裹着被子干活。隔壁住着我的日本同事、电力工程专家黑冈先生，一位白发苍苍却很健硕的长者。吃饭时，我们自然地谈起华南的冬天及防寒对策。他给我的建议是"喝点威士忌"。我们吃完饭，各自回房间，不一会儿，黑冈就过来敲门。他带了一只印有"DUTY FREE"红字的塑料袋，里面装着两瓶小包装的酒和一些"抓头"（小零食），我知道那些都是从成田机场免税店采购的物资。酒是尊尼获加红牌和山崎，有无年份我都忘记了。只见他从写字台的茶盘上取出两只中国人沏茶用的带盖茶杯，往每个杯里倒了差不多双份的山崎。然后，他竟然拿起酒店提供的暖水瓶，往每只茶杯里兑了满满一杯开水。登时，酒香四溢，混合着大麦的味道，满房间的潮霉味被迅速驱散。趁热抿一小口，感觉劲儿不小，但不是白酒的那种猛刺劲，而带一种绵柔感，口中有回甘。更要紧的是，开水是媒介，一口喝下去，感觉热量瞬间就传到神经末梢，寒意顿消。后来，我每天晚上如法炮制，边喝威士忌边写出差报告。那是我的威士忌启蒙。

差不多十年后我才知道，彼时的喝法，虽然是用中国式茶杯的野路子，但其实是热水割，是有"章"可循的。当我了解到这点之后，我对威士忌酒的敬畏又深了一层。回首日威史，我不禁再次心生感慨：多亏一个半世纪以前，日本人与苏格兰威士忌邂逅，我们才得以品味如此绵醇曼妙的上品威士忌，才有了回望日威百年历程的由头，并从中生发种种思考，这实在是大有裨益的。

世界上有那么多烈酒，为何日本人当初偏偏受到威士忌的强烈诱惑？窃以为，除了其作为酒精饮品的独特香味、十足的劲道和啜饮后通体舒泰却不至酩酊大醉的"酲后感"，文化也是一个重要因素。而文化的一个基本特性（或曰前提），是复杂。只有足够复杂，才不易掌握，富于挑战性，且不易被山寨、剽窃。日本人爱复杂的东西是出了名的，从奇技淫巧的器具，到构思精妙、情节跌宕起伏的长篇小说；从结构繁复、视觉完美的电玩，到设计上穷尽一切细节、如迷宫般致幻、功能性无敌的城市综合体，不一而足。传奇的威士忌鉴赏家、作家查尔斯·麦克莱恩（Charles MacLean）尝言，"威士忌是世界上最复杂的酒精饮料"，诚哉斯言。单以麦芽威士忌为例，入料、制麦、糖化、发酵、蒸馏、熟成、装瓶，遑论熟成桶的制作材料和工艺，单桶以外的酒还需过桶。调酒师在调酒的过程中，为调制出既保有蒸馏厂独特的调性，又符合量产标准的味道，真是精确到"一滴便足以改变一切"的境地。造物做到这个份上，确实已超出了纯技术的边界，只能从文化的维度来评价。

既然是文化，便不会是一朝一夕生成的，而是其来有自、代代传承的结果。举个例子，单说日威的喝法，这本书就给出了八种品饮方式，而笔者手头的日威工具书中，多者列出了十种以上。除了上文提到的热水割，嗨棒也是日本人的文化。中国的日威品鉴者，往往想当然地以为这是战后，甚至是经济高速增长期兴起的文化，其实是"古已有之"，日威史初期就有了，早在战前便已生根。如《小津安二郎全日记》中，昭和九年（1934）1月10日载：

> 早晨，乘坐快车到东京。
> 商讨实际演出时的角色安排，与厂长见面。
> 傍晚时分，与野田、佐佐木恒、清水、井上和山中前往横滨。

安乐园→马斯科特→第三 kiyo 宾馆。

日本酒→嗨棒→啤酒。

严格说来，寿屋在战时和战后初期推出的托里斯调和威士忌，也是嗨棒的变种。

1956 年 4 月，寿屋第二代掌门人佐治敬三决定发行一本企业内刊《洋酒天国》，初衷是做一本"关于洋酒和有趣事物的教科书"，内容有趣又益智，也不排除软色情要素。佐治敬三是发行人，只负责出钱，内容的编辑全权交给两位作家——开高健和女性小说家山口瞳去打理。开高健原本就是超级威士忌控，且精通外语，见多识广。两人整合文坛资源，约了很多名家写手，刊物受众增长很快。原本每期只印 2 万册，放在遍布全日本各大城市的托里斯酒吧里供消费者免费取阅，结果一不小心出了圈，盛期时每号发行 24 万册。杂志有两则常年的公益广告，颇有影响：一则是开高的创意，比较人文，"我想要活得有人样"；另一则是山口关于生活方式的提案，比较具体，落在实处："喝托里斯，去夏威夷！"要知道，那可是战后初期。如此生活提案，真是打到了中产阶级的七寸上。以至于后来连佐治老板也坚信："我们销售的不仅仅是产品，还包含了当下的生活方式。"《洋酒天国》作为一份成功的企业内刊，也成了日本大众传媒的研究案例，其影响力恐怕只有资生堂的内刊《花椿》才有得一比。

1979 年，竹鹤政孝去世。经过 20 年的酿制和熟成，Nikka 公司的竹鹤 12 年开始发售，660 毫升装，仅售 2450 日元，大大低于他社的价格设定。据说，这是公司高层根据竹鹤"想让更多人喝到纯正的威士忌"的遗愿而制定的价格策略。价格如此亲民的上品酒之热销可想而知，屡屡卖到库存断货，生产赶不上销售。但断货不是因为酒液不足，而是瓶栓的问题。这款酒是竹鹤生前就关照过的、代表 Nikka 公司最高水准的尖货，连瓶栓也遵照竹鹤的指示，用酒液熟成时使用过的、失去了活性的原装木桶材料加工而成。殊不知酒液装瓶易，但加工瓶栓难，很多工序都是手工作业。可 Nikka 公司宁可延长销售期，也绝不会降低标准，使用替代性廉价瓶栓打发消费者。可以看到，日威之所以能在 21 世纪实现"U"形轨迹发展，与这种对企业文化的坚守也不无关系。

倏忽百年，往事如昨，日威的历史和文化是说不完的。在 21 世纪 20 年代之后，日威仍有很多方面值得人们去关注、研究，如蒸馏厂的绿色环境对酒体的影响；如熟成桶的材质问题，从理论上，日本丰富的森林资源蕴藏着无限的可能性；如日威包装（酒瓶和酒标）的日系美学研究；如酒吧文化与日威品质和口味的关系，大作家、《世界威士忌地图》一书的作者戴夫·布鲁姆（Dave Broom）说："世界上最好的威士忌酒吧在日本。"凡此种种，不一而足。

《威士忌百科全书：日本》这本板砖似的大书，显然是抱着"一网打尽"式的学术野心，聚焦各种历史和现实问题，其写法却是去学术性的，寓历史文化于故事之中，且富于视觉性，完成度相当高。译者本身就是日威达人，译笔晓畅。作为国内第一部系统性的日威研究专著，我期待本书的出版能起到一种承前启后、承日启中的"链接"作用。日威史的研究本身亦需传承，而更重要的是，日威文化可否"拿来"为我所用呢？因为就连外行的笔者也看到，疫情三年，中威也开始暗中发力。权当抛砖引玉。

2023 年 6 月 16 日完稿于望京西园

中文版自序

斯蒂芬·凡·艾肯

很高兴本书简体中文版（译自英文第 2 版）能够如期出版，也非常感谢支彧涵和胡弗居先生的精心翻译以及"将进酒"团队的前后奔走。能将这本书分享给中国的威士忌爱好者令我兴奋备至，在关注到威士忌在中国近些年来的发展后，我意识到全球最活跃的威士忌市场就是这里了。

据可获得的最新（2022 年）数据，在葡萄酒和烈酒类目进口总量下降的大环境下，中国的威士忌进口量出现了前所未有的增长。据中国食品土畜进出口商会酒类进出口商分会统计，2022 年中国进口葡萄酒和烈酒 9.7 亿升，价值 45.1 亿美元。与前一年相比，葡萄酒和烈酒的进口数据显著下降（葡萄酒下降 50.2%，烈酒下降 17.9%），但值得注意的是，在整体下滑的情况下，威士忌进口增长了 20.3%，达到 5.6 亿美元。2022 年，威士忌几乎占到了进口烈酒市场总值的四分之一。

随着中国威士忌细分市场的增长，进口威士忌的总值呈明显上升趋势。在过去六年时间里，进口威士忌的价格稳步上涨。2017 年，进口威士忌的平均价格为每升略低于 8 美元。到了 2022 年，平均价格翻了一番多（达到每升 17 美元多一点）。总体而言，2017—2022 年间的数据显示，威士忌的进口量在此期间几乎翻了一番，而上述货品的进口额则翻了两番。由此得出的结论是，中国消费者不仅消费了越来越多的威士忌，而且与之前相比，他们消费的威士忌品质也更好、更高端。

电商平台天猫的数据显示，2022年威士忌的销售额总计14亿元人民币。天猫威士忌销量前三的品牌分别是麦卡伦（无可争议的领头羊）、三得利和尊尼获加。单一麦芽威士忌品牌在市场上占据领先地位是非常了不起的，这也表明中国市场偏好单一麦芽威士忌的情况十分广泛。在各种威士忌品类中，单一麦芽威士忌品类的增长最为显著。目前，中国大陆是继美国、法国和中国台湾地区之后的第四大单一麦芽威士忌市场。

这就引出了一个问题：在中国，到底是哪些人消费了如此多的威士忌？中国的市场分析师揭示了一些有趣的人口统计特征趋势。90后和00后占中国威士忌饮用人群的63.8%。调查显示，尤其00后对威士忌的参与度非常高，预计在不久的将来还会进一步增加。在中国，威士忌绝对没有"老一辈所喝的酒"的形象。不得不说，威士忌界仍然是男性占主导的。中国的男性饮酒者占大约79%。这与全球其他地区的情况大致相同，在女性接触威士忌方面仅略微落后于英国（约27%）。目前，美国似乎是威士忌消费中性别最平衡的国家（根据一些统计数据，其女性接触威士忌的比例为37%），但我从威士忌活动中与中国消费者交流所得到的印象是，中国年轻一代女性对优质威士忌的兴趣正在稳步提升。

中国的市场数据进一步显示，中国的威士忌饮用者往往受过高等教育，四分之三的人拥有本科或以上学历。中国威士忌消费者的职业背景存在较大差异。相对而言，最大的细分市场是IT及互联网相关行业的从业人员（16.4%），紧随其后的是政府雇员（15.8%）。最近的

本书作者在山崎蒸馏所

调查显示，首选的消费场景是自饮，但值得注意的是，随着世界从疫情大流行中逐步恢复，这种偏好可能会发生变化。

日本威士忌在中国威士忌消费中又处于何种位置呢？为了回答这个问题，不妨让我们换个角度，看看日本在威士忌出口方面发生了什么。

日本威士忌自 2006 年以来日益受到追捧，这也反映在了出口数据中。2006 年，日本出口的酒类总值为 118 亿日元。当时，威士忌仅占出口总值的 9%，清酒占 51%，啤酒略高于 24%，烧酒占 15%。快进到 2020 年，我们看到日本出口的酒类总值（582 亿日元）增长了近 4 倍。有趣的是，各种类型的酒的占比与之前相比截然不同。2020 年，威士忌首次从清酒手中夺得桂冠。那一年，威士忌占到了出口总值的 46.6%（高达 271 亿日元），清酒紧随其后（41.4%），啤酒占不到 10%，烧酒仅占 2%。

好吧，大量的日本威士忌被出口了。但当我们仔细探究这些威士忌的最终去向时，事情就变得有趣了。自 2020 年以来，中国大陆在日本威士忌出口目的地名单中总量排名第三，仅次于美国和法国。然而，如果我们按价值来看，2020 年标志着中国在该项排序中从第三位跃升至第一位，美国和法国紧随其后。结论很明确：中国消费者喜欢日本威士忌，但与美国和欧洲的同好相比，他们对高端日本威士忌更感兴趣。

而且不要忘了，这还不是全部图景。业内人士指出，每年可能有很大一部分日本威士忌产品是没有通过正常海关渠道，而是通过私人渠道进入中国的——无论是作为消费品，还是作为收藏品。我们无法得知这些威士忌的价值究竟有多少，但它可能相当高，因为这些商品大多数属于极其稀有的类别，通常是在二级市场上购买的，价格可能都是天文数字。

近年来，中国以威士忌为主题的活动数量也有所增长。参加这些活动的人们表现出很高的热情，对相关知识和背景信息的渴望也很明显。我希望，这本面向中国市场的日本威士忌指南可以对许多想要持续探索日威令人兴奋一面的人起到某些帮助。

干杯！

2023 年 4 月 19 日于东京

英文初版序

吉姆·米汉

■ 纽约知名调酒师 ■

　　我与日本威士忌的第一次邂逅并不是在酒吧里，而是在 2003 年上映的电影《迷失东京》中。故事发生在东京的柏悦酒店，片中饰演男主角的比尔·默瑞受邀来到日本，为三得利的威士忌拍摄一支"三得利时刻"的广告，并通过这段经历开始思考自己的人生。虽然是虚构的，但对于三得利来说，这是绝佳广告（这种广告被称为"Japandering"，对此我们将在本书的第一部分了解到更多）。

　　就像默瑞一样，我也曾有幸因为工作关系在东京柏悦酒店住过一段时间，并对索菲亚·科波拉导演所试图刻画的那种日本文化之美和复杂性有了切身感受。通过一次又一次的日本之行，我已经彻底爱上了这片土地及其人民，尽管对于一个讲英语的外国人来说，这也是最难以进入的文化之一。尽管如此，斯蒂芬·凡·艾肯从一个外国人的视角，通过威士忌的棱镜所得到的对于日本文化的洞见，无疑是非常宝贵的。

　　一收到他的书稿，我就发邮件给我的朋友约安娜，她与丈夫渡边仙司一起在北海道新雪谷开了一家日本威士忌酒吧，而她对作者赞誉有加。"如果说有谁够资格写一本关于日本威士忌的书，那这个人非斯蒂芬莫属！没有什么东西是我没有先在 'Nonjatta'（他所写的博客）

34

上读到过的，而且由于其公正无偏的评论，生产商也尊重他。他是就我所知唯一去过日本每一家蒸馏厂的人。"

开始读书稿后，我完全认同了约安娜的评价。尽管我心想这本书要是早十年出版就好了，那时我们还能以一个合理的价格找到那些老的日本威士忌（这会仅限于一些三得利的威士忌，因为日果直到2012年才进入美国市场），但我相信日本威士忌的最好时候还未到来。也确实，本书里的许多照片、专访和品鉴笔记所涉及的就是一些新蒸馏厂以及一些刚刚发售的全新产品。

威士忌极客们将欣喜于本书在蒸馏厂介绍、专访和图表中所展现出来的细节细致程度，比如对于一家蒸馏厂的蒸馏器，其中就涵盖了安装年份、类型、尺寸、林恩臂配置等细节。在作者的引导下，这些信息将帮助那些对威士忌很在行的读者猜测它们可能如何影响所产威士忌的最终风味。富士御殿场蒸馏所不同风格的谷物威士忌的蒸馏工艺示意图，是我所见过的对于复杂的连续蒸馏过程的最好解释之一。

斯蒂芬为我们提供了一段细致历史，关于日本威士忌的一些先驱者，一些未曾在美国市场销售的产品及其蒸馏厂。我之前就从未读到过像轻井泽和羽生等这些已经关停的蒸馏厂的背后故事，它们现在存世的少量库存可是吸引着藏家们竞争追逐，一掷千金。

斯蒂芬因而留下了一些线索，可以帮助这些藏家在海外搜寻这些珍稀佳酿的装瓶，或者如果你前往日本的话，在日本的威士忌专业酒吧以较低的价格品尝到它们。对于那些有志者，本书提供了来自众多生产商的很多最为稀有的装瓶的细致信息，包括蒸馏年份、酒精度、桶号及橡木桶类型、过桶时长、酒龄及装瓶数等。在稀有威士忌的拍卖会之外，如此细致完备的目录是闻所未闻的。

他推荐的威士忌酒吧中有一些很棒的鸡尾酒酒吧，包括两家我

个人非常喜欢的东京酒吧：银座的"BAR HIGH FIVE"以及新宿的"BenFiddich"。他也给出了一些鸡尾酒配方，它们都出自日本的两位顶尖调酒师之手。他的酒吧推荐反映了这些酒吧经营者对他的信任和尊敬，因为他们愿意自己的酒吧被收录到这本书中（从而与前往"朝圣"的读者分享他们的珍贵收藏），这在他们的文化中是个富有深意的姿态。

对我来说，斯蒂芬的这本指南是一部面世即经典的作品，足以与威士忌界其他备受推崇的书相提并论。它在市面上独一无二，而且更重要的是，它问世于日本威士忌历史上一个再令人兴奋不过的时刻。作为一位调酒师，我只希望，随着日本蒸馏厂的库存重新得到补充，价格合理的优质日本麦芽威士忌将再次供应充足。

致　　谢

在法国电影《日以作夜》中，在剧中饰演导演角色的导演弗朗索瓦·特吕弗有句这样的台词："拍电影就像过去在美国西部乘坐大篷车。一开始，你期望着展开一段愉快的旅程。等到路程过半，你就只期望能够活下去了。"在写作这本书的过程中，有很多时候我感受到的就像特吕弗所说的这个感觉。然而，每一次，相关人士的帮助（不论大小）让这个过程变成了一段愉快的旅程。

我要感谢许多在日本威士忌业界工作的朋友，他们慷慨地腾出时间在他们的蒸馏厂接待我，分享他们的经验和见解，耐心地回答我无休止的提问。特别感谢内堀修省（轻井泽蒸馏所的前首席蒸馏师），也特别感谢浅野肇与我分享他的日果研究资料。

我的许多"研究"是在日本各地的威士忌和鸡尾酒酒吧里进行的。不少跑遍世界各地的威士忌爱好者经常跟我说，在日本可以找到全世界最好的威士忌酒吧。我相信他们的说法，并感谢在这个过程中有幸遇到的许多调酒师。特别要感谢东京公园酒店的铃木隆行和"BenFiddich"酒吧的鹿山博康，他们为本书提供了他们的原创鸡尾酒配方。还要感谢"Malt Bar South Park"的店主二方治，他在世时曾友情提供了他的酒吧场地及威士忌收藏供我拍摄。

在这个旅程的不同时点，我有幸得到了许多专业人士的支持来准备本书中的大量配图。我要感谢越间有纪子、田中龙一（现已故），以及香港邦瀚斯拍卖行的协助拍摄，感谢渡边仙司为一些已经失落的20世纪80年代"现代风格威士忌"酒瓶所作的美丽绘画，还要感谢斯科特·凡·莱嫩（Scott van Leenen）几乎随叫随到的全方位技术支持。

感谢卡洛·德维托最先提出这个项目的想法，并由始至终，不离不弃；感谢我的编辑帕姆·赫尼希对我的书稿去芜存菁，并指出其中需要改进的部分；也感谢 Cider Mill 出版社相关团队的支持和指导。我还要感谢我在《威士忌杂志：日本》（*Whisky Magazine Japan*）的编辑远藤建的邀稿，让我可以在写作本书的忙碌之余写点文章补贴差旅费用。

本书的 2017 年初版已经有了两个不同的翻译版本，并各自做了一些小的更新。我要感谢各位译者在将本书介绍给各自市场的过程中细致和专业的付出。他们的反馈让我得以改正初版书稿中遗留的一些错误。

我也要由衷感谢自本书初版出版后，在这几年时间里与我联系的众多读者。在写书的时候，有时不免感觉有点儿像明珠暗投。但这些欣赏之语让此前所付出的努力看起来都是值得的了。

最后，我要感谢我的太太恭子，以及我的儿子拉法和雷米，感谢他们的理解和耐心。在写作本书的过程中，我无法始终陪伴在他们身边，哪怕是我在家的时候。现在很高兴我回家了。

引　言

　　小时候，我能接受的液体种类非常有限。因为我非常不喜欢碳酸饮料（主要还不是味道的问题，而是里面的二氧化碳气泡），也不喜欢奶制品（源于一次送奶工送来了一瓶坏掉的牛奶），所以在成年前，我在家里能喝的只剩下了水。后来，我发现了威士忌，它既不带气泡，又不是奶制品，我没理由不喜欢。事实上，我很快发现自己很喜欢这种"生命之水"。

　　我父母家里寻不到威士忌（我母亲几乎不喝酒，我父亲则更偏好啤酒及高度数的朗姆酒），所以对我来说，没有任何关于它的成见或联想。它只是一块等待着我去探索的未知大陆。我记得我用自己辛苦赚来的零花钱买下的第一瓶威士忌是一款由卡登黑德装瓶的斯卡帕（Scapa）单桶威士忌——并非通常的威士忌入门经典款。从那以后，我用我有限的预算尽可能多地走访了苏格兰的蒸馏厂，并开始购买其他不知名的苏格兰威士忌，找寻新的感官享受。

　　2000 年，我移居日本，并以为自己"沉浸于威士忌"的好日子就此结束，就像一个冲浪爱好者发现自己身处撒哈拉沙漠那样。当然，我大错特错了，但在这个世纪初的时候，"日本威士忌"还不是一个会让许多人感到兴奋的类别。事实上，当时在日本之外，几乎没有人知道日本也产出威士忌。在日本，人们喝它（尽管不像在过去那么多），但大多数人对国产威士忌评价并不高。它是酒，起到了酒的作用，但它不是某种他们关注在意，更遑论热情讨论的东西。

在我来到日本后没多久，一些敏锐的海外威士忌鉴赏家开始注意到日本威士忌。2001 年，一款余市蒸馏所的单桶威士忌拿到了《威士忌杂志》的年度至高无上奖，这是第一次有苏格兰以外的威士忌获得威士忌赛事的顶级大奖。日本威士忌引起了一些人的瞩目和好奇，但对其产生兴趣仍然是个小众现象，并将如此持续七八年时间。在日本国内，情况则并没有多少改变。

有一次在日本各地旅行的途中，我意外邂逅了轻井泽蒸馏所。我爱上了它（那里的威士忌及那个地方），定期回去走访，并逐渐意识到威士忌并不是只有苏格兰威士忌。我欣喜于日本所产威士忌的品质，也困惑于它在日本国内所受到的冷遇。现在想来可能难以想象，但当时一些限量版的日本威士忌可以在货架上摆上好几个月，甚至好几年都无人问津。我还清楚记得我买到过一些早期的伊知郎麦芽扑克牌系列，由于在架上摆得太久，它们的酒标几乎都快脱落了。如今，人们会砸锅卖铁，只为了将像这样的装瓶揽入自己手中。

2005—2009 年间，对于像我这样的威士忌爱好者来说，是个探索日本威士忌的美好时期。除了那些被置于货架底部的调和威士忌，日本威士忌的整体品质非常好，价格也很低或很合理，而且少有来自其他同好的竞争。这是一个未被人注意到的领域（大大被低估且完全未经探索），这个事实也让这样的探索更具吸引力。我热切想要更多了解我所遇到的这些日本威士忌及其生产商，却难以找到任何信息，不论是在出版物上，还是在网络上，不论是英文的，还是日文的。

大约同时，有人也遇到了类似的麻烦。2007 年，一位刚来到日本的英国记者克里斯·邦廷（Chris Bunting）建立了"Nonjatta"博客，旨在向海外的威士忌爱好者提供有关日本威士忌的信息。在频繁更新了一段时间后，克里斯自己的工作变得越来越忙，于是我注意到大量信息无法得到及时报道。起初，我建立了自己的网站"Tokyo Whisky Hub"，以便让海外的威士忌同好了解最新消息，但后来我被说服还是直接在"Nonjatta"上发文更有效。在 2011 年日本"3·11"大地震后不久，克里斯由于个人原因不得不返回英国，热切想要让"Nonjatta"延续下去的我于是接过了火炬。让这个网站成为一个社区论坛和一项集体成就一直是我们的目标，而在一段很短的时期里，也确实有一两个人定期更新内容，但这项工作终究需要大量投入，而大多数人看起来无法找出时间或找到理由继续。

直到 2016 年，"Nonjatta"一直是网络上有关日本威士忌的最详尽信息来源，但不可避免地，鉴于博文的非正式性和临时性，它里面的信息是碎片化的，而且很多已经过时，或者相关性和准确性不一。我感到是时候整理出版一本关于日本威士忌的全面指南了，这样的书会是我当初开始探索迷人的日本威士忌世界时非常想要的。现在想来仍然觉得不可思议，当我开始写作本书的初版时，当时市面上竟没有一本这样的书，哪怕是日文的。

这是第一本详细介绍日本威士忌历史的书。它也是第一个基于广泛的文献研究和原始材料（大多数为日文）的历史梳理，而不是像在已有的大多数有关日本威士忌的讨论那样，只是简单重复同样的两三个故事。本书也提供了有关过去的、现在的以及近期即将登场的所有蒸馏厂的细致技术信息，并讨论了不同生产商所用的不同生产方法。这还是一本帮助你实际找到并品鉴这些酒的入门手册。

自本书 2017 年初版出版以来，日本威士忌界已经发生了前所未有的变化。自 2016 年以来，日本活跃的蒸馏厂数量已经翻了一倍多，而那些在初版推出时活跃的蒸馏厂也已经发生了巨大变化。随着时间流逝，希望对本书进行全新修订的呼声越来越高，但终究世事忙碌而时间有限。2023 年是日本（正宗）威士忌生产 100 周年纪念，这个时点最终提供了某种动力，让我决定抽出时间，专注于这项工作。更新后的书稿于 2022 年 9 月完成。尽管必然还存在讹误，但这个全新增订的第 2 版反映了截至 2022 年年中日本威士忌行业的状况。

本书分为三个部分。第一部分概述了日本威士忌的历史，标题借用了一家新一代的蒸馏厂——秩父蒸馏所在 2013 年（及后续在 2015 年和 2019 年）推出的一款威士忌产品的名称，"在路上"（On The Way）。就像这款威士忌的名称旨在把握秩父蒸馏所不断冒险的活力、前进的动力及结局的开放性一样，本书的这部分内容旨在反映这些帮助形塑日本威士忌版图的人展现出的动力和活力、决心和创新。相较于苏格兰、爱尔兰、美国和加拿大的威士忌生产传统，日本威士忌酿造行业仍很年轻，但这并不意味着那些地方的威士忌生产商就比日本或其他历史更短的威士忌产区的生产商少了这种"在路上"的觉悟。我们都在路上，但并不是所有人都清楚这一点。日本的威士忌生产商是清楚的，而对此，希望第一部分的历史概述能够有所反映。

鉴于这是对于日本威士忌历史的一个宏观梳理，重点放在了关键人物、关键时刻、具有历史重要性的酒款发布，以及整体的饮酒文化上。大牌"选手"得到了大部分的关注，所以三得利和日果在这里占据了大量篇幅。那些较小的或已经退出舞台的生产商的发展历史则会在第二部分各自的章节中回顾。

要想理解日本威士忌故事的许多曲折反转，我们不能不考虑影响其走向的政治和社会经济发展，不论是日本国内的，还是国外的。我们也不能不考虑税收的因素，所以税务部门也在第一部分扮演了一个重要角色。这是个奇特的角色（有点像一位怪叔叔），所以你应该会觉得好玩。

第二部分讨论了日本威士忌是如何生产出来的。正如我们将看到的，做事的方法并不是只有一种，所以每家蒸馏厂都有各自的章节，介绍其发展历史、所用关键设备的技术细节、生产过程，以及其代表性产品。在本书所收录的对于三位首席调配师的专访中，我们可以了解到蒸馏厂调配师所扮演的重要角色，在本书写作之时，他们被视为日本最出色的三位蒸馏厂调配师。第二部分的内容不可避免要更加技术化。我已经试着将内容尽量写得通俗易懂，但对一般的蒸馏过程（不论是苏格兰的，还是美国和加拿大的）有些基本了解将会很有帮助。我也已经试着将极客冲动控制在必要的最低程度。这意味着我会将关注重点放在那些可以帮助你更深入理解蒸馏厂威士忌生产的技术细节。一家蒸馏厂的磨麦机到底有多少个磨辊，对于你更好地品鉴你手上的威士忌没什么帮助，所以像这样的细节已经被排除在本书的描述之外。

总的来说，日本的蒸馏厂之间不会交换库存，产品差不多都是自己生产的。这部分解释了为什么许多威士忌生产商（尤其是较大型的生产商）都对自家的工艺讳莫如深。我已经尽可能全面地介绍了各家蒸馏厂，但在有些情况下，碍于内部规定，蒸馏厂无法与我分享某些特定的工艺细节。显然，我必须尊重这一点。而在有些情况下，他们确实向我提供了非常具体的信息，但要求我在发表时调整细节的细致程度，调到他们能接受的程度。所以如果你好奇"为什么这里没有对于这家蒸馏厂所用酵母的深入讨论"或诸如此类的局限性，这就是原因。

第二部分里的大部分信息是我拜访这些蒸馏厂，与现在或过去在那里参与威士忌生产的人交流而收集到的。从写作者的角度来说，在2016 年之后写作这部分是赶上了最坏的时期。在 21 世纪初，大部分这样的技术细节在接下来的很多年里都是准确的。但如今，日本的各家蒸馏厂里有如此多变化，如此多微调，如此多研发，使得有些这样的信息注定在图书从印刷机上印好后就已经是"错误的"了。壶式蒸馏器的数量可能已经增加了，发酵时长可能已经调整了，或者所用橡木桶类型可能已经改变了。我无法阻止变化，我也无意如此。所以这里的这些介绍应当被视为某个时刻的"快照"。

这些年来，我已经多次拜访过第二部分中的大多数蒸馏厂。当我写作本书初版时，我仍有可能在出书前进行最后一次巡回走访。但现在，这已经是件非常困难的事情了。如前所述，现在有如此多的蒸馏厂（其中有些还位于相当偏远的地方），在短时间内"走遍"所有这些蒸馏厂不免耗费大块的时间，更别说高额的费用（而对于这两者，我都没有什么余力）。疫情大流行也使得在过去几年里参访蒸馏厂变得更具挑战性，不难理解生产商要将其员工的福祉放在首位。尽管有这些挑战，我很高兴我仍然拜访了大部分的新建蒸馏厂，因为对我来说，这是我在写威士忌时最享受的部分：在他们自己的天地里，遇见这些生产威士忌的人。在少数情况下，我不得不转而使用在疫情期间已经变得不可或缺的在线交流工具。

许多日本公司（包括本书提到的许多威士忌生产商）注重所谓的"持续改善"，这正与"没有坏就不要修"的精神相反。所以如果你在阅读时，注意到蒸馏厂介绍里的有些信息已经与现实不符，那么有可能我们将在五年或十年内喝到更优质的威士忌，或者将有更多的选择余地。

但从另一个角度来看，这也是写作第二部分的一个绝好时机。在写作本书初版的 2016 年，有五六家新的蒸馏厂需要被纳入日本威士忌的版图。如果当时有人告诉我说，短短 6 年时间后，我将需要超过 20 枚新图钉，我会告诉他们别做梦了。但这就是现在的现实。这是一个洋溢着无尽的乐观主义和进取精神的时期，而我兴奋于我有机会在书页上记录这段正在创造的历史。人并不是常常有机会目睹一个新梦想的诞生、一段全新的威士忌冒险的开启，而在本书的文字和图片中，我们就有 20 多个这样的例子。

再稍微说一下对于威士忌蒸馏厂的选择。"威士忌生产"在日本是个非常宽泛的概念。从法律上说，不论是直接从外部购买威士忌（大部分从海外）并进行调配（而不论此后是否继续熟成），还是自己从原料开始制作威士忌，它们都属于"生产"。要想在日本生产威士忌，你需要许可证。所以作为一家威士忌蒸馏厂，你需要拥有许可证，但反过来，拥有许可证并源源不断地将威士忌从你的仓库里运送出去并不意味着你就是一家威士忌蒸馏厂——不必然如此，至少在我的书里不必然如此。所以如果看起来我好像漏掉了一家"威士忌蒸馏厂"，更深入一点了解其产品背后的生产方法，你就会理解个中理由了。

目前有许多新的威士忌蒸馏厂项目正在筹备中，所以等到你拿到这本书时，日本威士忌的版图上势必又将新增几枚图钉，但当初我不得不在时间上有所截取，所以本书涵盖了截至 2022 年 9 月在日本境内活跃的所有威士忌蒸馏厂——当然，是公众所知的那些。

有新的蒸馏厂诞生，也会有旧的蒸馏厂消逝。在写作本书初版期间，传奇的轻井泽蒸馏所（也是我的日威初恋）就被夷为了平地。第二部分的最后几章就专门献给它及其他一些逝去的蒸馏厂。看到梦想走到终点无疑让人伤感，但作为威士忌爱好者，幸运的是，大多数这些逝去的蒸馏厂仍有一些威士忌存世——尽管数量不多，价格也不便宜，但终究还有机会品尝到。在最后一滴精华被消耗掉之前，这些逝去的蒸馏厂的魂灵就还在这世上。

本书的第三部分则主要关注这些威士忌本身。其中介绍了日本威士忌的不同喝法，包括我请两位非常有才华的日本调酒师特别打造的10款以日本威士忌为基酒的原创鸡尾酒配方，并列出了55家你有很大机会在其中找到一些高品质日本威士忌的酒吧，还有专节介绍了一些标志性的日本威士忌系列，以及33款绝对惊人的日本威士忌单品。

在开始阅读之前，我还想要简单说明一下本书所遵循的一些惯例。像在苏格兰那样，日本威士忌生产商采用"whisky"之拼写，而非"whiskey"，所以本书也会使用这一拼法。日本人的英文名是按照西方人的习惯书写的，比如"Shinjiro Torii"（鸟井信治郎），名在前而姓在后。"sake"一词的含义有点含糊。在日语中，"sake"是酒精饮料的总称；在英语中，被称为"sake"的饮料通常在日语中被称为"日本酒"（nihonshu）或"清酒"（seishu），后者是个法律用语，在日常用语中较少使用。在本书中，"sake"指的是用发酵大米制成的酒精饮料，即"日本酒"或"清酒"。至于日语的罗马字转写，本书将采用黑本式转写系统，这也是在英文报刊上最常使用的系统。

在做好这些准备后，我们就可以开始踏上一段波澜壮阔的日本威士忌历史巡礼了。

第一部分

在路上

轻井泽的秋

日本威士忌的历史

开头

    相较于一般的故事，日本与威士忌的爱情故事开头是如此具有戏剧性，不免让人感觉是事先安排好的。它发生在一个划时代大事件的边角上，开始于一次看起来无关紧要的交换。当然，后来随着故事发展，它会被重新诠释为那个引出了后来这一切的历史性时刻。这种故事开头已经在历史小说中被用烂了，现在的编剧几乎都避之不及，唯恐被贴上"缺乏想象力"的标签。但对我们来说幸运的是，它并不是虚构小说。

    1853 年 7 月 8 日，美国海军准将马修·佩里率领他的黑船舰队非法进入江户湾（现在的东京湾），要求与日本幕府当局谈判缔约。在当时，这是一项有风险的举动。德川幕府统治下的日本采取了一种闭关锁国的政策。自 1633 年以来，除了一些严格限定的例外，没有人可以进出日本，违者会被处死。为了寻求结束日本的孤立主义立场，佩里开始与当地官员展开谈判。文献记载，在外交交涉期间，连同一封时任美国总统米勒德·菲尔莫尔的亲笔信、一面白旗以及一些其他的"礼物"，美方代表团还向日方代表赠送了某种威士忌。日本人告诉佩里永远不要再回来了。佩里则说，他会一年后再回来听取答复。

显然，佩里不是个有耐心的人。半年后，他就回来了，带着更多舰船——也带着更多威士忌。俗话说，福祸相依。在经历过一开始的抗拒后，佩里最终被允许在久里滨（位于现在的横须贺市）登岸。1854 年 3 月 13 日，一些礼物被运上岸，包括一桶"献给天皇"的威士忌，献给日方首席谈判代表林复斋以及幕府老中首座阿部正弘的每人 20 加仑（约合 75.7 升）威士忌，献给其他 5 位老中的每人 10 加仑（约合 37.9 升）威士忌，以及献给日方其他 4 位谈判代表的每人 5 加仑（约合 18.9 升）威士忌。我们不知道这些威士忌是否起到了什么作用，但这一次，事情最终朝着有利于佩里的方向发展。到了 3 月 31 日，美日双方在佩里的"波瓦坦号"上签署了《美日亲善条约》，即《神奈川条约》。看起来，签约现场也有酒的身影。该条约终结了日本 220 余年的闭关锁国状态，并加速了日本与其他西方国家签订更多类似条约。

很可惜，对于佩里当时送出的是哪种威士忌，没有更多文献可考。它很有可能是一种黑麦威士忌，但我们终究无从得知。我们也无从了解日本人对这些威士忌是何种反应——他们是喜欢，还是不喜欢。看起来那桶指名献给天皇的威士忌并未送到他的手上，所以想必有人非常喜欢。

等到 1868 年幕府统治结束时，日本人已经知道有种叫"洋酒"的东西，但作为一类物品，它被视为一种不见于日常生活的新奇玩意儿。武士封建制度的终结带来了巨大的社会和政治变化。在 19 世纪七八十年代，日本的社会和经济制度以西方国家为模板进行了剧烈变迁。"文明开化"成为明治维新的政治口号，而追求新思想、尝试新技术和新产业也成为新的时代精神。

正是在这样的大环境下，日本出现了最早一批制作"洋酒"的尝试。人们没有直接复制西方的生产方法（毕竟当时也没有日本人熟悉这些方法），而是试着利用自己熟悉的原材料和技术手段，尽量再现这种酒（在大多数情况下，所想象的）的特性。当时已经有利用味淋（一种类似米酒的料酒）浸泡各种植物的根、皮、叶来制作日本酒的做法。最早一批制作洋酒的尝试就包括简单利用酒精来替代味淋，并在需要的时候添加糖。尽管在 18 世纪和 19 世纪的欧洲和美国都有非法私人酿酒的历史，但这些酒类及烈酒私酿者的配方并未流传到日本。一切都是在不断试错中进行的。

据业界传说，在日本制作洋酒的第一人是一位居住于东京京桥区竹川町的名叫泷口仓吉的药酒商。他在 1871 年制作了一种简单调和酒，将用糖浆浸泡过的茜草添加到烧酒（一种通常由大米、红薯、大麦或黑糖制成的清澄的蒸馏酒）中。其他具有调配药酒经验的人也竞相效仿。

我们现在很容易对这些仿制洋酒的粗劣尝试不屑一顾。但在当时，从商业角度来看，这些做法有其吸引力。这里不需要用到特殊设备，产品也可以小批量生产，风险低而利润高。由于一般消费者还没有参照系（也就是说，对于正宗洋酒还没有或少有概念），这些国产的"洋酒"在大多数情况下，出于消费者的好奇和兴趣受到了欢迎。另外还有一个有利因素。在当时，酒精被视为一种药物成分，所以将酒精与调味剂和调色剂调配制成的酒不在既有的酒税征收范围之内。这可被视为一种制药行为，而非一种制酒行为。直到 1901 年 10 月，新的《酒精及含酒精饮料税法》颁布实施，这些洋酒才开始被征税。

直到 20 世纪初的头几年，日本所用的大多数酒精（指纯酒精）还依赖进口。当时其主要用途是作为制造火药和制药的一种溶剂，因此，所要求的酒精纯度很高，而这是当时的日本蒸馏厂利用（生产烧酒所用的）批次蒸馏法无法达到的。1902年，日本的一些严肃生产商开始从德国和法国进口连续蒸馏器。连续蒸馏器可以比壶式蒸馏器生产出纯度更高的酒精（酒精度最高可达95%），而且成本效益高得多（一旦流程开动起来，它就可以无限运转下去）。在进口第一批连续蒸馏器三年后，在日本国内生产纯酒精已经被证明是一项有钱赚的生意。到了20世纪第一个十年，纯酒精已经供大于求。

借着这个新发展，工业酒精的一个新市场也开始出现。传统上，日本烧酒是利用壶式蒸馏器（不过，通常不是铜制的），通过单次蒸馏生产出来的。1911年，一种新的烧酒出现了：在连续蒸馏器产出的纯酒精中添加少量传统烧酒，再加水降低酒精度。这种新型烧酒大受欢迎，尤其是在东京地区。不难想象当时拥有连续蒸馏器的工厂生意会有多好。一方面，他们生产用于各种非食品生产用途的工业酒精；另一方面，他们也生产用于制作这种新型烧酒及仿制洋酒的基底。

也是在这一年，在日本国内生产洋酒的最后一个障碍被移除了。在佩里叩关之后，日本被迫与许多列强签订了一些所谓的"不平等条约"，其中包含许多带有半殖民主义色彩的条款，包括开辟租界、授予领事裁判权。此外，日本还因此无法自主控制关税，最高进口关税被限定在5%的从价税（按产品的估计价值抽税）。有鉴于此，日本的仿制洋酒生产商感到自己的产品无法与出口到日本的正宗洋酒相竞争。

到了19世纪末，日本已经成功地重修了许多不平等条约。1899年，英国按约取消在日本的租界，废除领事裁判权。1911年，日本正式重获关税自主权。不出意外地，进口关税大幅提升。外国进口的洋酒从此变得十分昂贵，尝试在本土制作"洋酒"也从此在经济上变得可行。

到了 1912 年明治时代结束时，两家生产商主导了日本的仿制洋酒市场。在关东是神谷传兵卫，他曾在横滨为一家进口商工作，获得了相关经验。他的甜葡萄酒和"电气白兰"在那里非常受欢迎。在关西则是摄津酒造引领风骚。

神谷从未跨出仿制的阶段。"电气白兰"直到现在仍在生产（如今由合同酒精生产），而且配方仍然保密。你可以在位于东京热门景点雷门附近的神谷酒吧品尝到它，该酒吧创立于 1880 年，是日本最古老的西式酒吧。另一方面，摄津酒造则在从仿制迈向生产真正威士忌的转变中扮演了重要角色，尽管它功败垂成，没有迈出那最后一步。不过，在我们深入这个转变之前，我们需要先来看看在日本威士忌的发展史上起到了重要作用的两个人。

鸟井信治郎

鸟井信治郎生于 1879 年，是在大阪做换汇生意的鸟井忠兵卫的次子。在市立大阪商业学校的附属中学读了两年书后，13 岁的鸟井开始在当地一家药材批发商小西仪助商店当学徒。

除了药材，小西仪助也经手葡萄酒、白兰地和威士忌，所以在学徒期间，鸟井接触到了各式各样的洋酒。由于调配药材是药铺的一项核心技能，鸟井也掌握了基本的化学知识。三年后，鸟井换到了位于大阪博劳町的颜料批发商小西勘之助商店，并在那里进一步提高他的调配技能，这次则是调配颜料。他在那里待了三年，然后就自立门户。

1899 年，鸟井在大阪西区开设了一家小店，名为鸟井商店。刚开始时，他主要销售葡萄酒和罐头食品。鸟井已经对洋酒产生了浓厚兴趣，但那时候一般的日本消费者并没有这样的热情。洋酒当时只占

青年时期的鸟井信治郎

0.3%的市场份额，而且这些进口葡萄酒及其他酒类的为数不多的消费者也只是将它们视为药品。

在小西仪助商店工作期间，鸟井遇到了一位名叫塞列斯的西班牙葡萄酒经销商。在设立自己的商店后，鸟井持续到塞列斯在神户的家里拜访他，了解欧洲的葡萄酒和菜肴。在一次拜访期间，他偶然尝到了正宗的波特酒。这给他留下了非常深刻的印象，让他随即下决心将自己的精力和资源放在大规模销售正宗葡萄酒上。他将自己的店铺更名为寿屋洋酒店，并开始装瓶销售纯葡萄酒。不幸的是，日本消费者对此并不感兴趣。在当时，人们预期葡萄酒是甜的。鸟井的葡萄酒则被认为太酸、太苦，因而销售不佳。

面对着大量不受欢迎的葡萄酒的库存，鸟井灵机一动。他收集各种甜味剂和调味剂，并将它们与这些西班牙葡萄酒调配到一起，试图找到一种能够抓住日本人味蕾的口味。1906年，他推出了自己的第一款产品：向狮子印甘味葡萄酒（即以相向而立的两只狮子为商标）。该酒销售一空，但鸟井自己并不是非常满意。

突破最终在1907年到来。经过持续不断微调配方，鸟井终于得到了一个自己满意的结果。他将之取名为赤玉波特酒（Akadama），灵感则来自他在一款进口香水包装上看到的一个红色圆形图案。鸟井

寿屋的一些早期产品，左一便为赤玉波特酒

认为，赤玉（红玉）是个能给人留下强烈印象的图案，它让人联想到太阳、生命之源以及日本国旗，正好契合他这款"独一无二的日式"葡萄酒。鸟井开始不知疲倦地推广自己的这款产品（看起来他是骑着自行车登门拜访潜在客户），甚至还在报纸上刊登广告（第一则广告见于 1909 年）。1922 年，他还成立了一个巡回歌剧团（赤玉歌剧团），以帮助在全国范围内推广这个品牌。虽然剧团在一年后就解散了，但这说明了市场营销对他来说的重要性——即使是在早期，并表明了为了让自己的产品获得成功，他愿意做到何种地步。赤玉波特酒也最终大获成功。毫不夸张地说，要是没有这款甘味葡萄酒，日本威士忌的历史将会大不相同。

但鸟井不只是推销葡萄酒，到明治时代结束时，鸟井也在销售自己的"威士忌"。当然，这些威士忌是仿制品。其中之一是 1911 年推出的"赫尔墨斯老苏格兰威士忌"。自不必说，它既不"老"，也不"苏格兰"，很有可能也不是我们现在所谓的"威士忌"。但酒标上的描述真实与否看起来不是那时的人们所关心的。不过，这款酒标也确实反映了当时的某种时代精神（特别是明治维新时期的军国主义兴起），因为其下接着写道，这家"S. T. 赫尔墨斯公司"是"帝国陆军和海军以及所有皇室成员的酒类承办商"。同样，当时那种将洋酒视为一种药品的观念也在其背标上反映了出来："享誉世界各地的家庭和医院"。

在第一次世界大战期间，日本经济飞速发展，洋酒也变得更受欢迎。由于远离欧陆战场，日本得以抢占那些被处于战时状态的欧洲列强所忽略的经济领域。然而，战时经济增长导致了通货膨胀，而且人们对经济增长不均以及物价上涨影响民生等日益不满，特别是在农村地区。但即便受到通胀影响，寿屋洋酒店的生意仍然蒸蒸日上。

一件为日本生产正宗威士忌奠定基础的有趣逸事就发生在这个时期。有一次，鸟井在一只葡萄酒桶内装满了调配用酒精，然后他把这事儿给忘了。几年后，当他重新开启它时，对酒液这些年来在橡木桶内所发生的变化既惊又喜——不论是其颜色，还是其香气和风味。鸟井没有放过这个大好机会，将这些酒装瓶售卖。这款在1919年推出的托里斯（Torys）威士忌很快就售罄了。显而易见，由于这是偶然的产物，他无法再生产更多了。1920年，他又推出了一款新产品——威士坦（Whistan），一种瓶装的威士忌加苏打水。然而，其销售并不如预期那样好。显然，人们更享受那款"偶然得到的威士忌"，而非瓶装的嗨棒。

基于市场反馈，鸟井感到，一个"威士忌时代"即将到来。他深信，在不久的将来，日本人会开始喜欢上定期消费正宗威士忌。于是他的下一个目标（一个非常雄心勃勃的目标）是制作出一种合乎日本人口味的正宗威士忌。对于这个计划，不论是在公司内部，还是在鸟井的朋友及支持者之间，都存在大量的反对声音。理由不外乎两点：其一，还没有人在苏格兰以外的地区按照苏格兰的传统方式成功产出过威士忌；其二，按照苏格兰的传统方式生产意味着需要进行熟成，而这意味着在许多年里都没有收入。鸟井的辩护则是，赤玉波特酒的销售可以很容易就补上生产威士忌的前期现金流缺口。

第一步就是在日本设立一家正规的麦芽威士忌蒸馏厂。鸟井已经请一家有实力的贸易公司——三井物产，帮忙寻觅一位愿意前来日本帮助设立蒸馏厂的苏格兰人。但鸟井的一位熟人——汤姆·穆尔博士（Tom Moore），提供了另一个可能人选。他知道有位日本年轻人曾在几年前去苏格兰学习制作威士忌，这人无疑会是这项工作的合适人选。鸟井也知道穆尔博士说的是谁。事实上，他本人就是在 1918 年 7 月为这位年轻人出洋送行的人之一。下面便轮到竹鹤政孝登场了。

竹鹤政孝

竹鹤政孝生于 1894 年，是家里的第三个儿子。父亲竹鹤敬次郎在靠近广岛的竹原町设有一家清酒厂。虽然竹鹤家族素以经营盐田为业，但他父亲这一支已经开始从事清酒酿造业，而且做得还相当不错。他最早的童年回忆就都与清酒有关。耳濡目染之下，他已经非常熟悉清酒酿造的辛苦过程，而且鉴于他的两位兄长都远离家乡，另有生计，他日后的道路看起来也非常明确：子承父业，延续清酒生意。不过，历史对他另有安排。

竹鹤在大阪高等工业学校学习化学，但当一门关于酿造学的新课程推出时，他立刻报了名。在跟随坪井仙太郎教授学习酿造学的过程

竹鹤政孝，拍摄于 1918 年 6 月

中，竹鹤对洋酒产生了浓厚兴趣。1917 年，竹鹤被一位校友岩井喜一郎介绍给摄津酒造的社长阿部喜兵卫。当时摄津酒造是关西最大的工业酒精和仿制洋酒生产商。竹鹤告诉阿部，他希望在接手父亲的生意之前取得一些西式蒸馏厂的经验。阿部对这个年轻人印象深刻，并邀请他到摄津酒造工作。竹鹤也接受了邀请，并于 1917 年 3 月加入摄津酒造。可以想见，他的父亲应该不会感到太高兴，自己的儿子不仅没有正式毕业，还选择投身工业酒精和合成酒生产，而非传统的清酒酿造事业。

竹鹤一开始作为一名化学师在摄津酒造工作，但没过多久，他就被委派负责洋酒生产。鸟井信治郎曾从摄津酒造购买了一些他们的产品，所以很有可能两人是在那里相识的。在当时，进口的苏格兰威士忌越来越多，也有越来越多的日本人开始发现真正的威士忌是什么味道的。不难理解，一些日本国内的酒类生产商因而越来越担心他们的廉价仿制品将在不久后被消费者抛弃。阿部喜兵卫便热切地想要跨出仿制的阶段，找到办法在日本生产真正的威士忌。为此，他决定派遣一名员工前往苏格兰取经。出人意料地，他将这个重任交给了他的一名新员工，也就是竹鹤政孝。

竹鹤自然兴奋不已，但他的父母却高兴不起来，并反对这个计划，仍然期望自己的儿子回来继承清酒酿造的家业。但阿部还是成功说服了他们。他们最终决定将清酒厂交由其他亲戚继承。

1918 年 7 月，竹鹤搭乘"天洋丸"蒸汽船启程前往旧金山，展开其前往苏格兰之旅。为他送行的有他的父母和其他家人，以及鸟井信治郎和山本为三郎，后者不久前刚从美国考察归来，为自己的制瓶厂带回来了一批半自动制瓶机。当时人们不知道的是，日后这两人都将与竹鹤在其人生的不同重要时刻再度相逢。

抵达美国后，竹鹤在萨克拉门托附近一个由日本移民所开的葡萄酒庄待了一段时间。11 月，他设法搭上了一艘从纽约开往利物浦的军舰，并最终在 12 月 2 日抵达英国。

竹鹤在格拉斯哥大学和皇家技术学院登记旁听化学课程。他在格拉斯哥最早结识的人之一是伊莎贝拉·莉莲·考恩（昵称埃拉），后者是格拉斯哥大学的一位医学院学生。埃拉将竹鹤介绍给她在格拉斯哥东北部小镇柯金蒂洛赫的家人，然后在 1919 年初，竹鹤住进了那里。

1919 年 4 月 17 日，竹鹤从格拉斯哥前往位于斯佩塞地区的埃尔金，计划专程拜访《烈酒的制作》一书作者 J. A. 内特尔顿（J. A. Nettleton）。竹鹤一直在钻研这本当时的蒸馏工艺权威参考书，因而希望内特尔顿能够帮助他进一步深造，并介绍他到当地的一家蒸馏厂当学徒。内特尔顿很愿意帮忙，并规划了一个每天在他家讲解工艺的预备课程，但他索要的费用也惊人地昂贵。竹鹤随身带了一份蒸馏厂地图，于是决定打电话试试运气。第一家已经关停，但在第二家，他则更加幸运。

朗摩现在已是一家标志性的蒸馏厂（每位蒸馏师的"第二之选"），但当初竹鹤不请自来的时候，它还是一家相对较新的蒸馏厂（创立于 1894 年）。总经理 J. R. 格兰特乐见这位来访者，并同意提供

1919年4月，竹鹤政孝在朗摩蒸馏厂

一个为期5天（4月21—25日）的学徒机会。而更让竹鹤高兴的是，这一切都是免费的。在这5天时间里，厂长 R. B. 尼科尔及其同事对他知无不言，细致介绍了威士忌生产的整个过程。竹鹤还了解到了橡木桶的重要性（在当时，雪利桶更受青睐），以及使用焦糖来给威士忌调色。

竹鹤也热切想要在谷物蒸馏厂实地体验一番。1919 年夏初，他设法取得了在博内斯蒸馏厂实习两周的机会，后者当时归詹姆斯·考尔德公司所有。竹鹤在一个科菲蒸馏器上熟悉了连续蒸馏过程，并如此乐在其中，提出申请延长一周实习时间。对方也答应了，竹鹤便利用这段多出来的时间在那里的发酵室取经一番。

竹鹤是忙碌而充实的。每个季度都有新的惊喜：春季是朗摩蒸馏厂，夏季是博内斯蒸馏厂，秋季是波尔多的葡萄园……然后冬天是他的婚姻大事。在住进考恩家的这段时间里，他爱上了家中的一个女孩——不是埃拉，而是她的姐姐丽塔（杰西·罗伯塔·考恩）。在 1919 年圣诞节，竹鹤向丽塔求婚，丽塔也接受了。他表示愿意为她留在苏格兰（真要是这样，日本威士忌的历史又会是怎样一番面貌！），但丽塔知道，在日本生产出真正的威士忌是他的梦想，所以她让他放心，自己愿意追随他回到日本。

不顾双方家长的反对，丽塔和竹鹤在 1920 年 1 月 8 日结了婚。

竹鹤政孝和竹鹤丽塔

考恩太太想要他们废除婚约，埃拉也并非乐见其成。在日本，竹鹤的双亲更是生气，并找到阿部喜兵卫兴师问罪。阿部随即动身前往格拉斯哥，试图寻求转圜空间。阿部对此感到失望还因他自己的私心，他膝下无子，只有一女，家业的继承问题是他不得不考虑的。竹鹤是个显而易见的人选，但现在他已经与一个苏格兰女孩共结连理，这个可能性便被排除了。

结婚后不久，两人就搬到了当时有着"世界威士忌之都"之称的坎贝尔镇。在格拉斯哥皇家技术学院自己的指导老师福赛思·詹姆斯·威尔逊教授的帮助下，竹鹤获得了一个在哈索本蒸馏厂充任更长期学徒的机会。在那儿的 5 个月时间里，他做了一份细致的笔记。这份"学徒报告：壶式蒸馏器威士忌"（在日本则被简称为"竹鹤笔记"）将成为日后他在日本生产威士忌的蓝本。

1920 年 11 月，竹鹤带着丽塔回到日本。他热切想要开始生产真正的威士忌，却很快发现和自己离开时相比，事情已经发生了巨大变化。战时的经济繁荣期已经结束，经济开始萎靡。由于财务困难，摄津酒造已经决定搁置按照苏格兰传统方式生产威士忌的计划，转而延续之前的生意。阿部提拔竹鹤担任总工程师，并让他负责生产仿制洋酒和强化葡萄酒。竹鹤大失所望，自己去了一趟苏格兰取经，到头来却还是不得不回到仿制威士忌的老路。1922 年，他辞去了摄津酒造的工作。在丽塔一位朋友的介绍下，他找到了一份在当地初中教授应用化学的工作。他做这个也比做仿制威士忌更开心。

1923—1934 年

到了 1923 年，在日本设立一家（也是第一家）正规麦芽蒸馏厂的准备工作已经在寿屋紧锣密鼓地展开。1923 年 6 月，竹鹤政孝开始受雇于鸟井信治郎。按照竹鹤（在 50 年后忆及）的说法，他的合同要求：（1）竹鹤全权负责威士忌生产，（2）鸟井负责提供所有必要的资金，（3）合同期限十年，（4）竹鹤年薪 4000 日元。这里最令人吃惊的是这份极高的薪水。在当时，平均来说，一名大学毕业生首份工作的预期年薪是 1000 日元，而且这就足以让他过得很舒服了。不是没有这种可能，即在半个世纪后回忆往事，竹鹤的记忆出错了。但另一方面，看起来当时在有意招揽苏格兰专家时也出现过此等价码。因此，竹鹤是靠着主张他的技能已经与那些苏格兰专家不相上下而谈下这份合同的，这也并非不可能。

接下来就是为蒸馏厂寻找合适的厂址了。而对此，存在一些相互矛盾的说法。三得利的版本说，是鸟井到日本各地寻找合适的地点。日果的版本则认为，是竹鹤前往各处勘察。当然，也不是没有可能，其实两人都出动了，不论是一起行动，还是分头行动。但不论怎样，显然两人对于选址存在分歧。竹鹤主张，北海道是设立蒸馏厂的理想之所，因为那里的地形和气候与苏格兰的相似。另一方面，鸟井则感到，选址太过偏远会给公司的财务状况带来不利影响。海运无疑会耗费额外的费用，他想要蒸馏厂更靠近公司所在地。不出意料，最终是出钱的人拥有决定权。

到了 1923 年 10 月 1 日，购置厂址土地的交易最终完成。地点位于京都府与大阪府

20世纪30年代晚期的山崎蒸馏所

交界处的山崎地区。基于在苏格兰的经验，竹鹤主持了蒸馏厂厂房建设和设备安装的整个过程。有些设备是进口的（从苏格兰和美国），但大多数设备（包括壶式蒸馏器）是基于竹鹤的笔记在日本制造的。在经过一年多的时间并花费 200 万日元后，蒸馏厂最终落成。在日本生产麦芽威士忌的官方起始时间是 1924 年 11 月 11 日上午 11 点 11 分。

作为蒸馏厂厂长，竹鹤手下有约 15 名员工。除了一名办公室职员，其他人都是只在生产季（从 10 月到次年 5 月）受雇于此。在第一个威士忌生产季，事情并不如预期的那样顺利。事实上，蒸馏出的酒液并不尽如人意。窑烧及难以控制蒸馏温度被怀疑是罪魁祸首。生产季一结束，竹鹤就被再次派往苏格兰进修。他在那里从 8 月待到 9 月初，并向他在哈索本蒸馏厂的朋友寻求建议。在他离开后不久，哈索本就关停了。

1929年，寿屋的蒸馏厂工作人员合照，正中间留着胡子的就是厂长竹鹤政孝

在接下来的几年里，山崎蒸馏所的工作人员祈盼着会有好的结果。传说鸟井信治郎整天都待在蒸馏厂，追踪桶内威士忌的熟成情况。他对进展并不满意，也无法理解为什么使用了相同的生产方法，却得不到与他所知的苏格兰威士忌相同的品质。鸟井花费了大量时间进行调配，期望借着他的技艺能将这些不知哪里有缺陷的原料转化成一款高品质的产品。

他热切想要从其他业内人士那里取得反馈，便时常携带样品前往宴会和批发商处，请人试饮。他的策略是，偷偷放入一份尊尼获加的样品作为对照组，并期望他的实验对象会更喜欢他的作品。但显然，这样的情况从未发生过。

年复一年，原材料被送进蒸馏厂，却没有拿得出手的产品出来，公司的财务状况不免日益吃紧。为了广开财源，鸟井开发了各式各样的新产品：Palm 咖喱粉、Le. Te. Rup 柠檬茶糖浆、Smoca 洁牙粉、山崎酱油、托里斯酱、托里斯胡椒粉、托里斯茶叶，如此等等。尽管其中有些卖得不错，但鸟井并没有兴趣长期如此。他无意多元化。这只是一个让他的威士忌生意和公司可以延续下去的权宜之计。

1929 年 4 月，鸟井推出了山崎蒸馏所出产的第一款威士忌——三得利白扎，其中"白扎"即白色酒标之意，后来这款酒因而改名为三得利白标（White）。这也是第一款以三得利（Suntory）为品牌名的产品，其名称由 "sun"（太阳，即寿屋的赤玉图案）和 "torii"（即鸟井的姓氏，发音和 "tory" 类似）融合而成。三得利白扎的广告很是直白："试试吧！盲信进口酒的时代已经过去。为什么不尝尝我们这款国产的至高美酒？三得利威士忌！"不幸的是，事实证明白扎卖得并不好。

三得利白扎威士忌在1932年的广告

其售价 3.5 日元一瓶，鉴于当时尊尼获加黑牌也只卖 5 日元一瓶，这无疑是个非常大胆的定价。不过，价格还不是主要问题。其灼烧的口感及烟熏的风味让当时的消费者纷纷却步。1930 年，后续产品红扎（后来则改名为三得利红标）面世；又过了两年，特角上市。这两款产品的销售情况同样令人失望。到了 1931 年，山崎蒸馏所暂时停产。寿屋的仓库存酒快没有了，但他们可投入威士忌生产的资金也快没有了。大约与此同时，鸟井与竹鹤的个人关系看起来也出现了危机。

当初在 1928 年 11 月，寿屋从日英酿造手中购入了位于横滨鹤见区的一家啤酒厂。然后在 1929 年底或 1930 年初，竹鹤被调到这里当厂长。名义上，他仍然是山崎蒸馏所的厂长，但现实中，啤酒厂的工作已经让他忙不过来了。竹鹤之前从未在啤酒厂工作过，所以这是个很好的学习机会。然而，也很明显，这次平调是明升暗贬。对于这次调动，我们只能推测个中原因。意见的分歧和冲突很有可能最终损害了两人之间的关系。另一方面，这次调动可能也与这样一个事实有关，即 20 世纪 20 年代晚期，鸟井信治郎的长子鸟井吉太郎已经对威士忌事业产生了兴趣。1931 年，吉太郎便在竹鹤的陪伴下去了一趟苏格兰，学习生产威士忌。吉太郎在 1940 年去世，年仅 33 岁。英年早逝让他没有机会在公司的历史上留下自己的印记。不过，他可能已经无意之中在形塑日本威士忌的历史上发挥了作用。

20 世纪 30 年代初，日本政府的产业政策鼓励发展垄断性企业。政府的目标是提高生产力，对抗来自国外企业的竞争。而起初，其实现这个目标的手段是鼓励企业兼并。就啤酒行业而言，政府所设想的理想场景是最终只留下麒麟啤酒和大日本啤酒两个寡头。1933 年，寿屋把刚买来没几年的啤酒厂转手卖给了大日本啤酒旗下的东京啤酒。这让竹鹤感到不满，而他对此事先毫不知情的事实更让他感到恼火。随着他与寿屋签订的合同即将到期，是时候重新权衡各种可选项了。

竹鹤在 1934 年 3 月离开了寿屋，但这一次，他并不打算去学校教书。他有一项雄心勃勃的计划。

1934—1937 年

1934 年 6 月 8 日，竹鹤时年 40 岁。他与一些潜在的商业合伙人在大阪商讨创办一家饮料公司的设想。他的两位主要支持者（芝川又四郎和加贺正太郎）很有可能是他通过丽塔认识的，因为丽塔是他们太太的英语老师。另一位支持者柳泽保惠伯爵则可能是他在苏格兰期间认识的。

这家公司起初规划的业务是生产苹果汁，因而取名大日本果汁。启动资金为 10 万日元，相较于当年鸟井信治郎建设山崎蒸馏所的投资要寒碜许多。第一次股东大会于 1934 年 7 月 2 日召开，地点又是大阪，并决议将公司总部设在东京，同时在大阪设立分部。竹鹤被任命为执行董事，公司不设董事长。

如前所述，公司一开始的经营重心是生产苹果汁。有人便将此解读为一种降温策略，以免给人感觉他打算与前东家直接竞争。但更有可能这是一个深思熟虑的商业计划的一部分。通过他在山崎的经验，他再清楚不过一家蒸馏厂的头几年是最困难的。有各种障碍要克服，但最要紧的是，威士忌需要时间来熟成。这是没有捷径的。鸟井当初有赤玉波特酒来为山崎蒸馏所头几年的威士忌生产持续提供现金流，现在竹鹤也需要一头类似的现金牛。

早在 1920 年，竹鹤就认为北海道是日本设立蒸馏厂的理想场所。他在哈索本蒸馏厂当学徒时所记的笔记里就提到了这一点。北海道也是日本最大的苹果产区。1874 年，北海道开拓使从美国纽约州罗切斯特引进了一些苹果树苗，并先在使厅在札幌的驻地试种。次年，这些苹果树在当地首次开花结果，各地的农民便开始将种植苹果纳入自己的农业生产当中。余市町是最早这样做的地区之一。

1933 年，竹鹤分别走访了江别町和余市町。一年后，他最终决定选择余市。那里的冬天很冷，但也没有特别冷，夏天则因为地处日本海海边而比较凉爽。其苹果种植传统以及便宜的土地供应无疑也是重要的考虑因素。

竹鹤之前没有任何生产苹果汁的经验。手头唯一可作参考的是一本 C. W. 拉德克利夫·库克的《苹果酒和梨酒之书》，这是他在 1931 年与鸟井吉太郎一起游学苏格兰时购买的。很快，事情就变得很明显，光靠这本书是不够的。事实上，整个计划很快就出了问题。苹果汁在瓶中变得混浊，粘贴标签的胶水开始发霉，饮料本身也被发现太酸了。不仅如此，它还非常昂贵——是柠檬汁价格的 5 倍。

早年间的余市蒸馏所

　　大部分苹果汁都遭到退货，公司为此损失惨重。1935 年 10 月，公司召开股东大会，提议扩大业务范围，将白兰地和威士忌生产也纳入其中。在那年的最后几天，公司得到了一笔 20 万日元的额外注资。显而易见，大日本果汁当时是负债累累了。

　　1936 年 2 月，一个铜制壶式蒸馏器被运抵在余市的工厂。它是由之前为山崎蒸馏所制造蒸馏器的渡边铜铁工所制造的。但对大日本果汁来说，现在手头拮据，预算只够买一个蒸馏器。他们花了 1 个月多点时间为工厂增设蒸馏工艺，又花了 5 个月时间办下生产许可证（1936 年 8 月 26 日）。公司在那一年主推的还是果酱和番茄酱等新产品。毕竟威士忌不是一种今天生产、明天就能开卖的产品。还要再等上 4 年时间，余市产的首批威士忌才会装瓶面世。

　　与此同时，在寿屋，鸟井及其员工开发出了一款新商品。这款"三得利威士忌 12 年"于 1937 年上市，收到了良好的市场反响。在当时，东京有约 6000 家咖啡厅和 1300 家酒吧，而其中密度最高的地

大小不同的角瓶

区是银座。其特制的龟甲纹样方形酒瓶（角瓶）便成了银座许多酒吧里的熟悉身影。13 年的辛勤努力和不懈坚持终于开始得到回报。日后，这款产品将被昵称为"角瓶"（Kakubin）或"角"（Kaku）。

1937—1945 年

1937 年夏，日本开始全面侵华。1941 年 12 月 7 日，在日军偷袭珍珠港后，中日战争成了更大范围的太平洋战争的一部分。有人可能会认为，战事频仍会对日本威士忌的发展产生负面影响，但实际情况恰恰相反。

日本海军在很大程度上是以英国海军为模板的。过去朗姆酒之于英国海军，就如同现在威士忌之于日本海军。正如三得利自己所说的："酒是战争密不可分的一部分。事实上，许多年轻人在穿上军装后才第一次尝到三得利威士忌。赤玉波特酒和三得利威士忌的产量继续逐年上升，连创新高。"在大日本果汁这边，情况类似。表 1 和表 2 就反映了战争对这两家公司的威士忌生产的影响。

表 1　大日本果汁在 1934—1945 年间的销售额

	销售额（万日元）
1934	0
1935	5.5
1936	6.6
1937	13.9
1938	19.3
1939	30.0
1940	113.6
1941	125.0
1942	248.9
1943	342.2
1944	583.0
1945	902.4

表 2　寿屋山崎工厂在 1930—1945 年间的出货量

	出货量（万升）
1930	1.7
1931	3.9
1932	8.8
1933	10.2
1934	10.9
1939	20.4
1940	29.1
1943	65.0
1944	77.1
1945	48.7

　　大日本果汁在 1940 年所取得的销售额大跃升可部分归因于这样一个事实，即由于威士忌成为一种战时管制品，公司从那年 10 月开始受到海军监管。另一个原因则是，6 月，公司推出了其首批威士忌

产品，珍稀老日果威士忌和日果白兰地。在这里，"日果"（Nikka）之品牌名便取自其公司名的缩写。这两款产品的成分酒都很年轻，从而使得调配成为一项挑战，但竹鹤认为它们的品质是好的。产品的包装也很吸引人，而且上市的时机事后看来是再幸运不过了。到了 1940 年，进口酒精已经差不多消耗殆尽，所以竹鹤在大日本

珍稀老日果威士忌

果汁推出的首批产品几乎没有遇到什么竞争对手。

寿屋的数据则在 1943 年有了一个巨大跃升。那一年，海军指示公司利用其生产烈酒的技术来生产航空燃料。1943 年 6 月，寿屋被要求在冲绳建造一家工厂，生产丁醇和乙醇。这个项目耗费了公司五分之一的资金（200 万日元）。1944 年 1 月，公司又被要求在印度尼西亚泗水建造一家工厂。同年晚些时候，公司的大阪工厂（建造于 1940 年，旨在生产"谷物威士忌"）也被海军征用。红糖和白糖（分别来自冲绳和中国台湾）被卡车运到工厂，用以生产丁醇。

随着太平洋战争进入最后阶段，许多生产丁醇及其他军用物资的工厂被摧毁。寿屋位于住吉町的总部在 1945 年 3 月的大阪大空袭中被摧毁。冲绳工厂在 4 月被摧毁，重建后又在 6 月被再次摧毁。同月，大阪工厂也遭受空袭。幸运的是（指对日本威士忌的发展而言），山崎蒸馏所和余市蒸馏所都幸免于难。两个厂子都采取了一些预防措施来保护库存。在山崎，橡木桶被转移到了山里的坑道中。在余市，仓库环绕一片沼泽而建，而且相互之间留出了大量间隔，以最大限度降

低火灾的损失。最终两家蒸馏厂奇迹般地在战争中幸存了下来，它们的所有库存也都完好无损。

虽然不常被提起，但在战争最后的这些日子里还发生了一件有趣的逸事，事关臼杵工厂的建造。在冲绳的丁醇工厂被摧毁后，海军要求鸟井信治郎在九州东北部的沿海城市臼杵建造一家新工厂。动土仪式在 1945 年 8 月 15 日上午举行。这是一种传统的神道教仪式，在兴建之前向这片土地上的神鬼魂灵祈求宽宥，保护平安。然后在当天中午，昭和天皇通过广播昭告全体国民，宣布战争结束。对于那些来此举行仪式的人来说，在这个时刻想必是百般滋味在心头吧。臼杵工厂在 1947 年竣工，但其目的已经与原先设想的大不相同：它将被用来帮助生产托里斯调和威士忌，一款在 1946 年推出的全新产品。

毫无疑问，这场战争带来了消耗和破坏，但事后看来，两家公司显然都从中受益。由于受到军队管辖，他们得以获取各种原材料。大麦在战时是一种稀缺资源，但寿屋和大日本果汁都能获得稳定的供应。另一个好处则是军队对于威士忌有着巨大需求。一些产品便是专门为军方定制的，比如寿屋在 1943 年推出的碇印威士忌（瓶底有个船锚图案）。而按照大日本果汁的说法，海军购买了如此多的威士忌，使得在战争期间，他们成了公司的唯一客户；自己的产品在市面上则完全看不到。1944 年 11 月，大日本果汁被划拨陆军管辖。这导致了新老客户之间争夺威士忌的暗中角力。

事实证明，军队的支持对这两家公司来说至少有着三重好处：获取原材料（及土地），助长销售，以及省下原本需要投入市场营销的资金。鉴于在威士忌生产领域，情势变化的影响总是延后一段时间才会显现出来（因为存在熟成的这个时间差），这三重好处也帮助它们在战后实现了平稳过渡。

1945—1952 年

战后的头几年是一段非常混乱的时期。食物短缺严重。三位数的通货膨胀折磨着人们的生活，黑市的通货膨胀则更是高得匪夷所思。一瓶生产商卖 120 日元的威士忌在黑市上可以卖到 1500 日元，相当于当时 60 千克大米的价钱。这可非同小可，毕竟当时大多数人连饭都吃不饱。正规的威士忌生产商（本来也没有多少）难以获得大麦及其他原材料。进口更是没戏，因为国际贸易极其有限且严格受控。不出意料，鉴于黑市上的高额利润，大量原料成疑的威士忌开始充斥市场。在一些最好的情况下，它们像是回到了明治时代的仿制威士忌；而在一些最坏的情况下，它们会要人命。

还有一件事很快变得很明显，即另一帮人对威士忌的饥渴不下于当初的日本海军和陆军，那就是美国占领军。早在 1945 年 10 月 1 日，驻日盟军总司令令部（GHQ）就要求寿屋向他们提供威士忌。针对美军的高级官员，鸟井生产了一些珍稀老威士忌，并在酒标上标明这是"为美军特别调配"的。针对一般士兵，鸟井则推出了蓝丝带威士忌。由于大阪工厂已经在战争的最后几个月里被夷为平地，这些威士忌是在新的道明寺工厂（位于现在的大阪藤井寺市）生产的。当然，这里的反讽之处在于，这些威士忌当初原本是为日本军队制作的，这对鸟井信治郎来说实在有些苦涩，这位自诩的爱国者在他 66 岁的时候发现自己需要将这些威士忌卖给占领军。但他决心熬下去，也决心不让自己手下的 500 名员工失去工作。这些珍稀老威士忌和蓝丝带威士忌一直卖到 1949 年才停产。

不过，与此同时，鸟井并没有忽略日本消费者。1946 年 4 月 1 日，

珍稀老威士忌（1945）、蓝丝带威士忌（1945）及托里斯调和威士忌（1946）

寿屋推出了一款新产品——托里斯调和威士忌。"好喝不贵"是其宣传语，"纯净易饮"也在其酒标上写着。托里斯调和威士忌是款"三级威士忌"，而它所获得的成功开启了一场三级威士忌热潮。要想理解这里的"三级"是什么意思，我们需要岔道去趟税务局（参见对页的专栏）。

经济管控在战后恢复期仍在继续，但在 1949 年，出现了减少政府管制经济的一些举措。价格管控和补贴最终在 1950 年 4 月被取消，市场机制大体上得到恢复。当然，自由的（并非完全自由，但要比之前更自由的）经济意味着自由的竞争。

托里斯调和威士忌掀起了一场三级威士忌热潮。这是一个任何酒类生产商都容易进入的领域。三级威士忌要求的混合比例低于 5%。剩下的是调配用酒精，而对其原材料及其生产工艺，法律没有明文规定。基本上，它就是一种作为基底的食用酒精。这意味着人们可以在

酒税

　　1940 年，《酒税法》实施。显而易见，这是日本政府需要额外的收入来支持其战争开销。在当时的《酒税法》中，酒精饮料被分成九个类别（现行的税法则有十个类别），而且征税是简单按照数量计算的（日元 / 石，其中 1石约合 180 升）。表 3 列出了其中三个类别的税率，日本酒（清酒）、烧酒和威士忌，其酒精度依次由低到高。其中酿造税是在生产时征收的税，出货税则是在酒离开仓库时征收的税。

表 3　1940 年《酒税法》下的三个类别的税率（单位：日元 / 石）

	清酒	烧酒	威士忌
酿造税	45	48	50
出货税	55	55	70

　　随着战争愈演愈烈，政府需要寻找更多的收入。1943 年 4 月 1 日，酒税得到大幅提升。酿造税保持不变，但出货税大幅增加。此外，政府还引入了一种分级差别制度。对于威士忌来说，级别是根据酒精含量以及其中所混合的"本格威士忌"（honkaku whisky）比例来确定的。表 4 列出了三个级别的威士忌及其对应的酒精度、混合比例、酿造税和出货税。方括号中的数字表明范围不含此数值，也就是说，"0—[5]"表示混合比例低于 5%。此外，所谓"本格威士忌"要求酒龄至少三年。

表 4　1943 年分级差别税制下的威士忌税率（单位：日元 / 石）

	三级	二级	一级
酒精度	37%—39%	40%—42%	43%
混合比例	0—[5]	5—[30]	30+
酿造税	50	50	50
出货税	350	470	570

　　1944 年，酿造税被取消，但出货税有增无减。三级和二级威士忌的提高到 600 日元 / 石，一级威士忌的则提高到 1000 日元 / 石。

不添加一滴"本格威士忌"(也就是说，麦芽威士忌)的情况下制作出"威士忌"。只要有渠道获得食用酒精，有手段模仿威士忌的颜色、香气和／或口味，任何人都可以生产三级威士忌。

按照三得利的说法，鸟井信治郎在托里斯威士忌中加入了"大量正宗制作的威士忌"。显然，这必须低于法律规定的5%上限。在大日本果汁那边，竹鹤政孝则不情愿生产三级威士忌。他认为这种产品不值得他花费自己的时间和技艺，也无疑不配叫"威士忌"。他所关注的是一级威士忌，即混合比例在30%以上的那个类别。

在1950年前后，一瓶三级威士忌的平均售价是约300日元。一瓶一级威士忌则要贵得多，达到约1350日元。作为参考，当时日本人的平均年薪是10万日元。显而易见，一般人是负担不起一级威士忌的。事实上，一级威士忌甚至不在大多数烟酒店，而是在高档百货店里售卖，被有钱人拿来作为特别礼物之用。

到了1950年，大日本果汁陷入了困境。有理想固然好，但他们需要见到切切实实的利润。寿屋那边在到处推广托里斯威士忌，而且销售喜人。在大日本果汁这边，财务数据则让人看着担忧。由于战后的高通货膨胀，各种成本(从原材料到人工薪资等)都在显著增加。又由于公司专注于一级威士忌，这些成本难以抵消。20世纪40年代末，情况甚至恶劣到他们连给政府的酒税都难以支付了。

时任国税厅长官高桥卫催促竹鹤开始销售三级威士忌。虽然不情愿，但他还是屈服了。1950年8月，他向员工做了发言。"不要忘记我们在生产威士忌上的那份骄傲，"他说道，"但也要理解现在的情势。"在接下来那个月，公司携着其珍稀老日果威士忌(也被称为特别调和威士忌)加入三级威士忌市场。就像鸟井四年前在托里斯上所做的，竹鹤也使用了法律限定范围内的最高混合比例。珍稀老日果威

珍稀老日果威士忌在1957年的一则广告

士忌最初以口袋瓶的形式发售（180毫升，37% 酒精度，150日元）。后来在 1951 年 5 月和 10 月，又分别有了 720 毫升的圆瓶（600 日元）和 500 毫升的角瓶（380 日元）包装。

珍稀老日果威士忌看起来已经让大日本果汁起死回生。公司在 1950 年的净利润比上一年翻了两番；一年后，销售额翻了一番。不过，他们还没有完全走出危机。竹鹤在制作珍稀老日果威士忌时没有使用任何人工调色剂或调味剂，而且鉴于法律要求，陈年的麦芽威士忌只占最终产品的一个很小比例，瓶内的酒体因而被认为口感过于寡淡。他们于是试验利用自制焦糖来上色。另一个问题是价位。尽管它已经相对较便宜，但它仍然比托里斯威士忌（640 毫升，360 日元）要贵。

1950 年，寿屋推出了一款事实证明将在接下来数十年间都持续热销的产品——老三得利。鸟井在十年前就已经构想出这款产品（包括其酒标设计），但 1940 年是个动荡的年份，战时的环境很难说是个推出一款高品质产品的合适时机，于是计划被搁置。到了 1950 年，鸟井觉得是时候了。老三得利（760 毫升，43% 酒精度，一级威士忌）使用了一种造型独特的棕色瓶子，有点像那款著名的苏格兰

来自20世纪50年代末60年代初的老三得利

调和威士忌——布坎南精选（Buchanan's De Luxe），但要更圆一点。由于其瓶型与传统的达摩玩偶相像，所以老三得利也被昵称为"达摩"。

"老"无疑是个当时的热门用词。但从其1956年在《新闻周刊》上的一则广告判断，老三得利威士忌确实是老的——至少就当时的标准来说。广告声称，这款威士忌"使用精选的金瓜大麦精心蒸馏而成……在雪利桶中熟成8—15年"。当时在日本，没有其他人能够提供如此高规格的产品。

1952—1964年

1953年后，日本经济进入了一个高增长时期。日本人通过电影、电视剧、杂志和广告所感知到的标准"美式生活方式"成了他们所追求的理想。住在一处美式的郊区房子里，家里还配备电视、冰箱和洗衣机，这成为日本中产阶级的终极梦想。1953年，纪之国屋在东京青山开设了日本的首家超市。热闹的酒吧和咖啡馆也开始兴起，喝洋酒一时间蔚为风潮。威士忌无处不在。直到1958年，它都是日本消费量最多的酒精饮料。后来它虽被啤酒所超越（而且必须说，还超过甚多），但在接下来的数十年里，它仍牢牢占据着第二的位置。

在大日本果汁，他们也意识到时代在改变。直到1952年，北海道都是他们的主要市场，占到了其销售额的60%。于是他们下一步想要做的是，在全国打响品牌知名度。为此，公司在1952年做了一些结构调整。4月，公司总部由余市搬到了东京日本桥。8月，公司更名为日果威士忌株式会社，毕竟公司从1945年开始就没再生产果汁了。到了11月，一家位于东京麻布的新装瓶厂建造完成。他们显然是认真的。不过，事情并没那么容易。在后来回忆自己的一生时，竹鹤说1953年是最艰难的一年。而其中最让他不堪回首的是，必须到各银行乞求贷款。1954年夏，两位创始股东（芝川又四郎和加贺正太郎）将他们的股份卖给了现在已是朝日啤酒首任社长的山本为三郎。由此，朝日啤酒（连同住友银行一道）持有了日果51%的股份。到后来，这将被证明是巨大的助益。

在寿屋（那时仍然叫这个名字），公司内也出现了一股新风。在这个时期，佐治敬三开始越来越多地代表他父亲出场。佐治敬三是鸟井信治郎的次子，在读小学时被母亲那边的一位亲戚收养，改了姓，但后来继续在亲生父母那边生活。1945年10月，从海军退伍后不久，佐治加入了寿屋。他倡导用一种更科学的方法来进行产品研发，并在1946年2月在公司内部设立了一个研发实验室——食品化学研究所。看起来鸟井并没有向他的儿子们传授如何制作威士忌。可能他觉得最好让他们自己摸索这里的门径，就像当初他自己所做的那样。在这个意义上，佐治是自学成才的。

二级威士忌（用语的变化参见下页专栏）市场利润很丰厚，但竞争也很激烈。第045页的表6列出了1953年其主要竞争者及相应价位。

就每百毫升单价而言，托里斯难逢敌手，其市场占有率也是如此。直到1956年11月，日果才得以推出一款同等价位的产品，圆瓶

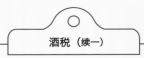

1953 年，《酒税法》进行了修订。其中一些修改只是名义上的，还有一些则要更加实质性。

首先，分级进行了重新调整：旧体系中的一级 / 二级 / 三级威士忌分别变成了新体系中的特级 / 一级 / 二级威士忌。新的分级体系具体如下。

表 5　1953 年的威士忌分级制度

	二级	一级	特级
酒精度	37%—39%	40%—42%	43%
混合比例	0—[5]	5—[30]	30+

在混合比例上，一个说法发生了改变。"本格威士忌"的说法变成了"原酒"（genshu）。对于不同类型的烈酒来说，原酒指代不同的东西。就威士忌而言，原酒可以理解为"未加水稀释的麦芽威士忌"。

这个说法上的改变看起来无关紧要，但实则不然。本格威士忌在过去被定义为"由谷物经过发芽、发酵、蒸馏以及至少熟成三年而成"。然而，原酒并不包含上述定义的最后一部分，即"至少熟成三年"的部分。那些刚从蒸馏器蒸馏得到的酒液就是原酒。很明显，税务部门对此是务实的。在当时，市面上所消耗的 80% 的威士忌是二级威士忌（即最低等级的），而且需求量巨大。为了帮助生产商在短期内生产"威士忌"，至少熟成三年的要求被移除了。而作为一家"威士忌"生产商，现在你完全掌控了产品的前置时间：如果你不喜欢等待，那就不需要再等待。但一时的务实决策会带来深远的影响。品质往往会成为牺牲品，除非生产商力求卓越，坚持高标准严要求。说来令人气馁，这个至少熟成三年的要求截至 2022 年仍未被放回法规里。

一些过去的托里斯酒瓶

日果（Marubin Nikky，640 毫升，37% 酒精度，330 日元）。他们在法规允许的范围内尽可能多地加入了优质麦芽威士忌，但仍然无法将托里斯从其王位上推下来。圆瓶日果于 1964 年停产。托里斯则直到今天仍在市面上有售，尽管其配方想必已经与过去的大不相同了。

表 6　1953 年日本国内威士忌生产商的主要产品

	价格（日元）	容量（毫升）	每百毫升单价（日元）*
欧逊（角瓶）	330	550	60
45	330	550	60
理想	330	550	60
日果（新角瓶）	340	550	62
日果（圆瓶）	500	720	69
国王	500	720	69
银色（圆瓶）	500	750	67
托里斯	340	640	53

* 每百毫升单价四舍五入为整数

有如此多的产品在市场上争夺消费者的青睐，品牌建设就显得尤为重要了。大厂商用以推广其旗舰产品的方法之一是，开设官方酒吧。这不是什么新策略。寿屋早在 1938 年就在大阪梅田开设了第一家三得利酒吧。第一家托里斯酒吧也于 1950 年在东京池袋开业。然而，从 20 世纪 50 年代中期开始，"官方酒吧"出现了一个大爆发。当时仅寿屋一家据说就在全国范围内拥有 35 000 家酒吧，分别主打托里斯或三得利品牌。这些托里斯酒吧在很大程度上帮助消除了人们过往对于酒吧的脏乱差印象。酒水和小食的价格在所有门店里都是统一的。一杯纯饮威士忌 40 日元，一杯嗨棒 50 日元，一杯金菲士 100 日元。这些酒吧提供了一个在一天忙碌之后放松自己的地方，而且酒吧的氛围被设计成让女性也感到可以安心进入。有趣的是，这些酒吧并不想让男女一起入内。分开入内是可以的。我猜测这旨在不鼓励夫妇光临这些酒吧，可能这也让它们成了邂逅的好地方。但有一件事情

《洋酒天国》的一些封面

是可以确定的，这些酒吧一度非常受欢迎，因为其他品牌很快就纷纷跟进，设立他们自己的酒吧。

广告和公关是寿屋另一个不遗余力的领域。1956 年 4 月，佐治敬三开始出版一份名为《洋酒天国》的内刊。它被设想成一份教育性质的杂志，只不过切入点有点特别。通过刊登一些受大众欢迎的成熟内容（好玩但有深度）以及零星的女性裸体照片，它旨在成为"一本关于酒和有趣事物的教科书"。起初，杂志的发行量约为 2 万册。后来它被分发到全国各地的托里斯酒吧，很快变得非常受欢迎。人们会聚集到酒吧去阅读最新一期杂志。在其最鼎盛时期，杂志的发行量高达 24 万册。

佐治敬三坚信，他们不仅仅是在销售一款产品，还是在推销"一种生活方式，而该产品存在于其中"。从 1958 年开始，一个十人团队被委派制作一些能够反映该理念的广告。1961 年推出的两则特别幽默的托里斯广告尤其值得一提。在第一则中，开高健想出了一个文案："我想要活得有人样／我想要喝托里斯，活得有人样／因为这是人应有的样子。"另一则由山口瞳构想的"梦想"广告则一推出就席卷了整个日本。其广告语主打"喝托里斯，去夏威夷！"，同时配以

托里斯的"活得有人样"广告　　托里斯的"梦想"广告

一个大规模的抽奖活动，以赢取前往夏威夷的机会。在那个去夏威夷旅行看起来还是一个遥不可及的梦想的时代，这则广告抓住了人们的想象并激发了他们对于海外旅行的渴望。这两则广告（连同其他很多广告）都以柳原良平设计的"托里斯叔叔"为主角。这个可爱的漫画形象是我们在现实生活中都可能会遇到的人：三十过半却还单身一人，为人正直，有点懦弱但又很固执，喜欢女士却临到要紧关头就不知所措。即便到现在，托里斯叔叔的形象依然广受欢迎。

寿屋的人知道广告的重要性，但他们也知道，如果没有高品质的产品，在这个领域做再多努力和再好的创意都将毫无意义。正如鸟井信治郎所说的："不论我们的产品在宣传上做得有多好，它们必须首先是高品质的。我们不能做广告，除非我们对自己的产品有信心。如果我们的宝贵客户开始抱怨虚假广告，那么我们的成功就走到头了。所以首要的工作是，我们必须打造出绝对优质的产品。"

1960 年 5 月，鸟井信治郎在新大阪酒店举办的公司创立 60 周年纪念活动上推出了他操刀的最后一款产品——三得利洛雅（Suntory Royal）。其风味特征是基于一项对于日本人独特口味的细致研究而打造的，其调配则是在佐治敬三和佐藤干（公司的第二代首席调配师）的密切合作下完成的。当初在品尝儿子完成的最终调配样品时，鸟井信治郎闭上眼睛，说道："这香气让我联想到樱花树下，落英缤纷。"转年，他将公司交给了佐治敬三。

在日果，人们也没有懈怠。尽管从 20 世纪 50 年代中期到 60 年代初期是二级威士忌的天下，但日果仍在坚持生产特级威士忌。1955 年 11 月，他们推出了金标日果（Gold Nikka，43% 酒精度，2000 日元）。1956 年 6 月，他们又推出了黑标日果（Black Nikka，43% 酒精度，1500 日元）。在某种意义上，这是一款超前于时代的产品。将近 10

金标和黑标日果在1957年的一则广告　　初版的超级日果（1962年）

年后（到那时，已改为角瓶包装），它开始大受欢迎。直到今天，它仍然在销售。

1962 年 10 月，日果推出了他们最贵的产品——超级日果（Super Nikka，43% 酒精度），售价 3000 日元。在当时，一名大学毕业生首份工作的平均年薪才约 18 000 日元。超级日果对竹鹤政孝来说还有一个特殊意义。他的妻子丽塔在上一年过世，而为了转移悲痛，他将全部精力都倾注在了开发一款新产品上。其结果就是这款超级日果。竹鹤想要找到与之相配的呈现方式，并最终为此不惜手工吹制玻璃瓶。每个瓶子的瓶塞也需要经过人工挑选，以保证瓶口严丝合缝。单是酒瓶的生产成本就要 500 日元，比一瓶二级威士忌的零售价还要高。其年产量因而被控制在了 1000 瓶。

就在超级日果推出的几周前，为了提升自己在二级威士忌市场的竞争力，日果推出了超值日果（Extra Nikka，37% 酒精度，640 毫升，330 日元），以替代原先的圆瓶日果。在知名广告公司电通的帮助下，他们成功地让超值日果成为日本第二畅销的威士忌，仅次于托里斯。

20 世纪 60 年代初期是一个日本威士忌界充斥着乐观主义和进取

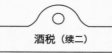

酒税（续二）

1962 年，《酒税法》再次修订。这次有两个主要变动。其一是略微调高较低级别威士忌的混合比例要求，同时调低特级威士忌的混合比例门槛。为了方便比较，表 7 列出了旧版（1953 年）与新版对于混合比例的不同要求。

表 7　1953 年与 1962 年的威士忌分级制度比较

	二级	一级	特级
酒精度	37%—39%	40%—42%	43%
混合比例（1953 年以后）	0—[5]	5—[30]	30+
混合比例（1962 年以后）	0—[10]	10—[20]	20+

其二则是对高价酒开征一种从价税，即对价格超过一定门槛的商品（不只是威士忌，还包括高档清酒、葡萄酒等）征税。对于威士忌，当时它仅适用于特级威士忌。但到了 1971 年，一级和二级威士忌也被纳入该从价税的课税范围。

精神的时期。佐治敬三此时经营着寿屋。他的三把火之一是进军啤酒行业。鉴于当时日本国内的啤酒市场已经被三大公司（朝日啤酒、札幌啤酒和麒麟啤酒）完全垄断，这被一些人认为是痴人说梦。到了 1963 年 4 月底，其第一款产品三得利啤酒面世。而在两个月前，公司已经正式更名为三得利。事实证明，从零开始销售啤酒是一项艰巨的市场营销工作，但那是属于另一本书的故事了。

佐治还将目光投向了国外市场。1962 年 5 月，他在墨西哥城成立了三得利墨西哥分公司，开始在当地生产托里斯威士忌。原计划是迅速攻占当地市场，但事实很快证明这是个一厢情愿的想法。墨西哥的工厂在 1963 年 10 月下旬开始投产。我们不清楚那里的威士忌具体是如何生产的，也就是说，是山崎蒸馏所蒸馏的麦芽威士忌被散装出口到墨西哥并与当地产的调配用酒精进行调配，还是连麦芽威士忌也是墨西哥当地生产的？可能一两瓶当时生产的威士忌还在墨西哥的某处阁楼或某个尘封货架上等待被人发现。比较一下同时期在墨西哥生产的与在日本本土生产的托里斯威士忌，想必一定会很有趣！

说回到日本，1963 年，三得利和日果的威士忌产能显著提升。在三得利，山崎蒸馏所的麦芽威士忌产能大幅提升。自 1958 年以来，该蒸馏厂已经配有 4 个壶式蒸馏器。但在 1963 年 1 月，数目增加到了 8 个。这意味着产能翻了一番。而日果则在西宫市建立了一家生产科菲谷物威士忌的工厂，工程耗资惊人的 1.5 亿日元。两家公司显然都已经准备好大干一场了。

1964—1972 年

1964 年 2 月，日果推出了一款新产品——嗨日果（Hi Nikka，720毫升）。它是一款二级威士忌，但酒精度达到了 39%。这是非同寻常的，当时大多数二级威士忌产品的酒精度为 37%，即该类别的要求下限，因为更少的酒精意味更多的利润。嗨日果定价 500 日元。他们首先在东京地区销售该产品，然后在全国范围内铺开。次月，三得利推出了三得利红标（720 毫升，39% 酒精度，500 日元）。乍看上去，这很容易被解读为一个因应之举。然而，三得利能够在如此短的时间内推出一款与日果相同规格的产品是成疑的——当然，除非是利用了内部消息。但再一次地，我们可能永远无从知道。当时三得利方面的想法可能是，现在是时候给喜欢托里斯的消费者提供一个替代的升级选项了。

一些三得利红标的老酒瓶，前面则是一个托里斯叔叔形象的牙签盒

  1964 年初的这些事件引发了后来所谓的"500 日元威士忌战争"。第三大威士忌生产商三乐欧逊（由三乐和欧逊在 1962 年合并而成）推出了 M&S，后者不出意料，也是一款二级威士忌，以 39% 酒精度、720 毫升容量装瓶，售价 500 日元。其他厂商也纷纷效仿。转年，这场"威士忌战争"进入了第二阶段。

  1965 年 9 月，日果推出了一款新版的黑标日果。原来在 20 世纪 60 年代初，竹鹤政孝开始筹划一个生产谷物威士忌的项目。在那之前，日本的调和威士忌都是使用所谓的"调配用酒精"制作而成的，后者可以是任何东西，而且通常未经橡木桶陈年。竹鹤一直热切想要遵循苏格兰的做法，使用谷物威士忌来制作调和威士忌，于是他在兵库县西宫市建立了一家谷物威士忌蒸馏厂。这个项目是在朝日啤酒的山本为三郎的大力帮助下完成的。第一批谷物威士忌于 1964 年 10 月在那里生产出来，一年后，第一款使用西宫产谷物威士忌调配而成的调和威士忌面世。那就是新款黑标日果。这是一款一级威士忌（42% 酒精度，720 毫升），售价 1000 日元。

日果以新款黑标日果替代自己原先的特级角瓶（toku kaku），并使用了下述广告语："比角瓶（kaku）更好喝——1350日元价位的产品在日果已经成为过去。"这里指的是他们自己的角瓶（旧款黑标日果）。日果觉得这比他们的旧款黑标日果更好喝，原因之一是新产品是使用谷物威士忌制作而成的，而非调配用酒精。

一则新款黑标日果在1965年的广告，其中就出现了科菲蒸馏器（左侧）

然而，这里的措辞终究有点不谨慎，导致三得利很快找上了门。在当时，三得利也有一款售价1350日元、著名的角瓶包装产品（被消费者昵称为"角"）在市面上销售。三得利认为日果广告所提到的"角瓶"指的是他们的角瓶，也就是说，对方是在说新的日果一级威士忌比三得利的特级威士忌还要好喝。三得利于是指控日果利用广告误导消费者并涉嫌诋毁，还向全国的酒类商店发出了一封抗议信。在信中，他们还表达了对于日果推销其新款黑标日果之方式的不满。

显而易见，日果自豪于他们打造出了一款使用传统科菲蒸馏器蒸馏出来的谷物威士忌调配而成的新产品，并在他们的广告里强调了这一点。然而，三得利反对日果所提出的认为谷物威士忌比调配用酒精更有风味、更能提升一款调和威士忌之口感的说法。而三得利的论据是，在苏格兰，谷物威士忌被视为一种"沉默的"成分，其唯一作用只是稀释麦芽威士忌的味道，以使其更加易饮——换言之，它并不添加风味。

1965 年 11 月 5 日，三得利推出了金冠（Gold Crest，720 毫升，42% 酒精度，1000 日元）。"1000 日元威士忌战争"即将打响。在接下来的六个月时间里，两家公司在媒体上进行了激烈对抗，包括刊登整版的报纸广告。

双方在接下来几年里持续竞争。1966 年，三得利推出了大瓶装的三得利红标（1440 毫升）。他们将其定价为 900 日元，并在广告中主打"加量一倍，便宜一百"（720 毫升装的三得利红标售价 500 日元）。此时，三得利红标已经超越托里斯，占到了公司威士忌销售的 60%。在大瓶装红标获得成功之后，三得利接着推出了大瓶装托里斯和大瓶装白标。日果也在 1967 年做出回应：一款大瓶装的嗨日果，售价 1000 日元（价格加倍），但消费者其实得到了比加倍量更多一点的威士忌，因为其所用的瓶子容量 1600 毫升。当时的威士忌爱好者无疑将为哪款产品的性价比更高而争论不休，当然，这也正是这些厂商想要看到的。在这方面的竞争将持续到 20 世纪 70 年代。1976 年，日果开始推出一款桶装的嗨日果（1920 毫升，1380 日元）。三得利也不甘示弱，以完全相同的包装，完全相同的价格，推出巨无霸红标（Red Jumbo）相应对。

相较于市面上的其他威士忌，这些威士忌更具有超高的性价比。比如，当时尊尼获加红牌的售价约为 5000 日元，十倍于这些威士忌。当然，品质上会有所差异，但鉴于当时日本人喝威士忌的方式（大多数是以嗨棒的方式），这种差异并不会太明显。

在这场"威士忌战争"期间，为了争夺消费者，并将之绑定在自己的产品身上，各厂商可谓想尽了办法。附送赠品几乎成为一个必选动作，一个小酒杯或诸如此类的东西，任何有可能在烟酒店影响顾客购买行为的东西都被用上了。另一个策略是"存酒"制度，后者在这

酒税（续三）

1968 年，三个级别威士忌的混合比例要求再次进行了修订，具体如表 8 所示。

表 8　1962 年与 1968 年的威士忌分级制度比较

	二级	一级	特级
酒精度	37%—39%	40%—42%	43%
混合比例（1962 年以后）	0—[10]	10—[20]	20+
混合比例（1968 年以后）	7—[13]	13—[23]	23+

除了在各级别全面提升威士忌的相对品质，这里重要的一点是，从 1968 年开始，再也不可能不加入任何麦芽威士忌成分而制作出威士忌（也就是说，调和威士忌，毕竟当时市面上的所有日本威士忌都是这种类型）。完全假冒的仿制威士忌最终成了历史。

个时期开始被引入酒吧。这个制度的妙处在于简单易行：客人在酒吧购买一整瓶威士忌，然后将写有自己名字的挂牌绑在酒瓶上，将酒存在酒吧。这招很聪明，不仅将客人与酒绑定在一起，还将其与酒吧绑定在一起。另一个额外好处是，它可以防止以次充好，也就是说，酒吧在酒瓶内装入更便宜（因而也更低品质）的酒和 / 或一点点加水稀释。消费者购买的是一瓶未开瓶的酒，所以不用担心被人调包。这让在酒瓶上写着自己名字的消费者和生产商都安心。

在 1964—1972 年间，日本的威士忌产量从 5800 万升增加到 1.66 亿升。威士忌成为一种广受社会各阶层人士喜爱的休闲饮品。看一下统计数据可知，大众不仅喝得更多，而且喝得也更好——或至少，想要喝得更好。1964 年，37% 酒精度（即所允许的最低品质）的威士忌

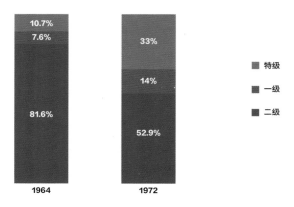

图 1　不同级别日本威士忌在 1964 年和 1972 年各自的市场份额

占所有威士忌销量的 64.5%。到了 1972 年，这个比例下降到了 16%。
图 1 表明了二级、一级和特级威士忌在 1964 年和 1972 年时各自的市场份额，从中可以看到一种从二级威士忌向一级和特级威士忌迁移的趋势。

　　二级威士忌在 20 世纪 60 年代末 70 年代初仍然卖得火热，但一级和特级威士忌正在慢慢变得不那么小众。当时三得利占据了特级威士忌 90% 的市场份额。另一方面，尽管经过十多年的不懈努力，日果仍然未能在这个市场有所成就。1968 年 10 月，日果推出了 G&G 威士忌（Gold & Gold，760 毫升，43% 酒精度，1900 日元）。在那之前，日果的特级威士忌产品大多只在百货公司作为礼品销售，不怎么能够在酒吧及其他卖酒的场所见到。当 G&G 推出时，日果的销售团队决定开拓一下新渠道。他们尽其可能地拜访银座的各家酒吧，而在该地区的 1400 家酒吧中，最终有 800 家酒吧同意将 G&G 上架。

　　1970 年 11 月，日果的其他特级威士忌产品也改换了包装。为配合手工吹制玻璃瓶而准备的繁复工艺被舍弃，超级日果于是使用了形

1969年夏推出的日果礼盒套装的广告　　三得利秘藏

状大小一样的机制瓶（760 毫升，43% 酒精度，3000 日元）。虽然外观要做得好看，但归根结底，还是瓶中之酒最要紧。

1971 年 6 月，日本宣布采取新的《综合对外经济政策》，包括贯彻进口自由化、降低关税、消除非关税贸易壁垒以及推动资本自由化等。在很早期的时候，日本的威士忌生产商就意识到新的自由贸易体系将对其业务产生深刻影响。为了纪念公司创立 70 周年，三得利在 1969 年推出了一款三得利秘藏（Suntory Reserve，760 毫升，43% 酒精度，2700 日元），一则为其而做的广告中就有这样一句广告语："不要将它视为一款日本产品，要将它视为一款国际产品！"

三得利秘藏的这则广告反映了日本本土威士忌生产商在面对可能打入国内市场的外国品牌挑战时的决心。那个一团和气地分食国内市场蛋糕的日子已经过去了。要想守住既有的份额，或者抢夺更大的份额，就需要适时结盟并增强自身实力，而这正是日本的威士忌生产商在自由贸易体系转型期间所做的。

1972—1984 年

基于来自国外的竞争会日益增加的预期，日果和三得利都开始积极扩充自身的武器库。然而，这不仅仅意味着生产更多的威士忌，它还意味着生产更好的威士忌，意味着需要拥有更多样的调配用成分可供自己选择。但不像在苏格兰，蒸馏厂之间相互交换库存的做法在当时（现在仍然）很常见，日本的威士忌生产商在当时（现在仍然）不得不在自己内部创造出这种多样性。日果已经于 1969 年在仙台市设立了第二家麦芽蒸馏厂（宫城峡）。三得利则于 1972 年在爱知县知多市建立了一家谷物威士忌蒸馏厂，隔年又在山梨县北杜市的白州町新建了第二家麦芽威士忌蒸馏厂。

很明显，品质需要成为日本威士忌生产商的关注重点。1972 年底，进口关税被调低，苏格兰威士忌因而变得便宜很多。仍以尊尼获加红牌为例，其价格从 5000 日元降至 3500 日元，降幅达 30%。不出意料，苏格兰威士忌的进口量也几乎随即飙升，1973 年的进口量便是开放自由贸易前（1970 年）的三倍。尽管国产威士忌到那时为止一直是日本消费最多的威士忌品类（到本书写作之时仍是如此），但这个趋势已经足够显著，使得国产威士忌的生产商不得不时刻保持警惕。

到了 1972 年底，日本威士忌的版图上出现了一位新玩家——麒麟-施格兰。1972 年 8 月，麒麟-施格兰公司成立，并在富士山脚下开始建设一家蒸馏厂。其构想是成为一家综合性的威士忌生产工厂，从麦芽和谷物威士忌蒸馏到调配及装瓶都可以在一个地方完成。富士御殿场蒸馏所最终在 1973 年 11 月，即中东石油危机爆发一个月后落成。

1973 年的石油危机使两年前由"尼克松冲击"（当时美国宣布放弃将美元与黄金挂钩，并对所有进口产品加征 10% 的进口附加费，由此导致美元贬值）造成的通货膨胀加速。民众不得不增加储蓄，减少消费。这进而导致工业投资减少，特别是对工厂和设备的投资。但奇怪的是，这些趋势都没有在日本的威士忌市场有所体现。威士忌仍然卖得很好。事实上，人们差不多就像囤积卫生纸一样开始囤积威士忌。全国各地的零售商都在求着索要更多存货，而生产商也在加班加点以满足增长的需求。

在 1972—1979 年间，酒类的整体消费量增长了 25%，但其中威士忌的消费量增长了 118%。鉴于当时威士忌越来越多地被视为一种奢侈品，这样的增长看起来有点怪异，但这也反映了人们愿意为更好的品饮体验而付出更多的金钱。到了 20 世纪 70 年代末，特级威士忌的市场份额已经大幅超过其他更低级别的威士忌（图 2）。

从 20 世纪 70 年代中期开始，市场上开始出现一些超高级或"尊贵级"威士忌。1976 年 7 月，三乐欧逊推出了轻井泽单一麦芽威士

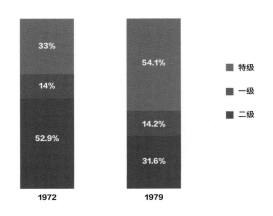

图 2 不同级别日本威士忌在 1972 年和 1979 年各自的市场份额

忌（43% 酒精度，720 毫升），单瓶售价 15 000 日元。1976 年 10 月，日果推出了鹤（43% 酒精度，760 毫升）。这款产品从公司创立 40 周年（1974 年）开始研发，其中包含大量来自余市和仙台产的麦芽威士忌，并装在一个由则武公司制作的精美瓷瓶中。鹤最终成为竹鹤政孝操刀的绝唱，他于 1979 年 8 月 29 日去世，享年 85 岁。

1977 年 6 月，三得利的一款新产品在这场尊贵化竞赛中拔得了头筹。这款产品名字就叫 "The Whisky"（43% 酒精度，760 毫升），酒瓶采用一个特别设计的有田烧瓷瓶，零售价则高达 50 000 日元。这几乎是当时一位普通工人月薪的三分之一。我们现在已经很难判断其中的酒液是否值得这么高的价码。由于经过数十年的蒸发，有幸留存下来的一些装瓶的水线已经低了很多，所以我们很难判断它们在刚推出时喝起来是什么样子的。

尽管在 20 世纪 70 年代，特级威士忌是焦点，但威士忌生产商并没有忽略较低级别的威士忌。1975 年 3 月，日果推出了黑标日果 50

黑标日果50

（Black-50，一级威士忌，40% 酒精度，1000 日元），旨在面向想要以一个合理的价格喝到正宗威士忌的年轻人。它将来自余市和仙台产的麦芽威士忌与使用科菲蒸馏器蒸馏出的谷物威士忌调配到一起，口感柔和。另一方面，包装则旨在给人"强健阳刚"之感。

在 20 世纪 70 年代，大多数人都是以"水割"的方式喝威士忌的（对此的更多信息可参见第 510 页）。这样的喝法使得其酒精度降到了跟

酒税（续四）

1978 年，三个级别威士忌的混合比例要求再次得到调整，具体如下。

表 9　1968 年与 1978 年的威士忌分级制度比较

	二级	一级	特级
酒精度	37%—39%	40%—42%	43%
混合比例（1968 年以后）	7—[13]	13—[23]	23+
混合比例（1978 年以后）	10—[17]	17—[27]	27+

很明显，能够取得优质的麦芽威士忌由此变得越来越重要。不过，对于那些并未拥有自己的麦芽威士忌蒸馏厂的生产商来说，这倒不是一个障碍。随着贸易自由化，他们很快发现，还有另一个以相对便宜的方式取得优质麦芽威士忌的途径：从苏格兰大批量散装进口。

清酒类似，后者的酒精度通常在 15% 左右。三得利从中看到了二级及一级威士忌的一个新商机。清酒通常是在吃饭时喝的。显然，以长饮的方式喝威士忌也可以成为一种新颖的佐餐选择。1972 年 2 月，三得利发起了"筷子行动"，希望说服那些用筷子吃饭的地方（寿司店、居酒屋等）也能将威士忌放进饮品单里。起初，这些店家对这个建议并不感兴趣。其反对理由也大多出于实际考量，威士忌酒瓶在已经紧巴巴的店铺空间里太过占地，诸如此类。三得利很快给出了一些巧妙的解决方案。他们开始提供 50 毫升的迷你瓶（小酒版），这样客人就可以在不麻烦店家的情况下自己制作两份水割威士忌。他们还推出了 180 毫升的小瓶装，可供几个人一起享用。同样地，只要手头有一瓶小瓶装威士忌、一壶水、一些冰以及想要喝酒的各人面前的一个杯子，客人便可以自己解决，不用烦劳他人。当客人离开时，这些迷你瓶或小瓶装应该已经空了，可以直接收起来。至于标准的大瓶威士忌，客人可以选择"寄存"在店里。这样做无疑会占些地方，但也能鼓励客人再次光顾。经过这次推广活动，老三得利变得尤其受欢迎。

在这些威士忌大厂占据的威士忌主舞台边上，当时也出现了一个有趣的动向。一些所谓的"地威士忌"（ji-whisky）在20世纪80年代前期开始兴起。许多小的酒类生产商开始主推他们的威士忌产品，将它们作为那些大生产商的知名品牌的替代选择加以推广。大多数这些厂商都在战后断断续续生产过威士忌，但通常只是作为非主营的业务。到了20世纪70年代末，随着日本的威士忌销量猛增，他们开始调整业务，主推自己的威士忌产品。这催生了1983年前后的一次"地威士忌"热潮。

"地"（ji）这个前缀现在常常被翻译成"手工的"，比如20世纪90年代中期出现的"地啤"（ji-beer）现象就一般被翻译成"手工啤酒"或"精酿啤酒"。然而，在"地威士忌"热潮出现之时，并没有这样的所谓"手工〇〇"概念，所以将之称为"手工威士忌"或"精酿威士忌"不仅是时代误植，还会引出一些与这些"地威士忌"生产商当时所作所为不符的联想。实际上，这些生产商大多数并未拥有足以从零开始生产威士忌的设施、设备或实操知识，它们中有些使用临时设备来蒸馏麦芽，大多数则仰赖从国外（主要是从苏格兰，也有从美国和加拿大）散装进口麦芽和 / 或谷物威士忌，其中有些甚至不曾生产过所装瓶的哪怕一滴酒液。如今，我们会将它们中的有些称为调配酒商、加工商、调配商、NDP（即查克·考德利所谓的"非酒厂型生产商"），或者江湖骗子。

在20世纪80年代初期，日本的大多数威士忌消费者并不在意酒的产地和正宗与否，所以这些小品牌产品由于消费者的好奇而受到欢迎，并被视为"地方酿造"而成为那些比比皆是的大品牌产品的替代选择。在日语中，"地"意为"土地"或"地方"，所以不论是就语言，还是就当时消费者的感知而言，对于"地威士忌"的一个更好翻译会是"地方威士忌"。这里的反讽之处在于，由这些"地威士忌"生产商售出的大量威士忌其实包含来自世界另一头（苏格兰、美国或加拿大）所产的成分，与日本的不论哪处"地方"都相距甚远。

同时，日本的威士忌消费量增长速度开始放缓。在1980—1983年间，它仅增长了4.7%。酒税在1978年、1981年和1984年相继调高，由此导致价格攀升。在1978—1984年间，随着生产商因应各次酒税提高而调高售价，威士忌的价格看起来一年比一年贵。到了1984年，平均而言，价格比1978年之前高了约50%。

另一方面，当时在日本，威士忌还要面对一股"烧酒热潮"的挑战。在20世纪60年代和70年代初期，烧酒业已被视为一种低廉的、工人阶级的、不够精致的饮料。许多新近富裕起来的日本人将之视为一种廉价的劣质酒而不屑一顾——它们只适合农民和渔民喝。到了20世纪70年代中期，人们对于这种无色透明的烈酒已经几乎没有什么关注或需求。然而，在美国和欧洲，一场"白色烈酒革命"正在发生。1974年，在美国，伏特加的消费量超过了波本威士忌。受此鼓舞并相信这股风潮终将来到日本的宝酒造开始研发一款高品质的烧酒，旨在重振烧酒在消费者心目中的形象。他们于1977年推出了"纯"（Jun）。通过使用一种独特的过滤技术，这款烧酒得以口感更加顺滑，并带有淡淡的清香——所有这些都给人"纯净"之感。

接下来的事情就众所周知了。"纯"催生了一股烧酒热潮。宝酒造开始推出罐装的烧酒嗨棒。他们还请来约翰·特拉沃尔塔为产品做代言，拍摄了一系列令人难忘的广告。年轻一代可能不清楚父辈们对于烧酒的低评价，也可能正是因为太过清楚，他们展现出了对于这种新形象的烧酒以及带水果味的罐装预调烧酒的由衷喜爱。其他厂商迅速跟进，一股热潮开始兴起。

烧酒的销售还得到了政府税收政策的极大助益，因为烧酒的税率远低于其他酒精饮料。威士忌生产商需要将一瓶特级威士忌的零售价的 50% 稍多点作为税金交给政府，而烧酒厂商只需要上交其中的 14.4% 或 8.7%（根据不同的烧酒类别而定）。

烧酒在 1982 年的销售量比上一年增长了 16%，1983 年又同比增长了 29.7%，1984 年则同比增长了惊人的 45.2%。事实证明这一年将是关键一年。数十年来第一次，日本的威士忌消费量出现下降，而且还不是小幅下降，而是惨痛的 15.6%。烧酒成了新宠，威士忌则被打入了冷宫。

1984—2001 年

要想对在接下来 20 多年里，日本的威士忌消费量下降对本土威士忌生产商所带来的冲击有所理解，窥探一下未来的发展将有所帮助。1983 年，日本消费了将近 3.8 亿升威士忌，而到了 2007 年，这个数目降到了可怜的 7500 万升。换言之，在这 24 年间，日本的威士忌市场萎缩到只有其巅峰时期的 20%。图 3 便反映了哪家公司可能在这个过程中受损失最重。

应该不令人意外，可能受损失最重的公司责无旁贷，站到了最前边，试着借助新策略来提振威士忌市场。

在大多数官方版本的日本威士忌历史中浓墨重彩刻画的一个策略

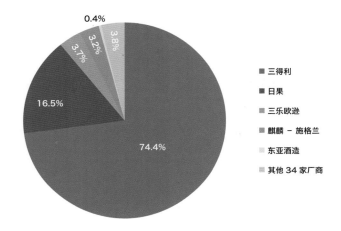

图 3　1983 年时各威士忌生产商的市场份额

是，引入单一麦芽威士忌类别以及将调和威士忌尊贵化。为了纪念山崎蒸馏所生产威士忌 60 周年，佐治敬三感到是时候推出一款单一麦芽威士忌（而非另一款调和威士忌）了。佐治敬三和首席调配师佐藤干耗费了两年时间打磨产品。1984 年 3 月，三得利推出了山崎纯麦芽威士忌（43% 酒精度，700 毫升，10 000 日元）。起初，它并没有在酒标上标明酒龄。从 1986 年起，它开始标明是 12 年。

　　日果在 1984 年也有一件大事可纪念，而且他们的想法也类似。为了纪念公司创立 50 周年，他们打造了日果单一麦芽威士忌北海道 12 年（43% 酒精度，700 毫升），并在 11 月开始销售。日果的这款新产品每年限量生产 10 000 瓶，每瓶售价 12 000 日元。

　　在 20 世纪 80 年代初期，特级威士忌的销量比二级和一级威士忌加起来还要多，但在 1983 年之后，特级威士忌的销量开始下滑，其市场份额再次降到了 50% 以下。但日果不为所动，开始推出更多新的特级威士忌产品。1984 年 12 月，他们开始销售两款纯麦芽威士

初版山崎（1984年）　　　　　　　　北海道12年（1984年）

忌（按照现在的标准，其实仍然属于调和麦芽威士忌）：黑标和红标。纯麦芽威士忌黑标是苏格兰高地风格，主要使用来自余市蒸馏所的麦芽威士忌；纯麦芽威士忌红标则是苏格兰低地风格，包含了比例更多的来自仙台工厂的麦芽威士忌。它们属于经济实惠型产品（简单的500毫升酒瓶，非常基本的酒标，销售时不带其他噱头），旨在吸引那些不在乎品牌包装，但想以一个合理的价格（2500日元）买到一款高品质且易饮的威士忌的年轻人。1987年6月，他们推出了第三款——纯麦芽威士忌白标，并在其中慷慨地加入了大量艾雷岛泥煤麦芽威士忌。在本书写作之时，红标和黑标仍在销售。白标则已在2015年9月停产。

　　1985年10月，日果推出了一款新的调和威士忌。不过，这次不是为了推出新产品而推出新产品，其背后的理念也是新的。在竹鹤政孝去世后，继承其事业的是其养子竹鹤威。竹鹤威想要打造出一款调和威士忌，可以给饮用者提供类似调配师在实验室调配时的那种体验，完全不加修饰。他为其起名"橡木桶直取"（From the Barrel，500 毫升），并以 51.4% 酒精度装瓶，而这样的酒精度在当时几乎闻所未闻。这款酒以一个非常合理的价格（发售时仅售 2500 日元）提供了一种绝佳的品饮体验，但面对当时人们对于轻盈顺口的威士忌的偏好，一款充满个性、风味浓郁的威士忌不得不在市场上努力逆流而上。

继"橡木桶直取"后，日果在 1986 年 10 月又推出了另一款一反常规的新调和威士忌。"日果之调和"（The Blend of Nikka，600 毫升，45% 酒精度，5000 日元）反转了调和威士忌惯常的麦芽与谷物威士忌比例，使得麦芽威士忌成分（而非谷物威士忌成分）占据上风。据说其中包含超过 50% 的麦芽威士忌。其发售一个月后，日果又新添了一款酒龄达到 17 年的"日果之调和"，售价 10 000 日元。

1985 年，三得利的市场部门热切地想要推出一款白州单一麦芽威士忌。然而，公司的调配师们觉得还为时太早，坚持要求将这个计划无限期搁置，直到时机成熟。

在 1983 年的威士忌销售巅峰过后，日本本土的威士忌生产商还使用了另一个策略来试图重振威士忌销售。它与调和威士忌的尊贵化相互补，也就是说，使其经济化。这个策略在日本威士忌历史的叙事中一直没有受到重视，毕竟不像那些在威士忌尊贵化过程中推出的耀眼产品，这些旨在力求经济的产品现在看来多少有点令人难堪。它们现在早已不见踪影（除了在二级市场还能偶尔找到），并且已经被踢出官方历史。

1983 年，三得利推出了一款名为 Q 的一级威士忌。它有三个版本：Q1000、Q500 和 Q250（均为 40% 酒精度，数字代表了装瓶容量，以毫升计）。其包装被设计成完全没有当时威士忌被认为应有的感觉：华丽、时髦而现代。它看起来完全不像父辈们会选择的酒，但当然，这正是其要点所在：它想要吸引年轻人。它非常便宜（1000 毫升版售价 2200 日元），而且口感正如酒标上所说的那样"轻盈顺口"。电视广告则请来了杜兰杜兰乐队出镜。

麒麟 - 施格兰对此的回应是 1983 年 8 月推出的 News 1000、News 500，以及没错，News 250。同样是 40% 酒精度。同样是酒瓶设计得完全不像传统威士忌。同样酒标上也强调"轻盈顺口"。1000 毫升版更是说得明白："这款威士忌轻盈顺口。你可以加冰、加水或加入任何你喜欢的东西一起喝。这款威士忌可以打造出你的全新生活方式。"然后仿佛医生的处方一般，上面还说："每月一升。"News 与 Q 售价完全相同，也同样大做广告。麒麟 - 施格兰的广告成本势必高昂，因为在其中出镜的是冉 - 迈克尔·文森特，他因为出演电视剧《飞狼》而成为当时美国电视界薪酬最高的演员。

1984 年，日果和三乐欧逊也各自推出了与 News 和 Q 市场定位相同的产品。7 月，日果推出了 900 毫升、450 毫升和 225 毫升版的 Yz（一级威士忌，40% 酒精度），其中 900 毫升版售价 2000 日元。9 月，他们针对预算更紧张的酒客推出了一款二级威士忌，名为"no Side"。它不仅有上述三个版本的包装，还有一款巨无霸版（1920 毫升），而且价格只有相同容量的 Yz 的一半。它以 35% 酒精度装瓶，利用麦芽威士忌、谷物威士忌和食用酒精制成，因而有点介乎威士忌与伏特加之间。三乐欧逊在同年 11 月推出的 MOO（二级威士忌，35% 酒精度）也是如此。它有 900 毫升和 450 毫升两个版本，而且价格与"no Side"相同（900 毫升版定价 1000 日元）。其产品名称让人联想到英语的"sMOOth"（顺口）。我们不清楚其与日语的"mu"（也读作"moo"，但要更短促一点，意为"无"）的一语双关是不是有意为之。它花钱无多，但也喝之无味。

一些来自20世纪80年代中后期的"现代风格威士忌"

　　当时也有一些特级威士忌使用了相同的时髦现代设计风格，以期吸引相同的年轻人群。为了避免吓跑年轻人，价格也被尽量压低。它们只有一种规格（500 毫升），价格则定在与 1000 毫升装一级威士忌相同的价位上。基本上，这个策略诉诸这样一个选择：以同样的价钱，你是选择更多的酒，还是更好的酒？ 1983 年面世的三得利 21（Suntory 21，40% 酒精度，500 毫升）是 Q 的升级版，并找来了当时国际知名的法国双钢琴组合拉贝克姐妹拍摄广告。其广告语"20 过后是 21"利用了日本的法定最小饮酒年龄是 20 岁这一点，并巧妙地试图将此后发现的人生新天地与这款酒联系在一起。麒麟 - 施格兰在 1984 年推出的 Saturday 1 和 Saturday 2（40% 酒精度，500 毫升）被打造成某种阴阳配对，并标榜自己是一种"高性能威士忌"（而不论这究竟是什么意思）。Saturday 1 主打"轻盈顺口"，Saturday 2 则主打"柔和浑厚"。麒麟 - 施格兰在酒标上这样解释说："Saturday 是为新时代而生的高品质威士忌，适合想要放松身心并渴望表达其理想生活方式的成熟男性。"我们不免好奇当他们在这样写时，他们心中对于想要放松身心并渴望表达其理想生活方式的成熟女性应该喝何种饮料是怎么想的。

　　其他一些在随后几年推出的能让人记住的产品还包括三得利的

"眼镜蛇"（Cobra，二级威士忌，39%酒精度，500毫升，1000日元）以及三乐欧逊的"30-0"（1989年推出，一级威士忌，30%酒精度，500毫升），后者像在网球比赛计分中那样读成"thirty-love"，以凸显其不同寻常之低的酒精度。如果你偶然遇到了这些威士忌，千万不要放过机会，去尝尝它们，那无疑将是一次具有教育意义的体验。不看上面的酒标，你绝对猜不出来自己是在喝威士忌。在有些情况下，你会实际以为这是有人在伏特加里加了点漱口水。当时这些生产商究竟是如何能够打造出这些喝起来不像威士忌的威士忌的，至今仍是个谜，但再一次地，对于生产威士忌，日本的相关法规在当时（现在仍然）是非常宽松的。

上述这些例子，以及从20世纪80年代末90年代初日本泡沫经济之前及期间推出的其他威士忌中，可以明显看到，"轻盈"（light）是当时一切的关键。在广告宣传中甚至在产品包装上，"轻盈"都是关键词。"轻盈"和"顺口"的产品好卖——不仅是威士忌，其他酒类也是如此。与此形成有趣对比的是，在几十年后处于经济衰退大环境下的2013年，日本饮品广告里新的热门词是"饱满"（rich）。

酒税（续五）

在20世纪80年代初，日本极为复杂的酒税体系及其对国际贸易的影响，成了一个在当时的欧洲经济共同体委员会与日本的正式会议上经常被提起的议题。

自1943年修订《酒税法》以来，在日本，酒精饮料按照酒的类别、酒精度及级别不同而以不同税率征税。其中"级别"的概念在其他工业化国家是不常见的。然而在日本，它被视为确保税负纵向公平的一种手段。这里的基本逻辑是，作为一种非日常必需品，对酒征税时应当考虑到其潜在客户的税收负担能力。较高品质的产品更有可能被较高收入区间的人群消费，从而应当适用较高的税率，反之亦然。这样追求税负纵向公平最终导致了一个复杂的酒类分类及分级系统，而这个系统常常是建基于一些对于酒精度、原材料构成、生产工艺等的不无武断的认定。尽管这个系统本身是追求针对性的，但其适用范围是普遍性的：所有酒类都受其管辖，而不论是国产的，还是进口的产品。

但在欧洲看来，日本酒税体系内含的这种差别对待构成了对于来自欧洲的进口产品的歧视。换言之，这是一种非关税贸易壁垒。第一个主要问题是，这种针对威士忌和白兰地的分级制度是日本仅有的。事实上，在苏格兰或任何其他传统的威士忌产区，它都完全说不通。如前所见，这个威士忌分级系统是基于酒精度和混合比例而确定的。但在欧洲（也就是说，苏格兰），并不存在与二级威士忌相对应的东西。如果其酒精度低于40%，那么它就不能以"威士忌"的名义装瓶售卖。使用食用酒精或所谓"调配用酒精"来稀释麦芽威士忌也是不行的。添加调味剂以使得产品带上威士忌被认为应有的风味则更是自苏格兰威士忌生产的"黑暗时代"（都在20世纪以前）以来就闻所未闻。

不像清酒的分级是自愿的，并按照口感来进行，威士忌的分级（其中大部分也适用于白兰地）是强制且自动进行的。这意味着，除非一家苏格兰威士忌厂商能够证明并非如此，否则其威士忌将自动被视为特级威士忌，也就是税率最高的级别。自不必说，几乎没有苏格兰威士忌蒸馏厂会特意去证明自己的调和威士忌包含低于27%的麦芽威士忌，而只是为了用上低一档的一级威士忌税率。来自1985财年的一些数据就很好地说明了这一点。在那一年在日本被课税的所有威士忌和白兰地中，83%的特级威士忌是国产的。至于一级和二级威士忌/白兰地，相应数据分别是99.9%和100%。除了在一级级别中可以忽略的那0.1%，所有进口威士忌/白兰地都属于特级级别，并相应以约七倍于二级威士忌的税率纳税（2 098 100日元每千升对应于296 200日元每千升）。

第二个主要问题是，在日本，烧酒的税率要比其他烈酒的低很多。类似的西式烈酒（比如，伏特加和金酒）的税率要比烧酒高4—7倍。特级威士忌的税率更要比两种类型的烧酒（乙类和甲类）分别高 41 倍和 26 倍。税务员从一瓶特级威士忌中所课的税额就足以在当地酒铺购买一瓶一升瓶（1.8 升）烧酒，外加一点零食。欧洲方面认为，对类似商品（也就是说，直接竞品或替代品）以大不相同的税率课税，这实质上是一种贸易保护措施。

1986 年 10 月，苏格兰威士忌协会（SWA）及其他来自欧洲和北美的酒类利益相关方访问日本，以表达他们的关切并试图施加压力。1987 年 2 月，欧洲经济共同体委员会将此案件提交给当时的关税与贸易总协定（GATT）的仲裁小组审议。而日本方面对这两个主要问题所做的辩护是：首先，分级制度是在战时为了增加财政收入而设定的，当时并不存在有意歧视进口产品的动机（毕竟当时都不可能进口产品）；其次，对烧酒（被视为一种较低档饮料）课以较低税率也只是出于确保税负纵向公平的考量。

在仲裁审议过程中，欧洲经济共同体委员会是主要的推动者。美国则远没有那么活跃。显然，这个议题在他们看来并不像其他诸如汽车产业争端那样重要。加拿大也是一个相当安静的旁观者。出于显而易见的原因，英国是欧洲在此议题上的领导者。苏格兰威士忌的销量自 1982 年以来已经连跌三年，所以他们有理由，也有在力所能及的领域采取行动的紧迫性。在提交给 GATT 仲裁之前的好几年里，英国已经在反复强调日本的酒税体系对于外国进口产品的歧视效应。撒切尔夫人便是其中一位积极发声的批评者，每当有日本政要拜访唐宁街时，她总是要提出这个议题。

必须指出，日本国内其实也一直有声音呼吁改革酒税体系。早在 1982 年，财务省内部的一个研究小组就建议简化分类并减小税率差别。在当时很有影响力的报纸《日本经济新闻》也有类似的主张。之所以日本国内的这些建议和主张最终都无疾而终，主要是因为当时的主政者在 20 世纪 80 年代的大部分时间里都在致力于推动另一项更大规模的改革：引入一种普遍征收的间接税（这种"消费税"最终从 1989 年 4 月 1 日起实施）。

在 GATT 做出仲裁决定之后，一份酒税体系改革方案被提交给日本国会审议，并最终在 1988 年 12 月 24 日得到通过。改变是巨大的：威士忌及其他烈酒被重新定义，威士忌和白兰地的分级制度被废除；从价税也被取消，而代之以一种从量税；啤酒、清酒和威士忌的税率得到降低，而烧酒和利口酒的税率得到提高。新《酒税法》从下个财年（1989年4月）起实施。苏格兰威士忌的进口量随之立刻激增（货值增长了65.3%，货量增长了29.7%）。而对于烧酒厂商来说，在烧酒销售量于1985年以后已经开始下滑的大环境下，酒税的增加（被烧酒厂商称为"撒切尔增税"）无疑是雪上加霜。不过，放大来看，尽管威士忌的进口量在上升，但日本在20世纪80年代后半段的烈酒消费量还是在下滑。

这个故事还没完。烧酒与威士忌之间仍然存在不小的税率差别。换算到零售价上，威士忌的税额占到其中的36.3%，而烧酒的税额只占到其中的21.3%或13.5%（具体取决于烧酒的类型）。几年后，欧洲方面重启了他们的谈判。而这次，他们在日本国内有了盟友：酒税改革后的最大输家，即日本的威士忌生产商。到了20世纪90年代初期，二级威士忌作为一个类别已经完全消失了。随着其税额增长了两三倍，其存在的理由已经没有了。对此，当时的日本威士忌界认为，新税制促使二级威士忌的消费者转向了烧酒。而且数据看起来也印证了他们的怀疑（另见第079页的图4）。

表10　1987年到1994年5月间日本的烈酒市场份额（%）

	1987	1988	1989	1990	1991	1992	1993	1994
进口威士忌	3.3	3.7	5.8	6.5	6.0	5.5	5.0	3.8
国产威士忌	26.7	27.0	23.4	19.6	18.1	17.1	15.8	13.4
烧酒	63.8	63.1	61.2	63.1	65.0	66.9	69.3	74.5

来源：Abe (1999)。

为了寻求更公平的竞争环境，日本威士忌进口商不断游说政府进一步缩小烧酒与威士忌之间的税率差别。

1996年，GATT的继承者世界贸易组织（WTO）裁定，烧酒与威士忌之间的税率差别违反了WTO规则。烧酒、威士忌、白兰地、朗姆酒、金酒和利口酒相互被视为"直接竞品或替代品"，因而这样的税率差别被认定是歧视性的。为此，日本政府将烧酒的税率提高了160%和240%（具体取决于烧酒的类型），威士忌的税率则被降低了58%。如果换算到酒精度上，相应的税率实际上已经一样了。这并不意味着日本的威士忌生产商的处境将由此改善。此后消费量的下滑就只能归咎于消费者喜好和市场趋势的变化了。

在新酒税体系实施后面世的第一款威士忌是響。它与三得利威士忌冠（Suntory Whisky Crest）一道在 1989 年 4 月 3 日上市，以庆祝公司创立 90 周年。

在调配響时，三得利的第三代首席调配师稻富孝一（本身是一位业余中提琴演奏家）据说从勃拉姆斯《第一交响曲》的第四乐章获得了灵感。为了凸显时间的重要性，響的酒瓶是一个经过特别设计的有着 24 个刻面的圆形瓶子，旨在代表一天中的 24 小时以及传统历法中的二十四节气。不同于 20 世纪 80 年代后半段那些针对年轻酒客的时髦现代设计，響的呈现融入了更多日本传统元素。"響"这个字（意为"声响、回响"等）由书法家荻野丹雪所书。酒标本身则由和纸设计师堀木绘里子使用传统的越前和纸制成。它最初是作为一款无年份的尊贵级调和威士忌推出的，后来才被标注为酒龄 17 年。在 1994 年和 1997 年，三得利的第四代首席调配师舆水精一又分别调配出了響21 年和響 30 年。

在单一麦芽威士忌方面，1989 年之后的市场也热闹非凡。头炮是日果为了纪念仙台工厂建厂 20 周年而推出的单一麦芽威士忌产品——仙台宫城峡 12 年（43% 酒精度，750 毫升，10 000 日元）。我在这里不会一一列举从这个时点起推出的各款单一麦芽威士忌，第096 页的图 5 将对此给出一个更直观的呈现，其中涵盖了日本三大威士忌厂商（三得利、日果和麒麟）从 20 世纪 80 年代中期起直到现在，在单一麦芽威士忌类别上推出的各款核心产品。

如果单看这些威士忌厂商的这些高端产品，我们很容易对日本威士忌在 20 世纪最后十年的发展得出一个有失偏颇的印象。实际情况是，就销量而言，这些高端产品只是一个非常小的细分市场，单一麦芽威士忌和尊贵级调和威士忌实际上并没有给公司贡献那么多盈利。

作为主要的创收类别，中低端产品的销量仍在持续走低。大多数旨在面向年轻酒客的廉价威士忌（Q、News、Yz、no Side 等）都在 1992—1993 年间退出了市场。很明显，这些力求时髦的威士忌已经不再受欢迎，虽然它们一开始就不怎么受欢迎。

三得利决定对自身产品组合中一些旧的支柱产品进行改头换面，和 / 或打造新的变体。1992 年 3 月，公司开始销售一款白标角瓶，名为白角（Shiro-Kaku）。相较于常规的黄标角瓶包含了来自山崎和白州蒸馏所的波本桶麦芽威士忌，以及来自知多蒸馏所的谷物威士忌的平衡组合，新的白角在该组合中包含了较多的白州麦芽威士忌。其颜色更清澄，口感也更顺滑，是专门为水割喝法而设计的。它因而被纳入三得利在同时期推出的"好喝的水割"营销活动加以推广。

接下来进行升级的是另一款主力产品——老三得利。1994 年 10 月，主打"温和顺口"的新款老三得利开始上架。公司也在电视上开始投放一系列以庶民剧风格打造的令人难忘的广告。在"老也有新"的口号下，这些广告刻画了一些男女邂逅场景，并以"恋爱并不是旧日的烟花"的广告语来不那么直白地鼓励泡沫经济破灭后的日本人。这样的感伤和温暖让广告大受欢迎。不像大多数来自过去的饮品广告，它们现在看来仍然好看。当时还有一款老三得利冬季调和（Suntory Old Winter Blend），特别为热水割喝法打造，广告语则是"老也有热"。

其他老产品更新还包括 1995 年推出的洛雅高级 12 年（Royal Premium）、1996 年推出的秘藏 10 年，以及 1997 年推出的新款洛雅 12 年和新款洛雅高级 15 年。

与此同时，日果也在想方设法。当分级制度在 1989 年被废除时，一项新的规定要求调和威士忌必须包含至少 8% 的麦芽威士忌成分。为了寻求替代之前的二级威士忌，一个新的产品类别被开发了出来，那就是所谓的"新烈酒"。这类产品的品质更难以做高，因为之前的二级威士忌可以包括至多 16.9% 的麦芽威士忌（毕竟这个级别的混合比例范围是 10—[17]），而新烈酒至多只能使用 7.9% 的麦芽威士忌。日果随后在 1989 年 8 月推出了"Gold Nikky"（39% 酒精度，720 毫升，900 日元）和"White Nikky"（37% 酒精度，640 毫升，720 日元）两款新烈酒产品。对我们来说幸运的是，公司也开发了一些品质优先的产品。

1990 年 2 月，日果推出了全麦芽威士忌（All Malt，43% 酒精度，750 毫升，2350 日元）。其背后的概念是全新的。它用 100% 的麦芽制成，却是一款调和威士忌。这是怎么一回事？原来从 1985 年起，日果偶尔会使用其科菲蒸馏器蒸馏 100% 的麦芽原料。传统上，谷物威士忌是使用玉米，再加上少许麦芽或裸麦制成的。此前从未有人使用连续蒸馏器来蒸馏麦芽，至少没有将此做法用于商业用途。在苏格兰，这种做法在经济上是不合算的，因为在连续蒸馏器中蒸馏麦芽得到的产品只能被称为"谷物威士忌"。所以为什么要使用一种更昂贵的醪液，如果在经过熟成后，由此得到的威士忌仍不得不与使用更便宜的玉米制醪液所制成的产品叫同一个名称？但日果还是觉得值得一试，毕竟日本的法规是不一样的。这款全麦芽混合了由壶式蒸馏器制得的威士忌和由科菲蒸馏器制得的威士忌，一经推出便大受欢迎。1997 年 5 月，由于预期威士忌的税率将在这一年 10 月得到调低，全麦芽威士忌稍微变换了一下模样。从那以后，它以 40% 酒精度装瓶，容量 700 毫升。这使得公司可以将其价格调低到 1920 日元，低于 2000 日元的门槛，从而打入当时威士忌最大的市场区间。

在威士忌税率确实调低后不久，日果推出了黑标日果的一款变体——黑标日果清爽调和（Black Nikka Clear Blend，37% 酒精度，700 毫升，1000 日元），以期吸引那些原本习惯喝烧酒的消费者。为了使威士忌更易于接受，更易于佐餐，他们为此打造了一种更清新（没有泥煤感）的口感。在注意到该威士忌在高档俱乐部和餐厅中卖得没有以前那么好后，他们将消费场景转向了家庭：那些晚上会在家里小酌一两杯的消费者。这就要求开发一些不同的销售渠道：便利店和超市，而不再是传统的酒类零售商。总的来说，黑标日果清爽调和的销量相当不错。曾有一度，它是便利店和超市里最畅销的威士忌产品。1998 年 3 月，日果又推出了两款低酒精度的预调酒：加水的黑标日果清爽调和（9% 酒精度，250 毫升，158 日元）和加柠檬苏打的黑标日果清爽调和（8% 酒精度，250 毫升，150 日元）。

到了 20 世纪 90 年代末，尊贵级调和威士忌领域也得到了日果的一些关注。1998 年 6 月，日果威士忌陈酿 34 年（Nikka Whisky Aged 34 Years，43% 酒精度，750 毫升，60 000 日元，限量 1000 瓶）面世。在当时，这是商业发售的最高酒龄的日本威士忌。次年，日果推出了另一款 34 年的调和威士忌。两者规格相同，但酒标不同。目前尚不清楚这是新调配的，还是跟 1998 年那款一样，只是酒标不同。一个月后的 1999 年 7 月，为了纪念仙台工厂建厂 30 周年，日果威士忌仙台 30 年（Sendai 30 Years Old，43% 酒精度，750 毫升，50 000 日元，限量 500 瓶）面世。这些尊贵级威士忌都是些一次性项目——对鉴赏家来说是些很有趣的产品，但对企业来说没有什么长远影响。不过，一个更大规模的项目即将出现。

2000 年 11 月，日果推出了日后将成为其旗舰系列的纯麦芽威士忌——竹鹤（Taketsuru）。这款竹鹤 12 年最令人震惊之处是其价位。在当时一瓶普通的 12 年调和威士忌售价约 5000 日元的情况下，这款 12 年陈酿的纯麦芽威士忌（调和了来自余市和宫城峡的麦芽威士忌）只需不到其一半的价格就能到你手中（40% 酒精度，660 毫升，2450

日果目前的竹鹤产品线

日元）。这里的想法是，在经过过去十多年不断将这种琥珀色佳酿任意打扮，扮成其他某些东西后，重新让人们爱上优质威士忌。这个策略也成功了。在发布后的最初两个月内，他们售出了 54 万瓶竹鹤 12年。同时推出的还有一款竹鹤 35 年（43% 酒精度，750 毫升，50 000日元，限量 700 瓶）。价格明显贵很多，但它也在一个月多点的时间内便告售罄。2001 年 3 月，该产品线又新添了竹鹤 17 年和竹鹤 21 年（43% 酒精度，700 毫升，售价分别为 5000 日元和 10 000 日元）。它们接下来将在世界上赢得多项最佳调和麦芽威士忌的奖项。

尽管有前面所述的各种积极发展，但威士忌的巨轮仍然在日本持续下沉。不管各家厂商怎样做（不论是提高标准，还是降低标准，抑或介乎两者之间），看起来都无法挽救威士忌消费量持续下滑的颓势。到了 2001 年，日本的威士忌市场已经缩水到不足其 1983 年巅峰之时的三分之一（图 4）。对威士忌生产商来说，情况开始变得非常令人

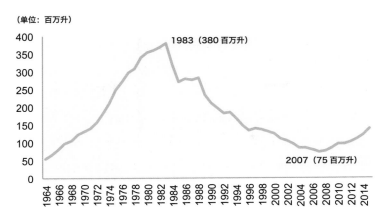

图 4　日本的威士忌消费量

■ 来源：日本国税厅 ■

不安。这种情况究竟还会持续多久？

2001—2008 年

2001 年掀开了这个持续展开的日本威士忌故事的一个全新篇章，但并不是因为在本土情况有了什么变化（威士忌仍然不受欢迎，销售量仍在继续下滑），而是因为在海外出现了一个感知转变。

2001 年 2 月，《威士忌杂志》（由英国的 Paragraph 出版公司出版）第一次组织了一项盲品比赛。世界各地的威士忌生产商共送来了 293 款产品参赛，然后它们由来自爱丁堡、肯塔基和日本的 62 位专家进行评审。一款余市 10 年单桶麦芽威士忌在日本威士忌组别中得到了最高分（7.79/10），而且不仅如此，到头来它还是所有组别中得分最高的。因此，此次比赛的至高无上奖（Best of the Best）既不是一款苏格兰威士忌，也不是一款波本威士忌，而是一款日本威士忌。显而易见，这个结果让很多人都感到吃惊。同年，美露香的轻井泽纯麦芽威士忌 12 年也在伦敦举办的国际葡萄酒烈酒大赛（IWSC）上获得了金奖。

事后来看，真的很幸运，最早一批得到国际认可的日本威士忌是单桶／单一麦芽威士忌。在 20 世纪 80 年代和 90 年代，大多数海外饮品业人士认为日本威士忌不如苏格兰威士忌。而这大部分又是基于传闻，或单纯是偏见所致。不可否认，当时那里有着某些令人不齿的东西。我们不会去篡改历史，把当时日本的威士忌界说得天花乱坠。事实并非如此。然而，那里也确实有着许多优质的日本威士忌。你只是需要将目光看向其他地方，而不只是酒铺货架的最底层。即便当时确实有海外人士发现日本威士忌喝起来还不错，他们也会调侃说，之所以还不错，是因为日本的生产商在其更优质的调和威士忌中慷慨地加入了更多的苏格兰威士忌。因此，当初如果是日本产的调和威士忌在 2001 年获得了《威士忌杂志》的至高无上奖或 IWSC 的金奖，那么人们可能也会给出类似的说法。但拿大奖的是单桶／单一麦芽威士忌，这表明它们完全是日本人自己生产的，它们是靠着自身品质赢得这些殊荣的。

2002 年，美露香的轻井泽大师特调 10 年在 IWSC 上获得了金奖。2003 年，山崎 12 年在国际烈酒挑战赛（ISC）上摘得了金奖。次年，响 21 年在 ISC 获得金奖，响 30 年则勇夺最高奖（Trophy，该组别所有金奖得主当中最好的）。从那以后，日本威士忌频频斩获国际大奖。在每个评选组别中（调和威士忌、调和麦芽威士忌、单一麦芽威士忌和单一谷物威士忌），日本威士忌都能在世界各地各项竞争最激烈的威士忌和烈酒比赛中夺得最高荣誉。后文列出了日本威士忌历年获得的一些重要奖项。

竹鹤威手持《威士忌杂志》的 2001 年至高无上奖证书

日本威士忌主要获奖纪录（2001—2022）

ISC	International Spirits Challenge	
	国际烈酒挑战赛	
IWSC	International Wine & Spirit Competition	
	国际葡萄酒烈酒大赛	
SWSC	San Francisco World Spirit Competition	
	旧金山世界烈酒大赛	
WM	*Whisky Magazine*	
	《威士忌杂志》	
WWA	World Whiskies Awards	
	世界威士忌大奖	

2001　WM 至高无上奖　　　　　　　　　余市 10 年单桶麦芽威士忌

　　　　IWSC 金奖　　　　　　　　　　轻井泽纯麦芽威士忌 12 年

2002　IWSC 金奖　　　　　　　　　　轻井泽大师特调 10 年

2003　ISC 金奖　　　　　　　　　　　　山崎 12 年

2004　ISC 最高奖　　　　　　　　　　　响 30 年

2005　SWSC 双金奖　　　　　　　　　　山崎 18 年

2006　ISC 最高奖　　　　　　　　　　　响 30 年

　　　　IWSC 最高奖　　　　　　　　　　山崎 18 年

2007　WWA 世界最佳调和威士忌　　　　　响 30 年

　　　　WWA 世界最佳调和麦芽威士忌　　竹鹤 21 年

　　　　ISC 最高奖　　　　　　　　　　　响 30 年

2008	WWA 世界最佳单一麦芽威士忌	余市 1987
	WWA 世界最佳调和威士忌	響 30 年
	ISC 最高奖	響 30 年
	SWSC 双金奖	山崎 18 年
2009	WWA 世界最佳调和麦芽威士忌	竹鹤 21 年
	ISC 最高奖	竹鹤 21 年
	SWSC 双金奖	山崎 18 年
	SWSC 双金奖	山崎 12 年
2010	WWA 世界最佳调和威士忌	響 21 年
	WWA 世界最佳调和麦芽威士忌	竹鹤 21 年
	ISC 至高无上冠军烈酒	山崎 1984 限量版
	SWSC 双金奖	山崎 1984 限量版
	SWSC 双金奖	山崎 18 年
	ISC 年度蒸馏厂	三得利
	WM 年度威士忌蒸馏厂	三得利
2011	WWA 世界最佳单一麦芽威士忌	山崎 1984 限量版
	WWA 世界最佳调和麦芽威士忌	竹鹤 21 年
	WWA 世界最佳调和威士忌	響 21 年
	IWSC 最高奖	山崎 18 年
	SWSC 双金奖	響 12 年
	SWSC 双金奖	山崎 18 年
	SWSC 双金奖	白州 12 年
2012	WWA 世界最佳单一麦芽威士忌	山崎 25 年
	WWA 世界最佳调和麦芽威士忌	竹鹤 17 年
	ISC 最高奖	白州 25 年
	ISC 最高奖	山崎 18 年

	SWSC 双金奖	山崎 18 年
	ISC 年度蒸馏厂	三得利
2013	WWA 世界最佳调和麦芽威士忌	玛尔斯麦芽 3+25 年
	WWA 世界最佳调和威士忌	响 21 年
	ISC 最高奖	响 21 年
	SWSC 双金奖	响 12 年
	SWSC 双金奖	山崎 18 年
	SWSC 双金奖	山崎 12 年
	SWSC 双金奖	白州 12 年
	ISC 年度蒸馏厂	三得利
	SWSC 年度蒸馏厂	三得利
2014	WWA 世界最佳调和麦芽威士忌	竹鹤 17 年
	ISC 最高奖	响 21 年
	ISC 年度蒸馏厂	三得利
2015	WWA 世界最佳调和麦芽威士忌	竹鹤 17 年
	ISC 最高奖	响 21 年
	SWSC 双金奖	山崎 25 年
	SWSC 双金奖	山崎 18 年
	SWSC 双金奖	白州 18 年
2016	WWA 世界最佳谷物威士忌	富士御殿场 25 年
	WWA 世界最佳调和威士忌	响 21 年
	SWSC 双金奖	白州 18 年
	SWSC 双金奖	白州 12 年
	SWSC 双金奖	响和风醇韵
	WM 年度蒸馏厂经理	西川浩一（余市）
	ISC 最高奖	响 21 年

2017	WWA 世界最佳调和威士忌	响 21 年
	WWA 世界最佳谷物威士忌	富士御殿场 25 年
	WWA 世界最佳单桶麦芽威士忌	秩父威士忌节 2017 特别装瓶
	WM 年度蒸馏厂	三得利
	WM 年度精酿威士忌生产商	本坊酒造
	WM 年度首席蒸馏师 / 首席调配师	田中城太（麒麟）
	ISC 至高无上冠军烈酒	响 21 年
	ISC 最高奖	日果科菲麦芽威士忌
	ISC 年度生产商（世界威士忌组别）	三得利烈酒
	SWSC 双金奖	山崎 12 年
	SWSC 双金奖	富士御殿场调配师之选单一麦芽威士忌
2018	WWA 世界最佳单一麦芽威士忌	白州 25 年
	WWA 世界最佳调和麦芽威士忌	竹鹤 17 年
	WWA 世界最佳调和限量威士忌	伊知郎麦芽 & 谷物 日本调和威士忌 2018 版
	ISC 最高奖	白州 25 年
	ISC 最高奖	响 21 年
	ISC 年度生产商（世界威士忌组别）	三得利烈酒
2019	WWA 世界最佳调和麦芽威士忌	竹鹤 25 年
	WWA 世界最佳调和威士忌	响 21 年
	WWA 世界最佳谷物威士忌	富士御殿场 25 年
	WWA 世界最佳调和限量威士忌	伊知郎麦芽 & 谷物 日本调和威士忌 2019 版
	WM 年度品牌大使（世界威士忌组别）	吉川由美（初创威士忌）
	ISC 年度首席调配师	肥土伊知郎（初创威士忌）
	ISC 最高奖	竹鹤 25 年
	SWSC 双金奖	松井水楢桶单一麦芽威士忌

2020	WWA 世界最佳单一麦芽威士忌	白州 25 年
	WWA 世界最佳谷物威士忌	富士 30 年单一谷物威士忌
	WWA 世界最佳调和限量威士忌	伊知郎麦芽＆谷物
		日本调和威士忌 2020 版
	ISC 最高奖	富士 30 年单一谷物威士忌
2021	WWA 世界最佳调和限量威士忌	伊知郎麦芽＆谷物
		日本调和威士忌 2021 版
	ISC 最高奖	響 21 年
	SWSC 双金奖	厚岸丹顶鹤
	SWSC 双金奖	厚岸寒露
	SWSC 双金奖	三郎丸 0 愚者桶强版
2022	WWA 世界最佳调和威士忌	厚岸处暑
	WWA 世界最佳调和麦芽威士忌	山樱安积雪利桶珍藏
	WWA 最佳酒标设计奖	山樱安积首版泥煤
	ISC 最高奖	白州 25 年

　　日本威士忌终于开始在国际舞台上得到一点瞩目——不仅在国际比赛中，也在流行文化中。在 2003 年索菲亚·科波拉执导的电影《迷失东京》中，日本威士忌（以響 17 年为代表）得到了大幅产品植入。其情节围绕着一位过气的中年演员（由比尔·默瑞饰演）到日本为三得利拍摄威士忌广告而展开。默瑞在其中的一句广告语此后成了威士忌爱好者之间的一句流行暗号："放松时刻便是三得利时刻。"

　　但在现实中，当时对三得利及日本的其他威士忌生产商来说完全不是什么放松时刻。受到关注和称赞自然是件好事，但归根结底最要紧的还是财务报表上的数据。而在这上面，情况仍未有所好转。尽管在海外得到了曝光和认可，但当时的出口量却几乎可以忽略不计。

Japandering：肖恩·康纳利及其他人

根据一个英语俚语词典网站（Urban Dictionary）的解释，作为名词，"a japander"指的是，"一位利用他/她自己的名声，通过在日本为一些他们很有可能没有用过的产品拍广告而在短时间内赚上一大笔钱的西方明星"；而作为动词，"to japander"意为"让自己在日本媒体上丢人现眼"。在如今的网络时代，这在日本已经很少见了，但从20世纪70年代中期到90年代中期，"japandering"却是流行文化中的一个常见现象。

对当时的日本威士忌生产商来说，在广告中使用外国明星（男女演员、电影导演及音乐家等）主要旨在为自己的产品增添一点正宗感。这也是"西方认证"策略的重要组成部分。我之所以称其为"策略"，是因为这种"认证"并不反映现实中西方消费者的某种广泛共识，而是试图借由让一位西方明星在镜头前尝上一口，并为一款在他们自己国家的市场上买都买不到（更遑论得到欣赏和认可）的威士忌代言而暗示出来的。

其中一则这样的日本威士忌广告便是奥逊·威尔斯在1976年为日果G&G所拍摄的广告。看上去略显有点兴致索然的威尔斯看向镜头并说道："大家好，我是奥逊·威尔斯。我执导电影，也在里面出演。当然，我所追求的是'完美'。在电影中，那只是一个美好的希望。但对于G&G，你可以有十足把握。实属完美！G&G，日果威士忌。"威尔斯在广告结尾时的顽皮笑容则仿佛是在提醒大家说，他的话不好太过当真。

三得利在广告领域要比日果投入更多，所以应该不奇怪，有关日本威士忌中的"japandering"的最好例子大多出自他们之手。以下是一些比较有趣

一则1977年日果G&G广告中的奥逊·威尔斯

的例子：小萨米·戴维斯为三得利白标代言（1974）、弗朗西斯·科波拉和黑泽明为三得利秘藏代言（1980）、杜兰杜兰乐队为三得利Q代言（1983）、马特·狄龙为三得利秘藏丝滑代言（1984）、李·范·克里夫为老三得利代言（1985）、基努·里维斯为三得利秘藏代言（1992），以及米基·洛克为新款秘藏代言（1996）。这些广告现在在网上都还能看到。

小萨米·戴维斯为三得利白标代言

　　有趣的是，三得利看起来有个习惯，喜欢找黑人音乐家来代言三得利白标。除了小萨米·戴维斯，他们还找过赫比·汉考克（1985）、罗恩·卡特（1986）、14克拉灵魂（1988），以及雷·查尔斯（1989）。

　　当时最惊人的日本威士忌广告恐怕当属1992年为三得利冠12年打造的广告，其代言人不是别人，正是苏格兰演员肖恩·康纳利。这不是他第一次在屏幕上与日本威士忌结缘。在1967年的电影《007之雷霆谷》中，就有肖恩·康纳利饰演的詹姆斯·邦德喝某款老三得利的短暂镜头。电影中的产品植入是一回事，但商业广告完全是另一回事。在苏格兰，康纳利爵士的日本威士忌广告不免引发了一些纷扰。比如，苏格兰保守党议员比尔·沃克便有话要说（1992年3月23日）："你知道，那个三得利苏格兰人，那个对苏格兰威士忌产业指手画脚的人，是他一直在告诉我们该怎样做。看看他现在为我们的威士忌产业做了什么！他在为我们最大的竞争对手做推广。"

　　最后，2003年电影《迷失东京》的情节也是围绕着一段"japandering"经历而展开的。电影由索菲亚·科波拉导演，而她的父亲弗朗西斯·科波拉也曾出现在三得利的广告中。电影也隐晦地提到了肖恩·康纳利的三得利广告。当比尔·默瑞饰演的鲍勃·哈里斯被要求摆出007造型，就像罗杰·摩尔那样时，他争辩说："我首先想到的始终是肖恩·康纳利。我说真的。"

　　在进入新世纪的头几年里，日本的威士忌生产出现了大幅萎缩。许多威士忌生产商无法在供大于求的情况下继续生产。美露香的轻井泽蒸馏所和东亚酒造的羽生蒸馏所于 2000 年停止生产麦芽威士忌。而那些大厂商的蒸馏器更多时间也处于停产状态。据说在 2002 年和 2003 年，日果的两家蒸馏厂几乎没有生产什么威士忌，而三得利的两家蒸馏厂则只在每周一开动生产。如果当时你去参观这些蒸馏厂，在大部分时候，你无异于在参观一些鬼镇。

　　2004 年，三得利尝试了一个激进举措。相较于按瓶或按箱来卖威士忌，他们决定推出一个项目，让个人或小企业可以买下一整桶随时可准备装瓶的威士忌。这个所谓的"私人选桶"（Owner's Cask）项目于 2004 年 11 月 10 日推出。当时共有 103 桶可供挑选购买，其中最老的是一只 1979 年的山崎水楢桶，售价高达骇人的 3000 万日元。在当时，这可是笔大数目，相当于一幢房子的价钱。如今，如果像这样的一桶酒在市面上出现，它势必瞬间就会被买走。三得利在 2010 年 6 月停止了该项目，因为他们现在更需要这些桶，而不是这些钱了。那么在此期间到底发生了什么？答案很意外，也很简单——嗨棒。

一款2010年装瓶的三得利私人选桶

在太平洋战争的最后阶段，日本已经无法进口物资。显而易见，比起缺乏石油、食品、药品及其他生活必需品，缺乏用来熟成威士忌的橡木桶并不是那么攸关人命。然而，正如我们之前提到过的，在战争期间，对威士忌有着巨大的需求，所以橡木桶也变得迫切需要。迫于只能在国内想办法，日本的威士忌生产商开始使用日本橡木——水楢木，来进行生产，后者过去主要被用于制作贵重家具。

顾名思义，水楢（mizunara）意为"含水多的橡树"。日本的制桶师很快发现，土生土长的橡木要比欧洲或美洲橡木更难处理。其中包含较少的侵填体来堵塞木材中的导管，因而要比其他橡木具有更多孔洞。有鉴于此，水楢桶更容易渗漏。这也是用来制桶的水楢木条要切得稍微厚点的原因。这种日本橡木比欧洲或美洲橡木有着更多的木节，长得也没那么直，使得处理起来更加麻烦。能被用来制作橡木桶的水楢至少得有 200 年的树龄。

水楢木不仅对制桶师的技艺提出了挑战，它也挑战着人们的味蕾。在熟成初期，水楢木倾向于给酒体增添一种非常涩的木质调。调配师因而把水楢木视为美洲或欧洲橡木的一个劣质替代品。他们觉得，就香气和口感而言，由此得到的威士忌都太冲了。但在战时及战后的一段时间里，他们还并不知道水楢木需要时间来施展其魔法。按照三得利前首席调配师舆水精一的说法，水楢木的熟成高峰在 20 年左右。水楢木因而很适合二次或多次回填使用。使用水楢木熟成的威士忌通常有着类似檀香木、线香及椰子的香气。

如今，使用水楢木熟成的威士忌受到热捧，而这要在很大程度上归功于三得利在这个领域所做的开拓性工作。水楢木是其多款高端调和威士忌以及一些单一麦芽威士忌产品的一个重要构成部分。他们现在每年制作大约 150 只水楢桶，这个数量相对来说非常少。其他日本威士忌生产商也使用水楢桶，但规模要更为有限。其价格也是惊人的。一只从一家日本独立制桶厂购得的水楢木制邦穹桶很容易就高达 5000 美元，而且即便钱不是问题，想买也不那么容易买到。

鉴于水楢木在熟成过程中所增添的那些独特香气和口感，更别提它可以为产品带来的那种额外话题性，一些海外的威士忌生产商也开始寻求将这种日本橡木纳入自己的生产过程当中。2013 年 10 月，保乐力加针对日本市场推出了一款芝华士水楢桶限量版（Chivas Regal Mizunara）。其中部分调配用的酒液是在水楢桶中收尾的，尽管没有人知道到底在其中二次熟成了多久，但可以确定的是，在这款产品中难以找到水楢木所带来的影响。2015 年夏，宾三得利推出了一款波摩水楢桶（Bowmore Mizunara），这也是第一款部分使用水楢桶熟成的苏格兰单一麦芽威士忌。它在水楢桶内二次熟成了三年。同样地，你需要拥有如鲇鱼般的味觉才可能从中找到水楢木的影响。

2008—2016 年

2008 年 4 月，三得利发起了一个新的营销活动。在当时，它看起来只是试图重新吸引消费者的注意力，让人们稍微垂青一下这只丑小鸭的又一次日常尝试。但现在回过头来看，我们知道它在使威士忌重新成为一种受欢迎饮料的过程中起到了至关重要的作用。但如果你期待看到一些极具创意的营销手段，那你要失望了。整个推广活动的核心是再普通不过的嗨棒，更具体来说，角瓶嗨棒。

三得利没有从在 20 世纪 70 年代和 80 年代初曾与上班族文化密切联系在一起的水割喝法入手，因为他们无法控制其最终成品的品质。不论多好的威士忌，如果与劣质的水（比如自来水）混在一起，调出来的饮料就不会好喝。但对于嗨棒，你需要使用苏打水，所以由于使用劣质调酒饮料而损害品饮体验的机会就会小得多。

角瓶嗨棒大获成功，并引发了一股嗨棒热潮，其影响更远远超出了威士忌和苏打水的范围。三得利的营销做得很好。一开始，产品的代言人是女演员小雪（大家可能还记得她在 2003 年的电影《最后的武士》中饰演女主角，与汤姆·克鲁斯配戏）。小雪帮助吸引了广大男性饮酒客的注意力。2011年9月，深受日本年轻女性喜爱的女演员菅野美穗接替小雪成为代言人，吸引了另一半的饮酒客。2014年1月，菅野将接力棒交给了另一位女演员——在男性和女性群体中都深受欢迎的井川遥。

在营销活动推进四年后，三得利进行了一项全国范围内的调查，以了解消费者对于此次嗨棒热潮的反应。销售数字表明了威士忌市场正在稳步复苏的一些迹象，而且很明显，这要归功于此次嗨棒热潮。调查则揭示了其背后的一些有趣趋势。一开始，三得利的营销活动主要针对的是居酒屋和餐厅。然而，到了2012年，嗨棒热潮已经影响到了人们在家的饮酒习惯。四成的受访者表示他们每周在家至少喝一次嗨棒。大多数时候（58.3%），在家饮酒者自己调制嗨棒，剩下的时候（41.7%）为了方便，也会购买现成的罐装嗨棒。罐装角瓶嗨棒的销售量因而从2009年的3.8万箱（一箱24罐，每罐250毫升）跃升到了转年的620万箱。

当被问及他们现在较少喝什么饮料（换言之，什么饮料被嗨棒所替代）时，人们的回答包括烧酒嗨棒（烧酒和苏打水），各种"沙瓦"（一种混合了烧酒和苏打水以及糖浆/果汁/利口酒的调酒）以及啤酒等。人们最喜欢嗨棒的地方是，它有气泡且口感清新。从人口统计特征上看，嗨棒在二十多岁的人群中最受欢迎。而每周在家至少喝一次嗨棒的受访者中，有一半表示他们是与自己的伴侣一起喝的。从调查中可以明显看到，当时嗨棒已经有了广泛的吸引力，而且情况只会变得越来越好。情况也确实如此。

到了21世纪10年代中期，嗨棒已经比比皆是。三得利没有独占这个市场，其他厂商也趁着这股热潮分到了一杯羹。从消费者的角度

2016年市面上的部分灌装嗨棒

来说，嗨棒是一种可以取代啤酒的清爽饮料。而且调制嗨棒也比购买啤酒来得便宜。这适用于在家饮酒者，但也解释了为何嗨棒很快成为居酒屋和餐厅的最爱——其定价与啤酒相当，利润却要高得多。

2014 年，威士忌日益上升的受欢迎程度得到了又一次助益。而这一次，助益来自一个意料之外的地方：电视剧。

日本的国家电视台 NHK 会在每天早餐时段播放自己制作的电视连续剧，即所谓的"晨间剧"。晨间剧极其受欢迎，很多日本人都将观看晨间剧作为自己每天的一项常规活动。从 2014 年 9 月到 2015 年 3 月，（稍加戏剧化后的）竹鹤政孝成了晨间剧《阿政》的主人公。在此剧播出之前，在日本，只有硬核的威士忌爱好者知道谁是竹鹤政孝或阿政（丽塔对他的爱称）。而现在，如果你居住在日本，却不知道阿政是谁，人们大概都会一脸不可思议地看着你。

每五个日本人中就有一个在追该剧，所以自然而然，威士忌（及日果）的粉丝随着电视剧开播而开始上升。日果销量在 2014 年大涨 124%。

自 2008 年以来，日本的威士忌销量一直在稳定增长。然而，威士忌并不是那种可以立刻调整供给以满足需求的生意。如前所述，在进入新世纪的头几年里，各大厂商的麦芽威士忌蒸馏厂几乎没有什么生产活动。其影响最终在 2015 年左右显现了出来，12 年及以上的成熟威士忌的存货量已经非常低。对于入门级产品，像供调配嗨棒使用的调和威士忌，这不是什么大问题。这些产品通常没有年份标识，所以配方可以加以微调。它们也通常使用较年轻的麦芽威士忌和谷物威士忌进行调配，所以存货可以相对快地补充上来。但对于尊贵级产品，情况就大不一样了。几乎每款产品都会标注年份，而最年轻的也是 10 年或 12 年。在这个类别，如何应对存货短缺是个令人头疼的大问题。

对此，有一个解决方案我称之为"淡入淡出到 NAS"，其中 NAS 意为"无年份标识"（no age statement）。这包括，对于给定某个品牌，推出一款新的 NAS 酒款（"淡入"），然后从该产品线中移除最年轻的带年份标识的产品（"淡出"）。2012 年 5 月，三得利推出了山崎和白州的 NAS 产品；然后转年 3 月，两个品牌的 10 年产品都被停售。2013 年 10 月，日果推出了一款竹鹤 NAS，然后转年 3 月，竹鹤 12 年成为历史。2015 年 3 月，三得利推出了一款 NAS 的响和风醇韵（Hibiki Japanese Harmony），然后六个月后，响 12 年停产。这个过程大致就是如此。

另一个解决方案是严格控制配货。这个策略通常应用于较高年份的产品。从 2013 年左右开始，在日本的酒铺就几乎不可能找到一瓶山崎 18 年或白州 18 年。其 25 年款则更仿佛是酒界的独角兽。它们被认为应当存在，但要想实际找到一瓶则完全是另一回事。这些产品并未正式停产，但它们在市面上却无从寻觅。

第三个解决方案是"从边缘到核心"策略。这涉及在此前一直受忽视的单一谷物威士忌类别中，打造出一款（或多款）新的核心产品。2012 年 9 月，日果在欧洲市场推出了科菲谷物威士忌。转年 6 月，这款产品也在日本本土上市。他们后来故技重施，于 2014 年 1 月和 6 月分别在欧洲和日本推出了科菲麦芽威士忌。这些产品迅速受到欢迎，特别是在调酒领域。2015 年 9 月，三得利推出了知多谷物威士忌（Chita）。在品牌塑造上，知多被打造成与山崎 NAS 和白州 NAS 同等级别，而且定价要略低点。在广告和营销活动中，三得利则主打它最好以嗨棒的方式品饮。有趣的是，在产品的包装呈现及广告宣传中，类别（麦芽与谷物威士忌）之差异被有意弱化。

日果则采取了一个最为激进的解决方案。他们没有去努力试图维护自身产品线的完整性和 / 或与消费者玩捉迷藏，而是决定砍掉自己核心产品线的大部分成员。2015 年 9 月 1 日，整个单一麦芽产品线（余市 20 年、15 年、12 年、10 年和 NAS，以及宫城峡 15 年、12 年、10 年和 NAS）同时停售，取而代之的是两款新的 NAS 产品。日果还停售了纯麦芽威士忌白标以及一些调和威士忌，包括竹鹤 17 年，G&G，博多（Hakata），日果之调和，麦芽俱乐部（Malt Club），嗨日果（此后只保留 720 毫升装，而不再以当时超市常见的大塑料瓶装出售），全麦芽威士忌（仅保留 700 毫升装，其他更大瓶装停产），黑标日果 8 年和黑标日果特调（仅保留 700 毫升装，停售其他大瓶装）。

除了上文提到过的新的余市 NAS 和宫城峡 NAS 单一麦芽威士忌，日果剩下的产品线还包括：竹鹤系列，纯麦芽威士忌黑标和红标，科菲谷物和科菲麦芽威士忌，全新的尊贵级调和威士忌日果 12 年（2014 年 9 月 30 日发布），橡木桶直取，超级日果，以及黑标日果的饱满调和、清爽调和及深度调和各版本。所有这些产品的价格都被调高，高价酒款的涨幅更高达 50%。三得利则已经在几个月前就调高了价格。

可惜的是，日果和三得利当时也暂时冻结了其单桶项目。这意味着那些之前在低谷期对公司不离不弃的硬核威士忌爱好者现在突然之

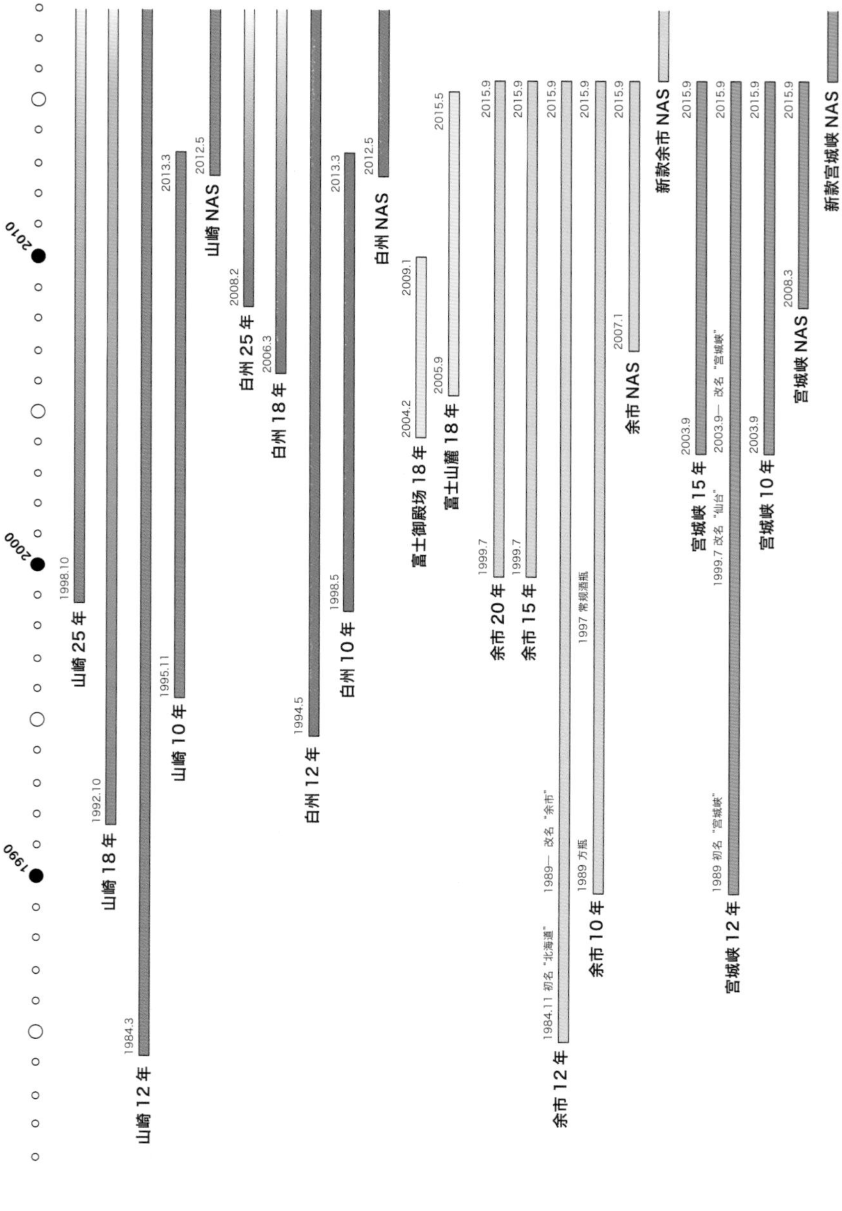

图5 日本单一麦芽威士忌类别的发展历史（主要品牌的标准产品）

间被晾在了一边。对于一些小厂商来说，这提供了一个机会。他们小而灵活，很适合去填补大厂商无法（或不愿）继续维护的一些细分市场：小批量发行、限量版和单桶装瓶。在这个领域，初创威士忌（Venture Whisky）的肥土伊知郎便是其开拓者之一。

肥土伊知郎在 2008 年日本的威士忌市场最低迷的时候建立了一家新的蒸馏厂。在当时，人们都觉得他疯了。但事后看来，他所选的时机是再好不过了。六年后，当大厂商陷入低库存困境时，肥土的仓库却是满满的。自不必说，两者完全不在同一个量级（一边是几千桶，另一边则是比如三得利的将近百万桶），但肥土所面对的细分市场也要小得多，而且到了 21 世纪 10 年代中期，已经几乎没有来自大厂商的竞争。还有一件事也给这些小厂商助推了一把，那就是当时威士忌二级市场的价格暴涨。

到了 2012 年底，日本威士忌在二级市场上的价格开始暴涨。在那之前，网络拍卖平台上对日本威士忌的需求是很少的。我还记得当初人们不惜亏本卖，只是为了处理掉手上的日本威士忌。但从 2014 年夏起，作为一个整体，日本威士忌在拍卖会上的成交价大幅超过了苏格兰各传统产区的威士忌。

图 6 表明了从 2006 年到 2016 年初，日本威士忌相较于苏格兰各传统产区威士忌在二级市场上的价格变化（它及图 7 皆由来自 whiskystats.net 的约翰尼斯·穆斯布鲁格整理而成）。纵轴上的数值是当时二级市场上的价格相较于其最初市场零售价的倍数，比如，200 表示从拍卖平台上入手一款威士忌的价格是其发售价格的两倍。此外，从图上看不出来的是，作为对于人们借机在拍卖平台上大赚特赚的回应，日本威士忌（尤其是那些被认为具有收藏价值的威士忌）的零售价从 2014 年左右起也得到了大幅提高。很自然，威士忌生产商

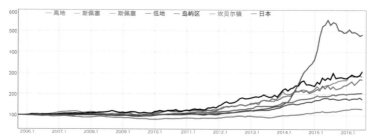

图6 日本威士忌相较于苏格兰各传统产区威士忌在二级市场上的价格变化

也想要从中分一杯羹。

图 7 进一步细分了各蒸馏厂的日本威士忌在二级市场上的价格表现。乍看起来，羽生表现最好而轻井泽次之，但这是具有误导性的。实际情况恰恰相反。我们需要意识到，该图显示的是拍卖价与最初发售价之间的相对涨幅，而不是威士忌本身的实际价值。羽生的平均发售价向来比轻井泽低得多。从实际价值上看，轻井泽还是最值得收藏的。事实上，它成功地在 2016 年 3 月将麦卡伦挤下了《威士忌杂志》指数（一个关注威士忌在各网络拍卖平台上的成交价的指数）的榜首位置，而这可是一个不容小觑的成就。

2015 年 8 月 28 日，一瓶轻井泽装瓶（1960 年生产，酒龄 52 年）在香港邦瀚斯拍卖行拍出了惊人的 918 750 港元天价。这位买家还以 3 797 500 港元拍得了一整套伊知郎麦芽扑克牌系列（共 54 瓶）。那么这些来自这两家已经因之前销售不佳而关停的小型日本蒸馏厂的威士忌，是如何在突然之间被推上了威士忌殿堂的最高处呢？

2006 年，两个英国人成立了一家公司，名为"一番"。之前曾在《威士忌杂志》工作的马尔钦·米勒（Marcin Miller）负责在欧洲的运营，之前曾经营公司将苏格兰威士忌进口到日本的戴维·克罗尔（David Croll）则负责在日本的事务。起初，他们负责将羽生蒸馏

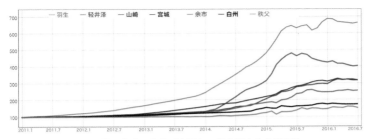

图7　一些日本单一麦芽威士忌在二级市场上的价格变化

所的存货装瓶并进行销售，然后在 2007 年，他们开始与刚刚被麒麟
买下的轻井泽蒸馏所合作。他们如此热衷于这些正躺在轻井泽的仓库
里沉睡的威士忌，甚至提出希望买下该蒸馏厂。但麒麟不同意，于是
他们退而求其次，提出买下剩余的全部存货。此事最终耗费了四年时
间。在此期间，经由一番公司装瓶的一些轻井泽和羽生威士忌被运往
欧洲，并在那里开始受到欧洲的一些严肃酒评人及威士忌爱好者的注
意。2010 年，在麦芽狂人（the Malt Maniacs）网站组织的威士忌比赛
中，12 项金奖中有 4 项都被来自一番公司的装瓶夺走，其中就包括
3 瓶轻井泽。2011 年夏，轻井泽剩余的库存最终正式转移到一番公司
名下。好戏就此开始。

　　对于轻井泽和羽生如何在短短不到五年的时间里就从默默无闻到
天下扬名，存在不同的解释。其中一个解释是绝版因素：已关停的蒸
馏厂，连同其剩下的最后几百桶酒。另一个解释则来自如下事实，即
这些蒸馏厂的剩下库存几乎都是以单桶的方式装瓶销售的（这意味着，
对威士忌藏家和爱好者来说，存在大量的不同发行批次可供选择）。大
厂商通常不愿意将精力浪费在装瓶和销售像单桶这样的产品上，它们
的数量非常有限，却周转迅速，费时费力。对小厂商来说，这却是最
适合他们施展拳脚的领域。从物流角度来说，他们也游刃有余。

另一个因素则是独立网上酒评人（其中最知名的当属来自 whiskyfun.com 的瑟奇·瓦伦丁）的好评不断，以及社交媒体上的口耳相传。这也解释了为什么实际上，日本是最后一个跟上此次羽生和轻井泽热潮的。由于已经在国外得到认可而决定高看一眼，这种心理在日本的许多文化领域都存在，大多时候是在潜意识层面上。毫无疑问，这不仅限于威士忌，也在艺术、音乐及其他一些涉及主观评价的领域多有体现。我还记得，想当年，你可以开车前往轻井泽蒸馏所，然后以很便宜的价格买到从 20 世纪 60 年代到 2000 年不等的年份酒；想当年，你可以在各地酒铺的货架上看到伊知郎麦芽扑克牌系列，看到上面的酒标由于年深日久而快要脱落；想当年，你可以随时走进一家遍及日本各地的大型家电连锁店（必客），然后在十多种不同选择中挑选一瓶山崎或白州的单桶装瓶。我在这里所描述的其实是 2010 年的事情，而不是 21 世纪初的黑暗时代。在那时，日本人单纯是对它们不感兴趣。而现在，"悔不当初……"成了日本威士忌圈子里常常听到的开场白。正所谓后见之明。只是等到来自海外的声音越来越响，日本的威士忌爱好者才将注意力转向了羽生和轻井泽，但为时已晚矣。要想在日本买到一瓶轻井泽单桶装瓶已经近于不可能，因为大部分一番名下的库存已经在日本人重燃对本国威士忌的兴趣之前，被其海外的合作伙伴预订了。日本的威士忌爱好者于是将注意力转向了任何他们还可以入手的本国威士忌。在五年时间里（从大约 2010 年到 2015 年），日本人对本国威士忌的态度来了一个 180 度的大转弯，从几乎毫无兴趣变成了不加区分地竞相疯抢。但这也带来了一个积极影响，使得在日本出现一场手工 / 精酿威士忌运动成为可能。

受到嗨棒热潮及海内外威士忌爱好者竞相追逐日本威士忌的鼓舞，一些之前生产过威士忌的厂商也开始跃跃欲试，打算重新再来。

在中断了 19 年之后，玛尔斯信州蒸馏所在 2011 年重新开始蒸馏。另一家历史悠久的小型威士忌生产商屉之川酒造也在 2015 年订购了他们的第一对铜制壶式蒸馏器，并在 2016 年夏开始蒸馏。另一家本土威士忌生产商若鹤酒造也开始考虑对其威士忌生产设施进行一次迟到已久的整修。两个全新的蒸馏厂计划（佳流的静冈蒸馏所和坚展实业的厚岸蒸馏所）也开始启动。一些生产啤酒和烧酒的厂商也开始涉足威士忌领域。到了 2015 年底，出乎日本威士忌圈的意料，本坊酒造宣布计划在鹿儿岛津贯兴建第二家蒸馏厂，并最终在 2016 年 11 月投产。于是在短短一年多点的时间里，日本的蒸馏厂数量几乎翻了一番。在一个像日本这样守旧的国家，这是非同寻常的。而在这次大爆发之前，秩父蒸馏所是最近一家新出现在威士忌版图上的蒸馏厂。在当时，这也是二十多年来第一家新开的蒸馏厂。

很明显，目前这波精酿威士忌蒸馏厂热潮并非一时意气使然。而对此，秩父蒸馏所功劳不小。它为新一代精酿威士忌蒸馏厂，又或者说，为一些之前从事小规模威士忌生产的蒸馏厂的转型提供了一个榜样。不同于 20 世纪 80 年代初的"地威士忌"热潮，目前这波精酿威士忌蒸馏厂热潮针对的是最高端市场，因而追求的也是最高级品质。秩父已经证明了，在日本威士忌目前受到海内外追捧的大气候的帮助下，一家小型威士忌生产商有可能靠着细分市场的需求，并靠着将自身形象高端化而活得很好。他们还证明了，只要方法得当，是有可能使用相当年轻的威士忌（3 年以上）来推出高品质的产品的。蒸馏厂自觉需要等上十年乃至更长时间才敢闯入市场的时代已经一去不返了。现在，酒龄 3 年的威士忌可以很容易就定到三得利、日果或肥土伊知郎在五年前为酒龄 15 年的单桶装瓶所定的那种价格。这样的情况对新蒸馏厂的吸引力是显而易见的。

与此同时，我们也不应该忽视另一个事实，即在嗨棒热潮出现后，那些大厂商也已经增强了自身产能。三得利于 2013 年在山崎蒸馏所增加了两对壶式蒸馏器，然后又于 2014 年在白州蒸馏所新添了两对壶式蒸馏器。直到 2016 年底，三大厂商旗下的蒸馏厂都在全力补充库存，准备迎接一个新的日本威士忌"黄金时代"的到来。

2017 年—

说 2022 年的日本威士忌界洋溢着一种无尽的乐观主义，这并不是个夸张的说法。新的蒸馏厂持续不断被添加到日本威士忌的版图上。一个例子是，我在这个版本（第 2 版）的第二部分需要新增的蒸馏厂就比初版（写于 2016 年）所介绍的全部蒸馏厂还要多。

图 8 给出了自 1989 年酒税改革以来，历年持证的威士忌蒸馏厂的数量，并给出了在那之前的相应数据（以五年为间隔），以作为历史参考。在 2001—2015 年间，活跃的蒸馏厂不超过十家，此后便急速增多。在本文写作之时，日本国税厅尚未公布 2021 财年（从 2021 年 4 月至 2022 年 3 月底）的相应数据，但其他一些官方信息（比如，

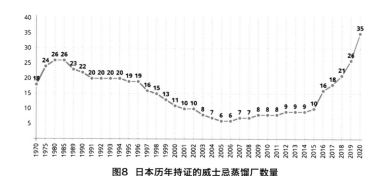

图8 日本历年持证的威士忌蒸馏厂数量

图9　日本威士忌自2001以来历年的生产量和消费量

在该财年颁发的新的许可证）可以表明，现在日本有超过 50 家持证的威士忌蒸馏厂。而且每个月都有新的蒸馏厂项目面世。

图 9 显示了自 2001 年以来，日本威士忌历年的生产量和消费量。除了在 2020 年由于疫情大流行而略有下降外，这些数字自 2007 年的低谷以来都在持续增长。这里的增长与图 8 中的蒸馏厂数量增长并不在同一个量级，这表明它是由质量驱动的：更多的生产商生产出相对较少的更优质的威士忌——至少，这是我们所希望的。

在日本威士忌的历史上，正规威士忌生产商的数量从来没有像现在这样多。但随着自 2016 年以来，日本的威士忌蒸馏厂的数量持续增加，酒类爱好者也越来越认识到日本威士忌这个成功故事背后的一些阴暗面。就在消费者翘首等待这些年轻的精酿威士忌蒸馏厂所产的酒液慢慢变成液体黄金的同时，也有些威士忌"生产商"正在想方设法将一些尽管没有违反日本的任何法律，但在其他威士忌产区却会被视为不可接受（更遑论，完全非法）的"日本威士忌"摆上货架。

众所周知，日本对于威士忌生产的相关法规是极其宽松的。就地理标识而言，没有任何法规规定什么样的威士忌才是"日本威士忌"。如果你拥有生产威士忌的许可证，而且你是在日本境内将某种可被称为"威士忌"的东西（对此也存在相当大的自由度）灌装入瓶，那么你就是在生产"日本威士忌",而不论这些酒液实际是在世界的哪个地方生产的。也没有任何法规规定威士忌的熟成过程——不论是所用容器的材料和/或尺寸,还是最短的熟成时间。添加食用酒精和调味剂也是没有任何问题的,只要它们在背标上得到了如实标明。担忧其品质?不用怕,只要瓶中酒液含有 10% 的麦芽或谷物威士忌,你就是安全的。蒸馏器可以用任何材质制成。你也可以以低于 40% 的酒精度装瓶。从积极的角度来诠释,所有这些宽松的限制为创造性的研发开辟了空间。但当需求高企而来钱容易的时候,这样一个开放的竞争环境也很容易变成滋生机会主义和假冒伪劣的温床。

日本的威士忌生产商使用从国外进口的散装威士忌一事,在过去几年里开始在威士忌出版物和社交媒体上受到越来越多的检视,而这也事出有因。在最恶劣的情况下,这是某种"威士忌洗产地":来自苏格兰、美国或加拿大的威士忌进入蒸馏厂,经过装瓶后就摇身变成"日本威士忌",并带着后者的"声望"和价签离开。不过,这里需要注意的是,使用进口散装威士忌并不是最近才有的事情。这种做法植根于这样一个事实,即日本的威士忌生产商都是各自封闭运作的。这里不存在威士忌中间商,而且除了最近出现的一些非常有限的例外(对此的更多内容详见后文),也不存在相互的库存交换。这样就只剩下两个选择:在公司内部创造出尽可能多的变化,和/或从海外(就威士忌而言,主要从苏格兰,其次从美国和加拿大)引进更多变化(或更多产量)。

2018 年,英国税务海关总署(HMRC)的出口数据中有 30 家来自日本的散装威士忌进口商,而其中只有三分之一是当时在日本拥有自己的正规威士忌蒸馏厂的公司。这当中既有一些大厂商,也有一些较小的所谓精酿威士忌蒸馏厂。有趣的是,在 2013—2017 年间,从苏格兰出口到日本的散装调和麦芽威士忌的数量增加了五倍（2017年为140万升纯酒精），散装调和威士忌的数量增加了八倍（70万升纯酒精），谷物威士忌的数量则增加了三倍（170万升纯酒精）。总的来说，在这五年时间里，从苏格兰出口到日本的散装威士忌数量翻了两番——而这还只是苏格兰这一个产区的情况。

当然，还有剩下的三分之二：这些"威士忌生产商"实际上并没有设备来蒸馏正宗威士忌。那些老到的威士忌爱好者很快就做出了这里的算术，并意识到在日本有猫腻存在。从海外进口威士忌存货，稍微变换一番（重新装桶，重新调配），然后装瓶，它们就摇身变成了"日本威士忌"。

如前所述，在历史上，使用进口散装威士忌在日本并不是什么新鲜事。不过，这里所不同的是各自的语境。在过去，并不存在"日本威士忌"这个类别，无疑也不存在与之联系在一起的声望。在大多数时候，它是一种价格低廉的商品。几乎没有出口，而即便说它在国内具有某种吸引力，那也不是因为它是"日本产"的。就当时公众的认知而言，使用进口散装威士忌就好比是日本的本土面包师使用从法国进口的优质黄油来制作糕点。这有什么问题吗？他们使用了"优质原料"，而只要价格合理，你作为消费者自然乐于接受。

时间来到21世纪，当然，情况已经完全不同。日本威士忌已经成为一个尊贵的类别。该类别的一些代表在世界各地的各项竞赛中屡屡击败来自更老牌威士忌产区的竞争对手而摘得最高荣誉，而且其价格也已经普遍很高。所以毫不奇怪，对其检视要更加严格。

显然，这里的问题并不是日本过去（现在仍然）存在使用进口散装威士忌的做法。关键是透明度。正如初创威士忌的肥土伊知郎所指出的："我们不生产谷物威士忌，所以作为一家小型精酿威士忌生产商，如果我们想要打造一款调和威士忌，我们不得不从国外进口谷物威士忌。此外，调配来自世界各地的威士忌也让人受益良多。"肥土的旗舰调和威士忌产品——伊知郎麦芽 & 谷物（白标），就包含来自所有五个主要威士忌产区的威士忌，但他对此直言不讳。正面的酒标就清楚表明，这是一款"世界调和威士忌"（World Blended Whisky），背签也明确标明了各成分的来源。然而，这不是一项法定要求。他这样做只是出于诚信——出于道德。

从 21 世纪 10 年代中期起，来自美国的一个新发展让日本威士忌这个类别变得更加复杂：出现了所谓的"大米威士忌"。（深野酒造的深野品牌以及大石酒造的大石品牌便是该领域的开拓者。）在这里，猫腻从"日本"转移到了"威士忌"上。酒液毋庸置疑是日本制造的，事实上，其原料本身也是在日本生产的，而大多数在日本从零开始生产的威士忌都做不到这个地步。然而，这里有待商榷的是，它是否算"威士忌"。

烧酒是一种传统的日本蒸馏酒，可由多种原料制成。最常见的是大米烧酒、红薯烧酒和（未发芽的）大麦烧酒。就像在清酒酿造中那样，一种称为米曲霉的真菌被用来将淀粉分子分解成糖分子，后者接着再由酵母细胞进行处理。在蒸馏方式上，有两种类型：一种是在连续蒸馏器中蒸馏得到非常高的酒精度，然后稀释后出售；另一种则更正宗，通常在不锈钢蒸馏器（也有使用木制蒸馏器，极少还有使用铜制蒸馏器）中进行单次蒸馏，最高得到 45% 酒精度。大多数优质烧酒接着会在大陶罐或带搪瓷内衬的不锈钢罐中进行熟成。不过，有些烧酒（大多是大米烧酒和大麦烧酒）也是在木桶中进行熟成的。为了避免与威士忌相混淆，日本政府对烧酒类别做出了某些规定。就此而言，其中最重要的一项规定是，瓶装烧酒不能超过某个非常低的吸光度值，也就是说，烧酒的颜色必须比威士忌的浅得多。另一方面，在日本，威士忌必须使用发芽的谷物制成。这些规定使得在这两个类别之间不可能存在一个灰色地带。

然而，在美国，某种蒸馏烈酒想要被作为威士忌合法销售，它所需要的只是，它由某种发酵的谷物醪液制成，储存在橡木容器中，并以超过 40% 酒精度装瓶。"麦芽"一词并没有出现在相关法规中，使用米曲霉也不成问题。因此，尽管其生产方式大不合在日本及世界其他大部分地区所销售的标准威士忌的常规，但桶陈大米（及大麦）烧酒产品还是可以在美国被纳入威士忌类别。

当然，在日本，烧酒在桶陈时并不在意颜色阈值，而鉴于所用的木桶类型及熟成策略（或没有策略），最终得到的酒液颜色有时会比法规所允许的更深。在过去，烧酒生产商在面对较深的酒液熟成颜色时有三种选择：（1）对其进行深度过滤（但这可能也会夺走一种原本在其他方面都无可挑剔的饮料的灵魂）；（2）在装瓶前将其与颜色更淡的烧酒进行混合，以使其吸光度值低于阈值；（3）将其作为利口酒出售（但这要求另外的生产许可证，而且价位无疑会更低）。所有这些选择对生产商来说其实都不具有吸引力，但赔钱就更不具有吸引力，所以他们只好为所必为。但在最近，第四种更有利可图的选择自美国传入：将其作为日本（大米/谷物）威士忌出售。

不过，日本大米/谷物威士忌在 2016 年后在美国市场的扩散也在许多方面引发了困惑。首先，在这个日本威士忌（哪怕是无年份的）几乎到处都买不到的时候，这里却有些产品（其中有些还带有令人印象深刻的年份标识）相对容易就能买到，同时在网上快速搜一下，它们又看起来在日本国内没有销售。对一些老到的消费者来说，这不免令人生疑。

还有，这些大米 / 谷物威士忌的风味与消费者习惯的同日本威士忌联系在一起的风味明显不同。对有些人来说，这正是其吸引人之处。按照烧酒专家斯蒂芬·莱曼（Stephen Lyman）的说法："目前大多数在美国作为威士忌销售的桶陈烧酒都是单次蒸馏得到的，由此得到的新酒会比两次或三次蒸馏得到的更具风味。而我认为，这使得这些产品如此不同于按照苏格兰传统方式生产的日本威士忌，有时候要显得更加狂野或粗犷。在烧酒生产过程中并不存在低度酒，因为在蒸馏前，发酵过程所形成的酒精度就达到 15%—18%，这使得一次蒸馏就能得到 42%—45% 酒精度。"

尽管在美国将烧酒重新包装成日本威士忌看起来对所有人（生产商、分销商及寻求新的感官体验的消费者）来说都是个多赢局面，但这里也存在潜在的风险。也正如莱曼所指出的："烧酒生产商可能非常擅长制作烧酒，但他们不一定擅长制作威士忌，或木桶维护、酒液调配的技艺。当然，并不是所有生产商都如此，有些甚至拥有高度复杂的木桶管理程序以及专门的酒液调配团队。然而，在我试过的某款大米烧酒兼威士忌产品中，可以闻到明显的丙酮味——这可不是一种威士忌应有的风味。这会有损更大范围内的日本威士忌的声誉。我还觉得，这会有损烧酒生产商的声誉，如果他们被消费者视为投机取巧者的话。"

意识到日本威士忌的整体声誉可能会受到这些不良做法的损害，日本烈酒和利口酒制造商协会（JSLMA）于 2016 年在内部成立了一个工作组，由来自三大威士忌生产商（三得利、日果和麒麟）以及两家头部的精酿威士忌蒸馏厂（初创威士忌和本坊酒造）的人员组成。其目标是建立一项日本威士忌的标准。鉴于各方所牵扯的利益，他们最终成功达成共识可以说是个小小的奇迹。辩论一直持续到 2021 年初，然后在 2 月，出乎许多人的意料，他们宣布设立了一项标准，并将从 2021 年 4 月 1 日起生效。

该标准明确规定，在原材料方面，必须使用发芽的谷物（也可使用其他谷物，但醪液中必须包含发芽的谷物），连同在日本境内提取的水。糖化、发酵和蒸馏必须在日本的一家蒸馏厂内进行，而且蒸馏得到的酒精含量不得超过 95%。熟成必须在日本进行，必须使用容积不超过 700 升的木桶（注意：不一定是橡木桶）存放至少三年。装瓶也必须在日本进行，且不得低于 40% 酒精度。

新标准还对酒标标注以及某些被认为与日本联系紧密的特定图像和字词的使用做出了限制，它因而受到海内外威士忌爱好者的欢迎，被认为开启了绝对透明度的新篇章。不过，就像通常的情况，现实要稍微更复杂一点。首先，该标准不是法律，而是 JSLMA 成员公司的自律标准。日本国税厅对于威士忌的定义仍然没有变化，并在不远的将来也不太可能改变。此外，该标准目前没有审核机制，也没有惩罚措施，而且其过渡期一直持续到 2024 年 3 月 31 日，所以我们还没有摆脱困境。另一个大漏洞则是，对于 JSLMA 成员公司来说，披露某款威士忌未达到"日本威士忌"之标准的告示必须至少以如下方式之一进行：在酒标上，在公司网站上，或者在对客户询问的答复中。复述一下重点：以这三种方式中的任意一种。

尽管如此，有一点已然很明显，即该标准将为日本威士忌界带来一些变化。许多生产商正在致力于让自己的产品向该新标准看齐。一个例子是樱尾蒸馏所。其前身中国酿造（参见第 343 页）从 20 世纪 80 年代开始使用进口散装威士忌，并在过去十年里以其户河内品牌在世界各地的酒类零售商的日本威士忌货架上占据了一席之地——而在新标准下，该品牌的产品毫无疑问不能算是日本威士忌了。公司于是计划到 2023 年逐步停止使用进口散装威士忌，并使其所有威士忌产品届时都符合 JSLMA 标准。其他许多一直依赖从国外进口散装威士忌的日本威士忌生产商也在采取类似举措，和 / 或提高自身透明度，在将继续使用进口散装威士忌的产品上做出明确标识。

一个我们将在接下来几年见证其崛起和发展的领域是精酿谷物蒸馏。除了日本威士忌版图上的三大厂商，无法获得国产的谷物威士忌是妨碍一些厂商推出（符合 JSLMA 标准的）日本调和威士忌的最大障碍。然而，对大多数日本精酿威士忌蒸馏厂来说，推出一款入门级调和威士忌是确保旗下能有一款可持续上架和销售的产品的唯一办法。而对此，目前的唯一选择是从苏格兰、美国或加拿大进口散装谷物威士忌，并将其与自己生产的麦芽威士忌（和 / 或其他从国外进口的麦芽威士忌）进行调配。

意识到这个困境的一些日本威士忌生产商已经开始尝试以自己的方式解决国产谷物威士忌的获取问题。在过去几年里，多家精酿威士忌蒸馏厂已经开始少量生产谷物威士忌。木内酒造一直在他们的额田酿造所和八乡蒸馏所试验各种谷物配方，樱尾蒸馏所已经开始在他们的混合蒸馏器中生产谷物威士忌，而小正酿造已经在他们原本用于烧酒和金酒生产的日置蒸馏藏增添了谷物威士忌生产设备。所有这些例子里的产量都是相当有限的，而且其产品也都没有进入市场。但坊间也有传言，在未来，我们将看到一些专门的"精酿谷物蒸馏厂"出现——据说尤其是在北海道地区。这些努力将需要五年或更长时间才能开花结果，加入日本调和威士忌的游戏，但这是个受欢迎的发展，并清楚表明 JSLMA 标准正在产生现实影响，尽管它还不是法律。

新标准还对烧酒和泡盛生产商关闭了大门，因为他们的生产许可证明确禁止他们使用发芽的谷物，而后者现在是 JSLMA 标准所规定的"日本威士忌"的要求之一。不过,需要指出的是,大多数烧酒生产商都不是 JSLMA 的成员(他们有自己的协会),因而不受新的威士忌标准的约束。

显然,JSLMA 标准旨在鼓励提高透明度,并让不良厂商的日子更难过,但也有一些人质疑,一项大体仿照外国威士忌标准而建立的标准是否完全适合日本的威士忌文化。对此的一个例子是将所谓"米曲威士忌"剔除在外。在过去一千多年里,使用米曲霉一直是日本文化不可分割的一部分,所以很难主张它在日本不是一种在文化上有意义的酿造方式。

日本的威士忌生产一直以来都是主要以苏格兰为师(在较小程度上,也效仿美国和加拿大),但在最初的日本威士忌生产者远渡重洋去海外学习,并将"火种"带回国的将近一个世纪后,我们现在开始看到,来自国外的金融和技术人才开始进入日本威士忌领域。本书第二部分所介绍的多家新蒸馏厂便是由外籍人士建立的,而且据说还会有更多的出现,表明这个趋势并不是一时的风潮。

精酿威士忌蒸馏厂在近年来的扩散也看起来正在逐渐打破"日本威士忌生产商相互不交换库存"的旧有常规。对此的一位支持者是三郎丸蒸馏所的经理兼调配师稻垣贵彦。他的思路是,由于三郎丸蒸馏所只生产重泥煤威士忌,所以他的公司将从获取日本其他蒸馏厂的不同类型酒液中受益。但反之亦然。对其他日本精酿蒸馏厂来说,预备一些泥煤味很重的三郎丸酒液在他们自己的仓库里熟成,在他们准备打造某些调和威士忌或调和麦芽威士忌时可能会派上用场。

2021 年 3 月,日本威士忌历史上的首次联合发布证明了稻垣是这样想的,也是这样做的。此前,三郎丸蒸馏所用他们的一些重泥煤桶陈麦芽威士忌交换了长滨蒸馏所的一些轻泥煤桶陈麦芽威士忌,然后这两家公司各自调配了两种调和麦芽威士忌：一种是日本调和麦芽威士忌，另一种则是所谓的"世界调和麦芽威士忌"，后者除了使用这两种日本麦芽威士忌，还使用了从苏格兰进口的散装麦芽威士忌。三郎丸以"远东泥煤"（Far East of Peat）的名号推出其装瓶（分别限量 700 瓶和 7000 瓶），长滨则将其命名为"闪电"（Inazuma，分别限量 700 瓶和 6000 瓶）。这些产品可能是首批联合推出的日本威士忌，但这并不是日本精酿威士忌蒸馏厂之间的首次合作。

在日本的其他威士忌生产商都不知情的情况下，初创威士忌（伊知郎麦芽）和本坊酒造（玛尔斯威士忌）实际上在 2015 年就已经交换了一些库存。两家公司交换了各自生产的新酒，然后将其装入对方的橡木桶中进行陈年。五年多点时间后，两家公司将从对方处收到的酒液同自家酒液调配到一起，各自打造出一款调和麦芽威士忌。伊知郎麦芽双蒸馏厂 2021 版秩父 × 驹之岳（53.5% 酒精度，限量 10 200 瓶）和玛尔斯威士忌麦芽二重奏 2021 版驹之岳 × 秩父（54% 酒精度，限量 10 918 瓶）于 2021 年 4 月底在日本上市，而威士忌爱好者显然不仅为这种精神所打动，也为其结果所吸引。

尽管这两个联合发布项目意义重大（而且自那以后，也出现了少量类似的合作项目），但放大来看，它们仍然只是个案。不过，自那以后，一个在架构上要更雄心勃勃的项目启动了：T&T 富山，日本威士忌历史上的第一家独立装瓶商。再一次地，其中涉及的量还相对较小，但老话说得好，大橡树生自小橡实。

随着日本的威士忌生产满一个世纪，各种变革之风正在吹拂。下一个百年将会有怎样的发展，没人能够预料。不过，有一件事是确定的：哪怕这段旅程只有前文所述故事的一半精彩，也将让我们享受不已。这个传奇仍在继续……

T&T 富山：第一家日本威士忌独立装瓶商

前文多次说过，日本的威士忌蒸馏厂不出售或交换库存。然而，就像所有那些看起来亘古不变的东西，改变很快就会发生的可能性无法完全排除。

2021 年，三郎丸蒸馏所的稻垣贵彦和独立在线威士忌零售商麦芽山 (Maltoyama) 的创始人下野孔明决定尝试一项不可能之举：成立一家公司，专门对来自日本各家蒸馏厂的威士忌进行熟成和装瓶。他们将这家公司起名为 "T&T 富山"，得名自他们名字的首字母及公司所在的富山县。2021 年春，稻垣和下野成功地通过一次众筹活动筹集了将近 4050 万日元。这使得他们能够开展计划，并开始在南砺市井波建造一处专门的熟成仓库。

T&T 富山仿照高登 & 麦克菲尔的模式，从各蒸馏厂购买新酒，并装入精心挑选的木桶中。这并不是营销话术。井波木雕世所知名，T&T 富山便与那里的一家独立制桶厂三四郎樽工坊密切合作，后者距离仓库仅有五分钟车程。

在 T&T 富山成立之前，从日本的蒸馏厂购买新酒并由第三方进行熟成的想法会被熟悉那里的行业做法的人斥为无稽之谈。选择是有限的，而即便你足够疯狂敢去尝试，即便你确实成功找到了一个罕见的例外，那你也仍然只

原型装瓶

能获得一家蒸馏厂的酒液——这对一家独立装瓶商来说可不是一个可行的商业模式。在过去几年里，由既有的酒类生产商（大部分是烧酒生产商）转型而来的精酿威士忌蒸馏厂在日本的兴起改变了这一点。当被问及在日本没有先例的情况下，T&T富山是否在寻找愿意提供新酒的蒸馏厂上遇到了困难时，下野表示："一旦我们坐下来，并向他们解释清楚我们项目的性质后，事情便变得很容易了。除一家外，我们当时接触的蒸馏厂都是非常新的酒厂，他们理解我们的想法。我们也已经有了一个大体的架构，稻垣本人是一位蒸馏厂经理，而我本人在过去十年间一直从事威士忌零售业。所以这不是一个由不知从哪里来的两个人提出的不靠谱项目。"

稻垣和下野拜访了日本各地的精酿威士忌蒸馏厂，品尝他们生产的新酒，因为品质是最为重要的。到了2021年夏，他们与六家蒸馏厂签订了供货协议。除了江井岛蒸馏所，其他几家都是新玩家：樱尾、嘉之助、御岳、尾铃山和三郎丸。（三郎丸从纸面上讲着有着一段悠久的历史，但本质上还是一家套着旧壳的新蒸馏厂。）从每家蒸馏厂采购的量各不相同，具体取决于他们可以匀出多少。到了2022年夏，T&T富山还设法采购到了一些日本朗姆新酒（来自冲绳的伊江岛蒸馏所），并将它们安放在仓库的侧翼熟成。其设想是，让酒液向着一些它们在原蒸馏厂可能不会或无法实现的方向去发展：不同的熟成环境，不同的木桶管理，以及观察熟成的这些人的不同敏感度。"作为独立装瓶商，我们想要做的是，"下野说，"为这些单一麦芽威士忌和朗姆酒提供一个不同于其新酒所来自的蒸馏厂的视角。"

井波熟成仓库于2022年春落成。在这里，两位创始人也寻求开辟新道路。他们没有使用大型熟成仓库常用的那种钢架结构，而是选择使用交叉层压木材（CLT），后者最早于20世纪90年代在德国和奥地利得到开发和使用。在施工之前，他们进行了测试，而结果也如预期：高隔热性和出色的湿度控制性能（两者相结合，便可以创造出一个稳定的熟成环境）。另一个优点是，CLT结构具有更高的抗震性，这在日本可是个不容小觑的优点。建造井波熟成仓库所用的木材全部来自当地：采自南砺市的283棵树和采自富山县其他地区的102棵柏树。屋顶是双层金属结构。仓库内还安装了传感器，以便密切监控熟成的环境。

仓库里的原型装瓶

目前，只有一半的仓库空间安装了货架。这已经够用上几年了。日后有需要时，另一半也会安装上货架。仓库的总容量约为 5000 桶（标准桶和猪头桶）。在仓库的前部还有一个小的垫板式仓库区域，以及一个品酒角。

第一批装瓶定于 2025 年发布，其目标是以原桶强度进行单桶装瓶。原型装瓶（不用于销售，只用于活动和品鉴目的）的酒标上绘有菖蒲花的图案。"我们将这称为'日本之息'（Breath of Japan），"下野指出，"这是对意为新鲜之气息的'息吹'一词的有点笨拙的英文翻译。菖蒲（shoubu）则被视为有辟邪之功，但其读音也与'尚武'或'胜负'相同。"

并非不可能的是，其他人会受到 T&T 富山的鼓舞而追随其脚步。日本威士忌的面貌在过去十年间已经发生了剧烈变化，所以谁又能说，这样一个未来——日本各地蒸馏厂的新酒和 / 或正在熟成的库存离开原本的家乡，来到他人的羽翼下，然后以一些出人意料的新方式继续其旅程——不可想象？永远不要说永远……

T&T富山倉庫内部

第二部分

过去与现在的日本蒸馏厂

大多数游客经由这条小街从山崎站前往蒸馏厂

山崎、白州、知多蒸馏所和大隅酒造

■ 宾三得利 ■

山崎蒸馏所

山崎地区富含历史积淀。1582 年，在这里发生了著名的山崎之战（又称天王山之战）。几个世纪后，由于其位置正位于京都与大阪之间，山崎成了日本威士忌的诞生地。正是在这里，在与男山相对的天王山山麓，鸟井信治郎决定建立日本的第一家威士忌蒸馏厂。

当初鸟井从一位苏格兰酿酒权威穆尔博士那里了解到，蒸馏厂选址的最重要因素是包括周边水质在内的自然环境。当鸟井来到山崎时，他感到就自然环境而言，这里无可挑剔：平缓的山坡、美丽的竹林和湿润的小气候。在山崎，桂川、宇治川和木津川三川合流，汇入淀川，而由于三条河流之间的水温差异以及该地的地形，雾气弥漫在当时是常有之事。（我之所以说"在当时"，是因为后来当地的小气候有所变化；如今，平均一个月只有一两天是雾天了。）不管怎样，在当时，这些条件看起来都是适合熟成威士忌的理想之选，简直就跟苏格兰差不多。现在只剩下一个问题：那里的水好吗？

这个地区长久以来便以其优质水质闻名。日本现存最古老的诗歌总集《万叶集》提到过这里，茶圣千利休也在这里为丰臣秀吉建造过

两名初中生穿过厂区回家

一个茶室（待庵），并使用山崎的水来沏茶。这些都是相当不错的证明，但鸟井没有冒险。他将水样送往苏格兰，征询穆尔博士的意见。这些水样给穆尔博士留下了深刻印象，后来的历史大家就都知道了。

山崎蒸馏所于 1923 年底开始建设，并于次年完工。1924 年 11 月 11 日上午 11 点 11 分，第一锅酒液从壶式蒸馏器中流出。其战前的布局与一家典型的苏格兰高地蒸馏厂相差无几。

在第二次世界大战期间，山崎蒸馏所没有受到什么影响，但作为一个预防措施，酒桶被疏散到山里的一个坑道中保存。按照三得利方面的说法，"这些麦芽威士忌出人意料地熟成得还不错，从而成为日后一些威士忌产品的关键构成成分"。

山崎蒸馏所后来有过多次重新布局和扩建，第一次是在 1957 年，最近一次则是在 2013 年。扩建看起来已经达到了其极限，因为周边的市镇也在发展。蒸馏厂现在已是小镇的一部分。有趣的是，一条公共道路穿过了厂区。在早上和傍晚，常常可以看到孩子们穿厂而过。

在蒸馏厂进行发麦的做法一直持续到 20 世纪 70 年代初，但就像

Yamazaki Distillery

山崎蒸馏所

糖化槽：　　2 个不锈钢材质，劳特式（10 万升，2.5 万升）

发酵槽：　　12 个不锈钢材质（4—9 万升）

　　　　　　8 个花旗松木材质（2—2.5 万升）

蒸馏器：　　8 对（具体参见正文）

　　　　　　初馏器使用燃气直火加热，再馏器使用蒸汽间接加热

　　　　　　林恩臂大多数向下

　　　　　　蒸馏器配有壳管式冷凝器，除了 3 号和 5 号初馏器（虫桶冷凝器）

在苏格兰威士忌业里那样，现在早已不再如此。在 1969 年之前，他们使用从苏格兰进口的泥煤进行地板发麦，在 1969—1972 年间则采用机械发麦。如今，这个阶段的工作已交由专门的公司，即所谓"麦芽供应商"来负责。在本书写作之时，三得利用于威士忌生产的所有麦芽都从英国进口。在其啤酒厂，他们也使用了一些日本国产大麦，因为其财务回报几乎是即时的。但对于威士忌，由于它需要多年时间熟成且受市场影响较大，使用国产大麦的高成本（可高达使用进口大麦的 5 倍）让这种做法风险变得太大。

　　山崎蒸馏所使用了各种不同泥煤含量的麦芽。这种追求在生产的各个阶段都引入多样性的做法我们将在后面一再见到。重泥煤麦芽（40ppm 左右）的蒸馏通常在年底进行。

　　用水取自厂区内的水井。糖化过程在 2 个不锈钢材质的劳特式糖化槽内进行（大的容量 16 吨，小的容量 4 吨），而且醪液过滤缓慢，以得到尽可能清澈的麦汁。然后，麦汁被转移到 20 个发酵槽中的一个进行发酵。

1929年的山崎蒸馏所（左上起顺时针方向）：储存着成批"金瓜大麦"的麦芽仓库；地板发麦；糖化槽和发酵槽；蒸馏室

　　直到 1988 年，所有发酵槽都由不锈钢制成。虽然一些照片似乎表明，在蒸馏厂的早期曾使用过木制发酵槽，但对此没有文字记录可作为佐证。在 1988 年的整修期间，他们决定增加变化，安装一些木制发酵槽。目前，所用的发酵槽中有 8 个由花旗松木制成，另外 12 个为不锈钢材质。

　　发酵过程使用了各种类型的酵母，包括蒸馏酵母和酿酒酵母，大多数菌种是蒸馏厂专有的。标准的发酵时长是 3 天。

　　在生产过程的麦酒汁阶段，累积的多样性已然非常惊人：不同泥煤含量的各种类型的大麦，在木制或不锈钢材质容器中进行糖化并使用各种类型的酵母（有时是组合使用）进行发酵。然后在蒸馏室，这种多样性得到了一个指数级增长。

　　山崎蒸馏所最初只有 1 对蒸馏器。它们当初由大阪的渡边铜铁工

山崎最早的壶式蒸馏器之一，旁边是鸟井信治郎（坐着）和佐治敬三的雕像

所制造，并用蒸汽船经由淀川运至蒸馏厂。它们一直服役到 1958 年。其中的再馏器现在仍能在厂区看到，因为它已经成为游客中心附近的一个小型户外纪念物。触摸着这件手工锻造制成的蒸馏器业已氧化的粗糙表面，并看到旁边眺望远方的鸟井信治郎和佐治敬三雕像，历史在这一刻顿时变得鲜活了起来。

1958 年，2 对新的壶式蒸馏器投入使用。这些年下来，蒸馏器数量已经增加到目前的 8 对。蒸馏器的使用寿命为二三十年，所以每年都会定期检查铜的厚度，一旦损耗严重，它们就会被更换掉，但新的蒸馏器不一定是相同的尺寸和形状。一些老的蒸馏器变成了厂区里的小纪念物，少数幸运者则在其他地方获得了新生。

三得利以前会把他们公司的标识牌安装在蒸馏器上。由于其标识沿革有序，所以看着它们，我们就大致知道蒸馏器是在哪个时期安装的。但近年来，他们已经不再这样做了。2006 年，其中 3 对蒸馏器得到了更换。2013 年又新增了 2 对。由于原有的蒸馏室已经无法容纳这 4 个蒸馏器，所以他们清理出旁边的一个调配实验室，并加以改造以安放它们。原有蒸馏室里的最近一次变化发生在 2022 年，当时 1 号初馏器得到了更换。（它此前是直颈型，新蒸馏器则是鼓球型。）

目前的配备具体如下：

	初馏器				再馏器			
	安装时间	类型	尺寸	林恩臂方向	安装时间	类型	尺寸	林恩臂方向
8 号	2013	直颈	M	向上	2013	鼓球	M	向下
7 号	2013	直颈	M	向下	2013	直颈	M	向下
6 号	1989	鼓球	L	轻微向下	1989	鼓球	M+	轻微向下
5 号	1989	直颈	L	大幅向下	1989	鼓球	M+	轻微向下
4 号	2006	直颈	M+	向下	2006	直颈	M−	轻微向下
3 号	2001	直颈	M	大幅向下	2001	直颈	S	轻微向下
2 号	2006	鼓球	M+	向下	2006	鼓球	M−	向下
1 号	2022	鼓球	S	超大幅向下	2006	直颈	M−	向下

所有初馏器使用燃气直火加热，所有再馏器使用蒸汽间接加热蒸馏器配有壳管式冷凝器，除了 3 号和 5 号初馏器（虫桶冷凝器）

初馏器使用燃气直火加热，所以在穿过蒸馏室时，你常常可以听到蒸馏器内的回旋链（一种用于防止煳底的旋转铜制构件）所产生的高频嗡嗡声，尤其是在现在所有蒸馏器差不多都在不停歇运行的时候。再馏器则通过蒸汽盘管或渗滤器间接加热。大多数蒸馏器都配有壳管式冷凝器，但 3 号和 5 号初馏器采用的是虫桶冷凝器。基本上，这些蒸馏器是成对使用的，但也可以通过调整管道流向进行其他搭配。

山崎蒸馏所使用的第一批酒桶是从英国进口的雪利桶。事实上，第一只装酒的酒桶目前仍保留在蒸馏厂。它已经不再装酒，但它因一些历史原因而非常有趣。就像一卷重写本（palimpsest），有关其来源的蛛丝马迹还可以在其桶头上看到。在白漆底下是 "Lacave & Co., Cadiz" 的字样，而这是一家位于西班牙加的斯的古老酒庄。

正在进行的蒸馏

一位工作人员正在检查馏出物

所有蒸馏器都在运行时的酒精保险箱

山崎蒸馏所装填的第一只酒桶

蒸馏室的初馏壶一侧

鸟井也很想自己制作酒桶，但在当时，日本还没有制作酒桶的传统。不过，确有一些人知道如何制作不漏水的木制容器，那就是箍桶匠。1934年，鸟井聘请了一位名叫立山源丞的箍桶匠，后者成为山崎蒸馏所的第一位制桶师。立山通过研究进口酒桶来自学如何制作酒桶。就像一些音乐家通过聆听唱片来训练自己，立山发展出了他自己的一套制桶技术和工具。他后来将技艺传授给了他的儿子立山登，后者又将之传给了他的儿子立山隆一，也就是现在三得利近江制桶厂的厂长。

山崎蒸馏所拥有几个里面酒桶堆得三四层高的老式仓库，以及几个货架式仓库，但他们所生产的酒液中只有约10%是在厂区内熟成的。大部分都被油罐车运走，在三得利的近江熟成酒窖或白州蒸馏所进行熟成。类似地，也有一些白州麦芽威士忌和知多谷物威士忌在山崎蒸馏所熟成。显而易见，三个熟成地之间存在一些气候差异，但将库存分开也有其他的实际操作考量。白州的仓库是货架式的，而且是为较小的美国标准桶和猪头桶而打造的。白州当地的平均温度较低，所以适合用较大的酒液与木质表面积接触比，从而适合使用较小的酒桶。山崎的温度较高，所以那里更倾向于使用较大的酒桶，比如邦穹桶和雪利大桶。这在实际操作中意味着，白州的货架放不下雪利大桶，所以使用雪利桶熟成的白州威士忌便是在其他能够存储雪利桶的地方进行陈年的。将三家蒸馏厂（山崎、白州和知多）的库存分散到三个地点（山崎、白州和近江）存储的另一个好处是，万一一个地方遭受意外或重大灾害（这在地震频发的日本是不得不考虑的），也不致全部鸡蛋毁于一旦。三个熟成地加起来，三得利在2022年总共拥有将近170万只酒桶的存储容量。

在三得利的仓库里，酒桶的寿命为50—70年。鉴于平均熟成时间为10年左右，这意味着它们可以被重复使用5次。山崎蒸馏所现在仍被用于熟成的最老的酒桶制作于 1954 年 9 月，现在里面正装着 2008 年蒸馏的威士忌。当这些酒被清空时，这只酒桶很可能就会退役。仍在山崎蒸馏所熟成的最老的威士忌也来自 20 世纪 50 年代。

调配师们也在监测着这些库存的发展状况。鉴于有超过百万只酒桶分布在 3 个仓储地点，同时只有 6 位调配师跟踪这些酒桶的熟成进度，显然他们必须做得条分缕析。在熟成期还较短的时候，他们对每批酒桶进行随机取样，并每隔三四年检查一批。当熟成已经超过 12 年时，每一只木桶都要被单独取样。

山崎蒸馏所现在仍被用于熟成的最老的酒桶：其底部的雕刻字样显示昭和二十九年，即 1954 年；现在在其中熟成的威士忌是 2008 年蒸馏的

山崎蒸馏所的一个仓库

正在进行中的熟成

近江熟成酒窖

　　三得利旗下各蒸馏厂生产的大部分酒液都被送到位于山崎蒸馏所东北约 70 公里的所谓 "近江熟成酒窖" 进行熟成。这个名字会有点误导人，因为它是一个拥有众多仓库的综合体，并不完全是一个 "酒窖"。近江熟成酒窖始建于 1972 年，其后便扩建出越来越多的仓库。最近一个新建的仓库建于 2022 年，可容纳 14 万只酒桶。在 20 世纪 80 年代末，山崎蒸馏所的制桶部门也搬到了近江。近江制桶厂专注生产邦穹桶，白州制桶厂则侧重生产猪头桶。现在山崎蒸馏所内已不再有制桶师工作了。

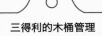

三得利的木桶管理

　　三得利对用以熟成威士忌的木桶特别重视。为了避免其供应和品质上的不稳定性，他们实施了一些策略，以确保自己能够监控从树木到酒桶的各个环节。

　　就波本桶而言，他们没有什么可担心的，特别是在 2014 年，公司收购美国威士忌巨头 Beam 而成为宾三得利后。波本桶包括美国标准桶（直径 65 厘米，长 86 厘米，容积 180 升）以及猪头桶（直径 72 厘米，长 82 厘米，容积 230 升），后者是使用前者拆解下来的木条制成的。

　　邦穹桶（直径 96 厘米，长 107 厘米，容积 480 升）是在近江制桶厂全新制作的。它们使用由从美国直购的美洲白橡木制成，并经过至少三年风干。

　　雪利桶完全由西班牙橡木制成。三得利方面深信，我们通常将之与 "雪利桶威士忌" 联系在一起的那些风味，其中大部分不是来自木桶之前的内容物（指雪利酒），而是木桶本身所用的橡木类型。为了得到顶级的雪利大桶

（直径 89 厘米，长 128 厘米，容积 480 升），他们可谓不惮烦劳。首先，他们前往西班牙北部挑选树木。原木砍伐后，木材接着被风干三年。然后在赫雷斯制桶，并使用欧罗洛索雪利酒调味至少三年。最后，桶被送往日本并装填威士忌。这是个漫长的过程，但三得利方面相信这般辛劳是值得的。他们这样制作自己的雪利桶已经有三十多年，而且他们的多款雪利桶威士忌产品也被一些知名的威士忌评论家评为"世界最佳"，所以他们势必是做对了某些事情。

水楢桶是三得利的一个特产，也是其多款单一麦芽威士忌和尊贵级调和威士忌产品的一个重要构成元素。水楢生长缓慢，因而数量稀少，价格高昂，所以每年只能生产几百只水楢桶。三得利拥有在北海道的采伐权，但有时候不得不休伐很长一段时间，以便让森林休养生息。这时，他们就通过公开拍卖渠道购得水楢木。

除了这五种酒桶，三得利还使用葡萄酒桶和梅酒桶。三得利拥有位于法国梅多克的拉格朗日酒庄，所以取得葡萄酒桶不是个问题。比如，山崎的蒸馏师珍藏（Distiller's Reserve）中的红浆果味就来自葡萄酒桶的使用。使用梅酒桶则源于想要打造出这样一种麦芽威士忌成分——它可以为一款调和威士忌（比如，响 12 年）加入一种不是源自雪利桶的鲜明梅子味。由于三得利也生产梅酒，他们想出了这个在山崎的威士忌酒桶中陈年梅酒，然后用这些酒桶重新装入威士忌进行二次熟成的想法。这真可谓一石二鸟。所有使用梅酒桶收尾的威士忌都被用于调和威士忌。唯一可以单独尝到它们的机会是 2008 年发行的山崎梅酒桶收尾限定版（Yamazaki Plum Liqueur Cask Finish）。它限量 3000 瓶，且仅面向酒吧发售。

木材是种珍贵的资源，所以酒桶会被多次使用。判断一只酒桶何时已经过于老化而不能继续使用，也是调配师的工作之一。当酒桶退役后，它们会被制作成家具、地板、园艺容器等。

白州蒸馏所

在鸟井信治郎建立日本第一家威士忌蒸馏厂 50 年后，三得利的第二任社长佐治敬三将鸟井的梦想又推进了一大步。为了进一步扩充公司的麦芽威士忌成分的风味组合，佐治决定在一个非常不同的环境中建立第二家蒸馏厂。经过多年搜寻后，厂址选定在山梨县北杜市白州町，在日本南阿尔卑斯山脉的甲斐驹岳脚下的一片广阔森林区域。

白州蒸馏所处于一个高海拔地区（708 米，而山崎为 25 米），气候比山崎凉爽，一年到头，其平均气温都要比山崎低上 5℃左右，但其昼夜温差要大得多，尤其是在夏季。

为了保护其优良的自然环境，三得利买下了一块 82.5 公顷的土地。约 83% 的土地都未经开发，其中还包括一片野生鸟类乐园。按照三得利方面的说法，"野生鸟类对一个地区的水质变化非常敏感，因而是个很好的晴雨表"。白州蒸馏所名副其实是森林的一部分，而三得利方面也在不遗余力地尽可能保持其原生态。

作为一家蒸馏厂，白州蒸馏所有着一段非常有趣的发展史。最初的蒸馏厂（后来被称为"白州一厂"）于 1973 年 2 月建成，配备了 6 对蒸馏器。1977 年，产能扩充了一倍，并新增了一处建筑（后来被

"森林蒸馏厂"白州蒸馏所

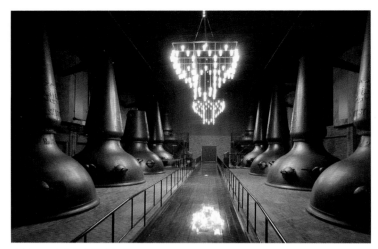
白州一厂及其退役的蒸馏器

称为"白州二厂")。新建筑里也有 6 对蒸馏器。在当时,这可是一家规模巨大的蒸馏厂(事实上,是当时世界上最大的),拥有 4 个糖化槽、44 个不锈钢发酵槽和 24 个壶式蒸馏器。1981 年,在白州一厂和二厂对面又建造了一家新的蒸馏厂。从 1988 年 6 月起,"白州三厂"被称为"白州东厂"。白州西厂(即白州一厂和二厂)的生产也在白州东厂建成后不久就停止了,所以当我们现在谈论白州蒸馏所时,指的是"白州东厂"。

人们常常好奇当初是什么原因促使三得利放弃一家拥有 24 个壶式蒸馏器且正在运营的蒸馏厂,而在马路对面建造一家新蒸馏厂的。建造新厂耗费不菲,但比较一下各自的蒸馏室,我们就不难理解其动机。白州西厂的蒸馏器全都尺寸相同且巨大:3 万升的初馏器和 2 万升的再馏器。不只如此,它们全都是灯罩型,且都配有向下的林恩臂。基本上,该蒸馏厂当初旨在生产大量相同风格的麦芽威士忌。而其中大部分都被用于调配公司当时的主打产品,老三得利。

Hakushu Distillery

白州蒸馏所

糖化槽： 1 个不锈钢材质，劳特式（13 万升）

发酵槽： 18 个花旗松木材质（7.5 万升）

蒸馏器： 8 对（具体参见正文）

　　　　 燃气直火加热，除了 2 号、7 号和 8 号再馏器（间接加热）

　　　　 林恩臂大多数向下

　　　　 蒸馏器配有壳管式冷凝器，除了 3 号初馏器（虫桶冷凝器）

　　在白州东厂的蒸馏室中，我们则可以看到较小的蒸馏器，而且其尺寸、形状和林恩臂方向各式各样。很明显，到 1981 年的时候，三得利已经意识到两件事情：其一，在蒸馏过程中，不可能简单加大设备尺寸而预期结果仍"大致相同"；其二，相较于大量生产某种风格的酒液，生产各种不同风格的酒液要更有意思。

　　白州二厂大部分已经不在了。白州一厂仍然在，但不对公众开放。除了 4 号初馏器上缺失的颈部，它仍然大体保持着 1973 年时的样貌。比起一马路之隔的那些光鲜火热，正在片刻不停工作的下一代，这些被沉寂所笼罩的庞然大物几乎给人可怜之感。

　　白州蒸馏所用以生产威士忌的水来自甲斐驹岳的融雪。融雪通过地表的花岗岩风化层渗入地下，被其中的晶体自然过滤，成为清凉爽口的软水。千百万日本人都熟悉这种水的味道，因为从 2003 年起，三得利天然水南阿尔卑斯白州工厂（距离蒸馏厂非常近）将它们装瓶成矿泉水销售。它也是日本迄今为止最受欢迎的瓶装矿泉水。

　　在甲斐驹岳的山麓，尾白川和神宫川形成了一个白沙遍地的冲积扇，白州之名正由此而来。1985 年，尾白川的河水还入选了日本政府评选的"名水百选"。

　　与山崎蒸馏所一样，白州蒸馏所使用的所有麦芽都从英国进口。这里也利用了不同含量的泥煤。糖化过程也基本上是相同的。白州的一个糖化批次使用10—18吨麦芽。在白州西厂，所有发酵槽都是不锈钢材质的。在修建新的白州东厂时，他们全部改用木制发酵槽，而不像山崎将不锈钢和木制发酵槽联合使用。大多数发酵槽（18个中的12个）是在1981年安装的。2011年新装了2个，2012年又新装了4个。与山崎一样，这里也联合使用蒸馏酵母和酿酒酵母，标准发酵时长同样为3天。

　　蒸馏昼夜不停地进行着，只在夏季有个短暂的设备休整期。白州东厂一直以6对蒸馏器的状态运作到2014年，之后他们新增了2对蒸馏器。与山崎一样，这里的蒸馏器也不时得到更换。截至本书写作之时，其具体配置如下：

	初馏器				再馏器			
	安装时间	类型	尺寸	林恩臂方向	安装时间	类型	尺寸	林恩臂方向
8号	2014	直颈	S	极小幅向下	2014	直颈	S	极小幅向下
7号	2014	直颈	M	轻微向下	2014	直颈	M	轻微向下
6号	1981	灯罩	LL	向下	1981	灯罩	M+	大幅向上
5号	1981	灯罩	LL	向下	1981	灯罩	M+	大幅向上
4号	2005	直颈	M	向下	2005	直颈	S	向下
3号	2001	直颈	M	大幅向下	2001	直颈	S	向下
2号	1981	灯罩	LL	向下	1981	直颈	SS	向下
1号	1998	直颈	M	超大幅向下	1998	直颈	SS	向下

蒸馏器使用燃气直火加热，除了2号、7号和8号再馏器（蒸汽盘管间接加热）
蒸馏器配有壳管式冷凝器，除了3号初馏器（虫桶冷凝器）

蒸馏室

白州蒸馏所的一个仓库内部   1994年安装的一个发酵槽的细节

一位工作人员正在从发酵槽中抽取样品

新安装的两个蒸馏器：7号和8号蒸馏器

有趣的是，这里的趋势是小型化。其最老的一批蒸馏器（1981年安装）也是最大的一批，较新的蒸馏器则一般来说小得多。在旧的白州西厂，所有蒸馏器都使用蒸汽盘管间接加热。在白州东厂，所有初馏器以及除了 3 个例外的其他再馏器都使用直火加热。直火加热有助于某些特定风味化合物的合成。这一点在 1981 年对白州蒸馏所推倒重来时被认为是可取的，因而蒸馏厂重建时在这方面有剧烈变化。

与山崎一样，蒸馏器通常是成对使用的（即 1 号初馏器与 1 号再馏器配对使用），但其他组合也是可能的。它们的使用方式是平等的，也就是说，不会有哪对蒸馏器被优先使用。除了 3 号初馏器（装有虫桶冷凝器），蒸馏器都配有壳管式冷凝器。

如前所述，不是白州蒸馏所产的所有酒液都在厂区内熟成，有些会被油罐车运往山崎蒸馏所或近江熟成酒窖熟成。三得利以前在距离白州蒸馏所不远的八岳山脉里另有一处仓库。八岳酒窖由 7 个仓库组成，始建于 1983 年，正值日本威士忌消费的高峰期。它们后来在威士忌消费陷入低谷的 2008 年被拆除。

白州蒸馏所有 18 个仓库。它们都是相当大的货架式仓库，但就仓储空间而言，它们还有点不同。如前所述，这些仓库是为存放美国标准桶和猪头桶而打造的，诸如雪利大桶、邦穹桶、水楢桶等大桶就放不进去，所以它们被安排在其他地方熟成。与山崎蒸馏所不同，白州蒸馏所现在仍有一个小制桶车间。

知多蒸馏所

SunGrain（2019 年 4 月正式更名为知多蒸馏所）由三得利和全农（日本全国农业协同组合联合会）于 1972 年共同投资设立，并于 1973

年投入生产。1977年，厂区增设了第二家蒸馏厂。1985年，生产范围扩展到谷物威士忌之外的烈酒。

知多蒸馏所使用的主要原料是玉米。玉米与水混合，并在一个加压的连续蒸煮器中加热。在将温度降至约65℃后，加入用水洗过的六棱大麦。未经过滤的醪液接着发酵三四天，然后蒸馏得到至少94%酒精度。连续蒸馏过程用到了连续蒸馏器四座塔的不同组合。使用其中两座塔可以产出厚重型谷物威士忌，使用三座可以产出中等型，使用全部四座则可以产出轻盈型。厂区内没有熟成设施。

在知多蒸馏所建立50周年之际，三得利决定投资100亿日元来扩充其产能及其产品风格，这也是自蒸馏厂成立以来最大的一笔投资。除了增添磨麦机、生物质锅炉、蒸煮器和发酵槽，还新装了一个全新的科菲蒸馏器。新设备于2022年7月全面投入生产。

知多蒸馏所不对公众开放。在健康和安全考量之外，这可能也与维护自身形象有关。对于那些已经习惯于参访自然环境优美、到处是铜木质感的麦芽威士忌蒸馏厂的人来说，知多这头张牙舞爪的银色巨兽无疑会有点吓到他们。

一只装有1993年蒸馏的
知多谷物威士忌的酒桶

白州的谷物威士忌生产设施

2010 年 12 月，三得利在白州厂区新建了一处谷物威士忌生产设施。在经过两年多点时间的调试后，谷物威士忌生产正式于 2013 年 5 月开始，适逢白州蒸馏所建立 40 周年。

白州的谷物威士忌生产设施比知多蒸馏所小得多（在成立之初只有大约其十分之一的规模），设立目的也大不相同。由于规模较小，它主要进行实验，探索各种变化。使用不同的醪液成分和酵母菌株，在不同的酒精度（60%—94% 之间）下提取酒液，诸如此类。这里的初衷与隔壁麦芽威士忌蒸馏厂的是一样的：创造出更多的风味变化。

白州的谷物威士忌生产设施配备了 1 部锤式粉碎机和 1 部蒸煮器（它们原本被用于在白州生产烧酒），以及 6 个不锈钢发酵槽和 1 个双塔连续蒸馏器。醪塔有 18 层塔板，精馏塔则有 40 层塔板。该设施目前不对公众开放。

白州的塔式蒸馏器

我曾有幸尝过白州产的谷物威士忌新酒，并与来自知多蒸馏所的一份样品进行了对比。差异是再明显不过了，白州的新酒有着一种明显的干鲣鱼片味。其品质是一流的，当然，这正是其初衷的一部分：获得高品质的谷物威士忌，以帮助调配出完美的高端调和威士忌。

大隅酒造

大隅酒造是三得利的第四家威士忌蒸馏厂。直到 2020 年 4 月，三得利威士忌精华系列的第四批产品发布时，它才开始被世人注意。在这一次发布的两款产品中，有一款是在大隅酒造蒸馏的大米威士忌，这时公众才意识到三得利在日本实际已经有了第四家威士忌蒸馏厂。

该厂位于构成了鹿儿岛县东半部的大隅半岛。它最初由大隅酒造于 2004 年建立，旨在生产红薯烧酒，并于 2005 年投产。

2014 年 9 月，大隅酒造被三得利收购，生产范围也扩大到包括大麦烧酒。2019 年，三得利推出了该厂的本格烧酒品牌，"大隅"（Osumi）。

在上文提到过的三得利威士忌精华系列产品发布之前，公众并不知道三得利已经于 2016 年 4 月为该厂取得了威士忌生产许可证，并很快开始生产大米威士忌（不使用米曲霉）。大隅酒造的大米威士忌生产使用了烧酒的生产设备：1 部蒸煮器、一些不锈钢发酵槽，以及 4 个不锈钢蒸馏器（在正常大气压下运行）。

三得利尚未透露其对大隅酒造的日后规划（如果有的话）。

代表性产品

1984 年 3 月 14 日，三得利推出了日本第一款可广泛获取的单一麦芽威士忌产品，山崎纯麦芽威士忌。当时适逢山崎蒸馏所建立 60 周年，佐治敬三没有打算推出一款新的特别版调和威士忌来纪念这个日子，而是感到是时候迈入单一麦芽威士忌时代了。一开始，山崎纯麦芽威士忌并没有标注酒龄。从 1986 年开始，酒标上才标注"12 年"。

目前山崎单一麦芽威士忌产品线的核心产品

　　对于那些对老酒感兴趣的同好，这里可能需要对酒标上的命名稍作说明——当然，如果你有机会尝试一款以前的山崎（或白州）装瓶，那千万不要犹豫。起初，山崎和白州都被标为"纯麦芽"（pure malt）威士忌。从 2004 年开始，三得利将之改为"单一麦芽"（single malt）威士忌。其间甚至还有过一个过渡期（2002—2003 年），其酒标上用大号字体写着"纯麦芽威士忌"，同时在酒龄标注下面用小号字体写着"单一麦芽"。可以确定地说，所有这些威士忌从技术上讲都是单一麦芽威士忌（也就是说，使用来自单一蒸馏厂的麦芽威士忌）。不免让事情更加混乱的是，三得利当时还有一些产品，它们虽然被标为"纯麦芽威士忌"，但从技术上讲却是我们现在所谓的"调和麦芽威士忌"（也就是说，使用来自不止一家蒸馏厂的麦芽威士忌调配而成）。一个例子是 1985 年发布的三得利纯麦芽威士忌 7 年，它有两个版本：一个是黑色酒标，上面绘有山崎蒸馏所的图案；另一个是白色酒标，上面绘有白州蒸馏所的图案。实际上，它们都是由来自这两家蒸馏厂的麦芽威士忌调配而成，只是前者包含更多来自山崎的成分，而后者含有更多的白州威士忌。用在这两款产品身上，"纯麦芽"一词是适当的。类似还有其他一些例子，比如三得利北杜（Hokuto）。对于这些在 2004 年以前发布的三得利纯麦芽威士忌，要想弄清它们实际上是单一麦芽，还是调和麦芽威士忌，唯一的办法是做研究。

1985 年，三得利的市场部想要在产品线中纳入一款白州单一麦芽威士忌。当时正好是白州蒸馏所开始生产的第 12 年，所以仓库里没有比那更老的威士忌用于调配。调配师们坚持认为为时过早，计划因而一直被搁置到 1994 年。到那时，日本的威士忌销量已经下滑了10 年，市场部因而想要一款易饮的单一麦芽威士忌。再一次地，调配师们坚定不移，他们坚持认为它需要更具个性。对后人来说幸运的是，他们的意见得到了尊重，"烟熏风味"成了整个白州单一麦芽威士忌系列的一个基调。

目前白州单一麦芽威士忌产品线的核心产品

前文第 096 页的日本单一麦芽威士忌类别的发展历史展现了山崎和白州产品线的扩张状况。白州单一麦芽威士忌一直处于其兄长山崎的阴影之下。事实上，在最初的 15 年里，白州都很难卖。直到 2011 年，白州的整体销量仍只是山崎的 1/7。2012 年，其销量出现了大幅提升，但这只是反映了当时人们对高端日本威士忌的需求普遍增加。

要想讨论白州和山崎的所有特别版和限量版，更别说其单桶装瓶，恐怕一本书都写不下。从 1997 年的山崎 1982 雪利桶开始，三得利差不多都会定期推出其单一麦芽威士忌的不同木桶版本。这包括波本桶、邦穿桶、雪利桶 / 西班牙橡木、水楢桶以及波尔多葡萄酒桶限量版。从 2009 年和 2013 年开始，还会不定期推出白州和山崎的重泥煤版。

2015 年，三得利的单一麦芽威士忌自开始生产以来第一次出现销量下降，但这是有意为之的。当时公司为了维护产品的连续性，不得不对其单一麦芽威士忌品牌踩刹车，以确保为将来留有足够的库存。白州 12 年于 2018 年 6 月停止发售，但这款备受喜爱的产品于 2021 年 3 月 30 日重新发售，尽管是以限量版的方式。

自 2010 年以来，白州和山崎蒸馏所一直处于满负荷生产状态：除夏季设备休整期外，一周 7 天，一年 330 天，昼夜不停。所以相信在不远将来的某个时刻，就会有充足的熟成库存来满足市场需求。

值得一提的是 2020 年初发布的一款山崎 55 年（46% 酒精度，限量 200 瓶）。其发售价为 330 万日元（含税），但在那之后，其在拍卖会上的价格不断飙升，最近已经达到了发售价的将近 25 倍。（2022 年 6 月 14 日在纽约苏富比拍卖行的落槌价为 60 万美元。）

对于我们这些饮酒者来说，更让人有兴致的是三得利于 2018 年 2 月推出的三得利威士忌精华系列。该系列旨在展示公司目前正在进行的创新研究，每一批包含两到三款各具特色的产品（500 毫升规格），

三得利威士忌精华系列

发布批次	时间	蒸馏厂	主题	酒龄	酒精度（%）
第一批	2018.2.27	山崎	泥煤麦芽	12 年	49
		白州	黑麦风格	4 年	57
		知多	葡萄酒桶收尾 4 年	16 年	49
第二批	2019.2.26	山崎	西班牙橡木	9 年	56
		山崎	蒙蒂利亚葡萄酒桶	9 年	55
		山崎	重填雪利桶	10 年	53
第三批	2019.10.29	[调和威士忌]	清新风格（在雪松木桶底橡木桶中熟成）	NAS	48
		[调和威士忌]	饱满风格（在雪松木桶底橡木桶中熟成）	NAS	48
第四批	2020.4.28	大隅	大米威士忌	NAS	56
		知多	樱花木桶收尾调和	[12 年]	50
第五批	2021.8.31	山崎	黄金诺言麦芽	[11 年]	53
		山崎	艾雷岛泥煤麦芽	[11 年]	54

其酒标上还配有书法家荻野丹雪的作品。

　　遗憾的是，三得利已经不再发布单桶装瓶了。在过去，苏格兰麦芽威士忌协会（SMWS）的日本分会设法获得了几桶酒，并进行单桶装瓶。他们的选择向来是极好的，所以不妨留意一下其中的酒厂代码119（山崎）和120（白州）。三得利的这两家麦芽威士忌蒸馏厂是在2003年入选的，知多的谷物威士忌则在2014年入选，代码G13。也是在这一年，知多成为三得利的一个核心品牌。在此之前，这家谷物蒸馏厂很少被人提及，在市面上的唯一产品是稍微有点贵的磨砂瓶装NAS——知多蒸馏所特制谷物。从技术上讲，这是在日本发行的第一款单一谷物威士忌（于2000年问世）。不过，当时想要找到这款酒，你得费点功夫。2014年，带着新的配方和新的外观，知多进入市场，以缓解市场对于三得利单一麦芽威士忌产品的需求压力。它现在是三得利旗下在日本国内知名度最高的非调和威士忌产品。

福與伸二 /Shinji Fukuyo

三得利烈酒公司威士忌调配与规划部
高级总经理，首席调配师，执行董事

1984 年　加入三得利，在白州蒸馏所工作

1992 年　调到山崎蒸馏所的威士忌调配部，
　　　　此后一直担任调配师

1996 年　被派往苏格兰爱丁堡的赫瑞－瓦特大学
　　　　进修；
　　　　前往格拉斯哥的波摩蒸馏厂研习

2002 年　返回日本

2009 年　成为首席调配师

对话调配师

◆ **您参与了威士忌生产过程中哪些方面的工作？**

◇ 作为首席调配师，我需要确保目前在市面上销售的所有三得利威士忌产品都保持稳定的品质，并开发新的产品。为此，我也需要提高用来调配的麦芽和谷物威士忌的品质，开发新的调配成分，以及规划未来几年要用到的蒸馏量和所需原材料的类型（也就是说，麦芽、酵母、木桶等的类型）。管理调配师团队去监控我们威士忌库存的质量和数量也是一项重要工作。

◆ **三得利调配部门的架构是怎样的？**

◇ 包括我自己在内，共有五位调配师。我们的调配部门还有威士忌研究人员，他们与调配师在威士忌研发上紧密合作。为了完成艰难的目标，一种强力的态度是必要的，但调配部门的氛围是非常友好的，每个人都对自己的工作感到满意。

◆ **您负责开发的第一款产品是什么？**

◇ 我不太记得了，但就在我成为首席调配师之前，我所负责开发的最后一款产品是山崎 1984。

◆ **简单来说，一款新的威士忌产品从构思到装瓶会经历一个怎样的路径？**

◇ 这个问题没有标准答案。有些发现是在日常品酒中做出的，有些则可能是在开发新产品的过程中灵感闪现的结果。前者的一个例子是，白州的蒸馏师珍藏（NAS）。在发现一种带点薄荷和葡萄柚味（就像白州）的年轻的轻泥煤威士忌后，我便想要把它变成一款新产品。响和风醇韵则是后者的一个例子。为了调配出一款迷人的响 NAS 产品，当时我感到，想清楚响是什么是极其重要的。要是用文字来描述的话，它很有可能可以被描述成一种浓郁的酯类香气以及一种良好的平衡感。在生成这个意象之后，选择要用来调配的威士忌就变得容易多了。浓郁的酯类香气并不必然意味着长时间的熟成，特别是谷物威士忌，哪怕它还很年轻，如果风格、木桶和存储条件等选择得当，它也有可能成为响的一部分。在基于同样的概念选择麦芽威士忌之后，剩下我们需要做的就是尝试各种调配了。

◆ **相较于苏格兰的调配师，日本的调配师工作的哪些方面是不同的？**
◇ 苏格兰的调配师通常需要调配来自许多蒸馏厂的威士忌，而不仅仅是他们自己的。我们则需要从自己蒸馏调配用威士忌做起。这让我们可以根据调配规划决定蒸馏哪种风格的威士忌。能够从调配师的角度出发制作威士忌是日本威士忌生产的一个突出特点。

◆ **在您看来，身为首席调配师，最有成就感的地方是什么？**
◇ 看到人们被我们的产品所吸引并感到惊喜，发现新的调配用威士忌，以及遇到超出我们预期的调配结果。

◆ **身为首席调配师的最大挑战是什么？**
◇ 作为威士忌品质的最后把关人，有些事情是首席调配师必须坚持的。比如，在山崎和白州蒸馏所生产的威士忌必须始终具有一种"三得利品质"。山崎、白州和响等品牌有着各自的独特性，所以当我们开发新产品时，契合各自品牌的独特性也是很重要的。而确保威士忌产品在质量和数量上都保持稳定正是首席调配师的职责。但这里最困难的部分是，所有决定都必须仰赖你自己的感官来做出。

◆ **在哪些方面，身为调配师的工作会影响到您的日常生活？**
◇ 平日里需要避免吃有强烈味道或气味的食物，需要保持有序的生活方式，并需要始终关注自己的健康状况。还需要通过体验艺术、自然、体育运动等，通过遇见来自世界各地的人来发展自己的敏感度。

◆ **在您看来，成为一位优秀的调配师需要具备哪些素质？**
◇ 对威士忌的持久兴趣，以及对它的热爱。

冬日里的余市蒸馏所窑塔

余市蒸馏所和宫城峡蒸馏所

■ 日果/朝日啤酒 ■

余市蒸馏所

1934年3月，竹鹤政孝离开寿屋。三个多月后的7月2日，他成立了自己的公司，大日本果汁。他显然不是个喜欢浪费时间的人。

竹鹤向来认为北海道是在日本生产威士忌的理想之选，因为它在许多方面与他所了解的苏格兰相似。他没有花费太久时间就找到了一个合适的地点。一位涉足土地开垦业务的当地企业家以一个很好的价格向他提供了一块靠近余市川河口的大片土地。到了10月，一些蒸馏厂建筑已经在这块地上建造起来。

一开始，余市蒸馏所生产的是苹果汁和苹果酒。当时的想法是，生产一种可以几乎立即出售的产品（果汁），从而有可能投资生产一种需要多年时间才能出厂的产品（威士忌）。计划听起来不错，但实际操作起来并不容易。1935年，第一批苹果汁卖了出去，但其中大部分又被退了回来，因为其混浊的样子卖相不好。竹鹤于是想到了可以将退回的苹果汁进行蒸馏，制成苹果白兰地。到后来，更多资金注入了公司，使得竹鹤得以从曾经为山崎蒸馏所供货的渡边铜铁工所订购了一个壶式蒸馏器（是的，只有一个）。

早期的余市蒸馏所，照片的左侧便是公司总部

　　公司于 1936 年 8 月 26 日获得了生产威士忌和白兰地的许可证，并立即让蒸馏器投入使用。由于资金非常紧张，初馏和再馏都使用这个唯一的蒸馏器进行。余市蒸馏所的威士忌生产于 1936 年秋开始。

　　从 1936 年起，余市蒸馏所还是公司总部所在地，直到 1952 年，公司更名为日果威士忌，并将总部迁往东京。当初作为公司总部的小楼现在仍是余市蒸馏所厂区的一部分。它位于糖化室的隔壁，尽管已经不再使用，日果还是想要保留它，以提醒其员工和游客这是公司的起点。

　　如今，余市蒸馏所完全被用于生产麦芽威士忌。在 1945 年，公司逐步退出苹果相关业务。从 1960 年起，公司重拾此项业务，但是在青森县新建的弘前工厂进行生产。苹果汁、葡萄酒、苹果酒和糖浆的生产现在仍在那里进行。

　　竹鹤想要生产"一种具有风的味道的威士忌"。他看重北方的气候和自然条件，这就不难理解他为什么当初选择余市作为其首家蒸馏厂的厂址。这里离海只有一公里，周边三面环山，环境很像苏格兰高地。

Yoichi Distillery

余市蒸馏所

糖化槽： 1 个不锈钢材质，耙式（5 万升）

发酵槽： 10 个不锈钢材质（1 个 4 万升，其他 2—2.8 万升），带温控

蒸馏器： 4 个初馏器（2 个 1 万升，2 个 7000 升）

2 个再馏器（1 万升，1.3 万升）

初馏器使用燃煤直火加热

再馏器兼用燃煤直火加热和蒸汽间接加热

　　蒸馏厂现在几乎就像一个小村庄。威士忌生产过程的各个环节就在正门附近的各处建筑里进行。就像在附近的小樽市可以看到的那些，这些建筑大多数是老的石头建筑。事实上，当小樽的这些老建筑后来被拆毁时，日果会尽可能地买下这些石头，以备日后厂房翻修或遭受自然破坏时使用。

　　在这些生产设施后面是一个包含二十多个仓库、一个小制桶车间、一些历史建筑（其中包括竹鹤的故居，它从附近的乡村被搬至此）以及一些游客设施的大公园。它可能看起来像一个蒸馏厂主题公园，但它确实是一个仍在运营中的蒸馏厂。

　　进入正门，首先映入眼帘的是窑塔。1974 年之前，发麦一直在这里进行。泥煤取自位于附近石狩川下游的石狩湿地。事实上，那里也是日本最大的泥煤地。当地独特的自然条件，包括泥煤沼泽植被（主要是各种谷类植物）、地形以及导致湿地退化的原因等，都使得石狩泥煤不同于苏格兰所用的各种泥煤。

　　随着对大麦要求的提高，在厂区进行发麦的成本变得过于高昂，于是蒸馏厂转而从世界各地购买麦芽，石狩泥煤的使用也随之停止。

如今，所有麦芽都从苏格兰进口，并用到了无泥煤、轻泥煤（5—15ppm）和重泥煤（超过 20ppm）等各种类型。显然，它们所用的泥煤来自苏格兰的泥煤地。余市蒸馏所现在所产的威士忌主要是轻泥煤风格的。每年从 9 月开始的年末则通常留给生产重泥煤麦芽威士忌。

水取自余市川。一个糖化批次使用 5.5—6.5 吨麦芽，由此可以得到约 25 000 升麦汁。蒸馏厂有 10 个不锈钢发酵槽。蒸馏酵母先被溶解在水里，然后被加入发酵槽中。标准发酵时间为 3 天。所有发酵槽都由不锈钢制成，并装有水套以控制发酵温度。水套上的阀门被设定在 32.5℃。在 20 世纪 80 年代末改用不锈钢材质之前，旧的发酵槽是覆有环氧树脂涂层的铁罐。据工作人员介绍，余市蒸馏所从来没有使用过木制发酵槽。

蒸馏室是余市蒸馏所的一个观光热点。这与其壶式蒸馏器仍然使用燃煤直火加热有关。每隔七八分钟，一位工作人员会将一些煤铲进每个蒸馏器下面的炉子里。他们还会通过只有他们才知道的方式耙动烧着的煤来调整温度。按日果人喜欢说的说法，"这要求高超的手艺"。

余市蒸馏所最初的壶式蒸馏器

在苏格兰，这种加热方式一直使用到20世纪70年代。在那之后，大多数蒸馏厂从燃煤直火加热改为蒸汽间接加热。最后一个做此转变的是格兰多纳（2006年）。蒸汽间接加热的一些优点是显而易见的：它使得温度控制更容易，劳动强度也低得多，而且更为环保。然而，正如世事多如此，蒸馏也不例外，这样做有得也必有失。苏格兰蒸馏厂的大多数老家伙认为，从燃煤直火加热到蒸汽间接加热的转变导致了所产酒液的风格有所变化。

日果方面相信，燃煤直火加热在打造余市威士忌那种"强烈风味以及暖暖的焦味"上起到了一个不可或缺的作用。2003年，蒸馏厂决定安装一个特殊的过滤器，以减少燃煤加热对环境的影响。此举所涉及的成本达到了惊人的1亿日元。在那之前，公司里有声音主张转为间接加热，因为更换所有蒸馏器都要比安装过滤器来得便宜。但日果知道，这样做势必会改变"余市之魂"，所以他们决定筹集资金去安装过滤器，以便继续使用燃煤直火加热。

蒸馏厂有4个初馏器和2个再馏器。它们的形状略有不同，但都

余市蒸馏所的工作人员正在加煤

是直颈型，并配有向下的林恩臂和传统的虫桶冷凝器。这种配置允许一些较厚重的成分进入酒体。宫城峡蒸馏所在这 3 个方面都有所不同，这也解释了为何那里所产的酒液要更为轻盈。

所有余市威士忌都在厂区内熟成。装桶强度为 63% 酒精度。在本书写作之时，厂区内有 29 个仓库。过去有 28 个，而作为一个内部笑话，附近小樽市的 "Bar Hatta" 将自己列为余市蒸馏所的 "29 号" 仓库，因为该酒吧存有种类繁多的日果威士忌。但在 2021 年，厂区内新建了一个设施先进的货架式仓库，它也就成为真正的 29 号仓库。这是 1989 年以来新建的第一个仓库，可容纳 7000 只酒桶。其他大多数仓库是垫板式的。其中 10 号仓库最为上镜，经常出现在各种广告中。

厂区内还有一个小制桶车间。大多数时候，制桶师负责重新制作和重新炙烤酒桶。自 20 世纪 80 年代中期以来，这里的酒桶是被炙烤（charred），而不仅仅是被烘烤的（toasted）。余市蒸馏所使用了不少新橡木桶。在 1990 年左右，日果开始使用新橡木桶，大多数是大桶。新橡木桶往往会在很短时间内对酒液产生强烈影响。在余市蒸馏所，威士忌在新橡木桶中存放 10 年或 20 年的情况并不罕见，但当它们被提取出来时，它们并不会像泡太久的茶叶那样。事实上，一些最好的余市单桶装瓶就来自 20 年或更高年份的新橡木桶。对此的理论解释是，其酒体足够强壮，足以抵御新橡木的力量。

新橡木大桶由日果栃木工厂的制桶车间制作，栃木工厂也是调配后的威士忌进行融合的地方。在 1996 年之前，装瓶工作都在余市蒸馏所进行。而现在，几乎日果旗下的所有威士忌都在千叶县的柏市工厂装瓶。

4个初馏器

灌装间

余市蒸馏所的一个仓库

10号仓库内部

一只正在重新炙烤的酒桶

西宫工厂（已废除）

不像在苏格兰，调和威士忌的基底过去是（现在仍然是）谷物威士忌，在日本，调和威士忌过去是使用食用酒精或所谓"调配用酒精"制成的。竹鹤政孝一直想要按照苏格兰的传统方式生产调和威士忌，但战后的年代终究不允许这种雄心勃勃的尝试。

在 20 世纪 60 年代初，竹鹤感到日本的威士忌生产商现在有必要提高一下层次。随着酒客开始变得越来越挑剔，生产出"还不错"的威士忌已经不够了。而对此，竹鹤感到，正宗的谷物威士忌是个中关键。他不担心麦芽威士忌（当时有余市蒸馏所负责处理），但他坚信，如果没有正宗的谷物威士忌，日本的调和威士忌"将始终逊色于苏格兰威士忌"。而对此的唯一障碍（也是个巨大障碍）是钱。

建立一家谷物蒸馏厂所需的资金是巨大的。当时竹鹤没有足够的资金，但幸运的是，有一位了解谷物威士忌在日本威士忌发展史这个阶段重要性的人挺身而出。朝日啤酒的首任社长山本为三郎同意为该项目提供全部资金。1962 年 11 月，他成立了朝日酒造，以方便推进竹鹤的谷物威士忌项目。

在 1962 年和 1963 年，竹鹤为筹备这个项目两次前往格拉斯哥。他向布莱尔制铜厂订购了一个科菲蒸馏器，并于次年收到产品。到了 1964 年 8 月，建在朝日啤酒西宫工厂厂区东侧的谷物蒸馏厂已经准备就绪。当时在日本没有人知道如何操作科菲蒸馏器，所以竹鹤从苏格兰邀请了一些专家来培训日果的员工。这些苏格兰人在那里待了 3 个月，但日本员工发现他们难以理解整个生产过程，他们花费了一段时间才真正掌握。1964 年 10 月，西宫的谷物威士忌生产开始走上正轨。

一年后，竹鹤兴奋地推出了第一款在日本生产的"本格威士忌"：一款使用麦芽和谷物威士忌调配而成的调和威士忌。1965 年 9 月，新款黑标日果（一级，42% 酒精度，720 毫升）上市。在当时，大多数还算不错的威士忌都定价在 1000 日元左右。事实上，在 20 世纪 60 年代中期爆发的那场激烈的销售竞争日后就被称为"1000 日元威士忌战争"。尽管新款黑标日果的制作方式更优越，成本无疑也更高，但公司还是决定将其价格定为 1000 日元——就是要让其他竞争者感到难受！

销售也确实不错，日果于是开始将谷物威士忌纳入其他产品。很快他们就发现需要更多产能，而山本和竹鹤在几年前开始推进这个项目时根本无从预见这一点。他们向布莱尔制铜厂订购了第二个科菲蒸馏器，其尺寸是第一个的 1.5 倍。等到它被添加到西宫工厂时，山本为三郎（1893—1966）已经过世了。第二个科菲蒸馏器于 1967 年 10 月启用。1968 年 11 月，日果和朝日酒造合并。然后在 1999 年，西宫的谷物威士忌生产设施被迁移到日果位于仙台的工厂。

宫城峡蒸馏所（麦芽）

在成立自己公司 30 年后，竹鹤政孝开始新建第二家麦芽威士忌蒸馏厂。他的目标是通过扩充可用的麦芽威士忌风格来打造出更复杂的调和威士忌。在苏格兰，只需通过与其他公司交换库存就可以实现这一点。但当时在日本，唯一的办法是在一个不同的环境中建立一家新的蒸馏厂。

1964 年，日果的员工开始在日本主岛的北部进行考察。这一次，他们花费了稍长一点的时间才找到一个合适的地点。当时负责这个项

当初让竹鹤政孝驻足的新川川

目的是竹鹤政孝的养子竹鹤威。1967年5月12日，竹鹤威带着竹鹤
政孝前往宫城县仙台附近的一些候选地点进行现场考察。原计划是依
次考察所有候选地点，然后做出决定。第一个地点是宫城郡宫城町一
个被群山环绕、被夹在两川之间的雾气氤氲的峡谷。当竹鹤政孝抵达
这个候选地点时，他在河边坐下来，并索要一些威士忌。正巧有人身
上带着一瓶迷你版的黑标日果。竹鹤政孝取出一只酒杯，从河里舀了
一点水，给自己做了一杯水割（2份水加1份威士忌）。他喜欢水割
的味道，也喜欢这里的水。这条河碰巧叫"新川川"（Nikkawa River），
部分与Nikka（日果）同音。竹鹤感到这是冥冥之中有缘分，他没有
再动身，他们也没有再去其他候选地点。决定已经在那一刻做出：第
二家蒸馏厂就设在这里了。

　　建造工程于1968年开始，并于次年5月竣工。竹鹤想要保留原本

的地貌以及尽可能多的周边环境（特别是树木）。为此，蒸馏厂的建筑群依地势而建。而意识到建筑对风景可能产生的影响，竹鹤决定采用红砖建筑，并将电线埋入地下，这在当时的日本还是个超前之举。

1972 年 9 月，日果推出了一款新的调和威士忌。这是第一款在余市产的麦芽威士忌和西宫产的科菲谷物威士忌之外，还使用了这家新蒸馏厂产的麦芽威士忌的调和威士忌。通过这款日果北陆（Nikka Northland，二级，39% 酒精度，720 毫升），竹鹤政孝最终完全实现了他希望按照苏格兰的方式生产调和威士忌的雄心，因为这也是日本第一款按照苏格兰传统方式，使用来自不同蒸馏厂的麦芽威士忌与谷物威士忌调配而成的调和威士忌。

竹鹤早在 1939 年就注册了"Northland"商标，他当时没有想到自己能活着看到梦想实现。在苏格兰，调和威士忌是 400 年漫长发展的结果。而在当时，日本才刚刚开始生产威士忌。竹鹤在他 40 岁时建立了余市蒸馏所，建立一家蒸馏厂需要耗费多少血汗和泪水（更不用说金钱），他再清楚不过。在当时，建立第二家蒸馏厂看起来是个

宫城峡蒸馏所

太过遥远的梦想。然后在注册"Northland"商标的 33 年后，竹鹤将梦想变成了现实。那想必是个令人动容的时刻。

仙台工厂（当时的名称，在宫城町与仙台市合并之前已经这样叫了）于 1976 年 9 月进行了扩建，增加了两对新的蒸馏器。它们与原来的两对蒸馏器形状完全相同，但尺寸是原来的 1.5 倍。这意味着产能大幅提升。在 1976 年的扩建过程中，蒸馏厂还进行了计算机化。

2001 年，日果成为朝日啤酒的全资子公司，蒸馏厂在仙台工厂的正式名称之外也被爱称为宫城峡蒸馏所。我们将在下文中使用这个名称，而不论所讨论的是哪个时期。这个厂区也生产谷物威士忌、金酒和食用酒精。在 2004 年之前，装瓶作业也在这里进行。如今，只有仅在当地发售的特别调和威士忌伊达（Date），以及仅在蒸馏厂商店出售的蒸馏厂限定系列，是在宫城峡蒸馏所内进行装瓶的。

宫城峡蒸馏所是工厂与自然和谐共存的一个绝美例子。它隐身在广濑川与新川川之间，直到你下了 48 号国道，穿过广濑川上的桥，你才能一睹其真容。而这时，迎接你的是一只坐在桥边的野生猴子，这种情况也并不罕见。

一位当地"居民"迎接前来宫城峡蒸馏所的游客

Miyagikyo Distillery (Malt)

宫城峡蒸馏所（麦芽）

糖化槽： 2 个不锈钢材质，劳特式

发酵槽： 22 个不锈钢材质（11 个 3.3 万升，11 个 4.8 万升），带温控

蒸馏器： 4 对（初馏器 2 个 1.6 万升，2 个 2.4 万升；
再馏器 2 个 1.2 万升，2 个 1.8 万升）

蒸汽间接加热

林恩臂向上，配有壳管式冷凝器

就麦芽威士忌生产而言，厂区有 2 条生产线：宫城峡 A，对应最初的 2 对蒸馏器，以及宫城峡 B，对应 1976 年扩建时增加的 2 对。如前所述，宫城峡 B 的尺寸是宫城峡 A 的 1.5 倍，相关数字也反映了这一点。在 A 线，每个批次使用 6.5 吨麦芽；在 B 线，每批使用 10 吨。生产过程的剩下环节也按照同样的比例进行。

就像在余市蒸馏所，这里也使用了不同泥煤含量的麦芽。泥煤含量的分级是相同的，但在宫城峡蒸馏所，他们更多侧重使用无泥煤和轻泥煤麦芽。早年有过很短一段时间（1969—1975 年），厂区内进行地板发麦，当时使用的是与余市相同的石狩泥煤。在那以后，所有用于生产威士忌的麦芽都是进口的。从 20 世纪 70 年代中期到 80 年代中期，曾一度大量使用澳大利亚大麦。如今，大部分大麦来自苏格兰。

水是从新川川附近的一个地点抽取的。过滤后的麦汁被泵入带温控的不锈钢发酵槽（A 线每批处理 33 000 升，B 线每批处理 48 000 升）。不同类型的酵母（大多是蒸馏酵母）得到使用，发酵时长为 3 天。到目前为止，其生产过程与余市蒸馏所的非常相似。然而，在蒸馏室里，情况将变得大不相同。

宫城峡的壶式蒸馏器比余市的大得多且颈部非常高，这意味着酒液与铜内壁有着更多接触。余市的蒸馏器是直颈型的，但宫城峡的蒸馏器有着一个鼓球，这意味着更多回流。余市蒸馏器的林恩臂向下，宫城峡的林恩臂则向上倾斜，这也意味着更多回流。宫城峡的蒸馏器是蒸汽间接加热的，相较于直火蒸馏，可以在较低的温度下进行缓慢的蒸馏。到目前为止，这里有个相似的主题：更多的铜接触和更多的回流。宫城峡的冷凝器是壳管式的，相较于余市的虫桶冷凝器，再一次地，可以增加酒液与铜内壁的接触。所有这些都帮助宫城峡产出更柔和、更轻盈的威士忌。

宫城峡所产的酒液都在厂区内进行熟成。在 1986 年之前，新酒以 65% 酒精度装入橡木桶。在那之后，标准的装桶强度为 63% 酒精度。厂区有 26 个仓库，其中 2 个在新川川对岸，通过日果建造的内部桥梁抵达。一些仓库是垫板式的，其他则是货架式的。有几个仓库已经被改造成游客设施。仓库里还有一些在创厂之时蒸馏的威士忌在木桶里陈年，其中这样一只在 1969 年灌装的酒桶被用于制作 2014 年发行的日果 40 年。跟在余市蒸馏所一样，这里也有一个制桶车间，但规模要稍微大点。

宫城峡蒸馏所（谷物）

在 1989 年日本《酒税法》修订后，日果的威士忌销售量大幅下降，所以他们决定将业务重组。西宫工厂的装瓶业务于 1992 年 4 月关闭，并被转移到柏市工厂。1997 年 6 月，日果做出决定，将那里的谷物威士忌生产设施转移到一个更便捷的地方。宫城峡蒸馏所则是显而易见的候选。1998 年 5 月，日果开始迁移设备。西宫工厂生产

蒸馏室

从左到右依次为糖化室、旧窑塔和科菲蒸馏室

谷物威士忌的历史在 1998 年 10 月 26 日终止。随后不久，厂区土地被卖给了朝日啤酒。

到了 1999 年 8 月，搬迁至宫城峡蒸馏所的工作最终完成。这是个漫长而艰巨的过程，而且耗资甚巨，花费了约 320 亿日元。从 1999 年 9 月起，两个科菲蒸馏器一直在宫城峡蒸馏所持续运转着。你不可能错过科菲蒸馏室——它是厂区内最高的红砖建筑，就在旧窑塔的右边。

宫城峡所产的科菲谷物威士忌的主要原材料是从美国进口的玉米，在此之外，还加入了少量的发芽二棱大麦。将玉米与水混合，在加压的蒸煮器中加热。在温度降到 65℃后，加入碾碎的麦芽。接着使用一部带式压榨机，将固体与液体分离，并对液体进行发酵。然后将麦酒汁蒸馏至约 94% 酒精度。在稀释到 63% 酒精度后，将酒液装入橡木桶中，进行熟成。

在 20 世纪 70 年代的某个时候，日果萌生了使用他们的科菲蒸馏器蒸馏麦芽的想法。从 2014 年起，这被作为一款独立的产品（日果科菲麦芽威士忌）进行销售。它也是其另一款产品，全麦芽威士忌的一个关键构成成分。在苏格兰，它会在分类上成问题，因为在那里，"麦芽"一词不许在酒标上出现，除非威士忌是使用壶式蒸馏器通过批次蒸馏而成的。但日本不需要担心苏格兰的威士忌规范，所以他们并不会因酒标标识问题而夜不能寐。

宫城峡的科菲蒸馏器

代表性产品

日果于 1984 年 11 月推出了他们的第一款单一麦芽威士忌产品：单一麦芽威士忌北海道 12 年（43% 酒精度）。显而易见，酒液是在余市蒸馏的。在这款产品发售的几个月前，三得利已经推出了他们的第一款单一麦芽威士忌产品。显然，时机是对的。在当时，日本的威士忌消费正处于一个历史最高点，本国的两家最古老蒸馏厂则为迈入单一麦芽威士忌时代铺平了道路。

到了 2008 年，日果已经建立起来一个可观的单一麦芽威士忌核心产品线，包括两家蒸馏厂各自的一款 NAS 产品及 10 年、12 年、15 年陈年，以及余市的 20 年陈年。然后在 2015 年，他们宣布决定在当年 8 月底前停止发售上述整个产品线，并在 9 月 1 日以两款新开发的 NAS 产品（45% 酒精度）取而代之。此举震惊了海内外的威士忌界，日后史称"日果冲击"，而这在当时也确实是个巨大的冲击。他们试

新的余市NAS，其背后是旧的余市单一麦芽威士忌系列

新的宫城峡NAS，其背后是旧的宫城峡单一麦芽威士忌系列

着通过另外发布两款限量版产品来缓解冲击，一款是余市重泥煤，另一款是宫城峡雪利桶（各限量 3000 瓶，48% 酒精度），但它们一上市即告售罄，所以并没有给消费者带来多少安慰。从那之后，相继有其他限量版产品面世，无一例外都是 NAS 产品，具体可见下表：

日果单一麦芽威士忌限量版（自 2015 年以来）

发布时间	蒸馏厂	产品	酒精度（%）	发行瓶数
2015.9	余市	重泥煤限量版	48	3000
	宫城峡	雪利桶限量版	48	3000
2017.9	余市	莫斯卡托葡萄酒桶收尾	46	1500
	宫城峡		46	1500
2017.11	余市	朗姆桶收尾	46	3500
	宫城峡		46	3500
2018.9	余市	曼萨尼亚雪利桶收尾	48	4000
	宫城峡		48	4000
2018.10	余市	雪利桶收尾	46	4000
	宫城峡		46	4000
2018.10	余市	波本桶收尾	46	4000
	宫城峡		46	4000
2019.3	余市	2019 年限量版	48	700
	宫城峡		48	700
2020.3	余市	苹果白兰地桶收尾	47	6700
	宫城峡		47	6450
2021.9	余市	日果发现系列 vol.1，无泥煤	48	10 000
	宫城峡	日果发现系列 vol.1，泥煤	48	10 000
2022.4	余市	Grande（日本免税店限定）	48	—
	宫城峡		48	—

目前，在酒类商店的货架上可以随时见到的日果单一麦芽威士忌只有那两款新的 NAS 产品。公司一直在努力赶上需求。他们在 2019 年公布了对于两家蒸馏厂的扩产计划，预计将增加约 20% 产能。从 2020 年起，两家蒸馏厂就一直在满负荷运转。日果预估，其库存短缺问题到 2030 年将得到解决。

2022 年夏，日本威士忌的爱好者燃起了希望，因为日果宣布将推出他们自 2015 年以来的首款带有年份标识的单一麦芽威士忌，余市 10 年（45% 酒精度）。正如有些人所解读的，这不是"余市 10 年的回归"，因为其配方是不同的。它是一款新的产品。它也不是一款放量版产品（至少目前如此）。新的余市 10 年每年限量 9000 瓶，并于 2022 年 7 月底在北海道首发。日本的其他地区则不得不等到 11 月，海外市场更在其后。目前还没有足够的库存可满足所有需求，但这是一个迹象，表明情况正在好转——缓慢但确定。

就单桶装瓶而言，过去定期有好东西面世。从 1998 年到 2014 年，日果每年都会为日本市场推出少量单桶装瓶。他们每年还为其在欧洲的分销商，威士忌世家（La Maison du Whisky）提供单桶装瓶。直到 2014 年，两家蒸馏厂的商店也出售特殊的单桶装瓶。这些装瓶都是小瓶装（500 毫升），并有 5 年、10 年、15 年、20 年和 25 年的不同年份可选。我们当时并不知道自己有多么幸运，直到后来仓库里的成熟威士忌库存变得太过紧张而单桶项目被暂时搁置。

现在获得其单桶装瓶的唯一希望是通过苏格兰麦芽威士忌协会。余市蒸馏所于 2002 年 7 月被纳入该协会的名单，酒厂代码 116；两年后的 2004 年 6 月，宫城峡蒸馏所也名列其中，代码 124。该协会的日本分会为获得这些装瓶需要付出巨大的努力，所以每次量都不会很大，但它们是值得等待的。其日果威士忌装瓶品质都可谓惊人，有些堪称绝对上品。最近一次我们有机会取得该协会的日果威士忌装瓶是在 2015 年，所以已经有一段时间无法获取了，但希望常在心中。

在谷物威士忌方面，日果于 2007 年 11 月推出了他们的首款新品：单一科菲麦芽 12 年（55% 酒精度）。这是款孤品，限量 3027 瓶，是西宫工厂时代的遗留产物。目前，其放量供应的谷物威士忌产品包括日果科菲谷物威士忌和日果科菲麦芽威士忌（均以 45% 酒精度装瓶）。有趣的是，当初这两款产品都先在欧洲市场推出（分别于 2012 年 9 月和 2014 年 1 月），几个月后才在日本及其他特定市场推出。调酒师们看起来非常喜欢这两款产品为调配所添加的精微而新奇的风味。

在他们的麦芽威士忌单桶装瓶之外，日果也曾经偶尔推出过科菲谷物威士忌和科菲麦芽威士忌的单桶装瓶。苏格兰麦芽威士忌协会则于 2015 年推出了其日果科菲谷物威士忌（G11）和日果科菲麦芽威士忌（G12）单桶装瓶。

对
话
调
配
师

佐久间正 /Tadashi Sakuma

日果调配与规划部，前首席调配师

1982.4	余市蒸馏所，规划与质量控制
1987.4	日果总部，原材料采购与库存控制
1994.6	欧洲事务所，外国子公司蒸馏厂管理
2001.1	总部，原材料采购与库存控制经理
2010.4	栃木工厂经理
2012.4	首席调配师
2020.3	以资深首席调配师身份退休
2022.3	返聘为顾问

◆ 您参与了威士忌生产过程中哪些方面的工作?

◇ 我作为首席调配师要负责 3 个方面内容:(1)确保日果各威士忌产品的品质保持一致,并在可能的地方,提升其长期品质;(2)为新产品选择合适的成分;(3)预测未来的需求,并相应准备库存——这也包括开发新风格的酒液进行熟成。

◆ 日果调配部门的架构是怎样的?

◇ 调配部门由 8 人组成:4 位调配师,1 位烧酒调配师,2 位负责分析的人员,以及我本人。

◆ 您负责开发的第一款产品是什么?

◇ 我开发的第一款全新产品是日果 40 年。这是款限量版产品,为纪念我们公司创立 80 周年而推出。

◆ 简单来说,一款新的威士忌产品从构思到装瓶会经历一个怎样的路径?

◇ 确实存在调配师有时突然冒出一个具体的新产品想法的情况,但一般来说,新产品的最初想法来自市场部门。通常他们会提出一个新产品的概念,并引导开发进程。首先确认诸如目标受众、口味和价位等参数,然后决定由哪位调配师负责开发新产品。当然,负责的调配师并不是一个人在努力。调配部门的其他成员也会在新产品的开发过程中提供建议和反馈。对于限量版产品,在获得批准后,就按调配过程的最终结果原样装瓶。对于核心产品,则要进行市场调研以评估消费者的品饮反应,而且如果需要的话,可能要对口味进行微调。

◆ 在您看来,身为首席调配师,最有成就感的地方是什么?

◇ 从消费者那里得到反馈,了解到他们有多喜欢日果的威士忌。

◆ 身为首席调配师的最大挑战是什么?

◇ 这项工作责任重大。首席调配师必须确保所有进出公司的东西都是最高品质的。他不仅是在形塑现在,也是在塑造未来。但另一方面,这不是一个人的重担。团队里的其他成员以及公司的其他部门也在帮助他共同承担。

◆ 在您看来,成为一位优秀的调配师需要具备哪些素质?

◇ 愿意致力于持续改进自己所负责的产品。

Peritus et Universum

Kirin Vistillery Co., Ltd.

富士御殿场蒸馏所徽章

富士御殿场蒸馏所

■ 麒麟蒸馏厂公司 ■

坐落在日本标志性的雪顶圣山脚下，富士御殿场蒸馏所如风景明信片般的景致是无人能出其右的。蒸馏厂距离富士山脚仅 12 公里，其建设也尽量控制对周边自然环境的影响。如今，厂区 45% 的土地仍被森林覆盖。海拔 620 米，年平均气温 13℃，这里的条件完美适合生产威士忌。

富士御殿场蒸馏所在日本威士忌的历史上是独一无二的，因为它是一个跨国合作项目的结果。1972 年 8 月，麒麟啤酒（日本）与施格兰父子公司（美国）和芝华士兄弟（英国）合作，共同出资成立麒麟－施格兰公司。麒麟啤酒拥有其中 50% 的股份，施格兰拥有 45%，芝华士兄弟拥有 5%。当时的想法是，结合施格兰在谷物威士忌领域的专长以及芝华士在麦芽威士忌领域的经验，建立一家综合性的威士忌生产工厂——从麦芽和谷物威士忌的蒸馏到调配和装瓶，在一处完成。

蒸馏厂的建设于 1973 年 11 月完成，在对迷你壶式蒸馏器进行一系列测试后，最终全尺寸的蒸馏器点火开产。一些在开产之初所产的酒液现在仍在厂区的仓库内熟成。

2000 年，施格兰开始出售其在世界各地的饮料业资产，终结了这个有着 143 年历史的烈酒帝国的命运。麒麟啤酒购回了施格兰在麒

麟 – 施格兰公司的股份，还收购了施格兰原来所有的位于肯塔基州的四玫瑰蒸馏厂。2002 年 7 月，麒麟 – 施格兰公司更名为麒麟蒸馏厂公司，后者现在由麒麟啤酒全资所有。在 2020 年春天之前，这家蒸馏厂都被称为富士御殿场蒸馏所。现在它在日本国内仍被如此称呼，但为了提升其国际知名度，当时麒麟决定将其在海外的英文名称正式更名为 "Mt. Fuji Distillery"（富士山蒸馏厂）。

2019 年 2 月，麒麟宣布将在接下来几年投资 80 亿日元，扩充富士御殿场蒸馏所的产能和多样性。作为此次扩建的一部分，蒸馏厂新装了 4 个木制发酵槽和 2 对新的壶式蒸馏器（用于生产麦芽威士忌）。它们于 2021 年 7 月投入使用。其仓库的存储容量也增加了 20%。

Mt. Fuji Distillery (Malt)

富士御殿场蒸馏所（麦芽）

糖化槽：	不锈钢材质，半劳特式（4.5 万升）
发酵槽：	2 个不锈钢材质（8 万升），带温控
	4 个花旗松木材质（8 万升）
蒸馏器：	3 对（具体参见正文）

不言而喻，水是威士忌生产的一个关键环节。蒸馏厂的"母亲之水"取自厂区内的三口井，这些井连接到了 100 米深的地下河。分析表明，他们现在所用的水来自 50 年前富士山上的融雪。融雪渗透穿过火山岩就是需要花费这么长时间。

麦芽（无泥煤和轻泥煤）都是从苏格兰进口的。每个批次使用 5.7 吨麦芽，由此可以得到约 3 万升清澄麦汁。在 2021 年夏天之前，发酵都在带温控的不锈钢发酵槽内进行。但在 2021 年春天，蒸馏厂

蒸馏厂及其富士山背景

新装了 4 个由花旗松木（从加拿大温哥华进口）制成的木制发酵槽。它们一直使用到现在，先前的 2 个不锈钢发酵槽仍被用于麦芽威士忌生产。发酵槽一次装满两个批次的麦汁（6 万升），发酵时长为 92 小时。各种类型的来自施格兰的蒸馏酵母以及啤酒酵母得到了使用——对此，目前还有相关实验正在进行。

在建立之初，蒸馏厂拥有 2 对壶式蒸馏器，一对为 2.7 万升和 1.7 万升，另一对为 2.5 万升和 1.6 万升。这些巨大的蒸馏器据说是仿照苏格兰斯特拉赛斯拉蒸馏厂的蒸馏器而设计的，该蒸馏厂当时由芝华士兄弟公司所有，现在仍是芝华士调和威士忌的一个关键基酒来源。这 2 对壶式蒸馏器看起来有着一模一样的初馏器和再馏器，但其实不然。虽然其地板以上部分的形状相同，但底下部分（蒸馏室地板以下的实际的蒸馏壶部分）的尺寸不同——一个较深，而另一个较浅。到后来，只有较大的那一对仍在继续使用，另一对则退役了。（退役后的再馏器成了蒸馏厂的一件展品。）

在 2021 年扩建期间，蒸馏厂新装了 2 对较小的壶式蒸馏器——与原先的一样，它们也由三宅制作所制造。其目前的蒸馏器配置如下：

旧有的 1 对，非常大（三宅制）	新增的 1 对（1），小（三宅制）	新增的 1 对（2），小（三宅制）
1 个初馏器（灯罩型，2.7 万升）	1 个初馏器（灯罩型，矮胖且颈部较短，4000 升）	1 个蒸馏器（灯罩型，颈部较高，4000 升）
1 个再馏器（鼓球型，1.7 万升）	1 个再馏器（灯罩型，瘦长且颈部较高，3200 升）	1 个蒸馏器（直颈型，颈部较高，4000 升）
蒸汽间接加热，林恩臂向上，配有壳管式冷凝器	蒸汽间接加热，林恩臂轻微向下，配有壳管式冷凝器	蒸汽间接加热，林恩臂轻微向下，配有壳管式冷凝器
		可互换作为初馏器和再馏器

有了 3 对蒸馏器（而且在新增的 1 对蒸馏器中，蒸馏器可以在初馏和再馏时切换使用），蒸馏厂从而有可能产出更多样的麦芽威士忌馏出物。而其目标是生产一种"清新且带有酯味"的威士忌。

首席蒸馏师伊仓修（Osamu Igura）在蒸馏室

Mt. Fuji Distillery (Grain)

富士御殿场蒸馏所（谷物）

蒸煮器：　不锈钢材质

发酵槽：　6 个不锈钢材质（8 万升），带温控

　　　　　4 个不锈钢材质（12 万升），带温控

　　　　　外加 1 个缓冲罐

蒸馏器：　3 个模块，可进行不同配置组合：

　　　　　1 个多塔蒸馏器（五塔），包括拥有 26 层塔板的醪塔

　　　　　1 个蒸馏釜（6 万升）

　1 个再馏器（1.1 万升）

　　富士御殿场蒸馏所的谷物威士忌生产设施安排紧凑。之所以如此，是为了方便通过模块化的方式使用设备，从而产出 3 种风格的谷物威士忌：轻盈型、中等型和厚重型。

　　95% 的醪液配方是玉米（从美国进口的非转基因玉米），剩下的 5% 是麦芽。每个批次包含 9.6 吨玉米和 0.5 吨麦芽。对于厚重型谷物威士忌，醪液中还会添加少量从加拿大或欧洲进口的黑麦。发酵在 33℃的温度下持续 3 天。

　　轻盈型谷物威士忌使用一个标准的多塔蒸馏器生成。中等型谷物威士忌则通过从醪塔到蒸馏釜（kettle），再到精馏塔的流程分批蒸馏出来。世界上很少有其他蒸馏厂使用这种工艺。就像轻盈型，中等型也被蒸馏到一个非常高的酒精度（94%），但其酒体中保留了略微多些的风味物质。厚重型谷物威士忌的生产方式与现在大多数波本威士忌的生产方式相同，也就是说，从醪塔到再馏器（doubler）。

　　由于所涉及的过程相当复杂，下面的一些示意图（图 10—图 13）可能比大段的文字更方便理解。

除了醪液配方和蒸馏过程，装桶强度和熟成方式也分别针对想要获得的谷物威士忌风格进行了调校。其细节多年来多有调整，但在2016年，当时的各种设置正如下面的表格所示：

	轻盈型	中等型	厚重型
醪液配方	玉米（90%）+ 麦芽		玉米 + 麦芽 + 黑麦
蒸馏类型	连续蒸馏	批次蒸馏	连续蒸馏
蒸馏器	整个多塔蒸馏器	醪塔 → 蒸馏釜 → 精馏塔	醪塔 → 再馏器
蒸馏强度	94% 酒精度		68% 酒精度
装桶强度	62.5% 酒精度		55.5% 酒精度
熟成方式	大多数使用再填波本桶熟成	先在首填波本桶熟成，然后如有需要，转移到再填波本桶	主要使用新橡木标准桶熟成，也有一些使用首填波本桶

自蒸馏厂投产以来，这3种风格的谷物威士忌一直都有生产，但直到最近几年，其所产的大多数谷物威士忌都是轻盈型。然而，随着他们的中等型谷物威士忌（调配师之选和25年小批量）广获赞誉，蒸馏厂增产了中等型和厚重型谷物威士忌。

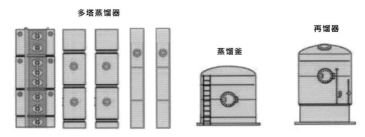

图10 富士御殿场蒸馏所的谷物威士忌生产设施

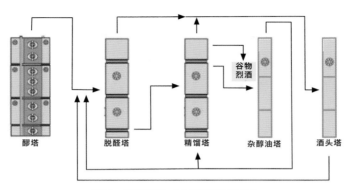

醪塔　　脱醛塔　　精馏塔　　杂醇油塔　　酒头塔

谷物烈酒

图11　轻盈型谷物威士忌蒸馏工艺示意

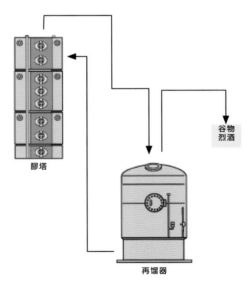

醪塔

谷物烈酒

再馏器

图12　厚重型谷物威士忌蒸馏工艺示意

多塔蒸馏器

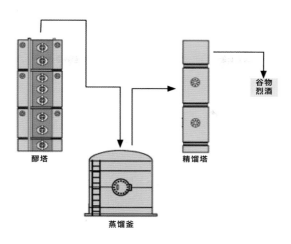

醪塔   精馏塔

谷物
烈酒

蒸馏釜

图13 中等型谷物威士忌蒸馏工艺示意

仓储

　　富士御殿场蒸馏所生产的所有威士忌（麦芽和谷物威士忌）都是在厂区内进行熟成的。除了最近扩建时新建的 7 号仓库，其余仓库都被设计成只能容纳美国标准桶（波本威士忌界所用的 180 升酒桶），因为几乎富士御殿场蒸馏所生产的所有酒液都是被装入这种橡木桶熟成的。这些仓库（1—6 号）是巨大的自动化货架式仓库，每个可容纳 3.5 万到 5 万个不等的橡木桶。

　　在大多数生产环节都追求多样性的日本威士忌界，这种只关注单一桶型的生产方式是非常不寻常的。但在富士御殿场蒸馏所，对于"清新且带有酯味"的威士忌的追求促使他们决定只在 180 升的美国白橡木标准桶中熟成，因为这些橡木桶在酯类形成方面非常有效。

装桶

　　类似的理由也可被用来解释其异乎寻常之低的装桶强度。早年间，施格兰与麒麟合作进行了测试，并发现就想要打造的威士忌口味而言，50.5% 酒精度能够得出最好的结果。从那以后，这也成为该蒸馏厂将麦芽威士忌新酒装桶时的默认强度。

　　他们使用的大多数酒桶是四玫瑰波本桶。当然，这并不意外。大多数新酒被装入首次回填威士忌的波本桶，即首填波本桶，但他们也使用一些经过二次和三次回填的波本桶。比如，其中等型谷物威士忌会在首填波本桶中熟成一段时间后，再被转移到这种再填波本桶中。

　　从 21 世纪 10 年代中期起，也有小概率会出现一些其他类型的橡木桶，比如雪利大桶、水楢桶和葡萄酒桶。（麒麟旗下拥有葡萄酒生产商美露香，所以葡萄酒是一种显而易见的二次熟成用桶候选。）由于这些酒桶在仓库里放不下（对货架来说太大了），所以它们被保存在了灌装间里。这个问题在 2021 年的扩建中得到了解决，现在有

来自开产第一年的酒桶

个全新的仓库（7号）来容纳各种尺寸的酒桶，包括邦穿桶、猪头桶和葡萄酒桶。不过，它比其他仓库小得多，"只"能存放 5000 只酒桶。厂区内没有制桶车间，只有维修酒桶的基本设施。

　　盘库工作通常在每年的上半年进行。酒桶在陈放 3 年后会被定期抽样。由于有数以千计的酒桶正在熟成，他们设计了一个系统，使得可以从一个批次（大约 250 只酒桶）中随机抽取 3 只。这些样本来自仓库的不同层。这是必要的，因为酒桶被堆至 18—20 层，而架子上层的酒桶会比下层的酒桶熟成得快。不过，由于仓库是单层结构，且被设计成可以保持内部各处的温度一致，所以这种差异还是非常小的。按照其首席调配师田中城太的说法，富士御殿场蒸馏所的熟成高峰一般在 12—18 年间，具体则取决于酒桶在仓库中的位置及其他一些更神秘的因素。但他也常说："年份只是个数字，熟成最要紧的是个性。"

仓库经理吉川弘明（Hiroaki Yoshikawa）在工作中

代表性产品

麒麟等待了 30 多年才推出其首款单一麦芽威士忌。2004 年 2 月，在没有太多大张旗鼓宣传的情况下，富士御殿场 18 年单一麦芽威士忌连同富士御殿场 15 年单一谷物威士忌（皆以 43% 酒精度装瓶）一起上市。它们只在蒸馏厂商店和少数之前有过业务来往的零售商那里有售。

2005 年 9 月，麒麟推出了其新品牌"富士山麓"，连同一款入门级的 NAS 调和威士忌（富士山麓樽熟原酒 50°）和另一款 18 年单一麦芽威士忌（富士山麓 18 年，43% 酒精度）。在接下来几年里，情况不免有点让人感到混乱。蒸馏厂在市面上有两款不同的 18 年单一麦芽威士忌，但它们的价格相差巨大，新款比早一年推出的那款贵了两倍。很明显，这是因为在市面上可广泛获取的那款（即新款）配方里含有老至 24 年的原酒。

这些单一麦芽威士忌从来没有大卖，但这也并非当初推出它们的目标，其存在更多的是为了补足产品线中的高端部分。那款价位更合理的 18 年单一麦芽威士忌（即富士御殿场 18 年）到 2008 年底已经逐步退市，但 15 年单一谷物威士忌在其后几年里仍能在蒸馏厂商店找到。

富士山麓18年

2015年推出的两款调配师之选限量版

　　2015 年 2 月，新的富士御殿场 17 年小批量单一麦芽威士忌和 25 年小批量单一谷物威士忌亮相，它们只在网上商店和蒸馏厂商店销售。后者（46% 酒精度）的售价比富士御殿场蒸馏所在此之前发售的几乎任何产品都要高（除了 2013 年为纪念蒸馏厂创立 40 周年而发布的那款 27 年单桶谷物威士忌），但当时的市场形势让这不成为问题。对日本威士忌的狂热追逐使得价格几乎变得无关紧要。人们风传它们是绝品威士忌，所以每个人都想要设法弄到一两瓶。

　　当时人们所不知道的是，当这些限量版威士忌发布时，麒麟正在将已经面世 10 年的富士山麓 18 年下架。嗨棒热潮之后，人们对日本威士忌的需求与日俱增，他们已经没有足够的库存来维持其长期供应。2015 年 5 月，富士山麓 18 年正式停产。

　　2016 年 3 月，富士御殿场 25 年小批量单一谷物威士忌在伦敦举办的世界威士忌大奖（WWA）上被评为世界最佳谷物威士忌。然后在 2017 年和 2019 年的 WWA 上，它又两次获得了此项殊荣。

2019 年 3 月，因库存短缺，麒麟将富士山麓樽熟原酒 50° 停产。一年后，他们宣布将推出一个新的旗舰品牌"富士"，以及一款新的入门级产品（陆，50% 酒精度）。在当年 2 月的时候，麒麟发布了富士品牌的一个预览版，富士 30 年单一谷物威士忌（Fuji Single Grain Whiskey Aged 30 Years，46% 酒精度；注意这里"威士忌"的英文拼写带有"e"）。这款限量版接着不仅赢得了 2020 年国际烈酒挑战赛（ISC）的最高奖，还在 2020 年 WWA 上获得了世界最佳谷物威士忌的殊荣。

陆（Riku）于 2020 年 5 月开始销售，并于 2022 年 4 月进行了一些调整——既有在配方上的（稍微更饱满一点），也有在酒标上的（稍微不那么严肃）。不带年份的富士单一谷物威士忌于 2020 年 4 月发布。2022 年 6 月，富士品牌新增了两款单一调和威士忌类别（也就是说，用于调配的所有麦芽和谷物威士忌都来自同一家蒸馏厂）的产品，一款是可广泛获取的富士单一调和日本威士忌（Fuji Single Blended Japanese Whisky，无年份，43% 酒精度；注意这里"威士忌"的英文拼写不带"e"），另一款则是名为 2022 杰作（50% 酒精度，限量 1000 瓶）的限量版产品。

直到 21 世纪 10 年代中期，麒麟的这些威士忌都没有在日本以外的市场销售。公司向来的说法是，他们想要在开辟海外市场之前，首先在日本国内建立一个稳固的客户基础。但随着其产品在国际威士忌比赛中获得了一些广受瞩目的奖项，来自海外市场的呼声变得越来越大。2016 年，麒麟往海外发出了第一批威士忌：几百箱威士忌，目的地法国。2020 年，对法国的出口得到恢复。2021 年，麒麟开始首次出口美国；次年，中国和澳大利亚也成为其出口市场。

麒麟报告称，2022 年上半年，其威士忌在国内的销量大幅增长了 40%。对即将在 2023 年迎来其创立 50 周年纪念的富士御殿场蒸馏所来说，这无疑是个好兆头。

田中城太 / Jota Tanaka

麒麟蒸馏厂公司，首席调配师

1988 年	加入麒麟啤酒
1989—1994 年	在加州纳帕谷的雷蒙德酒庄担任酿酒师；
	在加州大学戴维斯分校攻读研究生
1995 年	麒麟－施格兰，葡萄酒的产品开发和质量管理，以及品牌营销；
	然后从事威士忌和即饮产品的产品开发
2002—2009 年	肯塔基州四玫瑰蒸馏厂，质量和生产规划总监，
	负责波本威士忌的生产规划和产品开发
2009—2010 年	首席调配师

◆ 您参与了威士忌生产过程中哪些方面的工作？

◇ 我会说，从头到尾的整个过程。我主要关注以下几个领域：（1）产品开发，也就是说，产品概念和风味剖析——或者换种更诗意的说法，"创造出新的风味"；（2）基于长期预测，对新的麦芽和谷物威士忌进行生产规划；（3）质量管理，也就是说，致力于对调配配方做出持续改进；（4）品牌建设，也就是说，参与推广和教育活动，以增加消费者对于我们威士忌的个性的了解。

◆ 麒麟调配部门的架构是怎样的？

◇ 我们是麒麟蒸馏厂公司市场营销部门的一部分。调配团队由两位调配师和我本人组成。

◆ 简单来说，一款新的威士忌产品从构思到装瓶会经历一个怎样的路径？

◇ 通常在其他公司，一款新产品的概念倾向于由市场营销部门首先提出。然而，在麒麟，调配师团队是市场营销部门的一部分，所以我们从一款新产品的开发之初就参与其中，并跟进其从概念到实现的整个过程。很多时候，我们也会提出一个概念并引导整个开发过程。简单来说，这个过程大致是这样的：首先，我们思考和分析产品概念；然后，我们将其转化为技术描述；接下来，我们选择调配的成分以及调配的方式；然后，我们做出一个调配测试品，并检查它与原初的产品概念的匹配程度；接下来，市场营销部门的其他人评估调配结果，如果大家都感到满意，我们就做出一个调配候选；接下来，我们进行市场调查，以获得对产品的反馈，如果反馈好，我们就继续进行生产和装瓶。

◆ 在您看来，身为首席调配师，最有成就感的地方是什么？

◇ 就调配而言，将每种成分的不同个性完全展现出来，从而创造出一种优秀的调和威士忌，这是个快乐的源泉。将那些有点"调皮"的调和成分（即难以处理的基酒）整合进来，从而为调和威士忌增加深度和一种迷人个性，也是个我喜欢的挑战。当这些"调皮"的元素将一切整合在一起，并将调和威士忌转化为某种真正的美味时，我简直会高兴得起鸡皮疙瘩。然而，没有什么比看到顾客脸上的笑容，听到他们对于我们的威士忌的赞美更让我高兴的了。

◆ 身为首席调配师的最大挑战是什么？

◇ 在目前对我们的威士忌的需求日益增长的情况下，履行我的职责，以达到客户的期待是最艰巨的挑战。如今，对我们的威士忌的需求远超出我们的产能。我们正在竭尽全力，通过管理我们的威士忌库存的质量和数量来回应客户的期待。

◆ 在哪些方面，身为调配师的工作会影响到您的日常生活？

▷ 我个人认为，除非你体验过这个世界上众多的美食，否则你无法创造出美味的威士忌。我始终对不同的气味和味道充满了渴望。类似地，当我身处野外时，我喜欢去闻花、草药、蘑菇等的气味，如果可能的话，还会品尝它们，并试着用自己的语言将它们的个性描述出来。这对我来说已经成了第二天性。我不需要强迫自己，自然而然就这样做了。自不必说，在对威士忌进行感官评估之前，我会避开那些可能会碍事的食物和饮料。

◆ 在您看来，成为一位优秀的调配师需要具备哪些素质？

▷ 当然，良好的感官评估技能是一个基本要求，但对于威士忌调配和品牌建设的热情也是极其重要的。

◆ 在成为首席调配师的过程中，您所学到的最重要一课是什么？

◇ 威士忌生产需要团队共同努力，而我们始终需要将目光放长远点。我们今天使用的麦芽和谷物威士忌成分是由麒麟的前辈们在最近以及较早的过去所生产和奠定的。他们当初倾注自己的心血，生产出这些现在在仓库内熟成的威士忌。作为一个团队，我们现在在生产麦芽和谷物威士忌时，有义务考虑到我们的子孙后辈，并有责任以前辈们当初的那种奉献和激情来做这件事，像他们那样创造出人们可以从中"尝到"其激情的产品。

玛尔斯信州蒸馏所的冬日

玛尔斯信州蒸馏所和玛尔斯津贯蒸馏所

■ 本坊酒造 ■

本坊家族的经商历史可以追溯到 1872 年，当时他们在鹿儿岛创立了一家棉厂。他们于 1909 年取得烧酒酿造许可证，由此进入酒类领域，并在接下来的半个世纪里扩大其产品组合，涉足味淋、清酒、食用酒精、梅酒、甜果酒及其他各种酒类。从 20 世纪 20 年代末起，他们还活跃于植树造林和林地管理领域。

他们于 1949 年取得威士忌生产许可证，由此开启了其威士忌生产的历史。在最初的 10 年里，他们以与当时其他大多数公司大致相同的方式调出"威士忌"，也就是说，通过将可能包含或可能不包含麦芽威士忌的"成分"调配成一种具有类似威士忌味道的液体。1960 年，他们决定认真起来，兴建一家生产正宗麦芽威士忌的蒸馏厂。当时本坊酒造刚刚兼并了富士葡萄酒公司，对方刚好在日本的葡萄酒主产区山梨县拥有一块不错的地皮。他们认为这会是生产威士忌的一个理想之选，而且他们也已经有个合适的人选来使之变成现实。

岩井喜一郎当时在本坊酒造担任顾问，因为他精通连续蒸馏，可以为他们的烧酒业务提供咨询。在生产威士忌方面，他也不完全是个新手。40 年前，当时岩井还在为摄津酒造工作，而他手下就有一位名叫竹鹤政孝的年轻人。当竹鹤从苏格兰学习归来后，他将自己的报

岩井喜一郎

告（即现在著名的"竹鹤笔记"）提交给了岩井。所以当40年后，本坊酒造邀请岩井帮助他们在山梨县建立一家麦芽威士忌蒸馏厂时，岩井清楚知道需要从自家书架上寻找什么：那份笔记。岩井基于竹鹤的观察报告设计了蒸馏器，并调校蒸馏过程，以获得一种厚重的酒体，就像竹鹤那种风格。

　　整个20世纪60年代，其葡萄酒业务（在山梨县的同个厂区内进行）得到蓬勃发展。但另一方面，其威士忌销售则乏善可陈。他们最终在1969年决定结束这一切，关闭蒸馏厂。到了20世纪70年代末，随着威士忌在日本越来越受欢迎，他们决定再尝试一番。到那时，山梨工厂已被专门用于生产葡萄酒，所以他们不得不另觅一个新的地点。作为一个过渡方案，他们决定在自己位于鹿儿岛的一个厂区生产一些麦芽威士忌。原先的壶式蒸馏器仍在山梨县的仓库里，所以他们使用了两个很小的（500升）铜制壶式蒸馏器，直到1984年。这对不同寻常的壶式蒸馏器现在存放在玛尔斯津贯蒸馏所。

到了 1985 年，本坊酒造已经在长野县（古称信州）宫田村的木曾驹岳脚下拿到了一块新场地。原先岩井的蒸馏器被从山梨县搬到了这个新址，但这一次，公司决定生产一种更轻盈的、更适合日本人口味的酒体。当时正值地威士忌热潮（参见第 062

曾被用于鹿儿岛工厂的小蒸馏器

页）如火如荼的时候，时机看起来正好。但不幸的是，事态将很快再次恶化。1989 年的酒税改革对像本坊酒造这样的小型生产商打击甚大。他们的威士忌主力产品，玛尔斯二级调和威士忌（1.8 升）的零售价从 1600 日元跃升至 3300 日元，而进口的苏格兰威士忌价格却在下降。在新的税制下，竞争对他们来说变得越来越艰难了。信州工厂的仓库只见进货，却少见出货。到了 1992 年，仓库已经再没有空间来存放酒桶，本坊酒造只好决定就此作罢。

在接下来的 19 年时间里，信州工厂没有再生产任何威士忌。壶式蒸馏器偶尔被用于蒸馏白兰地，但也就仅此而已。这并不意味着这个厂区已经被废弃了。在日本的啤酒相关法规被修改为有利于小规模生产后不久，一家微型啤酒厂就在停产的蒸馏厂旁边成立了。南信州啤酒（成立于 1995 年）是长野县的第一家精酿啤酒厂。

2008 年后，拜嗨棒热潮所赐，本坊酒造注意到市场对他们的威士忌的需求正在增加。在过去 15 年时间里，1992 年以前所产的那些威士忌库存让他们得以正常周转，但很明显，无法永远这样下去。时任社长本坊修让他的员工核查库存情况，结果令他们震惊。照这样下去不出 10 年，他们就只剩下空仓库了，而且这还没有将需求的日益增长纳入考量。

2010 年，本坊酒造开始清扫蒸馏厂。当时在信州已经没有人知道如何生产威士忌，但所幸附近还有人熟悉其生产过程的前半部分——那些在隔壁的南信州啤酒生产啤酒的人。他们抓上竹平考辉，前往拜访已经成为本坊酒造执行董事的前蒸馏师谷口健二，补全后半部分的知识。2011 年，在经过一番修缮工作后，蒸馏器再次点火，酒液也在时隔将近 20 年后再次流动。也是在这个时候，信州工厂正式更名为玛尔斯信州蒸馏所。

不过，这些蒸馏器本身明显已经时日无多，于是在 3 个生产季后，公司决定用全新的蒸馏器来替换它们。由于岩井喜一郎的遗产对他们来说非常重要，不论是对公司，还是对家族（岩井的女儿嫁给了公司创始人的小儿子），所以他们请三宅制作所按原样复制了原先的蒸馏器。新蒸馏器于 2014 年 11 月安装完毕，始造于 1960 年的旧蒸馏器则被作为纪念物，安放在蒸馏厂外。

新蒸馏室内部

Mars Shinshu Distillery

玛尔斯信州蒸馏所

糖化槽：	不锈钢材质，劳特式（5500 升）
发酵槽：	3 个花旗松木材质（7000 升）
	3 个不锈钢材质，带温控
蒸馏器：	1 对（初馏器 6000 升，再馏器 8000 升），三宅制
	蒸汽渗滤器间接加热
	林恩臂向下，初馏器配有壳管式冷凝器， 再馏器配有虫桶冷凝器

　　玛尔斯信州蒸馏所位于长野县宫田村，海拔 798 米。它被日本中央阿尔卑斯山和南阿尔卑斯山的群山所环抱，而其四周的连绵山形也被纳入了其单一麦芽威士忌产品的瓶身设计当中。

　　在蒸馏厂刚开始恢复生产的时候，一年里仅有半年时间生产威士忌——在较冷的那半年。到后来，其产能一点点增加，然后从 2020 年起，蒸馏厂几乎全年无休，除了通常安排在 8 月中旬的两周休整期。直到 2019—2020 生产季（含），生产都在原先的蒸馏室进行。不过，在那个生产季，厂区内新建了一座全新的生产车间兼仓库（都在同一屋顶下）。这是公司投资 18 亿日元以提高 10% 产能，并将存储容量翻倍的计划的一部分。但这是后话了，我们书归正传。

　　玛尔斯信州蒸馏所在中断生产 19 年后，于 2011 年恢复生产，他们决定一切从头开始。经过反复试错，工作人员找到了最有效的制作威士忌的方法，并发现了（新的）玛尔斯信州威士忌的正确风味可能是怎样的。他们在各个环节都探索了各种变化，首先是麦芽。所有麦芽当时都是（现在仍然是）从英国进口的。

从太田切川河畔看向蒸馏厂

　　直到 2018—2019 生产季结束时，他们使用了 4 种不同泥煤含量的麦芽：无泥煤、轻泥煤（3.5ppm）、重泥煤（20ppm）和超重泥煤（50ppm）。不过，在那以后，这被简化为 2 种：无泥煤和 50ppm。

　　从 2020 年起，少量当地宫田村产的大麦得到了使用。这种二棱的小春二条大麦于 2009 年在日本被开发出来，相较其他二棱大麦品种具有更强的耐寒性和雪霉菌耐受性。其蒸馏在麦收后的第二年进行，通常是在 3 月。第一年，仅蒸馏了 1.8 吨。2021 年，他们手头有 7.5 吨可用，然后在 2022 年，这个数目翻了一倍。按照蒸馏厂工作人员的说法，使用本地产大麦所产的酒液味道更甜，香气也更浓郁。

　　糖化过程所用的水取自地下 120 米处，整个过程使用标准的"三遍水"工艺（第三遍注入的水会被回收用于下一批次）。在过去，一个批次使用 1 吨麦芽，但在其姊妹蒸馏厂玛尔斯津贯蒸馏所改为一批次 1.1 吨后，信州蒸馏所也如此效仿。当 2020 年年中，生产被转移到新的生产车间时，原来的半劳特式糖化槽（7200 升，1985 年启用）退役，而代之以一个最先进的三宅制劳特式糖化槽。

在发酵环节，也经历了相当大的变化。起初，在蒸馏厂刚恢复生产时，他们使用了 5 个铸铁发酵槽。它们始造于 20 世纪 60 年代，是从山梨工厂继承过来的。到了 21 世纪 10 年代初，这些发酵槽已经磨损不堪，而且生了锈。此外，它们使用起来也并不友好，每天需要人登上梯子爬进发酵槽进行清洁。由于其顶部的开口非常狭窄，只有瘦子才能享此"殊荣"。2018 年 8 月下旬，3 个花旗松木制发酵槽（容积 7000 升）被安装在铸铁发酵槽旁边。两年后，当新的生产车间落成时，铸铁发酵槽就与旧的糖化槽一起退役了。只有木制发酵槽被搬进了新建筑，而在那里，3 个由三宅制造的全新的带温控的不锈钢发酵槽随后加入了它们。

起初，他们使用了 3 种类型的酵母——苏格兰蒸馏酵母，他们自己培养的酵母（其历史可追溯至蒸馏厂生产的第一年，即 1985 年），以及来自隔壁啤酒厂的艾尔啤酒酵母。这在最近也得到了简化，自己培养的酵母现在成了其默认之选。发酵时长以前是 3 天，但在 2016 年，他们将发酵时长加长了 1 天，以便形成一种更具酯味的风味。

新的壶式蒸馏器安装于 2014 年，基本上是 1960 年岩井蒸馏器的完全复刻版，除了 3 个小的修改：部件接头（使得有可能更换壶式蒸馏器的某个磨损部件，而不用整个更换），初馏器颈部的小窗（以便更好地监控初馏过程），以及一个从蒸汽盘管切换到蒸汽渗滤器间接加热的开关。当他们于 2020 年年中搬进新的生产车间时，2 个蒸馏器上的"进人门"（man door）都换成了透明的玻璃门（就像津贯蒸馏所的那样），以便参观者可以看到蒸馏器内部。

玛尔斯信州蒸馏所的蒸馏器配置的一个不寻常之处是，再馏器比初馏器大。直到 2018 年年中，初馏器得到的 3 批酒液会合成一批，一起注入再馏器中进行再馏。但在安装木制发酵槽后，这变成了 2 批初馏酒液合在一起进行再馏。

在接下来的熟成过程中还有各种变化，但本坊酒造比大多数地方做得更进一步。他们不仅使用各种木材和尺寸的酒桶，还试验不同的气候条件。玛尔斯信州蒸馏所所产的大多数酒液是在厂区内熟成的，但有些会被送到鹿儿岛的津贯蒸馏所，还有些则会被送到他们在屋久岛的一家烧酒厂熟成。

下面的表格反映了三地的气候差异。屋久岛的情况尤为极端。那里的年降水量在世界上都排得上号，当地人常开玩笑说，这里"一个月下 35 天的雨"。本坊酒造做了大量测试，在这些不同地点，在同一时间将相同类型的酒液装入相同材质和尺寸的酒桶内。看看玛尔斯信州蒸馏所蒸馏的酒液在这些非常不同的环境中会如何发展变化，无疑会是件有趣的事情。

	玛尔斯信州蒸馏所	玛尔斯津贯蒸馏所	屋久岛熟成酒窖
海拔	798 米	57 米	50 米
距海距离	100 公里	7 公里	1 公里
年温差变化	−15℃—33℃	−2℃—36℃	5℃—35℃
年平均温度	10℃	18℃	19℃
湿度	65%—67%	70%—72%	74%—76%
年降雨量	1400 毫米	2300 毫米	4300 毫米
气压	92 千帕	101.6 千帕	101.5 千帕

玛尔斯信州蒸馏所内有 4 个仓库，全都为货架式，总容量为 4500 只橡木桶。他们所用的大多数是波本桶，还有少量雪利桶，但仓库里也有各式各样其他类型的橡木桶。

Mars Tsunuki Distillery

玛尔斯津贯蒸馏所

糖化槽： 不锈钢材质，劳特式（5000 升）

发酵槽： 5 个不锈钢材质（7900 升）

蒸馏器： 1 对（初馏器 5800 升，再馏器 3300 升），三宅制

蒸汽渗滤器间接加热，林恩臂向下，配有虫桶冷凝器

1 个混合蒸馏器（400 升）

2015 年底，出乎各方意料，本坊酒造突然宣布计划在其位于鹿儿岛县的津贯工厂建立第二家威士忌蒸馏厂。津贯是本坊家族的大本营，所以那里不只是另一个厂区，还有很多历史渊源。他们 1872 年在那里创业，现任社长本坊和人也在那里出生和长大，所以在那里建立蒸馏厂有点像是叶落归根。玛尔斯津贯蒸馏所于 2016 年 10 月 27 日开始首次初馏。首次再馏则于次日完成。

建立第二家蒸馏厂并不仅仅是为了增加产能。如果这是首要目标，公司大可安排在信州蒸馏所一年到头全力生产。相反，公司真正想要的是，在一个完全不同的环境中生产一种完全不同个性的酒液。如果将各自的环境用一个标志性的核心形象来代表，比方说信州蒸馏所是雄伟的山脉的话，那么津贯蒸馏所就是附近的活火山——樱岛。

津贯蒸馏所位于南萨摩市。位置相当偏远，需要一点跋涉才能到达，但那里有个一流的游客中心，所以大量威士忌爱好者都乐意前往。

蒸馏厂可能是新的，但这个地方本身富含历史底蕴。津贯是本坊酒造烈酒业务的发祥地，其第二代社长本坊常吉的故居就在隔壁。（其故居名为"宝常"，而它毫无疑问是日本所有蒸馏厂中最美丽的游客中心 / 酒吧 / 咖啡馆。）但这种联系不仅仅是历史上和情感上的。津

贯过去是且现在仍是一个非常重要的地方：一百多年来，公司一直在津贯生产烧酒。新的蒸馏厂就坐落在（用于烧酒熟成的）一个仓库和一条装瓶线的旧址上。

很明显，游客体验是在规划蒸馏厂的大布局和小细节时的一个重要考量。进入生产车间，参观者可以走上楼梯，来到二层的一个中央区域，从玻璃后面观摩整个过程：糖化、发酵和蒸馏。这不包含磨麦过程，但观看磨麦机工作很无聊，所以这不算什么大损失。

津贯蒸馏所的蒸馏负责人是草野辰朗。草野先前就读于鹿儿岛大学，后于2013年4月加入本坊酒造。他在玛尔斯信州蒸馏所工作了3年，师从时任蒸馏师竹平考辉，然后他在2016年夏被调往鹿儿岛，监督津贯蒸馏所的建造。（当时他才27岁。）从那时起，草野就一直负责津贯蒸馏所的生产工作。

津贯蒸馏所的产能和生产季安排与其姊妹蒸馏厂玛尔斯信州的大致相同。不过，草野非常注重研发，所以津贯蒸馏所的产品倾向于具有更多的细节变化、更多的试验以及更多的微调。

在第一个生产季（2016—2017），共使用了180吨麦芽。在当时，每个批次使用1吨麦芽，所以共有180个批次。同玛尔斯信州蒸馏所一样，他们当时使用4种泥煤含量的麦芽：无泥煤、轻泥煤（3.5ppm）、重泥煤（20ppm）和超重泥煤（50ppm）。在第一个生产季，主要使用轻泥煤麦芽（用了80吨）。在第二个生产季，产能增加到了230吨，主要使用无泥煤麦芽（90吨）。到这时，每个批次的投麦量也增加到了1.1吨。这是在为草野的一个项目做准备，即使用特种麦芽（比如，焦糖麦芽和烘烤麦芽）。这里的想法是：可以将100千克的特种麦芽添加到常规的醪液配方当中，以添加风味。这正是接下来一个生产季（2018—2019）所发生的事情。到后来，即便不使用

三宅制作所的工人正在加工津贯蒸馏所的一个壶式蒸馏器的天鹅颈

特种麦芽，每个批次的投麦量仍是 1.1 吨。

　　同玛尔斯信州蒸馏所一样，从 2019 年年中起，他们也不再使用 4 种泥煤含量的麦芽。现在主要使用无泥煤和 50ppm，但偶尔也使用泥煤含量高达 80ppm 的麦芽。有时候，新酒会在装桶之前进行混合。比如，通过以正确的比例混合 0ppm 的新酒和 50ppm 的新酒，就有可能调配出 5ppm 的新酒。从 2020 年起，他们还开始使用少量的本地产大麦。第一次是在 2020—2021 生产季，共蒸馏了 6 吨此类大麦。

　　糖化在由三宅制造的最先进的糖化槽中进行。它装有一个视镜，这对像草野这样执着于威士忌生产过程的每个细节的人来说非常方便。糖化所用的水与生产烧酒的用水相同：都是从蒸馏厂东边的藏多山流出的软泉水。

　　在前两个生产季，使用了"两遍水"工艺，也就是说，用干净的水开始每个批次的糖化工作。从第三个生产季开始，蒸馏厂安装了一个 3000 升的水箱，以便转向"三遍水"工艺（即用回收的第三遍水开始下个批次的糖化工作）。按照草野的说法，这对麦汁的品质有着

旧的连续蒸馏器

从加世田川对岸看到的石制仓库

津贯蒸馏所的一个旧石制仓库

故居的花园

花园里的本坊常吉半身像

显著的影响。在使用泥煤麦芽时，差别尤为明显。草野根据他想要得到的不同风格的酒液来调整其他许多参数，比如研磨比例、糖化温度和速度等。津贯不是那种参数一旦确定下来就固定不变的蒸馏厂——远不是这样！一切都在持续不断地重新调校，只为了创造出尽可能多的多样性。

这也见于发酵过程。鹿儿岛的天气很热，所以他们选择采用带温控的不锈钢发酵槽。玛尔斯津贯蒸馏所的发酵时长为 4 天。在第一个生产季，使用了与玛尔斯信州蒸馏所相同的 3 种酵母。第二个生产季，用草野的话来说，就是"主要在探索发酵过程"。他们尝试了蒸馏酵母与各种类型的啤酒酵母和烧酒酵母的组合。草野还以各种方式尝试增加二次乳酸发酵。一种方法是，在 4 天的发酵期间小心控制温度，另一种方法则受到了烧酒制作的启发：从"第五发酵槽"（即最后已经准备好进行蒸馏的那个）中取出一桶麦酒汁，然后将之添加到"第一发酵槽"（即当天刚装满新鲜麦汁的那个）。

下一步是蒸馏。蒸馏室里主要是 2 个由三宅制造的壶式蒸馏器。两者都是直颈型，配有向下倾斜的林恩臂（比信州蒸馏所的蒸馏器还要再向下 10 度），并且配有虫桶冷凝器。这在大多数蒸馏厂使用壳管式冷凝器的今天是个例外。使用壳管式冷凝器可以让酒液与铜内壁有更多接触，从而得到一种轻盈而清新的酒体。但在津贯蒸馏所，他们的目标是打造出一种更厚重的酒体，所以更传统的虫桶冷凝器得到了使用。蒸馏室里还有 1 个 400 升的混合蒸馏器和 1 个 500 升的小型铜制壶式蒸馏器（后者之前被用于在鹿儿岛工厂生产威士忌，直到 1984 年），但它们目前都没有被用来生产威士忌。

目前，2 个蒸馏器的蒸馏时间均约为 7 小时，但再一次地，各种参数（诸如蒸馏速度、酒心提取宽度等）都会根据想要获得的酒体个性而多有变化。"在第二个生产季开始时，"草野解释说，"我显著放慢了蒸馏速度，不论是初馏，还是再馏。这看起来与使用虫桶冷凝器，以便打造出一种更厚重的酒体的目标相悖，但我们现在正在使用这种方法来获得一种饱满但又清新的新酒。"

壶式蒸馏器所谓的"进人门"是用玻璃制成的，让人可以在它们运行时看到里面的情况。说到进人打扫：初馏器在每天蒸馏结束后都会进行清扫，再馏器则不会。其清扫工作进行得并不频繁，但草野向我保证说，这并不是因为他们犯懒，纯粹是为了里面积累的残留物和油脂的香气——想象一下果酱和黏土。"如果我们清扫再馏器，得到的酒液就会变得更轻盈。但我们想要得到一种更强劲的酒体，我们也想让里面积累的残留物成为酒体香味的一部分。"我想象不出会有员工抱怨这项不清扫再馏器的政策。

一个生产批次可以得到酒精度为 64% 的约 500 升新酒，所以以60% 的装桶强度灌装，每个批次可以填满差不多 3 只美国标准桶。玛

当初还在建设中的津贯蒸馏所，旧的连续蒸馏室被刷上了新漆

尔斯津贯蒸馏所的熟成策略是，约 50% 使用波本桶，剩下 50% 使用雪利桶（大桶、猪头桶、邦穿桶）和北美白橡木新桶，以及他们四处搜罗得到的朗姆酒桶、白兰地桶、拉弗格桶等。

与玛尔斯信州蒸馏所一样，新酒在厂区内熟成，但也有一部分被送到其姊妹蒸馏厂和屋久岛熟成酒窖熟成。玛尔斯津贯蒸馏所拥有 5 个威士忌熟成仓库，其中 3 个是历史悠久的石制仓库，剩下 2 个是新的货架式仓库。目前，厂区内可存放的熟成酒桶容量略低于 7000 桶。

津贯蒸馏所的天使的分享为 6%—7%（对美国标准桶而言），这是相当高的。（在玛尔斯信州蒸馏所，这个比例约为 3%。）由于当地温度高，草野感到更大尺寸的橡木桶更适合津贯威士忌陈年，至少从长期来看如此。所以有一段时间，蒸馏厂的工作人员一直试着弄到一些猪头桶，但这种木桶类型在日本并不常见。2021 年，他们设法从萨摩酒造的制桶厂搞到了一台制桶机。展望未来，他们计划试着自己组装一些猪头桶。近些年来，他们也一点点地开始使用更多的再填桶。正如草野所说的，"一切都是为了在短期与长期之间取得一个平衡"。

超级阿卢斯帕斯连续蒸馏器

玛尔斯津贯蒸馏所也是日本唯一可以看到超级阿卢斯帕斯连续蒸馏器（Super Allospas still）的地方。它安装于 1956 年，被用于生产食用酒精，直到 1974 年。它占据了一个高约 26 米的 7 层蒸馏室内部。在建造津贯蒸馏所时，旧的蒸馏室进行了翻新和重新上漆。你无法登上蒸馏室，但你可以在地面上通过天花板的玻璃窗仰望一番。那里还有一些信息丰富的双语展板，向你解释超级阿卢斯帕斯连续蒸馏器的复杂结构以及本坊酒造的历史。

玛尔斯津贯蒸馏所的1号仓库内部

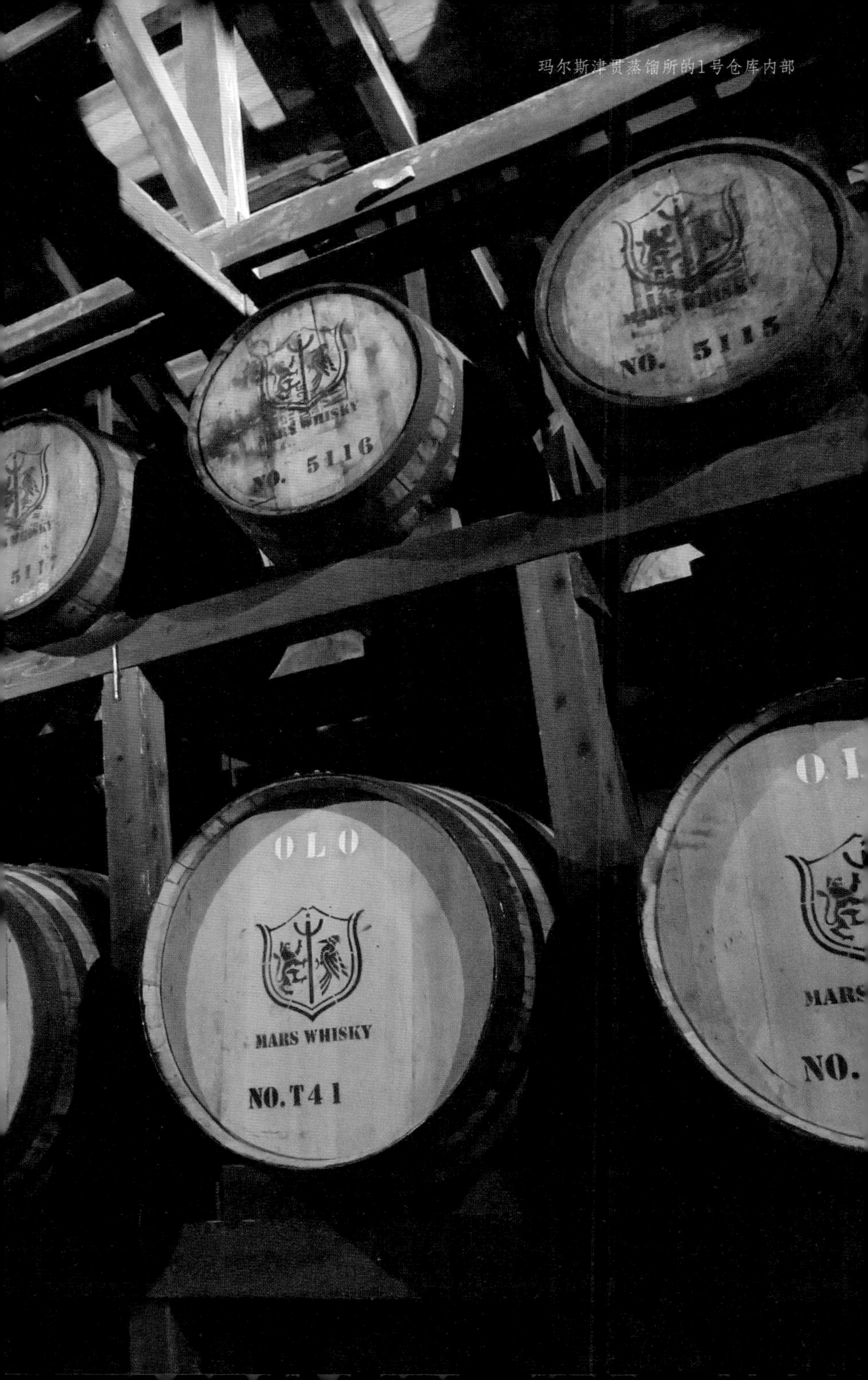

屋久岛熟成酒窖

自 1960 年以来，本坊酒造一直在屋久岛的一家小型传统酿酒厂（屋久岛传承藏）制作烧酒。屋久岛位于鹿儿岛县南端约 60 公里处，是最后一个日本柳杉占据主导的生态系统，岛上五分之一的面积被列入世界遗产范围。岛上的古老森林也是宫崎骏动画电影《幽灵公主》（1997 年）中风景的灵感来源。

在玛尔斯信州蒸馏所恢复威士忌生产的几年后，本坊酒造产生了在屋久岛的烧酒厂陈年一些威士忌的想法。本坊酒造的屋久岛熟成项目于 2014 年启动。一开始，只有少量橡木桶被存放在一个装满装瓶设备的仓库一隅。2016 年 7 月，烧酒厂后面的一些闲置房屋被拆除，并新建了一个可容纳约 400 只酒桶的小型垫板式仓库。仓库内部使用了本地产的柳杉，但显然不是受保护的千年以上树龄的那种古树，而是有着约百年树龄的人工种植的柳杉。

2021 年，在 1 号仓库后面新建了第二个相同类型但面积大了一倍的仓库。目前，总容量达到了 1200 桶。在本书写作之时，该地有将近 400 只橡木桶正在熟成——其中 80% 为波本桶，其余为雪利桶和波特桶。在屋久岛熟成的最老的信州威士忌蒸馏于 2014 年。第一批来自津贯蒸馏所的酒桶则于 2017 年 3 月运抵至此。

屋久岛上的气候条件相当极端。在冬季，仓库内的温度会降至 10℃ 左右，但湿度可达 50% 左右。在夏季，仓库内的温度达到 38℃ 而湿度飙升至 85% 的情况也并不罕见。天使的分享约为 8%。

起初，公司感到重泥煤酒液最能回应岛上独特的自然条件，但对屋久岛熟成酒窖中酒液的发展状况观察几年之后，大多数员工看起来

从屋久岛熟成酒窖的屋顶眺望屋久岛的山地

更倾向于选择无泥煤酒液。在某种意义上，没有了泥煤，当地的自然条件可以更容易地"进入"威士忌当中。

草野辰朗也持类似观点，但他的角度有所不同。"我觉得屋久岛的气候驱走了重泥煤酒液中的一些优良品质，就像是它们消失在了空气中，所以我认为无泥煤或轻泥煤的酒液更适合屋久岛的熟成条件。"

在2017—2021年间，本坊酒造推出了4款屋久岛熟成的驹之岳单一麦芽威士忌产品。（2018年没有相关产品发布。）这些单一麦芽威士忌由玛尔斯信州蒸馏所蒸馏。当津贯的酒液达到威士忌的陈年标准，一种新的可能性出现了：一款屋久岛熟成的调和麦芽威士忌。果然，2022年6月，公司宣布推出其新的屋久岛熟成调和麦芽威士忌品牌，"Mars The Y. A."（其中"Y. A."即屋久岛熟成的英文首字母缩写）。较高的供应量（第一版就有12 000瓶）意味着公司可能也将在一些主要出口市场推广该品牌。

代表性产品

20 世纪 90 年代末，本坊酒造推出了首批单一麦芽威士忌产品。头炮是萨摩麦芽 12 年（Maltage Satsuma 12yo，1996 年推出，装在玻璃酒瓶中），两年后推出的另外 3 款则装在相同形状的陶瓷酒瓶中：萨摩麦芽 15 年、驹之岳麦芽 10 年和驹之岳麦芽 10 年雪利桶。这些萨摩和驹之岳（分别在鹿儿岛和长野蒸馏）从来没有打算成为标准产品，它们来了又走，仅此而已。

在这 4 款单一麦芽威士忌产品之后，在接下来 10 年里出现的是各种有着令人眼花缭乱的酒瓶形状和尺寸的一次性产品。在日本威士忌受到冷遇的这个时期，本坊酒造的员工想尽了办法，甚至还有人病急乱投医，包括推出稀释到 43% 酒精度的单桶装瓶。等到日本威士忌再次成为一个热门类别时，他们的仓库里只剩下陈年 20 年以上的麦芽威士忌，而且数量所剩无几——这可算不上是建立一个单一麦芽产品线的好基础。

公司于 2011 年再次启动蒸馏器，当 3 年后第一个生产季所产的酒液变成威士忌时，公司推出了驹之岳复生 2011（Komagatake The Revival 2011，58% 酒精度，6000 瓶）。从那以后，让粉丝们感到高兴的是，公司定期推出限量版产品，偶尔还推出单桶产

在中断生产19年后推出的第一款玛尔斯威士忌

品。来自玛尔斯信州蒸馏所的所有单一麦芽威士忌产品都以"驹之岳"品牌进行装瓶。

来自玛尔斯信州蒸馏所"旧时代"的最老装瓶是一些 30 年陈酿。公司在 2016 年推出了三款装瓶，酒液全都来自 1986 年。其中一款是美国白橡木桶陈年（由 4 只桶调配而成，61% 酒精度，限量 1137 瓶），另外两款是雪利桶陈年（由 2 只桶调配而成，但一款的酒精度降低至 48%，限量 619 瓶，另一款则以 53% 的调配强度装瓶，限量 163 瓶）。

另外值得一提的，是 2021 年 10 月推出的所谓"玛尔斯麦芽‘蝴蝶’小松孝英限量版"（Mars Malt Le Papillon Takahide Komatsu Edition）。这是款单桶装瓶，来自一只 1990 年蒸馏灌装的美国白橡木桶（1043 号桶，30 年）。限量 365 瓶，每瓶都贴有一张独一无二的酒标，上有现代琳派艺术家小松孝英绘制的一种日本本土蝴蝶图案。本坊酒造的现任社长是位业余鳞翅类学者，而这个限量版事实上是一个仍在延续的蝴蝶系列（始于 2016 年）的一部分。蝴蝶系列的其他产品（在本书写作之时，共 15 款）则是来自玛尔斯信州蒸馏所或玛尔斯津贯蒸馏所之麦芽威士忌的单桶装瓶或他们所谓的"双桶装瓶"（即由两只桶调配而成）。

来自津贯蒸馏所的第一款单一麦芽威士忌产品于 2020 年 4 月 27 日推出。它因为过去 3 年间在宝常（即津贯蒸馏所的游客中心）推出的一系列半成品装瓶而备受期待，而津贯首瓶（Tsunuki The First，59% 酒精度，限量 9948 瓶）也没有辜负期待，受到了海内外威士忌爱好者的好评。其后则是 2021 年 1 月推出的一款更具泥煤风格的产品，名字简单，就叫津贯泥煤（Tsunuki Peated，50% 酒精度，限量 14 830 瓶）。同玛尔斯信州蒸馏所一样，津贯蒸馏所也为海内外的零售商或酒吧定期推出限量版装瓶，偶尔还推出单桶装瓶。

机缘巧合生成的威士忌：
玛尔斯麦芽 3+25 年

2012 年底至 2013 年初，我有幸首次成为世界威士忌大奖（WWA）的日本赛区评委会成员。像以往一样，一切都是以盲评的方式进行的，但大多数时候，人们可以对手头的酒液做出一些有根据的猜测。在调和麦芽威士忌组别中，有一款酒让我及其他评委大为赞叹，但其身份同样神秘。大家对此都毫无头绪。我们甚至猜测是有人拿了一款 20 世纪 70 年代的本利亚克苏格兰威士忌来搞恶作剧。这款神秘的威士忌从日本的两轮比赛中脱颖而出，然后被送往伦敦参加最后一轮比赛，与同组别来自世界其他产区的最优秀产品一起接受盲评。2013 年 3 月 21 日，当世界最佳调和麦芽威士忌奖项公布时，我们才最终发现了这款神秘威士忌的真正身份——玛尔斯麦芽 3+25 年。

"3+25"指的是酒龄。为了理解为什么他们这样称呼它，而不是称它"28 年"，我们需要回忆一下前文提到过的本坊酒造的威士忌生产历史。当他们将威士忌业务从鹿儿岛工厂转移到信州工厂时（参见第 197 页），他们并没有将熟成的存货原样搬走（即搬走装有威士忌的酒桶），而是将所有酒液倒入一辆油罐车，并将空酒桶分开运输。到了信州工厂，他们将混合后的酒液重新填回这些酒桶，并让威士忌在里面继续熟成。25 年后，这些酒桶再次被倒出调配，并以"3+25"的酒龄装瓶，也就是说，在鹿儿岛工厂熟成 3 年，然后在信州工厂熟成 25 年。当然，这一点并不是使之成为"调和麦芽威士忌"的原因，因为熟成地点与该组别的定义（即由来自不同蒸馏厂的单一麦芽威士忌调配而成）无关。为了理解为什么它实际上是一种调和麦芽威士忌，我们不得不再往前追溯历史。

当本坊酒造将其威士忌业务从山梨工厂转移到鹿儿岛工厂时（参见第 196 页），他们也做了完全相同的事情，将酒液和酒桶分开运输，再重新装填。所以当所有在鹿儿岛工厂熟成的威士忌在 1985 年被转移到信州工厂时，实际上有一小部分来自山梨工厂的麦芽威士忌也在其中，使之从技术上讲成了一种"调和麦芽威士忌"。

在伦敦颁奖典礼的前两天，我碰巧在玛尔斯信州蒸馏所，而他们当天的

工作之一是，将最后剩下的"3+25"酒液装瓶。所以就在被冠上世界最佳调和麦芽威士忌桂冠的两天前，最后 2500 瓶"3+25"被灌装了出来，而由于这款威士忌所经历的机缘巧合，想要生产出更多或对它进行复刻都是完全不可能的。

　　这里的反讽之处，本坊酒造方面并不是没有意识到，但他们坦然接受了。最近在中断 19 年后重启在玛尔斯信州蒸馏所的威士忌生产后，他们想出了一个漂亮的点子，希望打造出一款反向的"3+25"——也就是说，把在信州蒸馏并在那里熟成 3 年的威士忌送到他们在鹿儿岛的一个仓库里再沉睡 25 年。算我一个，我衷心希望到时有机会将这款威士忌与原版"3+25"放在一起品尝。

蒸馏厂旁的濑户内海

江井岛蒸馏所

■ 江井岛酒造 ■

　　就位置而言，很难有蒸馏厂能超越江井岛蒸馏所。事实上，日本没有哪家蒸馏厂的所在之地能像江井岛这个小渔村那样全年气候宜人。蒸馏厂就建在明石海峡附近的濑户内海边上，并得益于温和的海洋性气候，年平均气温高而年平均降水量低。

　　1888年，卜部兵吉联合江井岛地区的一些清酒商，成立了江井岛酒造。1919年，他们建立了一家可以生产烧酒、味淋、威士忌和白兰地的蒸馏厂并开始销售产品。公司于1919年9月8日取得了生产威士忌（以及白兰地和其他烈酒）的许可证。理论上，这使它成为日本最早的威士忌生产商。但一如既往，现实要更复杂一点。

　　在20世纪60年代初以前，江井岛酒造到底是如何"生产"威士忌的（我们从旧的酒标上可以发现如此的称呼），我们现在只能靠猜测。公司没有保留下多少有关威士忌生产的记录。起初，他们有可能使用生产烧酒的设备和方法来打造出某种类似威士忌的东西。我们知道的是，在1961年第一次自己制作麦芽威士忌以前，他们曾经使用一个阿卢斯帕斯连续蒸馏器来制作食用酒精，也曾经借助调味剂和调色剂将之变成威士忌。总而言之，很有可能我们最好不要深究其早年间的那些"威士忌"里面到底有什么。现在的威士忌酒客也很有可能

江井岛酒造的一些威士忌旧酒标

不会承认它们是威士忌。

1961 年，公司安装了两个小型铜制壶式蒸馏器，开始生产正宗的麦芽威士忌。所有这些麦芽威士忌都是为他们的调和威士忌而准备的，所以我们现在无从知道它们本身是什么味道。按照工作人员的说法，这两个初代壶式蒸馏器一直使用到 1970 年左右。（现在仍可通过现今威士忌生产车间一层的窗户见到它们，由于在室外经受了数十年的日晒雨淋，它们满身铜绿。）

江井岛酒造的初代壶式蒸馏器

1981 年，随着当时日本的威士忌消费量屡创新高，他们决定在厂区建立一家新的蒸馏厂。这家白橡木蒸馏所（White Oak Distillery）于 1984 年 5 月竣工，并使用新设备恢复了麦芽威士忌生产……但不是所有一切都是全新的。公司并没有向三宅制作所订购全新的壶式蒸馏器。相反，他们重新利用了之前用于奈良的银色威士忌蒸馏所（Silver

生产车间前的二代蒸馏器旧部件

Whisky Distillery）的两个蒸馏器的上部部件，并为它们配上了新的底部部件。银色威士忌蒸馏所是那些消失在时间的波涛中的蒸馏厂之一。事情经过看起来是，1963 年的一场大火烧毁了他们的厂房，接着不久后，该公司就消失不见了。偶有一瓶银色威士忌会出现在拍卖会上，但说它们是千载难逢也不为过。有趣的是，尽管新的蒸馏器要大得多，但其形状与 1961 年的旧蒸馏器非常相似。

2018 年，生产车间迎来了又一次"更新换代"。1984 年的壶式蒸馏器已经走到其工作寿命的尽头，但就像上一次，一部分历史被延续了下来。他们从三宅制作所订购了新的上部部件（肩部 + 天鹅颈 + 冷凝器），但蒸馏器的底部部件（包括加热装置）状况仍然可以，因而沿用了下来。使用老配置进行的最后一批次蒸馏是在 2018 年 11 月 6 日和 7 日（分别为初馏和再馏），也就是 2018 威士忌生产季的最后两天。转年 2 月，两个壶式蒸馏器的上部被拆除，并安装了新的复制品。（旧部件也没有被扔掉，现在正陈列在生产车间前。）"新的"初馏器和再馏器于新威士忌生产季开始的 2019 年 3 月 28 日和 29 日首次投入使用。2020 年初，他们安装了一个新的糖化槽和一个新的酒母罐。

2019 年夏，蒸馏厂的英文名称正式从"白橡木蒸馏所"（它已经在如今的全球威士忌舞台上变得不那么具有特色）更名为"江井岛蒸馏所"。我们将在下文中使用这个名称，而不论所讨论的是哪个时期。

Eigashima Distillery

江井岛蒸馏所

糖化槽： 不锈钢材质，分立的糖化槽和劳特式过滤桶（5000 升）
发酵槽： 3 个不锈钢材质（1 万升），带温控
蒸馏器： 1 对（初馏器 4500 升，再馏器 3000 升），三宅制
蒸汽盘管间接加热
林恩臂向下，配有壳管式冷凝器

江井岛蒸馏所以前是家兼职的威士忌蒸馏厂。在一年较冷的半年时间里（9 月至次年 3 月），工人们忙于生产清酒。在那之后，他们接着生产大麦烧酒（4 月至 5 月），再接着是威士忌（6 月至 7 月），然后在 8 月休整一番后，再回归清酒生产。过去 10 年里，威士忌生产的时间一直在一点点延长，但鉴于不同类型的酒是由同一批人生产的，对一种产品投入更多时间就意味着挤压其他产品的时间。

直到 2013 年，每个威士忌生产季使用 40 吨麦芽。到了 2016 年，他们已经将其威士忌产能提高了一倍，并彻底砍掉了烧酒生产季。2017 威士忌生产季用掉了 100 吨麦芽，时间长达 7 个月。快进到 2021 年，蒸馏厂在那个生产季处理了 160 吨麦芽。在本书写作之时，

其威士忌生产季从 3 月中旬持续到 11 月底，其中 7 月底到 8 月中旬有个为期 3 周的休整期。2022 年，蒸馏厂处理了创纪录的 200 吨麦芽。目前，有 6 人从事威士忌生产工作。

每个批次处理 1 吨麦芽。其研磨比例（碎麦 6 成，麸皮 3 成，面粉 1 成）要比教科书式比例在麸皮比例上略微高点，但按照蒸馏厂工作人员的说法，这有助于生成一种更清澄的麦汁。麦芽从英国进口，但具体规格在这些年来有所变化。在 2014 年以前，使用的是轻泥煤麦芽，泥煤含量在 3.5—5ppm 之间。在 2014 年，泥煤含量调高到了 10ppm，这成了此后直到 2017 年（含）的标准。接着，他们形成共识，认为完全专注于泥煤麦芽从长期来看并不是最好的策略。他们在 2018 年探索使用了 3 种泥煤含量的麦芽：0ppm、10ppm 和 50ppm。而在那个生产季结束后，他们的感觉是，10ppm 的泥煤麦芽已经变得有点多余。于是从 2019 生产季起，他们只使用 2 种类型的麦芽：主要是无泥煤麦芽，少量是重泥煤麦芽（50ppm）。在最近的 2022 生产季，后者占到了 10%。

水取自厂区内的一口水井。同样的水也被用于他们的清酒生产，而鉴于水质对清酒生产来说至关重要，所以显然在这方面不用担心。蒸馏厂配备了 1 个不锈钢糖化槽和 1 个劳特式过滤桶，并使用"三遍水"工艺——但不是以后者通常的方式进行。第一遍和第二遍水可以得到约 3400 升麦汁，第三遍水（1200 升）被加入酒母罐中。酒母罐是酵母制备的容器，在 1200 升的第三遍水连同酵母被加入之前，里面始终保留着 300 升水。所以实际上，酒母罐包含 1500 升水，并且始终保留其 1/5，以确保其连续性（有点像面起子）。1500 升水的 4/5 则在第二天，连同下个批次的第一遍和第二遍水一起被送往发酵槽。

发酵在不锈钢发酵槽内进行。它们都装有温度传感器，一旦温度达到 30℃，喷淋功能就会启动，水会从发酵槽的顶部沿着外壁流下。蒸馏厂现在使用蒸馏酵母，但自 2021 年年中以来，它是两种蒸馏酵母（Pinnacle 和 Lallemand）的混合。看起来，它的效果还不错。发酵时长以前是 48 小时，但近些年来，已上调至 66 小时（在周末，发酵时间要更长，最多可达 90 小时）。

按照社长平石干郎的说法，他们计划在 2023 年 4 月增添一个花旗松木制发酵槽，并从 5 月起将其纳入生产流程。发酵时长接着会加以延长，以使得麦酒汁在被注入初馏器之前可以在木制容器内待上最后一整天。

正如前面所说，其壶式蒸馏器在肩部以上是全新的。这些新部件与旧部件在形状和尺寸上都相同，但两个蒸馏器上的进人门都换成了

江井岛蒸馏所内部

玻璃（拜三宅制作所所赐，这成了日本蒸馏厂最近的一个趋势），初馏器上还安装了一个观察窗。初馏器每次注入 4600 升麦酒汁。初馏需要约 5.5 小时，并得到约 1700 升的低度酒。再馏需要约 7 小时，最终得到酒精度约为 70% 的大约 550 升新酒。新酒接着被稀释到 63.5% 酒精度，然后被灌入橡木桶。

近些年来，其酒心提取范围也有所变化。在过去，去尾的点是 60% 酒精度（对无泥煤酒液而言），但在 2021 年，酒心的范围稍微变窄，去尾的点于是变成了 65% 酒精度。而对于重泥煤（50ppm）酒液，在过去（即从 2018 年起），去尾的点是 58% 酒精度，但在 2022 年，采用了两个不同的去尾点。在那个生产季使用的 20 吨重泥煤麦芽中，有一半的去尾点是 65% 酒精度，另一半则是 62% 酒精度。这个可能看起来微不足道的数值差异实际上引起了馏出物个性的可见区别：前者要稍微更清新；后者要烟熏味更浓，酒体也更厚重，因而更适合更长时间的熟成。

所有库存都在厂区的旧仓库内熟成。目前，其中 4 个仓库被用于陈放威士忌。他们的首选是雪利桶，其所产酒液的约 60% 都被装入雪利桶（既有酒窖桶，也有调味桶）；每年只有约 100 只波本桶得到使用；还有一些是来自公司自己在山梨县的葡萄酒酒庄（Charmant Winery）的红、白葡萄酒桶，这些葡萄酒桶主要被用于过桶收尾。

酒桶被放置在地面上或接近地面的高度，而即便是货架式仓库，他们也通常最多只堆 3 层。对于雪利桶，其天使的分享为 2%—5%，对于波本桶则为 5%，但对于后者，在有些情况下，这个数值可高达 8%。在厂区熟成 3 年后，桶内 1/5 酒液已消失不见的情况也并不罕见。

在本书写作之时，仓库中约有 1500 只酒桶，酒龄大部分是 5 年及以下。最老的库存是 14 年酒龄（只有 1 桶）。次老的是 11 年（只

其中一个仓库的内部

有 4 桶）。从 9 年往下算，库存状况则要更让人安心一些。

　　自一个多世纪前获得威士忌生产许可证以来，江井岛酒造已经走过了一段漫长的历程。目前，他们的大部分利润来自威士忌销售。现在品质是优先事项，持续研发则是当务之急。他们的一个新项目就是使用本地产的大麦。2022 年 5 月底，在隔壁加古川市八幡町收获的20 吨大麦已经计划要用于蒸馏厂的生产。它们属于六棱大麦的春雷（Shunrai）品种，在经过发麦后，江井岛蒸馏所的工作人员预计，它们将能够蒸馏 16—18 个批次，时间则有可能在 2023 年 6 月至 7 月。有记录表明，公司曾在 1961 年使用过国产大麦，但它们不太可能刚好是来自兵库县的，所以总而言之，可以说这是蒸馏厂所在县的本地产大麦首次被用于他们的威士忌生产。

代表性产品

就威士忌而言，江井岛酒造的关注重点始终是，为日本国内市场提供价格合理、易于饮用的调和威士忌（按 1989 年以前的酒税分类，所谓一级和二级威士忌；或者按现在的说法，所谓平价调和威士忌）。他们非常晚才进入单一麦芽威士忌领域，而且态度非常犹豫，有点困惑于人们竟有兴趣尝试在他们看来只是威士忌的一个构成成分的东西。在当初，这不是一个战略决定，无疑对此也不存在一个长期愿景。

其首款单一麦芽威士忌产品，是于 2007 年 9 月推出的一款 8 年陈年（40% 酒精度，4500 瓶），并采用了一个新品牌"明石"（Akashi），与他们的白橡木调和系列区分开来。它只有很少的品牌包装。装在药剂瓶式的 500 毫升瓶子里，贴着非常基础的酒标，并通过不寻常的渠道销售（包括一个大的连锁便利店），它是产品与其呈现形式出奇地不相匹配的一个例子。他们花了两年多时间才卖完首批发行的全部数量。

等到 2010 年，事情已经很明显，他们无法供应更多的 8 年陈年，所以转而推出了一款 5 年陈年（45% 酒精度），打算将其作为自己的单一麦芽威士忌旗舰产品。在这一年年底，他们在产品线中增添了一款有点尊贵级意味的 12 年陈年（限量 2000 瓶）。一些为私人所做的桶强（尽管不是单桶）装瓶也来自这几年：为"Shot Bar Zoetrope"开业 4 周年纪念而装瓶的 5 年陈年（2004/2009，59% 酒精度，限量 100瓶），以及由我本人选桶并为我装瓶的 5 年陈年（2005/2010，59% 酒精度，限量 102 瓶）与 12 年陈年（1997/2010，59% 酒精度，限量 102 瓶）双支套装。在装瓶时，12 年是仓库里最老的库存。

很小一部分 12 年库存（在西班牙橡木雪利桶中熟成）被他们留

作自用，并被转移到其他酒桶中，以便日后打造出一款于 2012 年分两批推出的 14 年陈年（第一批在一只白葡萄桶中收尾一年半，第二批则被转移到一只美国橡木雪利桶中继续熟成一年半，然后在一只白葡萄桶中收尾半年），以及一款于 2013 年推出的 15 年陈年（在一只小楢桶中收尾两年半）。等到那时，不仅最老的库存已经消耗殆尽，而且他们已经难以在仓库中找到足够的酒液来延续他们的 5 年陈年。2012 年 8 月，他们决定放弃这款 5 年单一麦芽威士忌旗舰产品，转而推出一款 NAS 产品（46% 酒精度，非冷凝过滤并且非人工着色）。它此后一直在货架上有售（黑标），连同一款也叫明石的 NAS 调和威士忌（白标）。

让威士忌爱好者不时感到兴奋的是，自 2013 年以来，他们偶尔为不同商业客户准备单桶装瓶。尤其值得一提的是 118171 号桶，于 2022 年夏天装瓶（63% 酒精度，限量 667 瓶）。它的酒液来自 2018 年（在被腾空后，它又装满了 2022 年蒸馏的新酒）。这只酒桶相当特别，全部用日本栗木制成。带日本栗木（及其他木材）桶底的酒桶在日本的许多精酿蒸馏厂都可以见到。（此类酒桶的主要供应商是有明产业。）但全部由日本栗木制成的酒桶非常罕见，在江井岛蒸馏所，他们也仅有这样一只。使用橡木以外的木材不是为了求新而求新，这一点在 118171 号桶的例子中得到了很好体现。栗木将酒液几乎推向了利口酒的方向，但在这款单桶装瓶中，其平衡感是绝对一流的，很值得去搜寻一番。

最近，蒸馏厂的工作人员已经更多地意识到，尽管推出单桶装瓶确实在一定程度上满足了威士忌爱好者对于追求多样性的渴望，但这也确实让他们更加难以接触到更广大的饮酒人群。他们下一步的计划是，通过调配经过精心选择的陈年库存，推出一些更大发行量的产品。

秩父神社

秩父蒸馏所

■ 初创威士忌 ■

肥土伊知郎是个有远见的人。在被迫卖掉自己家族的酒业生意，并目睹自己祖父的羽生蒸馏所被夷为平地仅四年后，他就带着一家自己的全新蒸馏厂强势回归。他将这次创业的地点选在了自己的老家：位于东京西北约一个半小时车程的埼玉县秩父市。

在筹备过程中，肥土尽可能多地参观了许多蒸馏厂，特别是那些小型蒸馏厂，像齐侯门、埃德拉多尔、本诺曼克、达夫特米尔、潘德林、康沃尔苹果酒农场（Cornish Cyder Farm）和萨默塞特苹果白兰地公司（The Somerset Cider Brandy Co.）等。他还在轻井泽蒸馏所（2006年）和本利亚克蒸馏厂（2007年）工作过一段时间。这是筹备一家新蒸馏厂的好玩部分。不那么好玩的部分则是说服其他人（银行、土地所有者，甚至自己家人）相信这个项目是有前途的。我们必须知道，肥土是在日本的威士忌消费量已经连跌25年，在还没有迹象表明情况即将好转的时候，试着向其他人推销这个梦想的。

肥土感到，一种通过极致追求细节而生产出来的威士忌在市场上是有其一席之地的。在当时，这是个大胆的设想。建设工程于2007年开始，威士忌生产许可证于2008年初获得，然后在同年2月，第一滴酒液就从蒸馏器中流出。从那时起，肥土及其团队就再也没有回头。

秩父蒸馏所

2019 年，肥土在秩父建立了第二家蒸馏厂，即秩父第二蒸馏所（参见第 365 页）。正如我们下面将看到的，这多少影响到了原秩父蒸馏所的工作流程。

秩父蒸馏所大部分使用的是无泥煤麦芽。每年在夏季休整期前的一两个月，他们会蒸馏一些重泥煤麦芽（50+ppm）。在 2019 年以前，他们所用的大部分无泥煤麦芽是从英格兰诺福克的克里斯普发麦公司进口的，还有少量从德国进口。泥煤麦芽则从苏格兰的东北部进口。在泥煤麦芽方面，2019 年以后没有变化，但在无泥煤麦芽方面，他们决定，一旦秩父第二蒸馏所的生产步入正轨，原秩父蒸馏所就将转向主要使用国产大麦（尽管不一定是本地产大麦）进行生产。在 2021—2022 生产季，他们使用国产大麦的比例已经达到惊人的 70%。

只要在物流和财务上可行，就使用本地产大麦作为进口大麦的补充，这是肥土从一开始就有的打算。"本地"是个有弹性的概念，对秩父蒸馏所来说，它可以意味着离厂区只有五分钟车程的范围。在一

Chichibu Distillery
秩父蒸馏所

糖化槽:	不锈钢材质（2400 升）
发酵槽:	8 个水楢木材质（3200 升）
蒸馏器:	1 对（初馏器 2000 升，再馏器 2000 升），福赛思制
	蒸汽盘管间接加热
	林恩臂向下，配有壳管式冷凝器

开始，肥土说服了这个范围内的一些农民种植光学大麦，这是当时酿酒和蒸馏最常用的大麦品种，但可惜它看起来并不适应埼玉县的环境和气候。此后，他就转向了当地品种，比如彩之星大麦。

从 2008 年起，肥土及其部分团队成员定期拜访他们位于诺福克的麦芽提供商，以提高自己的地板发麦技术。秩父蒸馏所的地板发麦产能为 3 吨，但他们只有一个容量为 1 吨的浸麦槽，所以他们在这方面多少受到了限制。尽管相较于日本的其他大厂，他们的大麦用量可谓零头，但完全使用本地产大麦还是不可行的。其成本是从欧洲进口麦芽的将近五倍。秩父蒸馏所的第一批本地大麦蒸馏年份是 2011 年。

蒸馏厂所用的水是由城市供水提供的，来自附近的荒川。每个批次的糖化使用 400 千克麦芽，得到约 2000 升麦汁。就像秩父的大部分生产过程，糖化过程也基本上是手工操作的。小小的糖化槽里没有耙子，所以搅拌和测量是由当天负责糖化的人手工完成的。这种人与物料的亲密接触是秩父蒸馏所的特色之一，也是使其成为一家真正意义上的"手工 / 精酿"蒸馏厂的一个地方。

发酵过程在水楢木制成的发酵槽内进行，这在威士忌界是独一无二的。在刚开始时，他们只有 5 个发酵槽，而现在，已经有了 8 个。

糖化过程中的喷淋工序

事实证明，这些发酵槽是不容易"驯服"的。在投入使用的头4天，他们不得不朝其中额外投入10千克酵母，以抵消木材中单宁的影响。它们还很昂贵，很难清扫和消毒，且容易泄漏。但肥土觉得它们值得这些麻烦，因为木材中天然存在的乳酸菌及其他微生物以自己的神秘方式促进了风味形成。

　　蒸馏厂使用源自苏格兰但在日本培育而成的蒸馏酵母，发酵时间接近100小时。在以前，其时长是62—80小时不等，但在2015年夏的休整期后，肥土延长了发酵时间，以便发酵麦汁中的乳酸菌施展拳脚。后期的乳酸发酵可以为酒液增添果味和酯味，以及一种香甜顺滑的香气。在秩父第二蒸馏所步入正轨后，肥土得以将发酵时间进一步延长到5天。之前在只有一家蒸馏厂时，有些时候，每天需要处理2个批次，这样就没有多少回旋余地。而在秩父第二蒸馏所投产后，原秩父蒸馏所每天只需要处理1个批次，延长发酵时间以促进生成更具果味的风味就变得可行了。

秩父蒸馏所的水楢木发酵槽

在被转移到其中一个发酵槽之前，麦汁先被冷却到约 20℃。木材是种很好的隔热材料，但碍于季节变化和缺乏温控装置，如何保持发酵时的温度稳定多少成了一个挑战。但这也被视为一件好事：有着更多变化！比如，在夏天，由于炎热天气使得酵母更活跃，麦汁就含有更多酒精（大约多 2%）。

就像主生产车间内的其他设备，壶式蒸馏器也是非常紧凑的。颈部低矮而林恩臂向下，它们当初就是被设计用来生产一种厚重而饱满的酒液的。在筹备蒸馏厂的早期，肥土曾想过重新利用旧的羽生蒸馏器。然而，这些蒸馏器的铜壁已经相当薄，而且他很快发现，订购新的蒸馏器并不会比修理和安装旧的羽生蒸馏器多花多少钱。选用全新蒸馏器还有一些更为根本的原因。在羽生蒸馏所，每个批次使用 800 千克麦芽。而肥土认为，这个量太多了，需要缩小点规模。更重要的是，他认为所有可能会影响产品品质的设备（磨麦机、糖化槽、发酵槽和壶式蒸馏器）都需要是全新的。

秩父蒸馏所的壶式蒸馏器

　　起初，肥土想安装虫桶冷凝器，但这种类型的冷凝器需要大量的冷却水供应，而这在秩父炎热的夏季可能成问题，所以他最终决定改用壳管式冷凝器，后者也是如今世界上大多数威士忌蒸馏厂在使用的类型。提取酒心工作是通过鼻闻口尝，而不是通过数字（比如，酒精度）来进行的——再一次地，这是个非常"手工"的过程。由此得到约200升酒液，相较于日本的其他蒸馏厂，这个量是很少的。

　　约25个批次的酒液被投入一个酒罐里（以中和不同批次间的微小变化），然后被稀释到63.5%酒精度，并被装入橡木桶。

　　对于酒桶，可以说，肥土比日本威士忌界的其他任何人都乐在其中。其在木材类型、酒桶尺寸及先前所装酒液上的变化可谓令人叹为观止。在主厂区有一个仓库，在距离主厂区5分钟步行路程的地方还有4个仓库，那里也是制桶车间、调配实验室和装瓶车间的所在。所有这些仓库都是垫板式的。在秩父第二蒸馏所旁边还有另一个垫板式仓库（6号）和一个大型货架式仓库（7号）。

在提取酒心时所采集的酒样

　　对于一家年产量只有约 5.3 万升纯酒精（相当于 400 只美国标准桶）且运营时间才 15 年的蒸馏厂来说，这样的仓库数量可能看起来有点多，但在这些仓库里并不是只有秩父威士忌在熟成。剩下的羽生和川崎库存以及供调和威士忌使用的进口谷物和麦芽威士忌也保存在那里。直到 2015 年初，秩父的仓库还为剩下的轻井泽库存提供了临时家园。

　　约一半秩父产的酒液被装入波本桶，另一半则被装入花样繁多的各种桶中：雪利桶（美国橡木和西班牙橡木都有）、葡萄酒桶（国内和国外都有）、波特桶、马德拉桶、干邑桶，以及水楢桶（首填和再填都有）。偶尔地，肥土还会摆弄一些更不寻常的酒桶，像是朗姆桶、龙舌兰桶和果渣白兰地桶。

　　在蒸馏厂建立之初，他很难拿到优质的酒桶。显而易见，国外供应商不知道他是何许人，也不知道他在这家日本的小蒸馏厂弄些什么。对于波本桶，当时他只能从爱汶山得到一些。而肥土解决这个问题的方法，与他当初在羽生威士忌还不为人知的情况下推销其库存的方法一样：走出去，与人交谈。他定期前往美国和西班牙，拜访那里的制桶厂以及蒸馏厂／酒窖，只为认识相关幕后人员，并与他们建立起信任关系。与此同时，肥土感到，每次拜访都是一个精进威士忌生产技艺的机会。在这个意义上，这可谓一石二鸟：你变得更懂行，同时也入手一些好货。

肥土还使用装过啤酒的木桶熟成威士忌，或为其收尾。当初，当地的精酿啤酒商希望将自己的一些啤酒放入木桶里熟成，但他们无法获得木桶。大公司不希望自己的木桶流入他人之手，较小的威士忌生产商则难以找到好的酒桶供自己使用。一些精酿啤酒商也来登门拜访肥土，他立刻感到这里有个双赢的机会。他没有将自己装过秩父酒液的酒桶送给或卖给他们，而是将它们租了出去，这样一旦它们完成啤酒熟成的任务并被送回蒸馏厂，他就可以将新的秩父酒液重填进去，或将它们用于二次熟成的目的。这对双方都有好处：精酿啤酒商获得了高品质的酒桶，肥土则有了另一个可摆弄的新变化。装过印度淡色艾尔（IPA）啤酒的酒桶看起来与秩父酒液特别合拍。"我感到在 IPA 啤酒与麦芽威士忌之间有着一种亲近关系，"肥土这样表示，"当然，两者都用大麦酿造，但优质 IPA 啤酒所具有的某种果味，你也可以在一些麦芽威士忌身上找到。"

有时与人合作是应该的，但偶尔自己动手也不妨。在酒桶方面，秩父蒸馏所内部也有许多举动。2008 年，肥土及其员工开始接受斋藤光雄培训，后者是位于羽生市的 Maruesu 洋樽制作所的制桶师。当斋藤在 2013 年决定退休并关闭工厂时，肥土买下了所有设备并将其搬到了秩父。于是从 2014 年起，秩父蒸馏所有了一个自己的功能齐备的制桶车间，就坐落于调配实验室的隔壁。

制桶车间的一部分工作是，以独特的方式改造木桶，得到属于自己的"定制木桶"。其中一个例子是"小桶"（chibidaru），这是秩父蒸馏所自己的四分之一桶。为此，他们会取一个标准的波本桶，切掉四分之一桶箍与对应桶底之间的部分，然后为这只已经变短的桶装上新的桶底。一个小桶可容纳约130升酒液，而由于酒液可以接触到更多木材，它加速了熟成过程。起初，秩父蒸馏所的所有小桶都是用美国白橡木制成的（毕竟它们都由波本桶改造而成），但现在也有一些用水楢木制成的小桶正在仓库里沉睡。不过，近年来，小桶的使用没有过去那么多了。

秩父蒸馏所制作的其他定制木桶还包括一些混合木桶，像是用美国白橡木制成桶身，但配以水楢木或红橡木制成的桶底。它们当初是些便宜行事的产物，但后来被证明是些成功的实验。红橡木蓬松多孔，完全用它来制作酒桶是个冒险之举。另一方面，水楢木则稀少而昂贵。只是将这些橡木做成桶底，就可以既利用这些木材为威士忌熟成过程增添独特风味，又不用太过担心成本或风险的问题。

水楢木历险记

肥土特别热衷于水楢木。当他第一次尝到一款利用这种日本橡木熟成的威士忌时，他就爱上了这种木材。但这是种珍稀昂贵的自然资源，所以在早年间，为自己的威士忌找到一些水楢桶是个令他颇为头痛的问题。

在蒸馏厂投产几年后，肥土决定直抵源头（也就是说，前往北海道的旭川市处日本最大的硬木原木拍卖市场），并自己动手。

"我第一次去北海道采购水楢木是在2010年，"肥土回忆道，"那

肥土伊知郎及其员工在北海道的一场硬木原木拍卖会上

一年我只去了一次,但在那之后,我们开始定期前往采购。水楢原木在冬季出售,即 12 月至次年 3 月间。从 2011 年起,我们平均每年会去 4 趟。"原木以盲拍的方式出售。每场拍卖持续 3 天:前 2 天检查原木,最后 1 天实际投标。在那里一天会售出约 5000 根原木。"那可不像苏富比拍卖会,"肥土解释说,"对某根原木感兴趣的人按自己的判断和意愿出价,价高者得。一切发生得非常快。在一根原木的号码被叫到后,15 秒钟内就会尘埃落定。基于这次的信息,我们会调整自己有意的下一根原木的出价。显而易见,在这一天,价格大多会节节攀升。有时候我们很走运,尤其是遇到某个以 S 打头的威士忌大生产商不在场的时候,就可以非常容易地入手我们想要的木材。"

水楢木拍卖的竞争极其激烈。威士忌生产商不是唯一对这种木材感兴趣的买家,但相较于其他诸如高端家具制造商之类的买家,他们处于劣势,因为他们不能接受品质打折。他们需要最好的,因而也是最昂贵的木材。当肥土检查原木时,他会特别注意这样一些要点:

"当然,我们必须避开有缺陷的木材,但它也需要尽可能笔直,直径合适(也就是说,在 40—60 厘米间)而且质地紧密。"

购买木材是一回事,将其制成木桶则是另一回事。起初,肥土在北海道将他的原木切成木条,然后在那里将它们风干约三年。在当时,还不清楚要在哪里将这些木条制成木桶。然而,到了 2013 年夏,已经很明显,肥土很快能够完全掌握从树木到木桶的整个过程。已经 86 岁高龄的斋藤光雄感到是时候安享晚年了。肥土买下了所有设备,建立了自己的制桶车间——对于这样一家小规模的蒸馏厂来说,这无疑是个大胆的举动。不过,直到 2016 年 10 月,第一只完全由秩父蒸馏所自己制作的水楢桶才告完成,即 6818 号桶。

这经过了一段漫长的历程。6818 号桶的木材于 2011 年初入手。半年后,原木在北海道被锯成木条,并在那里风干两年。然后这些木条被转移到秩父,耐心地等待着自己派上用场的那一天。蒸馏厂的两位年轻制桶师渡部正志和永江健太首先试着制作了两只水楢木猪头桶。相较于美国橡木或欧洲橡木,水楢木的侵填体较少,因而孔洞更多,更容易漏液。当他们测试这两只水楢桶时,发现两只都漏洞百出。为了避免得到两只漏桶,他们将它们拆开,苦心拼凑,才最终得到一只好桶——他们亲切地将之称为"幸存者"。6818 号桶后来被灌入秩父产的无泥煤酒液,并被运至 1 号仓库熟成,就安放在 3826 号桶(秩父蒸馏所自己制作的第一只橡木桶)的后面一排。

但很明显,长期来看不能这么弄:制作两只水楢桶,结果在最好的情况下也仅能得到一只好桶。日本的一些制桶师通过在水楢桶的外面刷上柿漆(由未成熟柿子的柿汁自然发酵而成,传统上被用于制作雨伞、防水包装纸等)来解决漏液问题。但肥土向来对这个"解决方案"持怀疑态度。"这可能是纯天然的,但酒桶需要呼吸,所以在桶

制桶师渡部正志与他制作的第一只橡木桶

的外壁刷上柿漆以防止漏液可能在解决一个问题的同时又制造了另一个问题。对我来说,这听上去有点像是将石蜡之类的东西刷在桶外面。"从来不走捷径或轻信思虑不周的解决方案的肥土,热切地想要找出一个结构性的解决方案。

　　当时他们注意到,首次水楢桶制作尝试所用的那些木条的问题在于,它们之前是被锯开,而不是被劈开的。对于富含侵填体的木材(比如,美国白橡木)来说,这不成问题,因为它可以在多个方向上切割而仍然具有防渗透性,但对于像水楢木这样多孔的木材,如果要避免渗漏,就需要以顺着木材内导管的方向进行切割。"非常直的木材可以用电锯锯开,然后留在北海道风干,"肥土解释道,"但品质不那么好的原木就需要我们自己进行处理,所以它们会被转移到秩父。它们中大多数树干有点弯曲,所以如果你把它们直直锯成木条,你就会切开木头中的导管,木桶也就会漏。然而,如果我们用斧头劈开这些原木,就可以用它们做出防漏的木桶。对于猪头桶,我们需要长约

242

（水楢木右美国白橡木）

水楢木（左）与美国白橡木（右）

用白线标出可使用的部分

一米的木条，所以我们可以从这些'不完美'的原木中挑出长一米的相对较直的部分加以使用。"

秩父蒸馏所只有两位制桶师负责现场所有相关工作，再让他们手工去劈原木就有点太过累人了。肥土及其员工想出了一个点子，将斧头安装在制桶车间的一台箍压机上，后者从此也就被用来劈木头了。"一旦我们开始使用这些木条，我们就再也没有遇到渗漏到木桶外的情况了。我们只是观察到在某些木条的桶帮上有些小的漏点，但它们容易修补。只需往木头里钉上一枚小木钉，渗漏就停止了。进步如斯。"肥土笑着这样说道。

秩父蒸馏所制作的大多数水楢桶都是猪头桶。"如果有需要，我们可以从日本的一家独立制桶厂那里购买水楢木邦穹桶，"肥土解释道，"但如果我们想要水楢木猪头桶，那我们只有自己动手了，这就是我们专注于此的原因。"猪头桶要更难制作一点，因为水楢木条要比普通的橡木条稍厚一点（38毫米），而且根据定义，制作猪头桶的水楢木条要比制作邦穹桶的水楢木条短，所以它们在弯曲成型时更容易撕裂。"要是这事容易做，我们就不需要这样麻烦了，"肥土说道，"任何人都可以做，那我们付钱让他们去做就好了。"

尽可能多地自己动手，原因不只是为了自给自足，也是为了完全掌控威士忌生产过程各个阶段的品质。肥土以前从日本的一家独立制桶厂那里购买过水楢桶，但对其品质无法完全满意。他注意到木材的质地没有他想要的那般紧密。质地越紧密的木条释放其风味和香气，使之融入威士忌的过程通常也会越缓慢，使得它们更适合长时间的熟成。这是因为质地紧密的木桶会释放更大量的木质香气，而质地疏松的木桶则倾向于释放更大量的单宁。

可追溯性对肥土来说也很重要。所有的原木和木条都标有数字，

正在用机器劈木头

木条和可追溯性

而且他试着尽量使用来自一根或非常有限的多根原木的木条来制作一只木桶。"当然，这还处于早期阶段，"肥土说道，"但通过这些数字，我们可以追溯木材的生长地以及它来自原木的哪个部分。"

对于肥土及其员工来说，他们的心态看起来是，总是有新的冒险有待开启，有新的挑战有待迎接。而他们的下一个梦想项目是，试着弄到一些本地产的水楢木。"你可以在秩父海拔1000米以上的森林中找到水楢树，"肥土解释道，"我们无法在国有林地砍伐树木，但我们有可能从这边山区的私人林地那里购买水楢木。"他们在秩父的山区搜寻了将近3年，而这样的坚持最终得到了回报：2018年5月，肥土设法取得了一些秩父本地生长的水楢木——如果幸运的话，足够接下来制作十多只水楢桶。相关的成本势必是惊人的。"哦，是的，"肥土说道，"比从北海道采购水楢木贵太多太多了，而那里的水楢木已经够贵了，但算成本是没有意义的。这算是一种研发。"2019年，秩父产水楢桶首次被用于熟成。在本书写作之时，已经灌装10只秩父

肥土伊知郎正在检查一块木条

拼板后待上箍口

产水楢桶：其中 7 只装填用本地产大麦蒸馏出来的酒液，3 只装填用英国进口大麦蒸馏出来的酒液（它们全部是无泥煤的）。

不过，一点点地，确实还是有可能将规模做大。最初，他们的制桶师只能够从头开始制作少量水楢桶，而在本书写作之时，其制桶车间一年生产了约 200 只水楢桶以及大致数量相同的波本猪头桶。与此同时，他们也在忙着修理酒桶。

伊知郎总是着眼长远，而如果他觉得某件事情值得去做，他很少会为务实的反对意见所动摇。对此的一个明证是，他及其员工在秩父蒸馏所外种植的水楢树。它们应该可以在约 200 年后成材，用于制桶。

代表性产品

在产品发布方面，秩父蒸馏所也是个打破常规的先锋。它在启动蒸馏器的那一年就开始销售仅有几个月酒龄的馏出物，秩父新生（Chichibu Newborn）。几乎所有的秩父单一麦芽威士忌都以单桶装瓶的形式出售。数量已达数百桶，而且还在持续增加。考虑到它们大多数不足 10 年，它们在二级市场上的价格可谓惊人。

秩父蒸馏所最接近"标准产品"的东西是对页表格所列出的限量版。在过去，它们在市面上一般能买到，而且其中约 30% 被用于出口。近些年来，国内外市场趋向于五五分成，而且想要入手它们也已经变得非常难。在日本，它们基本上在发售当天就售罄了。在海外，情况也没有好多少。

秩父头十年是个里程碑。它于 2020 年 11 月发布，由 26 只桶调配而成，其中主要是波本桶，但也有一些水楢桶和雪利桶。里面还加入了少量泥煤威士忌，以帮助提升风味。

秩父首版（2011）、秩父在路上（2013）与秩父小桶（2014）

产品	生产年份 / 发行年份	酒精度（%）	装瓶数（700 毫升）
首版（The First）	2008/2011	61.8	7400
地板发麦（The Floor Malted）	2009/2012	50.5	8800
泥煤（The Peated）	2009/2012	50.5	5000
波特桶（Port Pipe）	2009/2013	54.5	4200
小桶（Chibidaru）	2009/2013	53.5	3900
在路上（On The Way）	—/2013	58.5	9900
泥煤	2010/2013	53.5	6700
小桶	2010/2014	53.5	6200
泥煤桶强	2011/2015	62.5	5980
在路上	—/2015	55.5	10 700
泥煤 2016 版	2012/2016	54.5	6350
IPA 啤酒桶收尾（IPA Cask Finished）	—/2017	57.5	6700
泥煤十周年	2013/2018	55.5	11 550
在路上	—/2019	51.5	11 000
头十年（The First Ten）	—/2020	50.5	5000
双蒸馏厂 2021 版秩父 × 驹之岳	—/2021	53.5	10 200
泥煤 2022 版	—/2022	53.0	11 000

2015 年 3 月，时任美国加州圣安娜市眨眼猫头鹰蒸馏厂（Blinking Owl Distillery）首席蒸馏师的瑞安·弗雷森（Ryan Friesen）有幸在秩父蒸馏所待了 8 天，并成为其团队一员。他后来应邀撰写了此文。

伊知郎已经掌握成为一位优秀蒸馏师的所有基本先决条件。他理解从谷物到消费者的整个生产流程。他的质量控制是稳定而一致的，对每次发酵和每次蒸馏都以在我看来应该是他自己出于技术经验和个人偏好而得出的指标进行测试。

蒸馏厂很干净。这一点看起来是不言而喻的，但其他地方并不都是如此，因而值得一提。工作人员在白天会特别留意保持场地洁净。

伊知郎额外花钱让蒸馏厂的管线布局做到规范合理。再一次地，其他地方并不都是如此。事实上，根据我在美国精酿蒸馏厂的经验，很少有蒸馏厂有能力做到这一点。但这样的前期投入会在节省劳力、保持一致和保持卫生方面得到回报。

要想遵循苏格兰方式进行糖化，最重要的是控制：温度控制、水流控制、时机和感官判断。糖化师都接受了相同的工艺和指标培训，而尽管伊知郎只使用少量几种麦芽，但他看起来知道如何最大限度地将淀粉转化。

秩父使用带盖的大橡木桶进行发酵，这为发酵增添了复杂性，也增加了保持发酵过程正常进行的难度。考虑到橡木的本性和变异性，每个发酵槽都有其特点，糖化师看起来对于他们的发酵槽有着不错的直觉把握。他们知道将哪个发酵槽用于生产哪种产品。在这家蒸馏厂，几乎没有什么东西是留给偶然性的。

尽管蒸馏厂位于一个有点偏远的地方，但资源还是宝贵的。伊知郎拥有高效的锅炉以及良好的用水操作，并使用早上初馏（stripping run）产生的高温废水为后续的蒸馏预热——从而大大节省时间和能耗成本。

除了额外花钱在一个质量控制实验室和管线布局上，伊知郎还是就我所知少数几个手下配有制桶师（两位）的小型精酿威士忌生产商之一。他们师从一位已退休的制桶师，不仅负责管理仓库，还负责修理酒桶以及从头开始制作新桶。配有制桶师使得秩父成为一家在苏格兰以外的地方并不常见的蒸馏厂。

对酒心提取精益求精是我在秩父蒸馏所期间所注意到的第二令人印象深刻之事。伊知郎本人每天早上会向蒸馏师提供其关于前一天所蒸馏酒液的笔记。伊知郎的味觉是伊知郎麦芽的风味的秘密所在，但他为何能够一再做出正确的选择其实并不神秘。每天的品酒笔记都会与他的员工分享，并且对于何时提取酒心以及为什么在那时提取还会有交流。虽然我听不懂日语，但我在早上交流笔记时在场，并能够理解他们对于酒心提取的重视，以及伊知郎在将他的笔记传达给实际进行提取操作的蒸馏师时的认真细致。为了得到这些供伊知郎准备晨会的酒样，蒸馏师对酒心提取过程进行了严密监控。他们刚开始时缓慢取样，然后随着越来越接近去尾点，取样的速度也变得越来越快。时间和温度被记录下来，实际提取酒心前后的相关样本也被保存下来，以备日后参考。对于一位蒸馏师如何训练味觉并持续产出保持一致的产品，这个过程是个很好的案例。

但最让我印象深刻的体验还不是技术上的，而是文化上的。我不是指日本与西方或美国之间的文化差异，而是指伊知郎在他的蒸馏厂所打造的企业文化。让其他人真正接纳你正在努力追求的东西，是经营任何组织最困难也最重要的部分之一，而伊知郎成功做到了。秩父蒸馏所的每个人，从装瓶车间的女工到品牌大使，再到糖化师和蒸馏师，都有着与他相同的目标：生产出高品质的威士忌。伊知郎也在支持着他的员工，不仅仅通过给他们提供一份工作，还通过激励他们去热爱威士忌以及生产威士忌的这个过程。

初创威士忌是一家正在成长的公司，员工都很年轻。要在这里得到一份工作并不容易，但一旦你进入这里，只要你花心思并努力工作，你就有机会学到技能并与公司一起成长。我有幸参加了几次伊知郎与其员工的聚餐兼品酒会。每位员工都被邀请参加，而且每个人都严肃对待，当然气氛还是非常好的。他们进行盲品，并做笔记，然后分享他们对于当天各款酒的感受。这是一项受到低估的活动，至少在我参访过的蒸馏厂里是如此，我也希望在回国后复制这个模式。但这不只是老板请员工吃吃喝喝，这些员工工作努力且辛劳，他们的关系是相互的。老员工有时甚至有机会被外派出去进一步学习发麦或制桶等。所有这些内部文化最终会反映在威士忌上，而我认为它也确实展现出来了。至少从我这个局外人的角度看来，这种接纳和内化并不是旨在帮助伊知郎销售更多威士忌，它是为了帮助秩父蒸馏所的每个人生产出更好的威士忌。

瑞安·弗雷森

2015 年 12 月

冈山蒸馏所的混合蒸馏器

冈山蒸馏所

■ 宫下酒造 ■

宫下酒造是一家位于冈山县冈山市的多元化酒类生产商，在嗨棒热潮之后进入威士忌领域。这对他们来说并不算是一个大不了的发展。当时他们已经具备酿造和蒸馏的实操知识以及生产威士忌所需的大部分基础设施，只需额外多迈几步即可。

宫下酒造创立于1915年，最初是一家清酒酿造厂。它于1983年将业务扩展到烧酒生产，并在1994年酿酒许可证规定放宽后，成为日本精酿啤酒的先驱之一。2003年，他们开始在一个烧酒蒸馏器中蒸馏他们的苦味啤酒。他们将馏出物装入美国白橡木桶，并密切关注其发展变化。受到桶陈发展的鼓舞，他们开始考虑生产威士忌，以期日后可以推出一种新产品，纪念公司在2015年创立百年。

宫下酒造在2011年取得威士忌生产许可证，并立即使用早已就位的设备开始工作。糖化和发酵是在用于啤酒生产的设备中进行的；蒸馏则在他们的不锈钢烧酒蒸馏器中进行，并在低温低压下进行两次。

威士忌蒸馏与不锈钢是对有点尴尬的组合，所以当2015年到来时，公司并没有推出什么威士忌产品，估计是他们在威士忌生产方面的进展并不如预期那样顺利。他们在2013年推出的、已经在橡木桶中熟成10年的啤酒酿烈酒"独步"（Doppo）一时间大受欢迎，但蒸馏苦味啤酒与生产威士忌显然是两回事。宫下酒造方面也势必意识到了这一点，因为到了 2015 年 7 月，一个由德国阿诺德·荷尔斯泰因公司制作的全新铜制混合蒸馏器已经在厂区安装妥当。从那以后，它便一直被用于生产威士忌（以及金酒和伏特加）。

起初，这个混合蒸馏器被安置在啤酒厂一个有点局促的房间里。到了 2017 年年中，厂区内建成了一个时尚的全新游客中心／餐厅／商店（独步馆），并建造了一个小的独立蒸馏室。

Okayama Distillery
冈山蒸馏所

糖化槽：　　不锈钢材质，分立的糖化槽和劳特式过滤桶（1500 升）

发酵槽：　　4 个不锈钢材质（4000 升），带温控

蒸馏器：　　2011—2015.7，不锈钢蒸馏器（1000 升）

　　　　　　2015.7 至今，混合蒸馏器（1500 升），荷尔斯泰因制

冈山县拥有比日本其他大多数县更多的晴天，因而被称为"晴天之国"。这里也是一个传统的大麦产区。尽管费用要高许多，冈山蒸馏所还是热衷于使用本地产大麦。他们从当地农民那里采购一种被称为"天空黄金"的二棱大麦品种，然后将其送到 750 公里之外的栃木的一家发麦厂，再将其运回来。如此一番操作下来，他们使用冈山产大麦的成本大约是使用进口大麦的 5 倍。由于他们在当地无法获得足够的大麦，他们所用的一半麦芽从德国进口。就使用国产大麦而言，日本的其他蒸馏厂都无法与之相提并论。（宫下酒造的口号之一是"放眼全球，立足本地"，而他们显然也是这样做的。）

地下水采自旭川河床下 100 米处，与著名的雄町冷泉的泉水相

似，后者距离蒸馏厂不远，曾入选"名水百选"。每个批次使用 375 千克麦芽。生产主要使用无泥煤麦芽，偶尔也会使用中度泥煤麦芽（20ppm）。

磨麦、糖化和发酵工序在啤酒厂内进行。2019 年，他们安装了一套卡什帕·舒尔茨产的糖化槽和劳特式过滤桶组合，这使得他们的威士忌产能从每年 7000 升纯酒精略微增加到 1 万升纯酒精——这仍然是个很小的量，即便对一家精酿威士忌蒸馏厂来说也是如此。

发酵过程受温度控制（20℃），而且持续异乎寻常之久（7 天）。蒸馏厂使用艾尔啤酒酵母和清酒酵母。由此得到的麦酒汁接着在混合蒸馏器中进行两次蒸馏。酒精收集器中的酒液酒精度非常高，达到约 80%。在降到 60% 酒精度后，新酒被灌装入桶，并在厂区的一个货架式仓库内熟成。

多种类型的橡木桶得到了使用。这包括一些常见桶型（雪利桶和波本桶），以及一些白兰地桶和全新水楢桶。蒸馏厂还使用了一些混合木桶，比如桶身用橡木制成，但桶底用雪松木、樱花木或日本栗木制成的木桶。

代表性产品

其第一款单一麦芽威士忌产品"冈山"于 2017 年推出，此后还推出了少量单桶装瓶。但不幸的是，冈山蒸馏所的产品几乎很难在市面上见到。公司偶尔会通过其网上商店（而且总是通过抽签）提供一些（通常是 30 瓶）。即便在日本的酒吧里，你也很少能见到其踪迹。

2019 年 7 月，他们推出了一款用 3 种不同类型的橡木桶（白兰地桶、雪利桶和水楢桶）熟成的威士忌调配而成的产品，名字就叫冈山三桶（Okayama Triple Cask，43% 酒精度）。这款产品受到欢迎，并在国外斩获了多个知名奖项。其他值得注意的产品还包括于 2019 年秋推出的高岛屋限定单桶装瓶，雪利桶首发（Sherry Cask Debut，58% 酒精度），以及于 2021 年 3 月推出的单桶装瓶，樱花木桶首发（Sakura Cask Debut，43% 酒精度），后者以 200 毫升装瓶，使其（略微）更容易获得一些。

2021 年底，公司推出了一套三瓶装的冈山精选 2021（Okayama
Collection 2021）。它由冈山日本柳杉桶强、栗木桶强和波本桶强单桶
装瓶组成（分别为 3 年、4 年和 5 年酒龄，均以 60% 酒精度装瓶），
仅通过抽签发售 30 套，每套售价高达 22 万日元。类似地，还有一款
专供高岛屋的 5 年酒龄的冈山水楢桶强单桶装瓶。

2016年以来的一些冈山单一麦芽威士忌包装原型

鯨田釀造所的混合蒸餾器

额田酿造所

■ 木内酒造 ■

额田酿造所是目前日本最不受瞩目的威士忌蒸馏厂。即便在日本的铁杆威士忌迷当中，大家对这个名字也可能没有什么印象。然而，如果提起"常陆野猫头鹰"（Hitachino Nest），大家就耳熟能详了。常陆野猫头鹰是木内酒造的啤酒品牌。其标志性的猫头鹰标识在日本的精酿啤酒酒吧到处可见，而且这个品牌在海外也有很大影响力，特别在美国，常陆野猫头鹰啤酒几乎已经成为日本精酿啤酒的代名词。它便是由额田酿造所所生产的。

木内酒造于1823年由当时的常陆国那珂郡鸿巢村（即现在的茨城县那珂市鸿巢）村长木内仪兵卫创立。在前七代负责人的领导下，它是一家传统的清酒酿造厂，就像日本的其他许多清酒厂那样。但在第八代负责人（现任社长木内敏之及其哥哥木内洋一）的领导下，公司扩大了酒类生产范围，事情也变得有意思起来。1996年，他们设立了一个啤酒部门。在日本允许小规模生产商进入啤酒行业后，这样做在商业上是说得通的。清酒酿造传统上只在冬季进行，而啤酒的消费旺季则在夏季。

2003年，公司设立了一处蒸馏设施，以帮助回收利用和减少浪费。其第一款产品是利用清酒酒糟蒸馏的烧酒。2008年，公司的主

木内酒造原址

要啤酒生产设施搬到了距离原清酒厂约四公里的那珂市额田。2011
年，公司在该地建立了一家更大的啤酒厂。公司在啤酒厂旁边还设有
一个葡萄园。

　　木内酒造于 2016 年开始生产威士忌，但木内敏之坚称，这并不
是为了赶上日本威士忌热潮而临时起意。其生产威士忌的计划要追溯
到十多年前，那时日本威士忌都还处于低迷期。为了理解他的动机，
我们需要往前追溯到 1900 年。在那一年，一位名叫金子丑五郎的农
民通过将四国（一种用于制作面条的六棱日本大麦品种）与金瓜（一
种源自北欧的二棱大麦品种）杂交，培育出了日本的第一个啤酒酿造
用大麦品种。金子对结果感到满意，并用自己的名字来为它命名，称
为"金子黄金"。在第二次世界大战之前，这种大麦在日本很受欢迎，
但在战后，政府鼓励日本的啤酒业兼并重组，并转向使用更经济的
大麦品种。"金子黄金"不敌从国外进口的更便宜的大麦，最终在 20
世纪 60 年代消失了。2004 年，木内敏之从日本农林水产省获得了 16
株幼苗，并与当地的青年农民协会合作，开始了一个复活生产项目。

2009 年的收成最终产出了足够的大麦，使得
他们可以再度利用"金子黄金"酿造一款啤
酒，并推向市场，即常陆野猫头鹰 Nipponia。

在"金子黄金"复活生产项目的过程中，
淘汰下不少——按照木内敏之的说法——"废
大麦"。这些大麦不适宜用于啤酒生产，因为
其高蛋白质含量会导致啤酒混浊，降低糖化效
率，降低啤酒稳定性，并推高总的生产成本。
木内当时的想法是，有一种方法可以避免这

常陆野猫头鹰Nipponia

些"废大麦"被浪费掉，那就是将其蒸馏。木内是位威士忌爱好者，
并多次访问过苏格兰，所以他很快就意识到这里有机会变废为宝：将
"废大麦"变成威士忌。在额田厂区建造更大的啤酒车间的巨额投资
使得威士忌生产项目迟迟未能启动。2015 年，额田酿造所包装仓库二
层的一个角落被改造成一个空间紧凑的蒸馏厂。最终，他们准备好开
始生产威士忌了。

额田酿造所的第一次蒸馏于 2016 年 2 月 10 日进行。在最开始一
个批次利用常规的威士忌麦酒汁进行蒸馏后，他们蒸馏了一些旧的啤
酒库存。木内的烈酒生产许可证涵盖蒸馏啤酒，而且他们在市场上已
经有了一款属于这个类别的产品，木内之零。他们将自家产的白色艾
尔啤酒在烧酒蒸馏器（而不是新的混合蒸馏器）里蒸馏一次，然后连
同香菜、啤酒花和橙皮一起在橡木桶中熟成一个月。然后在加入更多
白色艾尔啤酒之后，再蒸馏一次，并再熟成六个月，最后以 43% 酒
精度装瓶。

在起初使用旧的啤酒库存进行蒸馏后，他们恢复了正常的威士忌
生产。我们接下来讨论的都是后者，而不是前者。

Nukada Brewery

额田酿造所

糖化槽：	不锈钢材质，劳特式（位于啤酒厂）
发酵槽：	1 个不锈钢材质（1.2 万升）
蒸馏器：	1 个混合蒸馏器（1000 升）

　　威士忌生产过程的第一步，即糖化，都在啤酒厂内进行。起初，所用的麦芽大多是德国二棱大麦。在早先几个批次中还使用过日本国产的生小麦。过了一段时间，蒸馏厂的工作人员开始使用栃木县产的"幸穗黄金"，这是个日本的啤酒酿造用大麦品种，于 2005 年培育而成。

　　连续两个批次的糖化可产出约 4500 升麦汁，然后它们被转移到蒸馏厂附近的一个 1.2 万升的大罐里发酵约 3 天。一般来说，发酵使用的是干蒸馏酵母。按照木内敏之的说法，他们也会在一些批次中使用比利时啤酒酵母。这为酒液添加了一种微妙的烟熏味。木内感到，这是对于"烟熏风味威士忌"的一种有趣尝试。在这里，烟熏味不是通过使用泥煤麦芽，而是通过发酵而产生的。

　　发酵结束后，麦酒汁被送到蒸馏厂的 3 个储存罐（每个约 1400升），排队等待进入蒸馏器。蒸馏设备由木内的团队设计，并在中国按其设计规格制造。蒸馏器是混合型的，也就是说，是一个带精馏塔的壶式蒸馏器。这种类型的蒸馏器在美国的精酿蒸馏厂相当受欢迎，但在日本，额田酿造所是最早使用此类蒸馏器的蒸馏厂之一。壶式蒸馏器的容积为 1000 升，但每次只蒸馏约 700 升，这样麦酒汁就不会满到壶顶或进入林恩臂。

　　在生产的第一年，威士忌是通过连通壶式蒸馏器和精馏塔，进行单次蒸馏而得到的。2017 年，工作人员转向二次蒸馏法。在初馏和再

混合蒸馏器

馏期间，精馏塔都跳过不用。（有好事者可能会问，那么为什么还要将精馏塔留在那里？答案是：它在制作金酒时要用到。）几个批次初馏得到的低度酒集中到一起，再放入同一个壶式蒸馏器中进行再馏。

至于熟成，他们广撒网，进行了各种尝试。木内敏之对雪利桶威士忌情有独钟（尤其是麦卡伦），所以相当多的新酒都被装进了雪利大桶中。装有其他木材（比如，樱花木）桶底的橡木桶也得到了使用。

额田酿造所的威士忌产量很小，生产也很不频繁。每年的产量各异，但通常不超过 7200 升纯酒精，有些年份则要少得多。当木内酒造决定在筑波山附近建立一家大得多的专业的威士忌蒸馏厂时（参见第 389 页的八乡蒸馏所），注意力便被转移到了那个项目上。自 2019 年以来，截至本书写作之时，额田酿造所的威士忌生产几乎陷于停滞。（不过，他们仍在此处忙着蒸馏啤酒和制作金酒。）

这家蒸馏厂仍然持有威士忌生产许可证，所以一切都还说不定。

一只装有樱花木桶底的橡木桶，以及一瓶可表明其在短短19个月内所产生的影响的酒样

代表性产品

与这次日本精酿蒸馏厂新浪潮中的其他许多弄潮儿不同，木内酒造抵抗住了在刚开业头几年就推出其威士忌新酒或"新生"的诱惑（或需要）。

2019 年 4 月 1 日（不，这不是个愚人节玩笑），他们推出了一款限量版的常陆野猫头鹰罐装嗨棒（9% 酒精度）。其中所用的麦芽和谷物威士忌由额田酿造所蒸馏，并在雪利桶和葡萄酒桶中熟成三年。

2022 年春，木内酒造推出了"日之丸"（Hinomaru）威士忌品牌。迄今为止，其推出的产品都调和了额田酿造所和八乡蒸馏所蒸馏的威士忌，但可能有朝一日，威士忌爱好者将有机会品尝到某种单独的额田威士忌。

各种额田威士忌（未发行，仅供品鉴）

屈之川酒造的清酒厂

安积蒸馏所

■ 屉之川酒造 ■

    屉之川酒造创立于 1765 年,是家位于福岛县郡山市安积町屉川的酒类生产商。清酒和烧酒是其主业,而尽管这个名字可能在威士忌迷当中不那么响亮,但他们在这个威士忌游戏中也并非完全的新手。

    在"二战"结束后不久的那段时间里,大米的稀缺给许多清酒酿造厂的运营带来了不少麻烦。与此同时,盟军占领日本也意味着来自美国人和英国人对威士忌的巨大需求。屉之川酒造算清了这里的利害,于 1945 年申请了威士忌生产许可证,并于第二年获批。他们立即着手工作,而鉴于在当时品质无关紧要,他们用上了手头能够用上的东西,调出了他们所能调出的东西;也就是说,以我们在今天不会想要了解的方式,将战时剩下的工业酒精调色调味,并与其他烈酒调配到一起。他们生产的是最低等级的调和威士忌(即当时的三级威士忌,也就是 1953 年以后的二级威士忌),这意味着从法律角度来看,麦芽威士忌并不是调配中的一个必需成分。

    随着战后经济恢复,人们的味觉也恢复了。屉之川酒造希望提升自己的游戏水准,包括尝试使用临时拼凑的蒸馏器来生产自己的麦芽威士忌。在 20 世纪 60 年代,看起来他们通过将一个不锈钢天鹅颈安装在一个搪瓷罐底座上而拼凑出了一个蒸馏器。在整个 20 世纪 60 年

安积蒸馏所

代和 70 年代，威士忌的销售情况起伏不定，但公司在哪怕这部分业绩不佳时仍然在自己的架构中保留了威士忌业务。清酒生产占用了一年中多达 200 天，所以与其让员工在剩下的 150 天里无所事事，还不如让他们忙于生产威士忌。

在 20 世纪 80 年代，他们进行了另一次 DIY 尝试。这一次，蒸馏器的底部用不锈钢制成，顶部则用铜制成。天可怜见，这个蒸馏器只维持了约 5 年。尽管我们现在很难想象这样的设备会蒸馏出怎样的酒液，但他们在当时做得足够好，得以成为 20 世纪 80 年代日本地威士忌热潮中的 3 个大玩家之一（其他 2 个分别是西日本的本坊酒造和东日本的东亚酒造，具体参见第 062 页）。不过，机缘巧合可能也在其中起到了一定作用。

1980 年，在屉之川酒造，有人想到了一个聪明的点子，从苏格兰进口桶装威士忌。当时他们主要还不是对威士忌感兴趣，他们想要的其实是那些橡木桶。那人做了算术，并得出结论说，从苏格兰购买装有威士忌的酒桶比购买新酒桶还便宜。起初，他们订购了 60 桶。

Asaka Distillery
安积蒸馏所

糖化槽： 不锈钢材质，半劳特式（1700升）

发酵槽： 5个花旗松木材质（3000升）

蒸馏器： 1对（初馏器2000升，再馏器1000升），三宅制

蒸汽渗滤器间接加热

 林恩臂向下，配有壳管式冷凝器

桶中的威士忌于是与屉之川酒造自己生产的麦芽威士忌调和，再被装回桶中。1981年，他们的销售量大涨。只是巧合吗？终究很难说清。但有一点是确定的，即从那以后，进口苏格兰麦芽威士忌开始在他们的调和威士忌业务中扮演一个重要角色。调配用酒精则是他们自己生产的，利用一个连续蒸馏器蒸馏糖蜜而获得96%酒精度的酒精。

到了20世纪80年代末，日本的威士忌形势开始变得严峻起来。屉之川酒造慢慢地调低了他们的威士忌生产量，但他们已经拥有足够的库存在仓库里熟成，可以让他们在接下来的几十年里持续供应威士忌产品。其他生产商就没有这样幸运了。东亚酒造于2004年被出售，但新的所有者对其威士忌业务（羽生蒸馏所）不感兴趣。屉之川酒造在帮助肥土伊知郎挽救羽生库存上起到了一个关键作用。从2004年到2008年，他们为剩下的400桶羽生威士忌提供了仓储设施，直到肥土伊知郎在秩父建立起他自己的蒸馏厂。在那之前，屉之川酒造原本只使用波本桶熟成，所以当肥土伊知郎带着羽生的猪头桶、邦穹桶和雪利大桶到来时，他们需要对仓库的货架进行一些调整。直到今天，你仍然可以看到屉之川仓库的一些货架是如何经过调整，以适应羽生酒桶的。

随着海内外对日本威士忌的需求达到了一个前所未有的、狂热的高度，但供应却少之又少，屉之川酒造决定在 2015 年，即公司创立 250 周年之际建立一家真正的麦芽威士忌蒸馏厂。谢天谢地，这次他们没有使用 DIY 蒸馏器。

屉之川酒造曾考虑从苏格兰的福赛思公司订购蒸馏器，但很快发现这需要等上 4 年时间。日本制造商三宅制作所则可以在不到一年时间内交付，所以这个选择不难做出，尽管其报价不一定更便宜。到了 2015 年 12 月，2 个小型壶式蒸馏器已经在一个由空置仓库改造而来的空间紧凑的蒸馏厂里安装完毕。熟成之前的所有工序，从磨麦到蒸馏，都在同一个屋檐下进行。

当时在屉之川酒造，没有人有实际的威士忌生产经验，所以 3 位被分配去负责威士忌生产的工作人员在 2016 年 3 月在秩父蒸馏所接受了为期 2 周的培训。试蒸馏在 2016 年夏天（5 月至 9 月）进行。同年 10 月，安积蒸馏所正式开始生产威士忌。

（上图）还裹着塑料布的全新壶式蒸馏器；
（对页上图）搅拌搪瓷钢罐中的酵母；（对页下图）提取酒心

　　这是家小型蒸馏厂，年产量约为 5 万升纯酒精。麦芽从英国进口，而且大部分生产使用的是无泥煤麦芽。每个生产季的最后一个月（约占总产量的 10%）则使用重泥煤麦芽（50ppm）生产。

　　每个批次使用 400 千克麦芽。糖化过程只加两遍水。在头 3 个生产季，发酵是在用于清酒生产的搪瓷钢罐中进行的。2019 年年中，蒸馏厂安装了 5 个花旗松木发酵槽来替代搪瓷钢罐。默认使用的酵母

初馏正在进行

是蒸馏酵母，但使用其他类型酵母（比如，清酒酵母）的实验也已经进行多年。发酵时长为 90 小时。

蒸馏在配有向下林恩臂和壳管式冷凝器的 1 对小型壶式蒸馏器（分别为 2000 升和 1000 升）里进行。每个批次可产出 71% 左右酒精度的约 200 升新酒。降低至 63.5% 酒精度后，新酒被装入各种类型的橡木桶，并在厂区内的货架式仓库中熟成。

代表性产品

当他们在 20 世纪 40 年代后期进入威士忌领域时，屉之川酒造的前身山樱酒造以"山樱"（Yamazakura）的品牌来推广他们的威士忌产品。后来，屉之川酒造便以"山樱"之名推广其产品线中稍微高级一点的调和威士忌以及当时所谓的"纯麦芽威士忌"（也就是说，调和威士忌）。在安积蒸馏所建立之后，蒸馏厂的单一麦芽威士忌产品继续沿用了这个品牌。

其第一款单一麦芽威士忌，山樱安积首版（Asaka The First，限量 1500 瓶）于 2019 年 12 月推出。一年后，他们首次推出了其泥煤风格的单一麦芽威士忌，山樱安积首版泥煤（限量 2000 瓶）。与其前辈一样，它在首填波本桶中熟成 3 年，并以 50% 酒精度装瓶。泥煤版在 2022 年世界威士忌大奖（WWA）中赢得了最佳酒标设计奖。他们还在该比赛中赢得了另一个备受瞩目的奖项：他们的山樱安积雪利桶珍藏（Asaka Sherry Wood Reserve，50% 酒精度，限量 440 瓶；由安积蒸馏所生产的麦芽威士忌与一家未公开的日本精酿威士忌生产商生产的麦芽威士忌调配而成）赢得了世界最佳调和麦芽威士忌奖。正如在日本威士忌界经常发生的那样，在这些奖项宣布之前，这两款产品就已告售罄了。

三郎丸蒸馏所的神棚

三郎丸蒸馏所

■ 若鹤酒造 ■

若鹤酒造的历史可追溯至 1862 年在越中国砺波郡三郎丸村（现在的富山县砺波市三郎丸）建立的一家清酒酿造厂。这个地区以其顶级大米以及口感柔和且纯净的水源而闻名，所以在那里酿造清酒是个无脑之选。1925 年 5 月，二代稻垣小太郎接替父亲初代稻垣小太郎，成为若鹤酒造的社长。稻垣是个有进取心的人，正是在他的领导下，公司日后将扩大业务，涉足苹果酒、波特酒、威士忌等领域。

1939 年，大米供应开始受到政府管制。到了 1942 年，大米及其他主食（小麦、大麦和黑麦）已经被政府垄断。对清酒酿造厂来说，这显而易见是个严重问题。在太平洋战争结束后，为了维持运营，许多清酒酿造厂开始考虑涉足其他酒类生产。若鹤酒造也是其中之一。

1947 年 9 月，稻垣小太郎建立了若鹤发酵研究所。最初的研究集中在使用不受管制的菊芋来生产酒精上。1949 年 2 月，公司取得了烧酒生产许可证，相关研究也在接下来的几年里继续进行。1952 年 7 月，公司取得了威士忌和波特酒生产许可证。其第一款"威士忌"（不要问它是如何制作出来的，你不会想要知道的）在次年以"阳光威士忌"之名面世。他们之前向社会公开募集名称，并最终选定了这个名字："据说阳光威士忌之名源于想要让太阳在蒸馏工业界重新升起，毕竟这个用到了日本的水、空气和阳光的行业刚刚在战争中失去了一切"，当时的一份文件这样描述道。

1953 年 5 月 11 日深夜，厂区发生火灾，几乎焚毁了所有的设施。但稻垣没有气馁，用不到半年的时间重建了工厂。在这一年 9 月，他借着重建的机会引入了一个当时最先进的阿卢斯帕斯连续蒸馏器。它后来在 1959 年被移动到厂区的北侧。该蒸馏器一直被用于生产威士忌，直到 20 世纪 80 年代后期。

我们现在很容易对若鹤酒造当时的威士忌业务规模有所误解。它其实非常小。在 20 世纪 60 年代初，他们的年销售量只有大约 140 瓶威士忌。即便在日本的威士忌消费量达到峰值的 1983 年（地威士忌热潮正盛之时，而他们也是其中一员），一年也只有约 3000 瓶阳光威士忌售至消费者手上。销售非常低迷，所以仓库里的威士忌不免入库多而出库少。也因此，其调和威士忌所用的麦芽威士忌变得越来越老。在 20 世纪 80 年代，一些被用于调配的威士忌已经陈年超过了20 年，这在当时是闻所未闻的，尤其对一些廉价威士忌来说。即便如此，当时人们对阳光威士忌留下最深印象的还是其刺鼻味道。

大约在 1990 年，他们在目前仍在使用的建筑（其历史可追溯至20 世纪 20 年代初）里建立了一家威士忌蒸馏厂。2016 年，开始代表家族第五代经营家业的稻垣贵彦决定为威士忌业务注入新活力。时年快 30 岁的稻垣对这家北陆地区唯一的威士忌蒸馏厂怀有一个新愿景。不过，他当时继承的只是一座破旧的两层木建筑及其中拼拼凑凑的设备。显然，前方道阻且长。稻垣通过众筹发起"三郎丸蒸馏所翻修计划"，并在 463 人的支持下，筹集了超过 3800 万日元。

我有幸在 2016 年夏天，即蒸馏厂翻修之前拜访过那里。说它不同寻常已经是说轻了。在当时，威士忌生产过程是从二层开始的，工

Saburomaru Distillery

三郎丸蒸馏所

糖化槽：　　不锈钢材质，劳特式（1 吨）

发酵槽：　　4 个搪瓷不锈钢材质（6600 升），带温控

　　　　　　2 个花旗松木材质（6000 升）

蒸馏器：　　1 对（各 3000 升），老子制作所制

　　　　　　林恩臂向下，配有壳管式冷凝器

　　初馏器使用并联的蒸汽直接注入和蒸汽盘管间接加热，
再馏器使用蒸汽盘管间接加热

作人员从楼上手工将 1 吨磨好的麦芽倒入一层的糖化槽——弄得面粉漫天飞舞。接着麦汁被转移到 6 个涂有搪瓷的不锈钢罐的其中一个里，并添加啤酒酵母。发酵 3 天后，麦酒汁被转移到一个铝制壶式蒸馏器中蒸馏一次，接着低度酒被放回同一个蒸馏器中进行再馏。得到的酒液以 63.5% 酒精度被装入经过重度烧焦的波本桶中，并被转移到蒸馏厂建筑旁边的一个仓库里熟成。有趣的是，当时清酒生产得到的酒糟也被暂时存放在这个装有空调的仓库里，所以空气里弥漫的并不是那种典型的威士忌仓库香气。在我 2016 年拜访蒸馏厂时，其年产量约为 2000 升纯酒精（将将可以装满 10 只橡木桶），仓库里则有 60 只酒桶，那是他们超过半个世纪的威士忌生产历史所积累的全部库存。

自众筹活动以来，三郎丸蒸馏所已经发生了很多变化。稻垣的方式是每年改进一点点，所以我们接下来不妨看看自 2017 年以来，蒸馏厂每年都发生了哪些变化。

一开始，关注的重点是修复蒸馏厂建筑。公司内部曾讨论要拆除它，但有些人不愿意这样做，因为该建筑被认为具有某种历史价值。到了 2017 年 7 月，建筑得到全面修复，并向公众开放。

翻修后的蒸馏厂建筑

　　公司传统的威士忌生产季是在夏季，因为那时没有什么清酒生产工作，而且更重要地，从而不需要大量用水。翻修完成后的头几个威士忌生产季每次持续三四个月（6 月至 9 月）。这在后来逐渐变得越来越长，三郎丸蒸馏所现在的威士忌生产季已经长达 6 个月多一点。在 2021 生产季，他们完成了 160 个批次的生产。2022 年的目标则是 200 个批次。从更大范围来看，这仍然是个小规模生产，但对三郎丸蒸馏所来说，这代表了在一段相对较短的时期内实现的一个巨大增长。

　　2017 年的另一个大项目是，将铜引入蒸馏过程。旧的 1000 升耐热铝壶式蒸馏器装上了一个新的铜制颈部和一个铜制冷凝器。在这个状况下，蒸馏器继续使用了两个生产季（2017 年和 2018 年）——不是个完美的解决方案，但还是朝着正确的方向迈出了一步。

　　2018 年，轮到了糖化过程。旧的糖化槽是件 DIY 作品，它由一个在 20 世纪 50 年代末 60 年代初用于清酒生产的大米浸泡桶改造而成的，且由公司内部人员改造。它效率低下（不论是就劳动效率，还

新的糖化槽

是就所生产的麦汁品质而言），迫切需要加以更新。2018 年 5 月，一个由三宅制作所制造的电脑控制的全新糖化槽就位，麦汁品质随即得到大幅提升。旧的糖化槽仍摆在建筑内，让游客可以看到他们过去是怎样做的。

这个三宅制的劳特式不锈钢糖化槽是（至少在日本）第一个带风车状捣碎器的糖化槽，其外壁还覆以高冈铜。糖化时添加两遍水（第一遍 63.5℃，第二遍 79℃），由此每个批次可产出 5000 升清澄麦汁。

2019 年，三郎丸蒸馏所决定彻底改弦更张，用一对新的壶式蒸馏器替换那个经过改造的壶式蒸馏器。蒸馏厂距离高冈市不远，而那里碰巧是日本最大的铜器生产中心，已有 400 多年历史。稻垣感到在当地制作蒸馏器很说得通，尽管高冈铜器主要使用的是铸造工艺，而不是锻造工艺。壶式蒸馏器会相当大，所以稻垣找到了当地的老子制作所，那是一家专长制作寺庙大钟的公司，也是唯一能够制作重达 50 吨大钟的公司。他觉得，制作世界上第一个铸铜壶式蒸馏器的挑

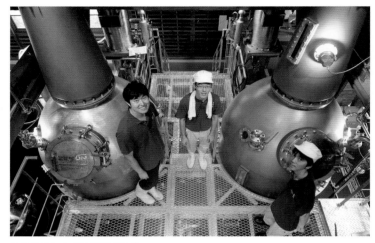

稻垣贵彦与其新的铸铜蒸馏器

战应该正合他们的胃口。

"用于铸造的合金包含 90% 的铜和 8% 的锡，"稻垣解释道，"所以我们与一所当地大学合作，进行了一些研究，以了解这对酒液个性的影响。"当时他制作了 3 个迷你蒸馏器，每个有威士忌酒瓶那么大：一个是不锈钢材质，一个用合金铸造，还有一个用铜板锻造而成。将它们分别搭配一个不锈钢冷凝器和一个铜制冷凝器进行测试，并对各自所产的酒液进行感官分析。"正如所预期的那样，不锈钢材质首先可以排除（酒里的硫黄味太重了），但如果比较使用其他两种蒸馏器（都配以铜制冷凝器）所产的酒液，我们发现相较于锻铜蒸馏器，铸铜蒸馏器所产的酒液实际上还要略微少点酒尾味和泥煤味。"

老子制作所后来花了约 6 个月时间制作出一对铸铜蒸馏器。当初我有幸在蒸馏器完成后不久拜访了制作工厂。"由于你现在处理的不是大钟，不需要担心音质的问题，"社长老子祥平解释道，"你可以只为壶式蒸馏器的一半制作模具，浇筑两次，再将两者拼到一起。"这也是初馏器与再馏器一模一样的原因。

使用铸铜蒸馏器有其优势。按照老子祥平的说法，"其器壁厚度约为锻铜蒸馏器的两倍——最厚处可达约 12 毫米（如果不考虑 40 毫米厚的底部的话），所以它们非常耐用且具有高保温性，因而也非常节能。如果部件出现损耗，也很容易更换，因为我们的模具都还在。再设想一下，你可以很容易就制作出各种部件并加以替换，比如，一个不同类型的头部或一个向上的林恩臂，从而借此打造出不同风格的酒液"。

"我们想要得到一种饱满的酒液，所以选择了一个矮胖的灯罩型头部和一个短且向下的林恩臂，"稻垣解释道，"一个批次的麦酒汁被分成两半，所以每次注入初馏器的约 2500 升。3 个批次初馏得到的低度酒与上次再馏剩下的酒头和酒尾混在一起，注入再馏器进行再馏，并由此得到约 800 升新酒。在初馏时，我们想要吸收大量风味物质，所以采用并联的蒸汽直接注入和蒸汽盘管间接加热方式。对于再馏，我们只采用蒸汽间接加热，并降低蒸馏速度，以便精炼想要的酒体个性。"

使用新的所谓 Zemon 蒸馏器（"Zemon"之称据说源自老子制作所的商号，老子次右卫门）所做的首次蒸馏于 2019 年 6 月 20 日进行。比较使用 Zemon 蒸馏器得到的酒液与前两个生产季使用铝铜结合蒸馏器得到的酒液，差异是明显的：使用新蒸馏器得到的新酒要更鲜明，更具酯味，也更复杂。

2019 年的另一个大项目是在厂区内建造一个大型的货架式仓库（容量约 1200 只酒桶）。与厂区内的其他建筑一样，它也是新旧结合的。之前的饮料仓库的屋顶被保留了下来，四周的墙壁则是新修的。一片素白的外墙上写着其黑色大写的蒸馏厂英文名——给人有点像在

给人艾雷岛之感的新仓库

艾雷岛的感觉，而且这并非出于巧合。有趣的是，仓库屋顶上还装有喷淋系统，以便在夏季时用于降温。

2020 年轮到发酵环节。直到 2016 年，他们一直使用的是艾尔啤酒酵母。从 2017 年开始，艾尔啤酒酵母连同蒸馏酵母一同得到使用，发酵时长也从 3 天增加到 4 天。发酵是在旧的带搪瓷涂层的开口清酒罐中进行的，其上方还装有一个允许水沿着外壁流下的系统。在发酵第一天，使用喷淋系统将温度控制在 33℃ 以下，并使用一个转轮消除泡沫。为了加强乳酸发酵，他们在 2020 年夏安装了一个花旗松木发酵槽。初期的发酵仍然使用搪瓷罐，但在最后 24 小时，发酵过程会被转移到木制发酵槽中进行。2022 年 3 月，他们添加了另一个花旗松木发酵槽，而且从那个生产季开始，改为每个批次的发酵前 2 天在搪瓷罐中进行，后 2 天在木制发酵槽中进行。

2020 年的另一个项目则涉及所用的原材料，即麦芽。三郎丸蒸馏所因其完全侧重重泥煤威士忌生产而在日本威士忌界独树一帜。直

喷淋系统正在其上运行的一个搪瓷罐发酵槽

到 2020 年，他们从苏格兰进口的麦芽都是主岛型（50ppm），即使用来自苏格兰主岛的泥煤制成。2020 年，他们设法取得了一些用艾雷岛泥煤熏制的麦芽（45ppm）。在那一年的生产中，主岛和艾雷岛泥煤麦芽各占一半。

也是在 2020 年，他们使用了非常少量的本地（即富山县）产大麦。为了发麦，他们借用了附近宇奈月啤酒厂的设施。当然，这些麦芽是不含泥煤的。它们仅被用于非常有限的生产，以期增添某种当地色彩。醪液配方是 95% 的常规重泥煤麦芽和 5% 的富山本地产麦芽。从 2021 年起，他们还开始使用某种超重泥煤麦芽（80ppm）。那一年也标志着他们第一次完全使用艾雷岛泥煤麦芽进行生产。他们原打算往后都是如此，但疫情大流行期间的全球供应链紊乱让他们无法在 2022 年坚持这个计划。当 2022 生产季开始时（当年 5 月），从海外进口的麦芽还没有到位，所以 10 个批次的国产无泥煤麦芽被先行使用。他们还重拾了一些主岛泥煤麦芽（50ppm），作为艾雷岛泥煤麦芽（45ppm

两个木制发酵槽

和 86ppm）的补充。为了避免再出现这种情况，他们已经做了多方面准备，以确保在 2023 年及之后可以稳定获取艾雷岛泥煤麦芽。

2023 年，计划的"升级"项目包括拆除其中一个搪瓷罐（3 个已经够用了，毕竟还有另外 2 个木制发酵槽）。这将腾出空间来安装一个热液罐，从而可以将标准的"三遍水"工艺引入糖化过程。对于泥煤麦芽生产，第三遍水对麦汁中的苯酚成分会产生显著影响，所以再一次地，我们可以就这会对三郎丸的新酒产生怎样的影响拭目以待。

一年年下来的这些变化不免让人眼花缭乱，下表可能会有所帮助。

年份	麦芽	糖化槽	发酵槽	酵母	发酵时长	蒸馏器
2016		经过改造的大米浸泡桶		艾尔啤酒酵母	3 天	耐热铝
2017	50ppm		搪瓷罐			铝 + 铜
2018						
2019						
2020	50ppm 艾雷岛泥煤 45ppm	三宅制劳特式糖化槽		艾尔啤酒酵母 + 蒸馏酵母	4 天	Zemon
2021	艾雷岛泥煤 45ppm 艾雷岛泥煤 80ppm		搪瓷罐 + 木制发酵槽			
2022	0ppm 50ppm 艾雷岛泥煤 45ppm 艾雷岛泥煤 86ppm					

至于陈年所用的木桶，在三郎丸蒸馏所，约 80% 为波本桶，10% 为雪利桶，还有 10% 为"其他"桶。最后一个类别中也包括装有本地产水楢木制桶底的波本桶。自 2018 年 10 月以来，蒸馏厂一直在与附近井波的一位制桶师合作，使用富山县产的水楢木制作或改装一些

橡木桶。涉及的数量不大，但这是与当地社区和资源建立联系的一部分。从 2022 年 6 月起，该合作方还拆解配有各式桶底的波本桶来制作猪头桶。

三郎丸蒸馏所的装桶强度为 60.5% 酒精度，而且大部分酒液在厂区内熟成：其中主要存放在 2019 年建造的大型货架式仓库中，还有一些（特别是雪利大桶）存放在实际生产的蒸馏厂建筑内（按照工作人员的说法，生产车间在一年的大部分时间里比仓库更热，因而是个对这些大桶来说更好的熟成环境），还有小部分酒桶则存放在位于井波的 T&T 富山熟成仓库。

代表性产品

若鹤酒造长久以来都与廉价调和威士忌"阳光"联系在一起。2013 年，他们推出了一款用瓷瓶包装的 20 年单一麦芽威士忌限量版。然后在 2015 年，他们又推出了一款 1990 年份（25 年酒龄）限量版，也是装在瓷瓶里。但大多数消费者在面对这些非常昂贵的阳光威士忌时不免感到不知所措，所以在 2016 年，他们决定为自己的单一麦芽威士忌产品打造一个新品牌，名为"三郎丸"（Saburomaru）。

第一款三郎丸品牌产品于 2016 年 6 月 21 日推出。在当时，这款酒龄达 55 年的三郎丸 1960（47% 酒精度，限量 155 瓶）是有史以来最老的日本单一麦芽威士忌。它于 1960 年 5 月由若鹤酒造的阿卢斯帕斯蒸馏器蒸馏而成。（从技术上讲，它在苏格兰并不能被称为单一麦芽威士忌，因为它由连续蒸馏器蒸馏得到。但在日本，这并不重要。）它在红葡萄酒桶中熟成，因为当初若鹤酒造也在山梨县生产波特酒。

2016 年后的第一款单一麦芽威士忌则于 2020 年 11 月推出。这

三郎丸1960

三郎丸I魔术师L'évo特别版

款产品也揭示了蒸馏厂为其单一麦芽威士忌产品线所规划的主题：22张大阿尔卡那塔罗牌。由于这些牌以 0 至 21 编号，所以第一款便是三郎丸 0 愚者（48% 酒精度，限量 2000 瓶）。它由第一个生产季（在某种意义上，当时他们也是"从零开始"）蒸馏并全程使用波本桶熟成的酒液调配而成。此外，还有一个更为限量的桶强版（63% 酒精度，限量 200 瓶）。

转年，系列的续集面世：三郎丸 I 魔术师。这次由 2018 生产季（当时已使用新的糖化槽）蒸馏并在波本桶中熟成的酒液调配而成。同样地，也有常规版（48% 酒精度，限量 3000 瓶）和桶强版（63% 酒精度，限量 360 瓶）。2022 年 7 月，他们为富山县著名的"前卫地方菜"餐厅 L'évo 推出了魔术师的一个特别版单桶装瓶（60% 酒精度，限量 208 瓶）。所选的这只桶装有当地产水楢木制作的桶底，与餐厅的主旨再契合不过。

厚岸蒸馏所附近的北海道东海岸

厚岸蒸馏所

■ 坚展实业 ■

　　厚岸蒸馏所是由东京的进出口贸易商坚展实业投资设立的。其社长樋田惠一是位威士忌老饕，非常喜欢艾雷岛的麦芽威士忌。在嗨棒热潮席卷日本后，樋田热切想要将日本威士忌添加到他的出口产品组合当中，但当时要想拿到货源已经越来越难。市面上的日本威士忌越来越少，却有越来越多的人竞逐仅有的这些。樋田想到，在这种环境下，只有一种方法能确保获得高品质的威士忌，那就是自己动手生产威士忌。

　　2010 年，他开始认真考虑建立一家威士忌蒸馏厂，并着手寻找潜在的厂址。樋田无法设想自己的蒸馏厂会建在北海道以外的地方。那里的气候和地形与他心爱的艾雷岛相似，因而在他看来正是生产自己的威士忌的理想之选。由于在北海道的西海岸已经有了一家蒸馏厂（余市蒸馏所），所以樋田将关注重点放在了该岛的东海岸。

　　没过多久，樋田邂逅了位于钏路市以东约 50 公里的厚岸町。这里靠近大海，被美丽的湿地所包围，并拥有丰富的泥煤资源，正符合樋田的所有条件。此外，厚岸还盛产一种与泥煤威士忌绝配的美食：牡蛎。2010 年，樋田接洽了当地町长。2014 年，当地政府最终同意租赁土地（其距海直线距离 2 公里），并批准蒸馏厂建造计划。工程于 2015 年 10 月动工，在寒冷的冬季也没有停顿。到了 2016 年 7 月，蒸馏厂主建筑内的设备已经安装就绪。生产于当年 10 月开始。第一个生产季非常短。不像大多数蒸馏厂在炎热的夏季关停休整，厚岸蒸馏所在冬季停止生产。那里的冬季气温会低至 −20℃，对一家蒸馏厂的运营来说可不仅是挑战而已。因此，厚岸蒸馏所的休整期从 12 月底持续到来年 3 月中旬。第二个生产季始于 2017 年春天。

Akkeshi Distillery
厚岸蒸馏所

糖化槽：　　不锈钢材质，半劳特式（1 吨）

发酵槽：　　6 个不锈钢材质（5000 升）

蒸馏器：　　1 对（初馏器 5000 升，再馏器 3600 升），福赛思制

　　　　　　蒸汽盘管间接加热

　　林恩臂向下，配有壳管式冷凝器

　　　厚岸蒸馏所是最难"进入"的蒸馏厂之一——这里取其字面意义。蒸馏厂经理立崎胜幸有着乳制品业背景，并按照他在乳制品厂工作时所习惯的那套规范来经营他的蒸馏厂。正所谓，洁净近乎神圣。只有在极少数情况下，访客（媒体或行业人士）才被允许进入实际的生产车间。大多数时候，他们只能在外面透过窗户朝内眺望。

　　　厚岸蒸馏所的大部分设备由苏格兰的福赛思公司制造。每个批次使用 1 吨麦芽。在第一年（2016），所用的麦芽 80% 是无泥煤麦芽，但在第二年，就增加了泥煤麦芽的使用量。在本书写作之时，其所用的重泥煤麦芽（50ppm）与无泥煤麦芽数量各半。糖化过程在带铜盖的半劳特式糖化槽中进行。用水则取自流经蒸馏厂后面的尾幌川的上游支流（Homakai）。

当初刚安装好不久的蒸馏器

　　发酵过程使用 6 个不带温控的密闭不锈钢发酵槽。所用的酵母是蒸馏酵母，发酵时长为 5 天。蒸馏过程使用 2 个壶式蒸馏器。它们于 2014 年从福赛斯公司订购。当初下单时，预计 4 年后才能交货，但厚岸团队很幸运，他们的蒸馏器及相关设备在 2016 年 8 月就交付了。就像艾雷岛的乐加维林蒸馏厂一样，蒸馏器为梨型（尺寸分别为5000 升和 3600 升）。它们配有略微向下的林恩臂，并安装了壳管式冷凝器。厚岸酒液属于偏厚重的风格，装桶强度为 63.5% 酒精度。

　　一个不同寻常之处是，在拥有蒸馏厂之前，厂区内就有橡木桶在进行熟成了。2013 年 10 月，一个小型测试熟成仓库建成。他们从两家日本蒸馏厂——荒川（当时坚展实业为秩父蒸馏所起的外销代号）和江井岛——购买新酒并装桶，然后将它们转移到厚岸，以便团队考察当地气候对熟成过程的影响。厚岸的年气温变化幅度非常大。在夏季，气温很少超过 25℃，但在冬季，温度可以降至 −20℃，比余市当地的冬季平均气温还要低上约 10℃。

蒸馏厂后面的尾幌川

当地人在晾晒海带

海岸栈桥

お知らせ
6月1日(水)より
店内の商品価格表示は
税抜価格に
変更させていただきます。
ご理解賜りますよう、お願い申し上げます。

マルえもん 3L
1個 150円

マルえもん L
1個 90円

マルえもん M
1個 70円

时至今日，厚岸蒸馏所的团队仍在深入研究微气候和地点对熟成过程的影响。起初，酒液是在厂区内的一个小型垫板式仓库中进行熟成的。这个仓库很快被填满了，所以在 2017 年，他们在马路对面建造了另一个垫板式仓库。2018 年初，他们在海边建造了第三个仓库，这回是货架式的。2020 年春，第四个仓库（也是货架式的）则建在了俯瞰厚岸湾的山上。他们甚至还使用了一间晾海带小屋来熟成两只酒桶。2021 年夏，公司又开始在位于北海道腹地、距离蒸馏厂约 260 公里的富良野进行熟成实验。

厚岸蒸馏所还有另一个正在进行的项目，他们将之昵称为"厚岸全明星项目"。这个项目的终极目标是，打造出一种 100% 厚岸的威士忌。也就是说，使用在厚岸采集的泥煤对在厚岸种植的大麦进行熏烤，并最终在使用厚岸生长的水楢木制成的水楢桶中进行熟成。

该项目于 2018 年启动。同年夏天，团队开始使用富良野产的二棱大麦，Ryofu。然后他们将酒液装入使用北海道（尽管不是厚岸）生长的水楢木制成的水楢桶中。他们的下一步则是使用厚岸产的大麦和厚岸生长的木材。2019 年春，他们设法取得了一批厚岸生长的水楢木，并将其风干以备制桶。当时他们还蒸馏了更多一些的北海道产大麦。2019 年夏天，他们收获了第一批厚岸产大麦（约 10 吨），然后在次年将其送往一家发麦厂，并进行了蒸馏。于是在 2020 年夏天，使用厚岸产大麦蒸馏出来的酒液与使用厚岸生长的水楢木制成的水楢桶第一次走到了一起。公司正在继续与厚岸的农民合作，以确保每年都能获得本地产大麦，而不论其数量在整个生产中的比例有多小。

厚岸全明星计划的第三阶段涉及当地产的泥煤。当地（包括蒸馏厂周边及本身）地下 2 米到 50 米深处就有大片泥煤层，所以供应不成问题。但从获取泥煤到实际使用经过当地产泥煤熏烤的麦芽进行蒸

对测试熟成仓库里的荒川和江井岛酒液取样

馏并不是一个容易做到的跨越。泥煤只能在沼泽未冻结时采集。2020年4月，厚岸团队收获了第一批当地产泥煤（5吨）。他们接着将其晒干，以备熏烤来年夏天收获的厚岸产大麦。为此，公司还在厂区内建立了一个小型的筒式发麦设施。

　　单就量而言，厚岸全明星计划是个很小的附属项目，尽管项目费时费力（更不用说费钱），但整个团队对此热情不减。他们将能够通过这个项目打造出怎样的风味特征，我们拭目以待。

代表性产品

　　2018年2月至2019年8月，厚岸蒸馏所推出了4款不同的厚岸新生基础（New Born Foundations）装瓶，每款都是200毫升装。这使

得威士忌爱好者能够参与体验蒸馏厂的这些早期发展。

第一款厚岸单一麦芽威士忌于 2020 年 2 月推出，也是 200 毫升装。它由在第一个（短）生产季蒸馏并在波本桶、红葡萄酒桶、雪利酒和水楢桶中熟成的酒液调配而成，以 55% 酒精度装瓶。它起名"Sarorunkamuy"，后者在阿伊努语中意为丹顶鹤。厚岸町附近有个丹顶鹤的繁殖地，厚岸蒸馏所也将丹顶鹤形象整合进了企业标识当中。丹顶鹤在日本寓意忠诚、好运和长寿，正是对一家威士忌蒸馏厂来说非常重要的 3 个特质。

2020 年 10 月，公司开始推出一个新的二十四节气系列。从那以后，他们的产品都采用标准尺寸的 700 毫升装瓶。在本书写作之时，该系列已推出 4 款产品。到目前为止，奇数款为单一麦芽威士忌，偶数款为调和威士忌（使用了从国外进口的谷物威士忌）。

1号仓库里陈列的两个前轻井泽蒸馏器

静冈蒸馏所

■ 佳流蒸馏 ■

　　静冈蒸馏所是两家在 2016 年拔地而起的新蒸馏厂之一。与另一家厚岸蒸馏所（参见第 289 页）的情况一样，这也是其出资方首次涉足威士忌生产。

　　静冈蒸馏所是威士忌进口商佳流的创始人中村大航的心血产物。从大学时代起，中村就是高品质烈酒的狂热爱好者。他熟悉各式各样的烈酒，并对威士忌、葡萄酒和清酒的生产有着浓厚兴趣。2012 年 6 月的一趟艾雷岛（及吉拉岛）周游之旅最终激发了他投身威士忌生产领域的愿望。这趟为期 4 天的旅程是中村首次造访苏格兰。旅程的最后一站是齐侯门，（当时）艾雷岛上最年轻的蒸馏厂。齐侯门成功地在短短数年内为自己打出了名号，所以中村此前对它的想象是一家追求效率、追求自动化的蒸馏厂。但他吃惊地发现，它其实是一家小小的农场蒸馏厂，仓库小小的，运营团队也很小。坐在齐侯门蒸馏厂的花园里，中村突然意识到，这与日本的许多清酒厂经营清酒生产的方式并无不同。在这一刻，种子就在他心中种下了，他要试着在日本建立一家自己的威士忌蒸馏厂，以类似的小规模 DIY 生产线，以类似的手工方式生产威士忌。

　　回到日本后，中村开始思考自己可以向谁寻求建议。在当时，全日本只有一个人成功地将此类设想变成了现实，那就是肥土伊知郎。中村在首届大阪威士忌节上与肥土搭上了线，访问了秩父蒸馏所，得到了大量建议，并开始起草一个商业计划。但他的情况还有所不同：不像肥土，他在从零开始创立一家新蒸馏厂时并没有来自一家先前蒸馏厂的库存（羽生蒸馏所），也没有一个既有品牌（伊知郎麦芽）可供依靠。为了在日本的烈酒业求得立足之地，中村决定设立一家酒类进口公司，或者说，重新调整他在同年 1 月已经成立的公司。他保留了公司的名称和架构，但将公司的经营重心从可再生能源完全转向了高档烈酒进口。当然，更大的目标是尽快建立一家他自己的蒸馏厂。中村还记得，当他前往当地的税务部门申请威士忌销售许可证，并告诉他们自己打算在静冈生产威士忌时，他们一脸完全不相信的表情。

在接下来的 4 年时间里，中村走访了国内外超过 170 家蒸馏厂、啤酒厂和葡萄酒厂。寻找合适的建厂地点的工作也在进行。尽管他希望建在自己的家乡静冈市，但他也觉得这种可能性不大。静冈市多山，可供建设的平地很少，因而通常也很贵。中村没有气馁，继续考察了静冈县的其他地区，以及邻近的山梨县和长野县的一些地点。时间不断在流逝。当初肥土给中村留下很深印象的一个建议是，按部就班地去建立一家新蒸馏厂并不是个明智的策略。在肥土看来，有必要齐头并进推进各项事情。换言之，不是先做 A，再做 B，再做 C，而是最好同时做 A、B 和 C，哪怕 B 和 C 以某种方式取决于 A。

2014 年 5 月，中村向苏格兰的福赛思公司订购了两个壶式蒸馏器。他尚未找到厂址，但蒸馏器的交付需要两年时间，而且他还记得肥土的话。一个月后，中村找到了一个合适的地点——就在静冈市的玉川地区（归属静冈市葵区）。20 世纪 90 年代的一次路堑施工为这里留下了一块平整土地。土地属于静冈市所有，而在这几十年里，对于如何利用这块土地提出过许多想法，但没有一个落到实处。当时中村所不知道的是，负责这块土地开发的市政官员本身是位威士忌爱好者。他深入研究过秩父蒸馏所，甚至暗地里希望这块土地可用于建立一家小型威士忌蒸馏厂。所以当中村前来咨询这块土地的情况时，这看起来就像是命运安排的相遇。仿佛这块土地等待了这么多年，只为了这两个人交换对其未来的愿景。

在找到土地并取得蒸馏厂建造许可后不久，中村成立了佳流蒸馏公司（Gaia Flow Distilling）。在蒸馏厂设计方面，中村想要一种简单而现代的风格。他委托静冈当地的西海岸设计事务所（由来自美国西雅图的德雷克·布斯通创办）设计一些方案，而当他看到方案时，他立刻感到双方的想法很合拍。

2015年初，中村在长野县御代田町组织的一场公开拍卖上，以略高于500万日元的价格买下了轻井泽蒸馏所的旧设备。当时轻井泽蒸馏所即将被拆除（它最终于2016年2月被拆除），所以这些设备需要处理掉。很明显，其中大多数设备已经没有什么用处，因为蒸馏厂自2000年以来一直处于尘封状态。发酵槽已腐朽，糖化槽也完全锈蚀，但有些设备的状况还可以。在轻井泽的4个壶式蒸馏器中，最新的那1个在静冈蒸馏所获得了新生（在经过修理并安装了一个新的加热系统后）。另一件来自轻井泽的重要设备也在静冈得到了重新发热的机会，那就是波蒂厄斯磨麦机。按照轻井泽的最后一位首席蒸馏师内堀修省的说法，这台磨麦机安装于1989年，在轻井泽的最后几年生产中并没有怎么用，单是它的价值就4倍于此次所有拍品的落槌价。真是捡着漏了！其他几件轻井泽的设备（去石机和一部箍压器）也将在静冈蒸馏所派上用场。一些在轻井泽曾很重要但已经无法再使用的设备（比如，剩下的3个蒸馏器）现在正陈列于静冈蒸馏所的1号仓库。

中村大航与那个现役的轻井泽蒸馏器

　　中村于 2016 年 9 月取得了威士忌生产许可证,生产随即于 10 月展开。第一桶酒则于当年 12 月灌装。

　　静冈蒸馏所坐落在安倍川的支流中河内川旁,占地约两公顷。周围是绿色的小茶园以及林木蔚秀、野生动物(猴子、鹿、野猪等)出没的山峦。这里的气候一年到头都非常温和。即便在冬天,也相对较暖和,气温很少低于零度。

　　蒸馏厂的主建筑设计巧妙。受轻井泽蒸馏所的启发,从研磨到灌

Shizuoka Distillery
静冈蒸馏所

糖化槽： 不锈钢材质，劳特式（5000 升）

发酵槽： 4 个花旗松木材质（8000 升）

6 个静冈杉木材质（8000 升）

蒸馏器： 1 个初馏器（代号 K，3500 升），来自轻井泽蒸馏所，
蒸汽渗滤器间接加热，林恩臂水平

1 个初馏器（代号 W，6000 升），福赛思制，
蒸汽间接加热或燃木直火加热，林恩臂微向上

1 个再馏器（3500 升），福赛思制，
蒸汽盘管间接加热，林恩臂向下

 所有蒸馏器均配有壳管式冷凝器

装的所有生产流程都在同一屋檐下的不同"房间"内进行。建筑内的
空气流动可通过打开不同位置的百叶窗来加以控制。另一个经过细致
考虑的设计是，移步换景，外面的景致在建筑内的不同位置都可以看
到。但其最令人印象深刻，也在日本的蒸馏厂中独树一帜的地方是，
访客体验被整合进了蒸馏厂建筑的设计当中。蒸馏厂从 2018 年 12 月
起接受参观（尽管需要预约）。访客可以在蒸馏厂建筑中穿行，观摩
威士忌生产的各个阶段，却不会妨碍正常的生产。在参观的最后，他
们将发现自己身处二楼的一个试饮室，并可以在那里一边俯瞰下边的
蒸馏室，一边坐在一个由扁柏木制成的长长吧台前品尝威士忌。试饮
室无疑是为"自拍时代"量身打造的。当客人们拍摄自己品饮威士忌
的画面时，其背景便是整个蒸馏室。中村和西海岸设计事务所在一开
始就将这一点纳入考量，这是值得称道的。在日本的大多数蒸馏厂，
访客体验只是在事后才有所考虑。

　　每个批次使用 1 吨麦芽。麦芽的来源多种多样。"我们过去使用

蒸馏厂主建筑

试饮室及背景中的福赛思蒸馏器

过从英国、法国、德国、加拿大和澳大利亚进口的麦芽，现在也使用了不少的国产大麦，"中村指出，"甚至还有少量的本地产大麦。"大部分生产使用的是无泥煤麦芽。在春季，在一个短时间内，也使用泥煤麦芽（约 40ppm）进行生产。"当初在第一个生产季，我们是在夏季休产季（从 8 月初到 9 月底）之前进行泥煤威士忌生产的，"中村解释道，"但我们发现夏季不是蒸馏泥煤麦芽的最理想时机，所以就改到了春季。"

磨麦室里可谓五彩缤纷：红色的波蒂厄斯磨麦机、绿色的去石机（两者都来自轻井泽蒸馏所），以及全新的橙色麦芽槽。中村开玩笑说："不妨将绿色视为代表绿茶，橙色代表静冈的标志性水果，蜜柑。"在苏格兰，看到一家蒸馏厂里有台波蒂厄斯磨麦机可能并不是件值得一提的事情，但在日本，它们却是奇珍异兽。事实上，这是你有可能在野外遇到的唯一样本，因为另外两部（分别在山崎和白州蒸馏所）都不对公众开放。

磨麦室的隔壁是糖化槽。这是个重达一吨的由三宅制作所制造的劳特式糖化槽。"这是件艺术品，"中村说道，"所以我请他们将公司名字刻在玻璃进门上。这对他们来说是第一次，所以字母摆放得不是那么工整。"后期维护是他们当初决定在日本国内，而不是在苏格兰的福赛思制造这件设备的主要考量。

用水从厂区内一口深入地下水位的水井中抽取。水质接近软水（69ppm），介乎山崎用水（要略软一点）与秩父用水（要略硬一点）之间。由于蒸馏厂没有配备热液罐，所以糖化时只使用两遍水：第一遍 4000 升，温度 64℃；第二遍 2000 升，其中一半温度为 75℃—80℃，一半为 85℃—90℃。由此得到约 5200 升清澄麦汁，后者接着被送往发酵室。

发酵室非常宽敞。当静冈蒸馏所于 2016 年底开始生产时，4 个 8000 升的花旗松木发酵槽在偌大的发酵室里不免显得有点冷清，但这其实是中村做了预留。2017 年 2 月，新增了 1 个由静冈杉木制成的发酵槽。2018 年又增加了 3 个同款发酵槽，2020 年又新加了 1 对。

发酵时长为 3—5 天，默认使用的是干蒸馏酵母。按照中村的说法，花旗松木发酵槽与静冈杉木发酵槽目前存在明显差异，特别是在乳酸发酵阶段。"当下，我们使用花旗松木发酵得到了更多酯类物质，但这是个

（上图）去石机与麦芽槽；
（下图）波蒂厄斯磨麦机

并不公平的比较，因为静冈杉木发酵槽还相对较新，仍有大量单宁在发挥作用，"他解释道，"再过几年，等到两种发酵槽处于相近的状况时，我们就可以做出一个公平的比较了。"

接下来是蒸馏室，那里则有着有趣的新旧杂陈。首先是 1 对由福赛思公司制造的全新蒸馏器（分别为 6000 升和 3500 升），均为鼓球型——"因为碰巧我喜欢使用鼓球型蒸馏器蒸馏的威士忌。"中村这样解释。其初馏器是世界上唯一仍在运行的使用燃木直火加热的威士忌蒸馏器——可能除了美国弗吉尼亚州弗农山庄的乔治·华盛顿蒸馏厂，但那其实是对一家 19 世纪初蒸馏厂的一个非常小型的历史悠久的蒸馏器的重建，且此蒸馏器是季节性运行的。当地间伐得到的木材（杉木和柏木）被用来为静冈蒸馏所的这个初馏器加热。它通过蒸汽

发酵室

间接加热和燃木直火加热相结合的方式进行加热，直到麦酒汁开始沸腾。一旦里面开始沸腾，蒸汽加热系统就被切断，只剩下燃木直火加热。其再馏器则只使用蒸汽盘管间接加热。

接着还有第 3 个大家伙：1 个明显饱经数十年沧桑的壶式蒸馏器。你猜得没错：这就是老的轻井泽蒸馏器里状况最好的那个，制造于 1975 年。在被尘封 16 年后，它经过三宅制作所的整备而重新焕发了生机。它现在装有 2 个小的玻璃观察口，而且加热系统也从蒸汽盘管改为蒸汽渗滤器。"当初我们正是使用这个蒸馏器进行了第一次蒸馏，"中村解释道，"一般来说，我们一周三次搭配使用福赛思初馏器及其再馏器，一周两次搭配使用轻井泽初馏器和福赛思再馏器。我们不会将由此分别得到的低度酒混在一起，因为这种个性上的差异是我们所

静冈蒸馏所的蒸馏器

追求的。"对于无泥煤麦芽，酒心提取范围是从 75% 酒精度到 64% 酒精度；对于泥煤麦芽，酒心提取的去尾点会降至 60% 酒精度。

有了 3 个蒸馏器，自然便有了另一种数学上的可能性：三次蒸馏。"对此我们完全没有计划，"中村说道，"尽管我们曾经偶然做过某种二次半蒸馏。"或许这是当初他在云顶威士忌学校学到的花样？"完全不是。它单纯地只是一次人为操作失误，以及为了不浪费任何东西而做的补救。当初在处理某些早期批次中，我们注意到低度酒的酒精度竟然与麦酒汁的酒精度大致相同。我们很快就发现了问题所在。原来是在清洗低度酒收集器后，某人忘记把里面的水排干。为了补救，我们将这些稀释后的低度酒放入初馏器中又蒸馏了一次，接着再用再馏器进行蒸馏，然后将这些不得已三次蒸馏得到的新酒与标准二次蒸馏得到的新酒进行调配，从而有了这个二次半。像这样，我们处理了约 20 个批次，其风味相当独特，所以有朝一日，当它们被装瓶上市时，它们会成为一些稀罕之物。"

酒液以 63.8% 酒精度装桶，接着入住厂区内 3 个仓库（1 个为垫板式，另外 2 个为货架式）中的 1 个，并开始长睡。垫板式仓库（1 号）内还陈列着其他几个轻井泽蒸馏器以及同样来自轻井泽的箍压机，用作展示历史。在木桶使用方面，他们明显偏向于使用波本桶。"碰巧我更偏好波本桶威士忌的风味，"中村坦言，"所以我们的大多数酒液是在波本桶中熟成的。"剩下的则使用葡萄酒桶或雪利桶熟成。

"在静冈蒸馏所，我们的目标是打造出一种可以展现静冈风土的威士忌，"中村表示道，"2017 年，一位当地农民开始为我们种植一些大麦，一年后，我们使用本地产大麦和本地产酵母完成了一个 100% 静冈批次。到目前为止，静冈县种植的大麦还没有那么多，但通过与县内的公共研究机构、农业合作社和农民合作，产量正在逐年增加。"在 2021—2022 年生产季，他们使用本地产大麦的比例超过了 10%——对于一个小型精酿威士忌生产商来说，这是个不小的量。

如前所述，在发酵室也有新材料可用。中村解释道："三十多年前，静冈县工业技术研究所开发了一种清酒酿造酵母，可以帮助产出优质的吟酿清酒，静冈也因而被称为'吟酿王国'。近些年来，县内的精酿啤酒厂出现爆炸式增长，所以研究所为此开发了一种可用于啤酒和威士忌生产的特殊酵母菌株（名为 NMZ-0688），并于 2019 年春季发布。我们就是使用这款本地产酵母完成了之前说过的那个 100% 静冈批次。"自那以后，研究所致力于研究可用于发酵大麦麦芽糖的第二种酵母菌株，而静冈蒸馏所也在密切关注着他们在该领域的进展。

它们对威士忌的实际风味产生了何种影响？现在说还为时尚早，但中村可以告诉我们的是，这种用静冈产的大麦、水和酵母制成的新酒有着"一种温和但深厚的味道；人们常说，静冈人沉稳内敛、处事不惊，这种酒液也给人这样的印象"。

最后一块拼图是使用本地产木材用于熟成。"我们正致力于使用静冈产的水楢木来制作酒桶，"中村透露说，"项目仍处于起步阶段，但我们得到了本地林业组织的大力支持，所以这只是时间问题。"

代表性产品

静冈蒸馏所于 2020 年 12 月 19 日推出其第一款单一麦芽威士忌。它被称为序幕 K（Prologue K），其中 K 便源自轻井泽（Karuizawa）。在 2017 年 6 月，那对福赛思壶式蒸馏器投入使用之前，中村都是使用旧的轻井泽蒸馏器进行初馏和再馏的。序幕 K 或使用进口麦芽，或使用国产麦芽蒸馏而成，并全程使用首填波本桶熟成的酒液调配

（55.5% 酒精度，限量 5000 瓶）。

后续的序幕 W（有着相同的酒精度和装瓶数）于 2021 年 6 月推出。它以苏格兰进口的无泥煤和泥煤麦芽以及国产大麦和来自德国的啤酒大麦为原料，利用燃木直火蒸馏器蒸馏得到，使用不同类型的橡木桶（包括首填波本桶、首填四分之一桶及新橡木桶）熟成的酒液调配而成。

2021 年 11 月推出的则是接触 S（Contact S，同样的酒精度和装瓶数），由使用了不同类型橡木桶熟成的 K 型和 W 型威士忌调配而成。

"我们的设想是，每年在'静冈'（Shizuoka）单一麦芽的品牌下推出 3 种类型的产品——W、K 和 S，"中村解释道，"核心产品是 S。另一方面，W 和 K 将每次探索不同的可能性。通过与像黑蛇和阿斯塔·莫里斯这样的独立装瓶商合作，我们也会推出单桶装瓶，我们与他们向来有着良好的合作关系。"

另外值得一提的是，自 2017 年以来，静冈蒸馏所一直在承接私人选桶业务——它也是目前日本唯一在持续这样做的蒸馏厂。

装填的第一只酒桶

由黑蛇推出的3款单桶装瓶

冬日的长滨蒸馏所

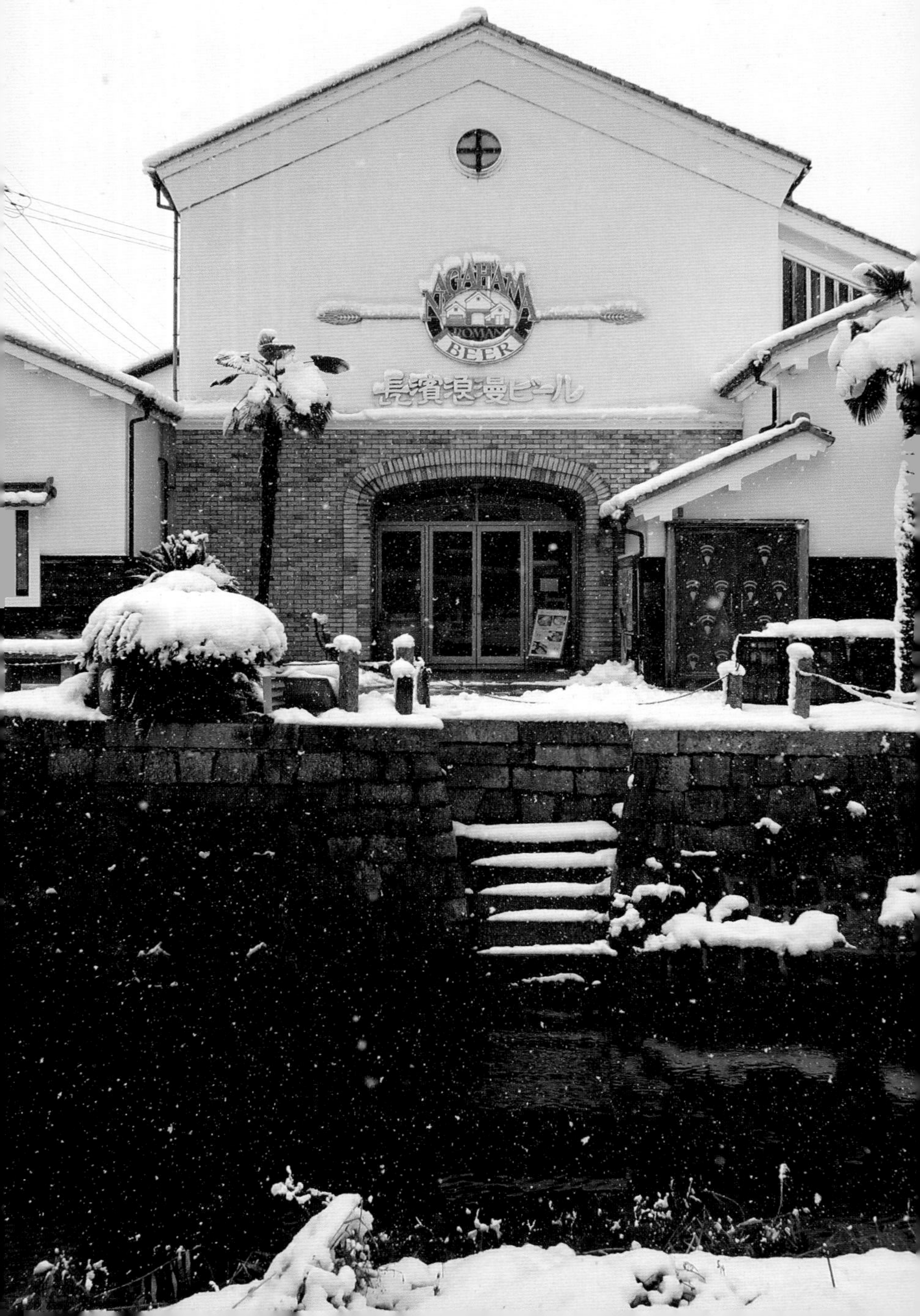

长滨蒸馏所

■ 长滨浪漫啤酒 ■

长滨蒸馏所在本书初版付梓后的第二天公开亮相了。我只来得及将它添加到书后的日本威士忌地图中，但也仅此而已。因此，用这家古色古香的小蒸馏厂开启此次新版增加的部分可以说再合适不过了。

长滨蒸馏所位于琵琶湖畔的滋贺县长滨市。2016 年 11 月正式投产时，它是当时日本最小的蒸馏厂。但除了规模，还有其他一些事情让长滨蒸馏所有别于日本的其他蒸馏厂。

首先一件引人注目的事情是其建造速度。大多数公司需要花费多年时间才能让一家蒸馏厂从规划变成现实，但出资设立长滨蒸馏所的酒类连锁销售公司利客山酒行（Liquor Mountain）只用了 7 个月多一点的时间。部分原因是，他们不需要从零开始。长滨蒸馏所事实上是长滨浪漫啤酒的一次业务拓展。这是一家成立于 1996 年的自酿啤酒馆，所以威士忌生产过程的前半部分（糖化和发酵）可以借用酿造啤酒的设备。而为了补全其生产过程的后半部分（蒸馏），他们在吧台后面新设了一个小的"蒸馏室"。通过一面玻璃墙，每位到访啤酒馆的客人都可以看到这家蒸馏厂的具体运作。

看着这个蒸馏室，很少有人会想到长滨蒸馏所的灵感其实来自苏格兰，但那里确实是这个项目的想法诞生的地方。不过，其灵感并非

长滨蒸馏所生产经理清井崇在连接一个壶式蒸馏器及其冷凝器

来自那些知名传统苏格兰蒸馏厂，而是来自一些（当时）新兴的小型蒸馏厂。2015 年 11 月，利客山酒行的一个小团队拜访了苏格兰的一些新蒸馏厂，包括诗川森和伊顿磨坊，旨在考察其产品品质以及在日本经销其产品的可能性。他们的所见所闻给他们留下了深刻印象，只是等到 2016 年 4 月，他们再度访问苏格兰时，他们才考虑借鉴其模式在日本建立自己的威士忌生产业务。

诗川森蒸馏厂于 2013 年 10 月投产，在当时是苏格兰最小的蒸馏厂。诗川森所用的壶式蒸馏器很小（分别为 1000 升和 500 升），类型也不是苏格兰传统所用的那些。它们配有阿兰比克型（alembic）头部，属于传统上用于生产苹果白兰地、干邑或皮斯科白兰地的类型。它们由葡萄牙的霍加公司（Hoga）制造，受到了许多小型精酿蒸馏厂的青睐，特别是在美国。这些小型阿兰比克蒸馏器比传统的壶式蒸馏器更便宜，而且交货速度也更快。在福赛思（苏格兰的顶尖壶式蒸馏器制造商），你可能需要等上几年时间，但霍加可以在几个月内制作并交付你所订购的蒸馏器。诗川森蒸馏厂的设计和运营方式为伊顿磨坊提供了灵感，后者当时正在打算将他们的啤酒厂扩建成一家蒸馏厂。他们也从霍加公司订购了类似的蒸馏器，并于 2014 年 11 月开始生产威士忌。伊顿磨坊在苏格兰第一个结合了啤酒酿造和威士忌蒸馏，所以不难看出利客山酒行团队当初为何受到了这两家蒸馏厂的鼓舞。他们在长滨拥有一个自己的啤酒酿造业务，将其拓展至威士忌生产的想法是自然而然的，特别是考虑到当时国内外对于日本威士忌毫不餍足的需求。

2016 年 7 月，在长滨浪漫啤酒的场地内设立一家威士忌蒸馏厂的计划开始付诸实施。他们从霍加公司订购了与诗川森蒸馏厂类型和尺寸相同的壶式蒸馏器。不像其他当时正在筹建的蒸馏厂，整个项目是秘密进行的，所以当长滨蒸馏所于 2016 年 11 月 1 日通过社交媒体正式亮相时，人们都大吃一惊。霍加蒸馏器于 11 月 10 日运抵长滨，第一次蒸馏则于一周后进行（11 月 16 日至 17 日）。

起初，长滨蒸馏所配备了 2 个霍加蒸馏器（分别为 1000 升和 500 升）。2018 年春，那个较小的蒸馏器被移除，以便为新增的 2 个与较大者相同的蒸馏器腾出空间。如果以后想再扩产，他们将不得不另觅地点，因为在这个蒸馏室里，3 个已经很挤了。目前这个由可追溯至

糖化槽： 不锈钢材质，劳特式（2000 升，也被用于啤酒生产）

发酵槽： 6 个不锈钢材质（2000 升；通常 4 个被用于威士忌生产，2 个被用于啤酒生产）

蒸馏器： 2 个初馏器（1000 升）和 1 个再馏器（1000 升），霍加制，阿兰比克型

蒸汽盘管间接加热

 林恩臂向下，配有壳管式冷凝器

江户时代的米仓改造而成的场地已经没有进一步扩产的空间了。

　　长滨蒸馏所团队的官方座右铭是"一酿一樽"，指他们一个批次只生产可以大致装满一只酒桶的酒液。这样做显而易见的优势是，多样性以及可以随心所欲进行各种实验的自由度。他们也确实在长滨蒸馏所做了很多这样的实验。如果将他们的座右铭理解为"尝试一切"，倒也不为过。

　　每个批次处理 425 千克麦芽。所用的大部分麦芽从德国和苏格兰进口，并涵盖了从无泥煤到重泥煤的各种类型，而且工作人员还试验过用于啤酒酿造的特种麦芽。长滨蒸馏所蒸馏的第一个批次麦芽是无泥煤的，但其中还添加了少量泥煤麦芽。直到 2021 年年中，无泥煤麦芽和泥煤麦芽的生产各占一半。在那之后，他们侧重于使用无泥煤麦芽。自 2020 年以来，蒸馏厂偶尔还使用滋贺县的本地产大麦，但限于条件，数量还很少。

　　糖化在用于酿造啤酒的糖化槽内进行，通过回旋沉淀工艺得到清澄麦汁。一个批次可产生约 1900 升麦汁。麦汁然后被送往同一建筑二楼的 6 个不锈钢发酵槽的其中一个里，这些发酵槽原本也被用于啤

正在进行的糖化

酒酿造。一旦麦汁被泵入一个发酵槽，蒸馏酵母便会加入。发酵时长为 72 小时。

发酵完成后，麦酒汁被泵入蒸馏室。长滨蒸馏所的生产工序大都需要手工完成，所以工作人员需要亲手将软管接到二楼发酵槽的底部，然后将其另一端接到一楼的蒸馏器。从糖化槽中去除糟粕也是如此，需要手工完成，且非常费力。糟粕接着被当地农民拉走，用作肥料，其所滋养的农作物最终又在几个月后出现在啤酒馆的餐桌上。

如前所述，其壶式蒸馏器是阿兰比克型的，配有一个非常大的头部以增加回流，这也意味着产生一种更为清新的酒液。

在最初的一大一小 2 个蒸馏器的配置下，上午蒸馏一半的麦酒汁（在当时，一半为 800 升），下午再蒸馏剩下一半。再馏也是类似。上午蒸馏一半的低度酒（400 升），下午再蒸馏另一半。最终，一个批次可得到 68% 酒精度左右的约 200 升新酒。

投产一年后，他们看到，很明显还有改进蒸馏过程的效率并扩充产能的余地。2018 年春，那个较小的蒸馏器被移除，并新安装了 2 个全新的 1000 升霍加蒸馏器。有了 3 个蒸馏器，现在就有可能简化蒸馏过程。从那以后,麦酒汁被分成两半(分别为 950 升)进行蒸馏,但现在有了 2 个初馏器以及 1 个比之前大了一倍的再馏器。除了效率,新的配置还使得有可能一天进行两个批次的生产。

在灌装入桶之前,新酒被降至 59% 酒精度。长滨蒸馏所生产的第一批原酒被装入了一只水楢木猪头桶。从那以后,蒸馏厂尝试了各式各样的木桶。很难设想还有哪种木桶是他们没有尝试过的,所以我也不多举例了。

空间所限,熟成在厂区外进行。自 2021 年以来,公司一直在分散储存,现在已有了 4 个不同的熟成地点。

2021 年,公司开始租下位于蒸馏厂东北 8 公里、坐落在山脚下的一座当地学校(七尾小学)校舍。学校于 2018 年关闭,现在便成了长滨蒸馏所的"浅井工厂"。我不知道世界上可有其他地方的威士忌是在校舍内熟成的。在浅井工厂,酒桶所在皆是,以垫板式的方式存放在教室、教师办公室,甚至校长室内。学校的科学教室现在则被用作调和实验室。其景象不免让人看着有点超现实。蒸馏厂的另一个主要熟成地点在山的更里面,实际上是一条废弃的隧道。隧道于 2006 年关闭,长滨蒸馏所则从 2018 年开始租用。隧道全长约 300 米,内部常年凉爽,营造出了一个更加温和的陈年环境。这里也使用了垫板式的方式存放酒桶。

自 2021 年以来,蒸馏厂还在一些岛上熟成少量橡木桶:一个离得很近,从技术上讲还属于长滨市(竹生岛),另一个则在日本的最南端(冲绳岛)。竹生岛是琵琶湖北部的一座小岛,位于蒸馏厂西北约 12 公里处。它被称为神栖之岛,历史上寺庙和神社众多,现在则被视为一处"能量点"(power spot)。

长滨蒸馏所的母公司利客山酒行在日本各地都开有酒类连锁店,

所以将自己的威士忌推向市场根本不构成一个挑战。他们从一开始就让消费者参与，成为蒸馏厂发展历程的一部分。2017年春，他们推出了500瓶无泥煤新酒。在早些时候，公司还提供了一个特别的DIY熟成套装，其中包括一只使用美国白橡木制成的1升迷你桶以及一瓶用来装填迷你桶的新酒。

长滨蒸馏所于2020年5月推出了首批单一麦芽威士忌产品：一只水楢桶（0002批次）、一只波本桶（0007批次）以及一只欧罗洛索雪利桶（0149批次）的单桶装瓶。从那以后，相继又推出了超过30款产品，全都是桶强单桶装瓶。显而易见，这些产品的发行量都非常有限（通常只有几百瓶），而且瞬间便告售罄。在本书写作之时，蒸馏厂正在计划通过调配多个批次的酒液来推出发行量更多一些的单一麦芽威士忌产品。或许，这将让更多消费者有机会开始了解这家蒸馏厂的风格。

最早期的产品之一：一些新酒以及一只供自己在家熟成酒液的迷你桶

海峡蒸馏所的仓库内部

海峡蒸馏所

■ 明石酒类酿造/玛鲁西亚 ■

　　海峡蒸馏所由明石酒类酿造在其兵库县明石市的厂区内设立，但现在由一家国际葡萄酒、清酒和烈酒生产及分销商玛鲁西亚饮料集团全资所有。

　　明石酒类酿造的历史可追溯至 1856 年。起初，公司的业务重点是制作酱油。1917 年，公司进入酒类生产领域，并在接下来的几十年里，生产了味淋、利口酒、合成清酒（大多被用作烹调清酒）、甲类烧酒，以及所谓的"酿造酒精"（用于生产某些特定清酒的食用酒精）等。1980 年，公司不再制作酱油。

　　明石酒类酿造的现任第四代社长是米泽仁雄。他生于 1960 年，那一年正值公司开始生产正宗清酒。大学毕业并在另一家公司工作 9 年后，米泽回归并加入家族事业。在当时（1992 年），公司的销售重心是低端市场——换言之，利润率低且竞争激烈。

　　公司的命运多受制于市场的起伏，并随着时间流逝，越来越难与具有规模经济的生产商竞争。最终，米泽决定放弃纸盒装清酒市场，转而专注高端市场：吟酿与大吟酿清酒。然而，该策略的问题在于，他们需要从头开始打造品牌，而事实证明这比他们预想的还要艰难。

　　2005 年，米泽开始向海外寻找出路。在两位资深市场营销人士的帮助下，他成功地在英国市场获得了一些重要客户。其后有起有伏，但最终，明石酒类酿造的资产被生命之水公司收购，后者是一家由尼尔·马西森于 1984 年创立的专业烈酒分销公司。

2010 年，生命之水公司被玛鲁西亚饮料集团收购，并更名为玛鲁西亚饮料英国公司。2013 年，尼尔·马西森向米泽仁雄提议了一个新项目：威士忌生产。两年后，车轮开始转动，接着在 2017 年 5 月，以明石海峡命名的海峡蒸馏所取得了威士忌生产许可证。

蒸馏厂于 2022 年 8 月 24 日正式向公众开放。

Kaikyo Distillery

海峡蒸馏所

糖化槽：	不锈钢材质，半劳特式，带铜盖
发酵槽：	2 个不锈钢材质（4000 升），不带温控
	1 个不锈钢材质清酒罐，带温控
	1 个木制（6000 升）
蒸馏器：	1 对（初馏器 3500 升，再馏器 2300 升），福赛思制
	蒸汽间接加热，林恩臂向上，配有壳管式冷凝器

说海峡蒸馏所花了一段时间才步入正轨，不免有点过于轻描淡写。事实上，他们花了将近 5 年时间。

2016 年 11 月，明石酒类酿造的团队收到了由福赛思制造的 1 个铜制蒸馏器（2300 升）和 1 个不锈钢发酵槽。事实证明，这个发酵槽对于建筑物来说太高了，所以他们把它切成两半，一半装上新的底部，另一半装上新的顶部，最终得到了 2 个发酵槽。生产于 2017 年秋开始。蒸馏厂当时没有磨麦机和糖化槽，所以在最初阶段，他们使用的是麦芽提取物。

蒸馏室内部

投产半年后，一位日本威士忌传奇人物（在此姑隐其名）顺道拜访，并毫不含糊地告诉他们这条道行不通。米泽仁雄接受了这个建设性的批评，并想出了一个不同的临时解决方案：让附近的一家精酿啤酒厂准备麦汁，然后将其运至蒸馏厂进行发酵和蒸馏。这套措施从2019年2月中旬开始实施。

2020年，蒸馏厂进行了扩建，新建了两处全新的双子建筑：一处蒸馏室（在面向它们时的右手边）和一处游客中心（左手边）。两者正面均采用玻璃幕墙。所以如果你碰巧乘坐山阳本线，不论是上行或下行方向，你都可以从火车上直接看到蒸馏器，前提是你知道该在什么时候往外看。

2020年2月，1个糖化槽以及1个铜制蒸馏器运抵蒸馏厂，但碍于疫情大流行，福赛思的团队无法到现场处理所有布线工作。直到2022年4月，福赛思的技术人员才得以抵达，完成最终的设置，使得将近完备的蒸馏厂最终可以开始生产。之所以说"将近完备"，是因为厂区内仍然没有磨麦机，麦芽被运到蒸馏厂时已是磨好的状态。他们计划在 2023 年购入一台磨麦机。

以下对其生产过程的描述反映了蒸馏厂在 2022 年年中时的状况。

糖化和发酵过程在厂区内的一座小建筑中进行。麦芽从苏格兰进口，目前全部为无泥煤麦芽。米泽仁雄的初始目标是打造出一种可作为基准的威士忌，所以他并不打算广撒网、多敛鱼，而是选择持续改进一种配方，直到达到想要的品质。

每个批次处理 700 千克麦芽。如前所述，这些麦芽在运抵时已经磨好。糖化在带铜盖的不锈钢半劳特式糖化槽中进行，并使用教科书式的"三遍水"工艺。

麦汁（3500 升）接着被送至其中一个发酵槽并加入蒸馏酵母。在这里，事情变得有趣起来。如前所述，他们有 2 个不带温控的不锈钢发酵槽（由 1 个大的福赛思发酵槽分切而成）。此外还有 1 个带水套控温的清酒罐。2022 年 9 月初，他们又增添了 1 个木制发酵槽。所以实际上，现在有 3 种不同的发酵环境：不带温控的不锈钢材质、带温控的不锈钢材质，以及木制。按照米泽仁雄的说法，这里的想法是，尝试不同的环境，然后看看哪种会产生最好的结果。

在 2022 年生产季，每周处理 4 个批次。由于工作人员周末休息，所以有 2 个批次的发酵时长较短（3 天），另有 2 个批次的发酵时长较长（4 天）。从 2023 年开始，他们的想法是，一周七天都进行生产，并将发酵时长固定下来。

直到 2020 年，蒸馏厂只有 1 个蒸馏器，并被用于初馏和再馏。随着另一个更大的蒸馏器于 2022 年 4 月到来，简化蒸馏过程变得可能。2 个蒸馏器——新的（初馏）蒸馏器以及旧的（如今的再馏）蒸馏器——现在占据了全新蒸馏室的中心舞台。它们都有一个鼓球，而且按照尼尔·马西森的说法，"它们被设计成颈部较高的样子，以生成一种更轻盈、更具果味的酒液，这种酒液将适宜长时间陈年，但在较年轻的时候就会展现出其轻盈、具有花香和麦芽香的风味"。

库存在距离蒸馏厂以西约 1.5 公里、靠近明石站的一个垫板式仓库内熟成。除了波本桶和雪利桶，还使用了相当多的水楢桶。一些梅酒桶也得到了使用。（除了威士忌和清酒，公司还在蒸馏厂厂区生产金酒和利口酒。那些被用于陈年梅酒的木桶于是得到重新利用，用于威士忌的熟成／收尾。）

代表性产品

海峡蒸馏所还没有推出任何单一麦芽威士忌产品，也没有推出任何半成品（新酒或低年份酒），所以我们需要再多等一点时间，才有机会感受其风格。

不过，自 2018 年底以来，公司一直在以"波门崎"（Hatozaki）品牌推出其调和麦芽威士忌以及调和威士忌。（得名自附近的波门崎灯笼堂，后者事实上是日本最古老的石制灯塔，建于 1657 年。）波门崎威士忌的麦芽／谷物成分从苏格兰和北美进口，但在明石进行熟成和调配。

波门崎产品可以在欧洲和美国找到，但（目前？）尚未登陆日本。

两款波门崎威士忌

仓吉蒸馏所的蒸馏器

仓吉蒸馏所

■ 松井酒造 ■

  总部位于鸟取县仓吉市的松井酒造合名会社（不同于株式会社为有限公司，合名会社为无限公司）的前身小川合名会社创立于 1910 年，并从此涉足酒类及酱油生产等领域。2013 年，松井隆行的松井集团从小川家族手上取得企业经营权，并将之更名为松井酒造。

  有趣的是，松井酒造最初其实是以一个品牌，而非一家蒸馏厂的身份于 2016 年闯入日本威士忌界的，当时他们在一个年份日本威士忌已经变得非常稀缺的时期推出了其带年份标识的"日本纯麦芽威士忌"。尽管公司已经于 2015 年 4 月取得威士忌生产许可证，但如果意识到他们直到 2017 年底才具备实际的蒸馏能力，老到的威士忌爱好者应该不难判断出，这些瓶中的酒液必定是从国外散装进口的。

  接下来是更多令人眼花缭乱的品牌和装瓶，但在 2017 年，他们自己的实际蒸馏开始了。这发生在公众视线之外，而且由于缺乏透明度（以及日本对于威士忌标识的宽松监管），我们很难确定，2017 年以后，这些装瓶中的酒液到底来自哪里。现在仍是如此，但靠着一种侵略性的销售策略，松井酒造的各款威士忌产品在世界各地的酒类商店（包括免税商店）的货架上占据了显著位置，给人留下了这是个充满活力的日本威士忌品牌的印象（以及对于这是个"日本"的"威士

蒸馏厂建筑

Kurayoshi Distillery

仓吉蒸馏所

糖化槽：	不锈钢材质，半劳特式
发酵槽：	带搪瓷涂层的不锈钢罐（6700 升）
蒸馏器：	1 对（初馏器 5000 升，再馏器 3000 升），中国制
	蒸汽间接加热
	林恩臂几乎水平，配有壳管式冷凝器
	另有 3 个阿兰比克蒸馏器（1000 升）

忌品牌"，还是"日本威士忌"的"品牌"的模棱两可）。在本书写作之时，松井酒造的威士忌已行销超过 60 个国家。

毫不意外地，有关仓吉蒸馏所的威士忌生产的细节很少。其发酵过程使用了清酒生产所用的那种带搪瓷涂层的不锈钢罐。起初，3 个1000 升的霍加制阿兰比克蒸馏器被用于蒸馏。2018 年秋，他们安装了 2 个更大的壶式蒸馏器（分别为 3000 升和 5000 升），威士忌生产便被转移到了这 2 个壶式蒸馏器中。

2018 年秋，仓吉蒸馏所开始与一位当地农民合作，然后在次年，他们使用本地产的二棱大麦进行了少量蒸馏。他们也在厂区内进行过地板发麦实验，但这个过程被认定太过费时费力费钱。

仓吉蒸馏所蒸馏的单一麦芽威士忌以"松井"（Matsui）的品牌装瓶。该系列包括 3 款无年份标识的产品：松井泥煤、松井水栖桶以及松井樱花木桶，每款都有不同的酒标设计，以针对不同的目标市场。

嘉之助蒸馏所的一个仓库内部

嘉之助蒸馏所和日置蒸馏藏

■ 小正酿造 ■

在 2015 年之前，九州的威士忌生产还只是日本威士忌历史上的一段小插曲——一段遥远的记忆。7 年后，这个岛上已有 7 家活跃的麦芽威士忌蒸馏厂，其中尤以鹿儿岛县最为集中。嘉之助蒸馏所是构成这个非正式的"鹿儿岛三角"的第二家蒸馏厂（按建立时间顺序，第一家是玛尔斯津贯蒸馏所，第三家是御岳蒸馏所）。而且就像这个三角上的其他两个点，它由一家具有强大烧酒生产背景的公司所建立，也就是小正酿造。

小正酿造由小正市助于 1883 年创立。公司于 1905 年取得许可证，并迅速成为鹿儿岛顶尖的烧酒生产商之一。从 1953 年开始，公司在第二任社长小正嘉之助的领导下，努力将其烧酒品牌推向全国。就在 2 年前，即 1951 年，公司开始研发一款新产品——一种像威士忌那样使用橡木桶陈年的大米烧酒。经过 6 年的陈年，新产品熟成小鹤（Mellowed Kozuru）最终于 1957 年推出。这款产品吸引了挑剔的酒客，并在超过 60 年后的今天仍是公司的旗舰烧酒产品。

建立一家威士忌蒸馏厂的想法始于 2015 年。在生产烧酒超过 130 年后，公司觉得是时候迎接一个新的挑战了。项目由时任第四任社长小正芳嗣牵头。他于 2003 年进入公司，并在生产的各个环节都历练过。他还致力于提高烧酒在海外的日本社群当中，以及在居酒屋及其他日式餐馆中的渗透度。

橡木桶陈年是一个小正酿造在过去60年间积累了丰富经验的领域，但烧酒生产的相关严格规定，尤其是涉及瓶装产品颜色的那些（其颜色必须是浅色的，且不能超过某个非常低的吸光度值），使得他们在该领域难以大展手脚。威士忌生产则没有这些限制，于是将酒类业务朝这个方向拓展在他们看来是很说得通的。

需要克服的第一个艰巨障碍是取得威士忌生产许可证。小正酿造此前并不拥有相关许可证，无法简单将其变更到一个新址，所以他们需要申请一个全新的许可证。这在烧酒占据主导的鹿儿岛县并不是件容易的事情，需要花费相当的努力才可能说服当地的税务官员。公司于2016年提交了申请，然后在将近一年所有设备都已经就位后，才最终拿到了许可证。

至于新蒸馏厂的选址，公司选择了一块自己所有的空地，就在他们用来熟成烧酒的3个仓库旁边。这个地点景致令人惊叹，距离东海仅一箭之遥（确切来说，约100米），与吹上滨接壤，后者南北绵延超过47公里，被视为日本最长的沙丘，并以其美丽的白沙闻名。

这个地点对公司和小正家族也有着特殊意义。当初小正嘉之助打算在这里打造一个熟成小鹤的品牌之家，甚至早在1982年就为此做了规划（有一些存世的图片为证）。但在小正嘉之助过世后，这项计划无疾而终，这块地皮的用途也就悬而未决……直到建立一家威士忌蒸馏厂的想法提出，一切就都顺理成章了。另外值得一提的是，蒸馏厂附近的日置市美山是萨摩烧的发源地，所以蒸馏厂周边的这个地区有着数百年的悠久手工艺传统。

在实际建立蒸馏厂的过程中，小正酿造的工作人员有幸得到了本

俯瞰蒸馏厂

坊酒造的帮助，后者当时也正在他们的发祥地鹿儿岛县建立一家全新的蒸馏厂。事实上，津贯蒸馏所在嘉之助蒸馏所以南，并且同在 270 号国道边上，相距只有约 40 分钟车程。在烧酒领域，两家公司可能是竞争对手，但在威士忌领域，本坊酒造有着超过 60 年的经验，所以他们的建议很受欢迎。

小正酿造也向海外寻求启发和专业知识。小正芳嗣与来自烧酒厂的两位工作人员一起前往苏格兰，实地学习那里的威士忌生产。他们在 2016 年 5 月参加了诗川森蒸馏厂的威士忌学校培训。尽管仅有一周时间，也尽管两家蒸馏厂的运营规模大不相同（诗川森是苏格兰最小的蒸馏厂之一，每个批次仅处理 300 千克醪液，而嘉之助的一个批次醪液达 1 吨），但在小正芳嗣看来，这次经验仍然是无比宝贵的。

在苏格兰期间，团队还拜访了艾雷岛、斯凯岛和斯佩塞地区的多家蒸馏厂。他们尤其从巴林达洛赫蒸馏厂的紧凑设计和布局中得到了很多启发。这是一家位于斯佩塞的相对较新的蒸馏厂，于 2014 年 9

月投产。巴林达洛赫的生产规模与小正酿造团队对嘉之助蒸馏所的设想相同，即每个批次使用 1 吨醪液。至于蒸馏厂的其他规格，启发则来自公司内部，来自他们在烧酒生产上的专长。对此的一个例子是，使用虫桶冷凝器（这也是烧酒生产所用的那种冷凝器类型）。

至于设备本身，公司选择与三宅制作所合作，后者当时也负责为本坊酒造提供津贯蒸馏所的设备。建设工程于 2017 年 3 月动工。设备于当年夏季晚些时候安装完毕，然后威士忌生产许可证于 11 月取得。生产正式于 11 月 13 日开始。2018 年 4 月 28 日，蒸馏厂正式向公众开放。为了纪念游客中心落成开幕，嘉之助蒸馏所在当天推出了其第一款正式产品：一款 200 毫升的小容量新酒装瓶。

2021 年 8 月，小正酿造成立负责威士忌业务的子公司，小正嘉之助蒸馏所公司，并由小正芳嗣亲自出任负责人（其弟小正伦久则接任小正酿造的第五任社长）。9 月 8 日，嘉之助蒸馏所宣布，帝亚吉欧通过旗下蒸馏风投（Distill Ventures）购入了新公司的少数股权。此次交易的更多细节此后并未披露，但此次投资势必会在不远的将来为嘉之助蒸馏所带来产能及曝光度上的显著提升。

Kanosuke Distillery
嘉之助蒸馏所

糖化槽： 不锈钢材质，劳特式（6000 升）

发酵槽： 10 个不锈钢材质（7000 升），带温控

蒸馏器： 3 个（初馏器 6000 升，1 号再馏器 3000 升，2 号再馏器 1600 升）
蒸汽渗滤器间接加热
林恩臂分别为水平（初馏器）、向下（1 号再馏器）和向上（2 号再馏器），均配有虫桶冷凝器

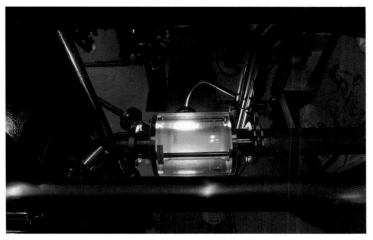

清澄麦汁

　　蒸馏厂建筑呈 U 形，面向开口，左手边是生产车间，右手边是仓库。两厢由中间的接待区 / 蒸馏厂商店相连。

　　每个批次使用 1 吨麦芽。研磨比例通常为碎麦 6 成，麸皮 2 成，面粉 2 成。蒸馏厂所用的大部分麦芽从英国进口。大部分生产所用的是无泥煤麦芽，偶尔也使用重泥煤麦芽（50ppm）。在 2021—2022 生产季，重泥煤麦芽约占总生产量的 15%。有时候，也会将无泥煤和泥煤麦芽混在一起使用。

　　他们还使用了少量九州本地产大麦。当地的红薯种植户传统上通过轮作，交替种植红薯与大麦，来避免土地肥力下降。小正酿造也使用当地农民种植的大麦制作大麦烧酒——用的是未发芽的大麦。现在使用一小部分发芽的大麦来制作威士忌，这是显而易见的更进一步，尽管其成本会很高。在 2021—2022 生产季，他们仅使用了 3 吨九州本地产大麦。尽管其收益率较低（麦汁往往比较混浊，麦酒汁也不超过 6.6% 酒精度），但按照蒸馏厂方面的说法，其味道还是不错的。

糖化 / 发酵室空间宽敞且铺有木地板。6000 升的糖化槽与附近津贯蒸馏所的一模一样。糖化过程只加两遍水，而不是传统的三遍水：第一遍水为 65℃，第二遍水为 80℃。1 吨麦芽可产生约 5500 升麦汁。麦汁随后被转移至其中一个不锈钢发酵槽。起初，蒸馏厂使用 5 个发酵槽，每天处理 1 个批次，一周工作 7 天。2022 年 7 月，他们又安装了 5 个发酵槽，以便进一步提升产能。从 2022 年 11 月起，蒸馏厂开始改为两班制，从而每天可以处理 2 个批次。这使得他们的年产能提高 70%。

发酵槽配有夹套，以控制发酵过程的温度。第 1 至 2 天，发酵槽内的温度保持在 32℃。在第 3 天，温度提高到 35℃。结合使用蒸馏酵母和啤酒酵母，发酵时长为 96 小时。在第一年的生产中，他们尝试过烧酒酵母和葡萄酒酵母，但发酵过程并不顺利，所以也就放弃了。

为了加强发酵效果，蒸馏厂采用了一种用于清酒和烧酒生产的工艺，称为汲泼法（kumikake）——也就是说，在制作酒母的过程中，不停将酒母中央富含酵母的液体舀起，并泼回到四周的蒸米上。这在嘉之助蒸馏所的威士忌生产过程中体现为，将一小部分处于发酵过程末段（已经来到第 5 天）的麦酒汁添加到发酵时间较此少 2 天的发酵槽中，前提是后者处于合适的状态，可以加入那一小部分较老的麦酒汁。至于需要加入多少量，以及怎样才算是"合适的状态"则是商业秘密。蒸馏酵母可以存活约 48 个小时，所以实质上，这种工艺旨在增强二次乳酸发酵过程，催生出更浓郁的果味。（玛尔斯津贯蒸馏所也使用一种类似的工艺，当然，具体细节有所不同。）

糖化 / 发酵室隔壁是蒸馏室。3 个不同形状和大小的铜制壶式蒸馏器并排排开的不寻常设置，源自他们想要产出各种拥有独特风格的馏出物的考量。在公司的烧酒厂，他们使用了 7 个不同尺寸和材质

小正芳嗣和他的蒸馏器

（不锈钢和木制）的蒸馏器，但不像烧酒，威士忌是通过二次蒸馏得到的，所以实际上，你可以使用较少的蒸馏器来获得相对来说较多的多样性。左边的蒸馏器容积 6000 升，并配有水平的林恩臂；中间的蒸馏器容积 3000 升，配有向下（呈 80 度角）的林恩臂，从而不会有那么多回流；右边的蒸馏器最小，容积只有 1600 升，而且其类型有所不同（灯罩型），并配有向上（呈 100 度角）的林恩臂，从而在蒸馏过程中会产生大量回流。左边那个只用作初馏器，右边那个只用作再馏器，但中间那个可以身兼两职。因此，对于初馏和再馏，可供选择的搭配有：左 + 中、中 + 右，以及左 + 右。但在实践中，左 + 中组合最常用到，右边的小蒸馏器则不常用到。他们纯粹是没有足够的酒液收集器来应对如此多样的变化。

在注入橡木桶之前，将不同风格的馏出物调配在一起，则进一步开拓了更多可能性——比如，如此这般，你可以不经过三次蒸馏而打造出一桶包含全部 3 个蒸馏器所产馏出物的酒液。

酒液以 59.8% 酒精度装桶。除了通常的波本桶和雪利桶，蒸馏厂还大量使用经过重新炙烤的烧酒邦穹桶。这些 450 升的橡木桶之前被用于生产熟成小鹤。大米烧酒通常以 44% 酒精度注入这些橡木桶，熟成半年左右，然后被转移到一个大罐中。这些酒桶继而被再次注入新的大米烧酒，熟成 6 个月。在如此这般大约 10 年后，它们的活力被耗尽。它们接着被送往有明产业，经过重新炙烤后被送回，用于再次灌注新酒或用于收尾。蒸馏厂近年来所用的其他类型酒桶还包括全新橡木桶、各种葡萄酒桶，以及租给精酿啤酒厂用过的啤酒桶。每年，蒸馏厂还装填大概 6 只水楢桶。他们装填的头 30 只酒桶为欧罗洛索雪利桶，所以其 1 号桶就是这种类型。

生产车间的对面厢房里有 1 个小仓库，可以容纳约 220 只橡木桶。墙上的百叶窗可以打开，让海风吹入仓库。在嘉之助蒸馏所的北边有 3 个用于陈放熟成小鹤的大仓库，其中 2 个建于 1985 年，还有 1 个建于 1993 年。现在，其中 2 个被用于存放威士忌，总容量约 2000 只橡木桶。这些仓库处于半地下，为熟成提供了理想的条件：即便在夏天，也依然潮湿凉爽。天使的分享约为 6%—9%。

嘉之助蒸馏所是日本为数不多乐于迎接访客的蒸馏厂之一。没有比其中间建筑二层的 "Mellow Bar" 更好的地方来让你思考蒸馏厂的美好未来（或任意放飞思绪）了。坐在 11 米长的一块非洲樱桃木制成的吧台前，放眼吹上滨和远处东海的景致，喝上几口威士忌，听着背景播放的唱片，那无疑是一种全身心的绝对享受。

在 2018—2020 年间，蒸馏厂推出了各式各样的新生装瓶（陈年

一些最早期产品

不足 3 年）。其第一款单一麦芽威士忌，嘉之助 2021 首版（Kanosuke 2021 First Edition，58% 酒精度）于 2021 年 6 月 16 日推出，第二版（57% 酒精度）则于同年 11 月 12 日推出。命名方式在次年发生了变化，实际上的第三版被标记为嘉之助 2022 限量版（59% 酒精度，2022 年 6 月 15 日发布）。到目前为止，他们还推出过一些为零售商和威士忌节定制的单桶装瓶。正在持续发售的还有一个蒸馏厂限定系列（200 毫升装）以及一个艺术家版系列。

日置蒸馏藏（谷物）

当小正芳嗣决定将公司带入威士忌生产领域时，他想要生产的不仅有麦芽威士忌，还有谷物威士忌。如此，公司将能够在不依赖国外散装进口谷物威士忌的情况下生产自己的调和威士忌（换言之，生产真正的日本调和威士忌），而这样的愿景对一家日本的精酿威士忌生

用于生产谷物威士忌的蒸馏器

产商来说是并不多见的。

2020 年，公司为其既有的日置蒸馏藏取得了谷物威士忌生产许可证，从而可以正式开始相关生产。日置蒸馏藏距离嘉之助蒸馏所10 分钟车程，是小正酿造的主生产工厂。其所有烧酒及其以烧酒为基础的金酒都是在那里生产的。每年下半年主要生产红薯烧酒，冬季则主要生产大麦烧酒和大米烧酒。这样，谷物威士忌的生产便被安排在剩下的春季和初夏。

开启这样一段新冒险并不要求对原有设施做太多改动。所需的只是添加一台小型研磨机以及一台用于搬运原料的起重机。其他设备早已一应俱全。

日置蒸馏藏所产的谷物威士忌采用批次蒸馏方式，完全由大麦制成。每个批次使用 6 吨大麦，所以要比其麦芽威士忌蒸馏厂的用量多得多。醪液配方为 90%（未发芽的）二棱裸大麦和 10% 的去壳发芽大麦。后者经过研磨，添加到糖化槽中，并加入酵母。前者则在经过浸泡、蒸制、冷却后，被送至室外的一个发酵罐。然后麦芽醪液（加酵母）被加入发酵罐，混合物接着发酵 5 天，由此得到 14% 酒精度的麦浆。

麦浆接着在不锈钢烧酒蒸馏器中进行两次蒸馏。为此，他们使用了两个 6000 升的可在真空蒸馏与常压蒸馏之间进行切换的蒸馏器。为了生产谷物威士忌，其所用的是真空蒸馏模式。（日置蒸馏藏还有其他各式各样的蒸馏器，包括一个罕见的卧式烧酒蒸馏器以及一个木制蒸馏器，但它们并不被用于谷物威士忌生产。）由此得到的酒液最后被装入木桶进行熟成。

正在熟成的日置谷物威士忌

DISTILLERY
CASK
NO
HG0775
検定日 R3 6月25日
455ℓ
HIOKI DISTILLERY
CASK
NO
HG0776
検定日 R3 6月25日
455ℓ
HIOKI DISTILLERY
CASK
NO
HG0773
検定日 R3 6月25日
449ℓ

一个据说在过去被中国酿造用于生产麦芽威士忌的壶式蒸馏器

樱尾蒸馏所

■ 樱尾酿造与蒸馏 ■

　　像其他许多日本的新兴精酿威士忌蒸馏厂那样，樱尾蒸馏所可能是新的，但其背后的公司却不完全是个中新手。中国酒类酿造合资会社创立于 1918 年 10 月，并在 1938 年将原本的无限公司改制为有限公司，中国酿造株式会社（这里的"中国"是指广岛县所在的山阴山阳地区，这个地区距离历史上日本的首都京都远近居中）。在那一年的 9 月，其威士忌"生产"也开始了。他们当时具体是如何生产的已经无从考证。从 1963 年起，公司生产和销售各式各样的产品，包括烧酒、清酒、味淋、利口酒和威士忌。公司的一个成名之举是，在 1967 年第一个推出纸盒装清酒——"箱清酒一代"。他们还以达摩烧酒知名。

　　直到 1989 年酒税改革，中国酿造主攻的威士忌市场一直是二级威士忌，以法定允许的最低酒精度（37%）装瓶，大部分是 1.8 升装。其威士忌旗舰产品是荣耀威士忌（Glory），在 20 世纪 80 年代初期，看起来是由散装进口的 6 年以上苏格兰麦芽威士忌、自己生产的 10 年以上麦芽威士忌，以及 6 年以上（鬼知道究竟是什么东西的）"谷物烈酒"调配而成的。1989 年，自己生产威士忌的业务被叫停，旗下威士忌产品的所有成分均改为从国外进口。

　　2003 年，公司推出了一款名为户河内的 17 年调和威士忌。在接下来的十多年间，这个品牌逐渐发展成涵盖从 NAS 到 18 年的系列产品。该系列的麦芽和谷物威士忌成分都从国外进口，其中有些产品还使用了在日本生产的食用酒精。

漫步在他们位于广岛县廿日市市樱尾的公司总部，你仍然可以不时看见中国酿造的威士忌历史的吉光片羽，只不过一切都笼上了神秘的面纱。那里陈列着许多老酒标，包括威士忌酒标，但可有谁知道这些威士忌的味道如何？户外则安放着一个旧的铜制壶式蒸馏器。它很有可能制造于 20 世纪 50 年代末 60 年代初，而且我们被告知，它被用于生产麦芽威士忌，直到大致 20 世纪 80 年代，但具体如何生产以及生产到何时则看起来没有人知道。没有相关记录留存，蒸馏器上也没有任何东西可以帮助我们推断时间，甚至制造商的名称。

还有一些过去时代遗留下来的装瓶。其中一瓶是非常珍稀老荣耀调和威士忌，"由广岛最老的蒸馏厂蒸馏和装瓶""保证全程在木桶中熟成，并有化学分析为证"，其酒标如此信誓旦旦地说道。另一瓶看起来还要更老："心牌，最高品质老苏格兰威士忌。"然后下方是一行小字，"日本制造"。过去的那些日子啊……

Sakurao Distillery
樱尾蒸馏所

糖化槽：　　不锈钢材质，半劳特式（5000 升）

发酵槽：　　3 个不锈钢材质（5700 升），带温控

蒸馏器：　　1 个混合蒸馏器（1500 升），荷尔斯泰因制（2018 年启用）

　　　　　　1 个壶式蒸馏器（5000 升），荷尔斯泰因制（2020 年启用），
　　　　　　配有向下的林恩臂

　　　　　　均为间接加热，均配有不锈钢冷凝器

BLENDED MALT WHISKY

TRADE · MARK

Glory

VERY RARE OLD

*Guaranteed fully matured in wood,
and certified by chemical analysis.
long technical experience have been
employed in the distilling maturing blending*

DISTILLED AND BOTTLED BY

CHUGOKU JYOZO CO., LTD.

THE OLDEST DISTILLER HIROSHIMA JAPAN

The Special Quality

Registered

Trade · Mark

Heart Brand

The Finest

Old

Scotch Whisky

Made in Japan

EXTRASPECIAL

*Guaranteed of fine taste and nice flavour,
produced and Bottled most carefully.*

釀造元 中國釀造株式會社

两款来自黑暗时代的中国酿造威士忌

为了庆祝公司创立 100 周年，中国酿造决定重新开始自己生产威士忌，并在厂区内新建了樱尾蒸馏所。2021 年 3 月，公司正式更名为樱尾酿造与蒸馏公司。

樱尾蒸馏所于 2017 年 12 月竣工，现在被用于生产金酒、威士忌和利口酒。其威士忌生产始于 2018 年 1 月中旬，当时从磨麦到蒸馏的所有工序都在同一栋乌黑色外观的新建建筑内进行。为了提高产能并生产谷物威士忌，蒸馏厂在 2019 年 9 月至 2020 年 1 月初进行了首次扩建，新建了两座同样乌黑色外观的建筑。（按照其工作人员的说法，内外均为黑色，也就是其官方颜色。）原先的建筑于是成为 1 号楼，新建的 2 号楼承担了谷物威士忌生产从磨麦、糖化到发酵的所有工序，但其蒸馏在 1 号楼进行。2 号楼旁边是新建的 1 号熟成仓库。这些威士忌 / 金酒生产设施占据了厂区的西侧，其东侧则被用于清酒生产。在两者之间是一个装瓶车间。

在 1 号楼内，一台布勒四辊磨麦机负责研磨大麦。每个批次使用 1 吨麦芽，所以磨麦需要耗时 1 小时。自 2021 年 9 月起，每天通常处理 2 个批次。麦芽从苏格兰进口。大约一半的生产使用无泥煤麦芽，另一半则使用中度泥煤麦芽（20ppm）。

糖化槽由巴伐利亚酿造与蒸馏公司制造，是个装有两根搅拌臂和一个 CIP 就地清洗系统的简单配置款。水是来自小濑川的泉水。共加两遍水，第一遍水在 63℃—65℃之间，第二遍水为 75℃。加水比常规较少，每个批次只得到约 4500 升麦汁。

麦汁接着被送至 3 个同样由巴伐利亚酿造与蒸馏公司制造的不锈钢发酵槽的其中一个里。发酵槽的容积约为 5700 升，但使用时并不会填满。他们使用蒸馏酵母，发酵时长为 72 小时。发酵槽配有温控夹套，以维持温度稳定。一旦槽内温度达到 30℃，夹套就起作用，

蒸馏厂最初安装的荷尔斯泰因混合蒸馏器

阻止温度继续升高。发酵得到的麦酒汁的酒精度约为 9%。

　　然后就是蒸馏，但在这里，情况变得相当复杂。直到 2019 年底，蒸馏厂只有 1 个由阿诺德·荷尔斯泰因公司制造的混合蒸馏器（由 1 个壶式蒸馏器以及 1 座带六层塔板的精馏塔组成）。当时的蒸馏程序如下。由于其壶式蒸馏器的容积只有 1500 升，而 1 个发酵槽的容积就是其 3 倍，所以 1 个批次的麦酒汁被分成 3 批进行蒸馏。在第一天，上午对约 1500 升麦酒汁进行初馏，下午再蒸馏 1500 升。到这一天结束时，2/3 的麦酒汁已经被蒸馏过一次。剩下的 1/3 则在第二天上午进行初馏，然后在下午将这 3 个批次初馏得到的低度酒一起倒入壶式蒸馏器中进行再馏。因此，实际上，完成 1 个批次的麦酒汁的两次蒸馏需要 2 天时间，而且每周进行 2 次这样的操作。初馏每次需要约 4

小时，而且只使用壶式蒸馏器部分。换言之，蒸汽直接从壶式蒸馏器的顶部进入其不锈钢冷凝。再馏每次需要约 6 小时，而且结合使用壶式蒸馏器和精馏塔：也就是说，蒸汽从壶式蒸馏器的顶部来到精馏塔的底部，然后在塔内上升和冷凝。这是个复杂的系统，但这生成了他们想要的那种酒液：香甜而易饮。无泥煤新酒清新而轻盈，带有饼干和谷物香味；泥煤新酒也同样易饮，带有更多的花香味和一丝昆布的味道。

这套系统可能生成了不错的结果，但效率终究不高。因此，当蒸馏厂于 2019 年年底扩建时，他们决定添加 1 个更大的荷尔斯泰因蒸馏器（但这次不配精馏塔）。通过新的设置，二次蒸馏过程变得直截了当得多。现在，新的灯罩型荷尔斯泰因蒸馏器一次处理一个批次的初馏，带六层塔板精馏塔的旧荷尔斯泰因蒸馏器则用于再馏。不过，这里还是有点小曲折。常规情况下，上个批次再馏得到的酒头和酒尾会与当前批次初馏得到的低度酒一道被注入再馏器，但在樱尾蒸馏所，上个批次再馏的酒头和酒尾却被添加到了初馏器中（也就是说，与当前批次的麦酒汁一道）。这样做是出于一些实操考量（因为小的荷尔斯泰因蒸馏器没有足够的容积来按照常规的方式进行生产），但得到的效果还不错。2 个蒸馏器内部都有仿佛螺旋桨般的搅拌器。在樱尾蒸馏所，搅拌器在再馏时得到使用，而按照其工作人员的说法，这帮助生成了他们想要的那种酒液：轻盈而带有酯味，有着几乎像爱尔兰威士忌那样的风味。

蒸馏得到的新酒约 65% 酒精度，然后在降至 60% 酒精度后装桶。樱尾蒸馏所灌填的头 3 只桶是 450 升的雪利桶（1 只欧罗洛索雪利桶，另外 2 只 PX 雪利桶）。他们主要使用波本桶和雪利桶，但各式其他类型的橡木桶也都有所尝试。

蒸馏厂在两个地点熟成其酒液：厂区内的 1 号仓库（这里装瓶的单一麦芽威士忌以"樱尾"品牌发布），以及距离厂区西北约 30 公里的户河内三段峡仓库（这里装瓶的单一麦芽威士忌以"户河内"之名推出）。两地的气候条件明显不同。蒸馏厂本身位于濑户内海边，海上吹来的暖风与山间吹来的冷风造就了巨大的年温差——也造就了更快的熟成速度。1 号仓库可容纳 4000—4500 只橡木桶，并混合了垫板式和托盘式。麦芽威士忌使用垫板式熟成（堆叠成 4 层），谷物威士忌则使用托盘式熟成（堆叠成 5 层）。另一方面，户河内三段峡仓库的地点则还有点故事可说。

户河内町原来是西中国山地国定公园内的一个町，后来被并入现在的安艺太田町。20 世纪 70 年代，日本国有铁道开始建设一条穿过这些山地，连接起北边的山阴本线滨田站与南边的可部站的铁路。项目最终于 1980 年被放弃，但几十年后，中国酿造开始使用其所建的一些隧道来熟成他们散装进口的威士忌（它们将被用于生产前文提到过的户河内调和威士忌）。"这些隧道很长，约有 400 米，而且里面的温度全年稳定在 15℃，湿度约为 80%，所以那里酒液的熟成速度要比在我们厂区的酒液慢得多"，樱尾蒸馏所的首席蒸馏师山本太平这样解释。这个隧道仓库可容纳约 4000 只橡木桶。在本书写作之时，那里存放了约 1000 只橡木桶。

公司于 2021 年 7 月 1 日推出了第一款单一麦芽威士忌产品，但这实际上是一次双重发布，以凸显两个不同熟成地点的特点：樱尾首版桶强（Sakurao 1st Release Cask Strength，54% 酒精度）以及户河内首版桶强（Togouchi 1st Release Cask Strength，52% 酒精度）。两款后续产品于 2022 年 6 月 6 日推出（尽管酒精度降为 43%），同时推出的还有第三款限量版的樱尾雪利桶蒸馏师精选（50% 酒精度）。

谷物威士忌生产设施

就在推出第一款单一麦芽威士忌产品之前，樱尾酿造与蒸馏公司宣布，他们将摆脱对于散装进口威士忌的依赖，以使得他们的所有威士忌产品都符合日本烈酒和利口酒制造商协会（JSLMA）2021年2月发布的日本威士忌标准。这对一家长久以来都依赖从国外散装进口威士忌来生产其瓶装威士忌的生产商来说是个大胆的举动。当然，在单一麦芽威士忌领域，他们在2018年后已经步入了正轨。但当公司表示要让其所有威士忌产品都合乎标准时，这也包含他们今后推出的调和威士忌，而为此，他们需要谷物威士忌……但这在日本的公开市场上其实买不到现成的。当然，他们事先已经考虑过这个问题。

当初在扩建蒸馏厂时，谷物威士忌的批次蒸馏便是计划的一部分。为此，他们增添了一台锤磨机以及一套独特的蒸馏设施。谷物威士忌生产于2020年初开始。醪液配方由90%的国产大麦米（用于制作烧酒的那种）和10%的进口麦芽构成。经过研磨、糖化和发酵后，他们可得到4500升麦浆，与一个批次的麦芽威士忌生产过程得到的麦酒汁大致相当。

直到2022年年中，其蒸馏过程只使用一个蒸馏器，而且其程序与2020年以前的麦芽威士忌蒸馏程序相似（毕竟当初他们也只有一个蒸馏器可用）。不过，还是有微调。首先，这个蒸馏器是独一无二的：一个不锈钢烧酒蒸馏器，其上还配有一座带六层塔板的铜制精馏塔。初馏在真空压力下于蒸馏器中进行（不使用精馏塔）。3个批次这样蒸馏得到的低度酒一起再被注入同一个蒸馏器进行再馏，但这次是在常压下并使用精馏塔来提纯酒精。

　　2022 年年中，一个全新的不锈钢蒸馏器（不带精馏塔）加入了这个流程当中，而就像前面提到过的麦芽威士忌生产的情况，它也使得谷物威士忌生产更加高效。新的 4500 升不锈钢蒸馏器被用于初馏，并在真空压力下进行。原先的混合蒸馏器则被用于在常压下，配合精馏塔进行再馏。由此得到的谷物新酒约为 83% 酒精度。随着它们在接下来几年陆续成熟，以这种方式生产的谷物威士忌将会有何表现，让我们拭目以待。

一杯游佐威士忌的新酒

游佐蒸馏所

■ 金龙 ■

　　大多数新蒸馏厂背后有着一段引人入胜的故事——一次顿悟，一次邂逅，一个最终实现的毕生夙愿，一个变成现实的不可能梦想，一段复活的尘封历史……诸如此类能够吸引市场注意的东西。但对游佐蒸馏所来说，其故事远没有这般高大上。它单纯地只是事关生死。

　　游佐蒸馏所背后的金龙公司于 1950 年在山形县酒田市成立。它原名山形县发酵工业，最初是一个由 9 家当地清酒生产商出资设立的合资企业，旨在生产食用酒精（从而将其添加到大多数清酒当中，以改善口味和／或以低成本增加体积，具体取决于你问的是谁）。随着时间推移，金龙也开始生产和销售所谓的甲类烧酒（即使用连续蒸馏器蒸馏得到的烧酒）——在这里，他们大多使用的是糖蜜。目前，金龙是山形县仅存的专业烧酒制造商，而且他们生产的大部分烧酒只在本县销售。日本的烧酒消费量在过去几十年里持续下降。而在山形县，还有另一条更令人担忧的下降曲线：在接下来 30 年里，山形县的人口预计将下降超过 30%，比全国平均下降幅度多一倍。金龙深知，如果公司想要存活下去，他们必须做点什么。"我们当时知道，"社长佐佐木雅晴这样说道，"要做就现在做，毕竟现在还有时间，不能等到 20 年后，到那时就为时已晚了。"

秋天的蒸馏厂

　　毫不意外，他们转向了威士忌领域，以寻求更光明的未来。"我们在 2016 年开始考虑进入威士忌领域，"佐佐木继续说道，"但我们不想贸然进入。在与像屉之川酒造、初创威士忌和佳流等小规模威士忌生产商交流过后，我们意识到，很明显威士忌并不是一个仅为大公司专享的领域。我们看得越多，聊得越多，就越意识到这对我们来说是条正确的道路。"在 2017 年 2 月去苏格兰考察过一番，并拜访了福赛思公司后，车轮就开始滚动起来了。

　　金龙团队花了一年时间寻找一个合适的地点，并列出了 10 个候选。他们最终选择了位于鸟海山脚下的山形县游佐町的吉出地区，那里满足了所有条件。鸟海山的降水量是日本诸山中最多的，因而造就了丰富的优质泉水——也造就了该地区的连片稻田。"我们的运营需要使用约每小时 2.2 万升水，但我们在这里很容易就可以获得超过每小时 5 万升的供应，所以我们对品质和数量都可以放心"，佐佐木解释道。该地区的秀丽景色是另一个考量因素。鸟海山随视角变化而山形变换，而通过蒸馏室的大窗户望出去，鸟海山正是双峰对峙——这样的山形也被整合进了蒸馏厂的标识当中。电影爱好者可能也熟悉这里的景色，因为奥斯卡获奖影片《入殓师》（2008 年）的一些标志性场景就是在蒸馏厂附近拍摄的。当然，其他实操考量也很重要。那里有一条道路方便卡车通行。初馏和再馏分别剩下的废液（后者需要在移除其中大部分铜含量后）也可以直接排入当地的下水道系统。

至于设备，金龙决定求助于苏格兰的福赛思公司，而不是日本国内的三宅制作所——出于实用主义考量。"三宅的目标客户是专业选手，"佐佐木解释道，"他们过来，安装设备，然后就离开。他们预设你已经熟悉该如何操作这些设备。所以福赛思更适合我们，因为他们将传授你这些设备的操作方法，并愿意为刚入行的威士忌生产商提供大量的技术支持。"壶式蒸馏器于 2018 年 6 月 29 日被运抵酒田港，两天后被移入蒸馏厂建筑内。在那之后，福赛思团队冒着酷暑，花了 3 个月（7 月至 9 月）时间帮助蒸馏厂准备就绪。9 月 27 日，当地税务机关向游佐蒸馏所颁发了威士忌生产许可证。

Yuza Distillery

游佐蒸馏所

糖化槽： 不锈钢材质，半劳特式（5000 升）

发酵槽： 5 个花旗松木材质（7400 升）

蒸馏器： 1 对（初馏器 5000 升，再馏器 3400 升），福赛思制

蒸汽间接加热

林恩臂向下，配有壳管式冷凝器

佐佐木雅晴和他的团队

　　第一次正式蒸馏于 2018 年 11 月 4 日至 5 日进行。为了运营这家蒸馏厂，佐佐木召集了 3 位绝对新手：糖化师冈田沙音、蒸馏师斋藤美帆和仓库管理员佐藤纮治。当时，冈田和斋藤刚从大学毕业。佐藤则 30 出头，刚辞去在银行业的工作，以追求其生产威士忌的梦想。"我不想引进一位专家或老手，"佐佐木解释道，"因为那样的话，它就成为那个人的蒸馏厂了。我想要从零开始，与一些年轻而有动力的人一起，在它上面留下我们自己的印记。"

　　蒸馏厂团队的愿景凝聚在了他们想出来的一个首字母缩写词中：TLAS。它并不朗朗上口，但这些字母的其他组合可能都寓意不佳。T 代表小规模（Tiny）。地块占地 4550 平方米，但蒸馏厂仅占地 620 平方米。至于 L，我们稍后回来再讲。A 代表正宗（Authentic）。"尽管清酒消费量在下降，但还是有人在使用传统酿造方法生产清酒，"佐佐木解释道，"对于威士忌生产，我们也是这样想的，也就是说，使用苏格兰的传统方式，但加入了日本人的思维。"

糖化师冈田汐音在检查发酵槽

他们所用的设施和制作步骤是教科书式的苏格兰方式。使用的麦芽也是从苏格兰进口的。蒸馏厂的特色是无泥煤，每个批次使用 1 吨麦芽。糖化在一个 5000 升的糖化槽内进行，并采用标准的三遍水工艺：第一遍的 3750 升水为 63.5℃，第二遍的 1750 升水为 76℃，第三遍（后将被回收用于下个批次）的 3210 升水则为 86℃。

发酵使用 5 个花旗松木发酵槽，它们在日本制造——事实上，由为秩父蒸馏所制造发酵槽的同一家公司生产。使用的是蒸馏酵母，发酵时长为 90 小时。接着就是蒸馏。初馏器容积 5000 升，为直颈型——看起来是受到了麦卡伦的启发。再馏器容积 3400 升，为鼓球型——受到了格兰多纳的启发。2 个蒸馏器都配有向下的林恩臂和壳管式冷凝器。他们追求的是一种饱满但清新的酒液。

熟成也是彻头彻尾的经典做法：装桶强度为 63.5% 酒精度，主要使用由斯佩塞制桶厂提供的波本桶，并安放在两个垫板式仓库内。甚至位于 1 号仓库角落的灌装设备也很复古：这里没有最先进的灌装泵，有的只是一个老式的平台秤，用以称量灌装前后的木桶，就像 50 年前在苏格兰的做法。第一桶酒于 2018 年 11 月 6 日被装满。游佐町的气候与苏格兰的大不相同，但佐佐木感到这里的条件更好。"这里的年温差超 40℃，从冬天的 −5℃ 到夏天的 36℃，所以我们预期我们的威士忌会熟成得更快些。5 年的游佐威士忌将相当于 8 年的苏格兰威士忌。"

这引出了字母 S，代表最高品质（Supreme）。"我们现在只专注于单一麦芽威士忌，"佐佐木解释道，"我们不具备与其他公司在调和威士忌市场中竞争的规模或技能。此外，品质是我们所追求的，所以我们不会过早发布任何产品。本县的清酒生产商时常在国内外的比赛中赢得最高奖项，所以他们向我们明确表示过，生产的威士忌也不能让当地的声誉蒙羞——我们也无意如此。"

最后，L——代表可爱（Lovely）。"这里的冬天风景肃杀，"佐佐木指出，"人们穿着深色衣服，走路时垂着眼，顶着风。我想让游佐蒸馏所成为这片风景中的一抹亮色，或者说，一个可爱元素。这样，当人们看到我们蒸馏厂的白色墙壁和红色门窗时，他们会产生某种不同的感觉——某种特别之事正在这里发生。"

2022 年 2 月，蒸馏厂推出了第一款单一麦芽威士忌产品：游佐首版 2022（Yuza First Edition 2022），完全使用波本桶熟成（61% 酒精度，限量 8500 瓶）。2022 年 8 月，他们还推出了一款一次性限定产品，游佐朝日町葡萄酒桶威士忌（180 毫升小瓶装）。由于这是一次山形县内的合作（游佐威士忌在朝日町葡萄酒公司的葡萄酒桶中陈年 3 年），该产品仅在山形县的零售店发售。

蒸馏师斋藤美帆
在准备提取酒心

仓管员佐藤纮治在将13号
木桶滚往其安放位置

一瓶丹波首版

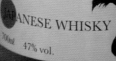

丹波蒸馏所

■ 黄樱 ■

丹波蒸馏所位于兵库县中东部的丹波篠山市今田町，坐落在一个四面环山的内陆盆地中，海拔 300 米，属于亚热带气候。

丹波蒸馏所由黄樱公司所有，后者创立于 1925 年，总部位于京都市伏见区。黄樱以其清酒知名，而且公司在 1955 年为推广其品牌而创作的河童角色至今仍闻名全日本。自 1957 年以来，这个好色贪杯的河童角色一直出现在其电视动画广告当中。

1974 年，为了增加产能，公司在丹波篠山（本身也是个非常有名的清酒产地）建立了一家清酒厂。2004 年，其丹波工厂又取得了本格烧酒生产许可证。

1995 年，黄樱成为京都第一家进入精酿啤酒领域的酒类生产商。剩下尚有待开发的就是利润丰厚的威士忌领域了。2018 年，公司为其丹波工厂取得了威士忌生产许可证，正式涉足该领域。

每个批次使用 1.5 吨麦芽，泥煤及无泥煤均有使用。有趣的是，威士忌生产过程的前半部分是在厂区外进行的。为了充分利用著名的伏见水（以其纯净、柔软和风味在清酒业受到推崇），公司选择在其位于京都市伏见区的三栖工厂进行磨麦和糖化工序，再用卡车将麦汁（每批约 8000 升）运到一个半小时车程以外的蒸馏厂。

发酵槽：　　2 个带搪瓷涂层的开口罐

　　　　　　1 个不锈钢罐（4000 升）

蒸馏器：　　1 个内装铜板的不锈钢蒸馏器（使用到 2021 年 10 月）

　　　　　　1 对铜制壶式蒸馏器（初馏器 2500 升，再馏器 2000 升），
　　　　　　福赛思制，2021 年 11 月启用

　　　　　　蒸汽间接加热

林恩臂分别略微向上和向下，均配有壳管式冷凝器

　　发酵在 2 个通常用于清酒生产的带搪瓷涂层的开口罐中进行。蒸馏厂使用了各种酵母，包括蒸馏酵母、清酒酵母和啤酒酵母。

　　从 2018 年起，直到 2021 年秋，蒸馏在 1 个通常用于制作烧酒，但内装铜板的不锈钢蒸馏器中进行。2021 年 10 月，蒸馏厂安装了 2 个福赛思制的铜制蒸馏器：初馏器为直颈型，容积 2500 升，配有略微向上的林恩臂；再馏器为鼓球型，容积 2000 升，配有略微向下的林恩臂；两者均配有壳管式冷凝器。这两个壶式蒸馏器从当年 11 月起一直被用于生产威士忌。据该公司称，他们所追求的酒液风格是柔美、温和且轻盈。

　　熟成在厂区内一个可容纳约 500 只橡木桶的垫板式仓库内进行。目前，他们最常使用的酒桶类型包括波本桶、雪利桶和新橡木桶。

　　2022 年 4 月 1 日，他们推出了其第一款单一麦芽威士忌产品，黄樱威士忌丹波首版（Kizakura Whisky Tamba 1st Edition，47% 酒精度）。其中的威士忌通过不锈钢蒸馏器蒸馏得到，并在波本桶和新橡木桶中陈年的酒液调配而成。限量 600 瓶，仅在当场消费渠道（如酒吧、餐

厅等）销售。与此同时，他们还推出了另一款更容易买到的产品，樱花时空（Sakura Chronos，47% 酒精度），一款由苏格兰进口的麦芽威士忌与他们自己生产的麦芽威士忌调配而成的调和麦芽威士忌。

值得注意的是，2021 年 1 月 18 日，黄樱取得了另一张威士忌生产许可证——这次是为他们的三栖工厂。这似乎表明公司在威士忌领域有着雄心勃勃的规划。

肥土伊知郎在检查仍处于施工阶段的发酵槽

秩父第二蒸馏所

■ 初创威士忌 ■

伊知郎麦芽供不应求。这是个幸福的烦恼，但终究是个烦恼。身为那种得以见人所未见而始终快人一步的人，肥土伊知郎决定要针对这个状况做点什么：生产更多威士忌，通过新建……第二家蒸馏厂。"秩父蒸馏所的产能很小，"肥土解释道，"即便是安排两班，我们每天也只能生产约 320 升纯酒精，也就是两桶多一点。2014 年，我开始考虑建立第二家蒸馏厂。"两年后，他决定认真推进这件事，并联系了为其第一家蒸馏厂提供了设备的福赛思公司。

不像三得利、日果及本坊酒造纷纷选择在其他非常不同于其第一家蒸馏厂的环境中建立新厂，肥土只想留在他的家乡秩父。"找到厂址并不容易，"肥土说道，"我看过很多地方，但就是找不到合适的。"他最终在近在眼前的地方找到了。它距离其第一家蒸馏厂只有两分钟车程。"当时这整块地租给了本地一家汽车零件供应商，"肥土解释道，"但这家公司的社长喜欢威士忌（事实上，他在秩父蒸馏所拥有私人选桶），所以我们设法租下了他们工厂旁的一块 1.5 公顷的空地。"

建设于 2018 年 4 月开始。一年多点时间后，蒸馏厂已经准备就绪。试生产于 2019 年 7 月 9 日进行，第一只酒桶（一只波本猪头桶）于 7 月 26 日被装满。在传统的夏季休整期过后，蒸馏厂的生产步入正轨。

糖化槽：　　　不锈钢材质，半劳特式（10 000 升）

发酵槽：　　　5 个法国橡木材质（15 000 升）

蒸馏器：　　　1 对（初馏器 10 000 升，再馏器 6500 升），福赛思制

　　　　　　　天然气直火加热

　　　　　　　林恩臂向下，配有壳管式冷凝器

　　　肥土有着一颗好奇的心，但他知道改变所有生产参数没有意义，所以新蒸馏厂的很多情况与原秩父蒸馏所相同。显著的不同之处是规模。"新蒸馏厂的规模是其前辈的 5 倍，"肥土解释道，"所以其年产量约 26 万升纯酒精，而且这还只是每天安排一个班次时的状况，但我们计划头几年先保持这样。"

　　　在所用的麦芽方面，情况稍有不同。随着两家蒸馏厂都投入使用，肥土决定将原来的秩父（第一）蒸馏所主要用于处理本地产的无泥煤麦芽，以及少量从苏格兰进口的重泥煤麦芽（50ppm）。在秩父第二蒸馏所，生产也用到少量无泥煤麦芽，但大部分是中度泥煤（20—30ppm）或轻泥煤（10ppm）麦芽。在新蒸馏厂，每个批次使用 2 吨麦芽，所用的磨麦机与秩父蒸馏所的类似，也是一台艾伦·拉多克磨麦机，但尺寸要大一倍。

　　　用水也与秩父蒸馏所相同。糖化槽则显而易见是不同的。这个带铜盖的全新半劳特式不锈钢糖化槽不再需要人工搅拌醪液，尽管这个过程仍然受到了密切监控。在被问及糖化槽壁上的长条侧玻璃时，肥土说道："这是我提出的要求，因为我想要能够随时检查谷物床以及过滤过程的状况。"强迫症？可能有点。

肥土伊知郎在他的新蒸馏室里

　　至于发酵过程，肥土依然采用木制发酵槽，但也不得不有所调整。"我原本想要使用水楢木，就像在秩父蒸馏所那样，但取得这样大量的水楢木条是极其困难的，所以我决定改用法国橡木。我以前多次拜访过法国的塔朗索制桶厂，并发现他们的木桶品质非常好，所以我委托他们为新蒸馏厂制作发酵槽。"目前，已有 5 个发酵槽（每个容积 15 000 升，每次注入 10 000 升麦汁），但仍有空间安装更多。"当我们以后转向两班制时，"肥土解释道，"我们会再增加 3 个。"至于酵母，肥土也继续使用他的专有菌株。

　　在蒸馏室，我们会有种似曾相识之感。当然，这里的蒸馏器要大得多（分别为 10 000 升和 6500 升），但它们看起来与秩父蒸馏所的蒸馏器出奇相似。"它们形状相同，"肥土笑着说道，"甚至连林恩臂向

一对蒸馏器以及放在它们之间以"暖身"待用的一篮子酵母

通往秩父第二蒸馏所的大门

chichibu distillery II

BJ0001

CC190726-1

第一只被填满的酒桶，一只波本猪头桶

下的角度都相同（如果你需要知道的话，向下 12 度）。"但样子是会骗人的。不像在秩父蒸馏所是间接加热，新蒸馏厂的初馏器和再馏器都是直火加热的。"这是种非常传统的方式，"肥土说道，"而且这会对酒液的风格产生巨大影响。它会生成一种更强劲、更复杂的酒液。"

直火加热使得蒸馏过程更难控制。"这是肯定的，"肥土说道，"但这也是我们现在做的原因。我们不再是新手了。在第一家蒸馏厂，我们学习如何生产威士忌。而现在，我们有了经验，已经准备好来做它了。"他还实际演示了如何借助从蒸馏室的大窗户泻下的自然光，通过初馏器上两对前后通透的玻璃观察窗，来监控和控制初馏的温度。很明显，肥土对此已经事先有所筹划。

初馏需要六七个小时，再馏需要五六个小时。酒心提取点与秩父蒸馏所的相似。"就像在秩父蒸馏所，"肥土继续说，"提取酒心靠的是鼻闻口尝，而不是数值。"一如既往，人的因素是重要的。"我知道，如今蒸馏厂可以由计算机运营，但我想让在这里工作的人确切了解威士忌生产过程的每个阶段的每个时刻正在发生什么。"

产能提升意味着仓储空间需要增加，但肥土也已事先做了安排。一个新的垫板式仓库（6 号）建在了秩父第二蒸馏所主建筑的旁边。它与附近秩父蒸馏所的垫板式仓库有着相同的容量（约 3000 只橡木桶）。2020 年，他们开始在 6 号仓库前面建造一个大得多的仓库（容量达 18 000 只橡木桶）。这个仓库（7 号）是最先进的货架式仓库，于 2021 年 2 月投入使用。

在本书写作之时，秩父第二蒸馏所生产的威士忌尚未上市。

尾铃麦芽新酒

JAPANESE WHISKY

OSUZU MALT

NEW MAKE

HANDCRAFTED FROM LOCALLY
GROWN BARLEY, USING THE BOX
MALTING METHOD

尾鈴山蒸留所
シングルモルトウイスキー

alc.59% / vol.200ml

尾铃山蒸馏所

■ 黑木本店 ■

黑木本店是日本最具标志性的烧酒生产商之一。公司于 1885 年创立于宫崎县高锅町，以桶陈大麦烧酒"百年孤独"（得名自马尔克斯的小说）而尤为知名。现任的第五任社长黑木信作将公司带入金酒和威士忌领域，开启了公司历史的新篇章。

尾铃山蒸馏所由黑木本店于 1998 年建立，最初是一家烧酒蒸馏厂。蒸馏厂得名自它所在的宫崎县木城町的界山——尾铃山。其威士忌生产于 2019 年 11 月 1 日开始。

按照公司的说法，优质的水源是该地点的主要吸引人之处，而且当地年降水量达 3000 毫升，水量无疑也非常充足。生产用水取自河川上游靠近源头的地方。对于蒸馏厂所产的所有烈酒，公司的目标是，打造出某种"只可能在这个地方生产，也只将在这个地方生产"的东西。这并不是话术。所有原料（不论是红薯、大麦还是大米）均为当地（九州地区）所产，而且公司拥有自己的农场（更生大地之会）。他们所用的大麦全部来自自己的农场。对于威士忌生产，发麦工序由他们自己在现场完成（事实上，在一个温室中），使用了一种用到大量小盒子的专门开发的工艺，或者按照黑木的说法，所谓"盒子发麦"（典出苏格兰传统所用的"地板发麦"）。

糖化槽：　　不锈钢材质（4000 升）

发酵槽：　　15 个杉木材质，不带盖

蒸馏器：　　2 个不锈钢烧酒蒸馏器，混合加热系统（蒸汽注入 / 直火加热）

　　　　　　1 个铜制壶式蒸馏器（2000 升），三宅制

　　　　　　蒸汽间接加热

　　　　　　林恩臂向下，配有壳管式冷凝器

　　　　　　1 个小型铜制壶式蒸馏器（400 升），三宅制，

用于生产金酒及其他烈酒

　　每个批次使用 800 千克麦芽。研磨比例为碎麦 5 成，麸皮 3 成，面粉 2 成。更高的麸皮比例营造出更好的过滤床，麦汁也更清澄。糖化在由三宅制作所制的 4000 升不锈钢糖化槽中进行。发酵过程则使用了 15 个由饫肥杉（宫崎县原产的一种杉树，传统上被用于造船业）制成的发酵槽。这些发酵槽也被用于烧酒生产。蒸馏过程相当独特。初馏使用 2 个不锈钢烧酒蒸馏器，再馏则使用三宅制铜制壶式蒸馏器，后者为直颈型，配有向下的林恩臂以及壳管式冷凝器。此外，还有 1 个 400 升的小型铜制壶式蒸馏器（同样由三宅制），用于生产金酒及其他烈酒。

　　蒸馏厂已经推出了一些尾铃麦芽新酒（Osuzu Malt New Make，未陈年）和尾铃麦芽新生装瓶（Osuzu Malt New Born，于 2021 年和 2022 年推出两款，分别熟成 18 个月和 27 个月），它们都展现出了巨大的潜力。

尾铃县立自然公园内的矢研瀑布

御岳蒸馏所的仓库与远处的樱岛

御岳蒸馏所

■ 西酒造 ■

御岳蒸馏所由烈酒生产商西酒造于 2019 年建立，坐落在他们所拥有的鹿儿岛高尔夫度假村内。西酒造的历史可追溯至 1845 年，现在尤以其红薯烧酒知名。其宝山系列在日本红薯烧酒爱好者当中广受推崇，而且他们还生产一种在雪利桶中陈年的红薯烧酒（名为"天使的诱惑"，明显借用了所谓的"天使的分享"）。

御岳是位于鹿儿岛市以东的樱岛上诸峰的总称。你可能猜到了，蒸馏厂实际上并不在那里。它之所以叫这个名字，是因为从蒸馏厂所在地（距离鹿儿岛市区西南 20 分钟车程的山中）能望见的御岳的壮丽景致。

御岳蒸馏所是日本（或事实上，世界上）最为一尘不染的蒸馏厂之一。它也是设计最精美的蒸馏厂之一，不计成本，而且被巧妙整合进了一个实际的高尔夫球场当中。冷凝器的用水流进了一个将生产车间与仓库隔开的水池，然后变成了一条第 18 洞附近的小溪。

其设备由三宅制作所制造，于 2019 年 12 月投入生产。蒸馏厂每周运营 7 天，每天处理 1 个批次的 1 吨麦芽。目前，他们只使用无泥煤麦芽。糖化在一个 4700 升的劳特式糖化槽中进行，并得到清澄的麦汁。发酵使用 5 个配备水套和转换开关的 6600 升不锈钢发酵槽。

蒸馏器

The Ontake Distillery
御岳蒸馏所

糖化槽：　　不锈钢材质，劳特式（1 吨）

发酵槽：　　5 个不锈钢材质（6600 升），带水套

蒸馏器：　　1 对（初馏器 6000 升，再馏器 3000 升），三宅制

　　　　　　蒸汽间接加热

　　　　　　林恩臂向上，配有壳管式冷凝器

发酵使用的是一种专有酵母菌株，发酵时长为 5 天。蒸馏则在 2 个均配有向上的林恩臂的铜制壶式蒸馏器（分别为 6000 升和 3000 升）中进行。两遍蒸馏都进行得非常缓慢，酒心提取则是依赖嗅闻和品尝。再馏器为鼓球型，旨在生成一种清新的酒液。

　　厂区内有一个货架式仓库，其大部分处于半地下，因而一年到头都很凉爽。天使的分享仅为 1%（熟成的第一年）。大部分酒液在真正的（也就是说，不是经由调味而成的）欧罗洛索大桶中进行熟成，这种桶也被西酒造用于"天使的诱惑"红薯烧酒的陈年，因而供应充裕。蒸馏厂还使用黑皮诺葡萄酒桶，它们则来自西酒造在新西兰所有的一家酒庄（2018 年收购的艾兰酒庄）。他们计划，一旦酒液熟成达到 3 年，就推出一款单一麦芽威士忌产品。

　　御岳蒸馏所是日本为数不多的提供私人选桶业务的蒸馏厂。目前可供选择的只有雪利大桶，因而价格不菲，但拥有一只私人选桶的配套福利还包括可使用旁边的高尔夫球场和俱乐部会所。私人选桶业务于 2020 年初启动，所以我们可以期待在接下来几年看到相当多的私人选桶装瓶。

鸿巢蒸馏所的内大门

HIKARI DISTILLERY

DUM SPIRO SPERO

鸿巢蒸馏所

■ 光酒造 ■

　　穿过鸿巢蒸馏所的外大门，你会以为自己身处低地诸国的如画景致当中。正立面带有 17 世纪荷兰和佛兰德斯典型建筑风格的阶梯式山墙的两栋灰黑色双子建筑正对着游客，而在其左边，一栋与之形成鲜明对比的白色乡间建筑则仿佛是从佛兰德斯的乡村直接搬过来的。但这其实是一家蒸馏厂，而且位于日本的乡间，距离东京以北仅约一小时车程。双子建筑之间的熟铁制内大门上的英文名称确认了这是一家蒸馏厂，但其下方的"Dum Spiro Spero"字样又不免让人联想到老欧洲。不过，不要着急下结论。"Dum Spiro Spero 在拉丁语中意为'活着就有希望'，曾经是砂捞越王国的格言，"蒸馏厂创始人兼首席执行官蔡光华（Kwang Hua 'Eric' Chhoa，译音）这样解释道，"砂捞越现在是位于东马来西亚的一个州，我就来自那里。至于建筑风格，我只是碰巧对你在安特卫普、布鲁日和阿姆斯特丹等城市所见到的那种历史建筑情有独钟。"

　　鸿巢蒸馏所在许多地方都有点不同寻常。这是日本第一家取得威士忌生产许可证的外资威士忌蒸馏厂。你可能会预期蒸馏厂的团队将对此大肆渲染，但这恰恰是另一个他们不同于其他同行（特别是日本的）的地方，即他们尽可能地试图避开媒体的关注：没有新闻稿，没

不是佛兰德斯，但也相差不多

有盛大的开业仪式，没有新酒装瓶，没有陈年7个月的半成品装瓶，没有私人选桶业务，也没有访客。尽管蔡光华很清楚，很多时候，没有公关就是最好的公关，但蒸馏厂的低调还是更多地出于务实考量，而非战略选择。"我们当时不确定日本威士忌界会如何看待我们，所以与其为此分心，还不如专注于手头的工作，也就是说，打造出一种品质一流、风格独特的单一麦芽威士忌。此外，我们这里的团队规模也很小。"除了几乎住在厂子里并很是亲力亲为的蔡光华，还有一人身兼糖化师、蒸馏师和仓库管理员之职的奥泽正雄，以及负责行政事务的上野惠美。就这么几个人：基本上，这是一个三人项目。

至于一位50多岁的马来西亚商人到底是如何以及为何落得在日本的乡间生产威士忌的，这是个很长的故事。简短来说，蔡光华在30岁出头的时候在纽约市邂逅了苏格兰威士忌，并很快迷恋上了它。在当时，在日本读完大学和在美国读完MBA，并在投资银行工作了几年后，他回到马来西亚和英国，开始经营一家光纤及配件公司。"过去 25 年，我一直在那个行业工作，"蔡光华说道，"但在出差时，我会常常试着绕道苏格兰。在我 40 岁生日那天，我决定建立一家自己的蒸馏厂。"在接下来的 10 年时间里，他寻找各种机会去更多了解威士忌生产过程，并在多家蒸馏厂做过学徒。"给我留下最深印象的两家是位于诺福克郡的圣乔治蒸馏厂和位于珀斯郡的诗川森蒸馏厂——前者是因为那里的规模与我最终建立的蒸馏厂的规模非常相似，后者则是因为那里的一切都以几乎没有机械辅助的手工方式，以非常小的规模完成。"

在 50 岁生日那天，他决定加速推进他的威士忌项目。2014 年，他开始寻找合适的地点。日本是他的主要关注点，但澳大利亚（特别是塔斯马尼亚）也在考虑范围之内。最终，他选择了日本。"我在日本待了很多年，非常了解这里的文化，而且我觉得这是建立我的蒸馏厂的正确地点，"蔡光华解释道，"日本有着深厚的酿造传统，而且那里有很多挑剔的人，正适合追求品质的要求。"热切想要在距离东京一小时车程的范围内寻找一个地点的他，最终在埼玉县鸿巢市小谷找到了合适的地点，并于 2015 年夏购入了这块土地。"这个地点有着一段有趣的历史。这里历史上曾经有座小城堡，晚近则有家生丝加工厂。生丝从邻近的群马县沿着荒川顺流而下，在鸿巢催生出活跃的生丝加工业，但后来随着市场对丝绸需求的萎缩、海外廉价丝绸产品的进口以及化纤的进步，许多工厂被迫关门。这块土地上的工厂也不幸如此。有趣的是，这家工厂看起来在第二次世界大战期间还生产过丝制降落伞。在 20 世纪 70 年代，工厂消失了，而从那以后，这块土地就一直闲置着。"

这个地点正经具有威士忌生产潜力的一个证据是，该地区历史上曾有许多清酒厂聚集在中山道（旧时日本的一条陆上交通要道）沿线。水质对清酒酿造至关重要，而且对当地地下水的一项分析也确认了这里的水适合生产威士忌。至于设备，蔡光华联系了苏格兰的福赛思公司。"我想要一家非常紧凑的蒸馏厂，所有生产设备可以像巨大的乐高积木那样方便搭建，而且在未来有需要时，可以轻松地重新配置。"他这样回忆道，"热衷于探索新想法的小理查德·福赛思把握到了其中的逻辑，并将它变成了现实。设备于 2019 年 11 月运抵日本，我们很幸运能够在疫情暴发前完成调试。"第一批酒液于 2020 年 2 月 24 日蒸馏得到，然后第一只橡木桶于 3 月 11 日装填。

拥有一家蒸馏厂是一回事，找到适合的人员来生产威士忌则是另一回事。日本并没有太多有技术的威士忌生产者可供任意挑选，所以蔡光华将网撒得稍大一点，开始寻找拥有酒类生产经验且志同道合的当地人。他淘到了金子，遇到了奥泽正雄，后者 50 岁出头，来自邻近的茨城县，拥有精酿啤酒、清酒和葡萄酒生产领域的丰富经验，但同时自 20 世纪 80 年代中期作为调酒师发现苏格兰威士忌的妙处以来，始终希望有朝一日能够从事威士忌生产。在投产这么些年后，已经难以想象没有奥泽的蒸馏厂会是什么样子了。他就是那里的"威士忌生产职人"。

Hikari Distillery

鸿巢蒸馏所

糖化槽： 不锈钢材质，半劳特式（1 吨）

发酵槽： 6 个不锈钢材质（7500 升），不带温控

蒸馏器： 1 对（初馏器 5500 升，再馏器 3600 升），福赛思制

蒸汽间接加热

 林恩臂向下，配有壳管式冷凝器

鸿巢蒸馏所的生产季从 10 月底持续到来年的 6 月中旬左右。一年中的其他时间则单纯是太热了，热得受不了——发酵过程会受影响，工作人员在生产过程各个阶段的冷却工作也会是一场恶斗。鸿巢市毗邻日本夏季最热的熊谷市，因而在夏天，生产车间里会相当闷热。

蒸馏厂从厂区内一口深 120 米的钻井中取水。每个批次使用 1 吨麦芽，平均每周处理 4 个批次。麦芽从海外进口，大部分不含泥煤。偶尔也使用中度泥煤和重泥煤麦芽（分别为 24ppm 和 50ppm）。糖化在一个带铜盖的半劳特式不锈钢糖化槽中进行。然后，麦汁被送到 6 个不带温控的不锈钢发酵槽（容积 7500 升）中的一个。对于无泥煤批次，他们结合使用蒸馏酵母和啤酒酵母。对于泥煤批次，他们则仅使用蒸馏酵母。标准发酵时长为 90 小时，但他们也试验过更短和更长的发酵时长。发酵结束时，麦酒汁的酒精度约为 8.2%，但在被送往初馏器之前，它会略微降至 7%。蒸馏使用一个 5500 升的灯罩型初馏器和一个 3600 升的鼓球型再馏器。两个蒸馏器都相当矮胖（受限于建筑物的高度），均采用蒸汽间接加热，并配有向下的林恩臂和壳管式冷凝器。蒸馏过程不慌不忙（初馏和再馏均为平均 10 小时），目的是得到一种花香味和果味浓郁的酒液。

酒液以 62%—63.5% 酒精度装桶，其中约 85% 被装入波本桶陈年。到目前为止，使用的其他木桶类型还包括欧罗洛索雪利大桶、曼萨尼亚雪利大桶以及大麦烧酒邦穹桶。1 号仓库（双子建筑的左边一栋）是垫板式的，木桶堆放 4 层高。投产两年后，该仓库已被装满（包含约 500 只酒桶），所以他们于 2021 年 10 月开始在厂区内建造一个更大的新仓库。2 号仓库于 2022 年 3 月竣工，可容纳约 3000 只酒桶——足敷六七年之用。

上述生产可能给人中规中矩之感，但在鸿巢蒸馏所，也存在一些

三人团队在蒸馏器前

确定无疑的非常规生产。"拥有某种创作自由是很重要的，"蔡光华指出，"所以时不时地，我们会探索一些不同寻常的领域。奥泽和我都有自己的小项目。"蔡光华的一个小项目便使用到了从新西兰进口的麦卢卡茶树木烟熏麦芽。"我们于 2021 年底收到了 20 吨麦卢卡茶树木烟熏麦芽，并于 2022 年 1 月初开始蒸馏。"所得到的新酒有着非常明显的甘草味，同时带有淡淡的香料味以及柔和的木质烟熏味。"我们已经将这些酒液装进了活福珍藏黑麦威士忌桶中，"蔡光华透露，"我们对这些木桶情有独钟，也希望它们与这些新酒的特点能够很好地融合。"

奥泽正雄的小项目（它们被昵称为"奥泽特别版"）更具开拓精神。他的第一个"特别版"涉及三种不同类型的麦芽（水晶麦芽、巧克力麦芽和重泥煤麦芽），将它们分别蒸馏，再将馏出物调配到一起，并在将它们装入日本栗木桶之前，在 1000 升的陶罐（以前被用于静置大麦烧酒）中静置 10 个月。目前的计划是，最后将它们在配有樱花木桶底的酒桶中进行收尾。为了他的第二个"特别版"，奥泽蒸馏了黑麦和小麦麦芽——再一次地，在将它们装入波本桶之前，将馏出物在陶罐中静置 10 个月。奥泽还尝试过小批量生产谷物威士忌，将由 65% 的大麦麦芽和 35% 的米（被誉为"酒米之王"的山田锦）构成的醪液进行两次蒸馏得到。"这是一种非常昂贵的谷物威士忌，"奥泽解释道，"但我们热衷于尝试大麦麦芽以外的谷物威士忌。"

鸿巢蒸馏所团队这种自成一统的方式有点令人耳目一新。他们不与日本的其他威士忌生产商交游应酬，也不急于推出他们的第一款威士忌产品。在他们的威士忌陈年完成后，蔡光华计划将其中 90% 都用于出口——主要是英国、欧洲大陆、中国香港和新加坡等地。其预计的年产量仅为 60 000 瓶，所以不会剩下太多给日本国内市场。

1号仓库内部

八乡蒸馏所的蒸馏室

八乡蒸馏所

■ 木内酒造 ■

    木内酒造于 2016 年开始涉足威士忌领域（参见第 259 页的额田酿造所）。到了 2019 年，事情已经很清楚，公司在威士忌领域有着更雄心勃勃的计划，因为当时有消息传出说，公司正在筹划在茨城县石冈市，在筑波山脚下建立一家更大的、独立的威士忌蒸馏厂。熟悉木内兄弟（敏之和洋一）的人则知道，这将不会是一家模仿苏格兰做法的蒸馏厂。

    "我们寻求打造的是一种真正新式的威士忌，而不是苏格兰威士忌的翻版，"木内敏之强调道，"日本现在的大多数精酿威士忌蒸馏厂都是仿照苏格兰的蒸馏厂而设的。在某种程度上，我可以从中看到与 20 年前在日本兴起的精酿啤酒运动之间的相似之处。当时的大多数精酿啤酒生产商都在复制德国风格。我们是在政府于 1996 年放松对小规模生产商的监管后，最早一批进入精酿啤酒领域的企业，但打一开始，我们就决定打造拥有我们自己风格的啤酒。"不难看出木内兄弟何以会对他们的威士忌也抱有类似的愿景。在本书写作之时，其常陆野猫头鹰啤酒已经行销超过 40 个国家和地区，已经成为世界上得到最广泛认可的日本精酿啤酒。很明显，他们做对了某些事情。

    建立一家独立的威士忌蒸馏厂的想法在 2018 年初最终确定下来。

八乡蒸馏所的夏末

"我们从 2016 年开始寻找合适的地点，而一开始，我们专注于寻找废弃的学校，"木内敏之回忆道，"但我们当时碰到的建筑大都状况非常糟糕，并不适合用于威士忌生产。后来，我们在石冈市的八乡地区找到了这处建筑，它由当地一位著名建筑师设计，过去曾被用作社区中心。它比我们想要的略小一点，但我们设法克服了这一点。建筑已经有 50 年历史，并在过往的地震中受到损坏，所以我们对它进行了全面翻新。事后来看，当初把它拆掉重建很有可能都要更便宜一些。"

然后是另一个看起来非理性的举动，他们从世界各地的许多不同公司采购蒸馏厂设备。不过，这个疯狂之举也有其原因。"我们是威士忌领域的新手，"木内敏之解释道，"所以我们想要尝试很多东西，然后找到一个方向，找到我们自己的方式。要是我们从同一个地方购买所有设备，比如苏格兰的福赛思公司，我们就会让自己的思维受限于那个特定设置，我们就会遵循苏格兰的做法，以那个特定风格生产

Yasato Distillery

八乡蒸馏所

糖化槽： 不锈钢材质，分立的糖化槽和劳特式过滤桶

发酵槽： 2 个混合橡木材质（8400 升），带温控

2 个法国金合欢木材质（8400 升），带温控

4 个不锈钢材质（17 600 升），带温控

蒸馏器： 1 对（初馏器 12 000 升，再馏器 7500 升），福赛思制

蒸汽间接加热

林恩臂向下，配有壳管式冷凝器

 1 个三塔混合蒸馏器（4000 升），吉曼制，用于金酒生产

威士忌。但我们已经有了自己的工程师，我们已经通过酿造清酒和啤酒掌握实操知识，所以我们当时自己设计了蒸馏厂，然后从世界各地的公司采购设备，其中大多数公司都是我们已经打过交道的。"

蒸馏厂被设置成可以既生产麦芽威士忌，也生产谷物威士忌（后者通过批次蒸馏，而非连续蒸馏得到）。在本书写作之时，其麦芽威士忌占到年产量的 80%—90%。所用的麦芽大部分是无泥煤的。偶尔也使用轻泥煤或中度泥煤麦芽。（木内酒造看起来对极端的风味不感兴趣。他们的产品中也没有那种苦得夸张的啤酒。）

谷物威士忌占到年产量剩下的 10%—20%。酿造谷物威士忌会用到两种醪液配方：一种由等比例的米糠（将糙米磨成酿造清酒用的精米时所得到的副产品）和麦芽构成，另一种由等比例的小麦（茨城县产）和麦芽构成。由于可用的米糠数量相当有限，所以后一种醪液配方更常用。在八乡蒸馏所，谷物威士忌的生产成本要比麦芽威士忌的高很多。

谷物仓库建成，以使不同类型的谷物都可以同样轻松地得到处理。那里有两个袋装供料站（每个都可以装填同一类型或不同类型的谷物），还有一个单独的小的进料口。在这三种情况下，谷物都要么经过一台艾伦·拉多克四辊磨麦机，然后进入料斗，要么直接进入料斗。

谷物料斗的容量为 1.6 吨，但八乡蒸馏所的标准批次为 1 吨（麦芽威士忌和谷物威士忌的生产都如此），并由此得到约 5000 升麦汁。糖化室里有两个糖化槽：一个由吉曼公司生产，并配有布里格斯公司制造的搅拌棒；另一个则是由布里格斯公司生产的劳特式过滤桶。糖化槽配有蒸汽夹套，所以它也可被用作蒸煮器，以适应各种谷物的不同糊化温度。"头遍水"阶段（1—2 小时）在糖化槽中进行，"二遍水"阶段（4 小时）则在劳特式过滤桶中进行。目的是得到清澄的麦汁。

鉴于他们所用的谷物多种多样，不难猜想在接下来的发酵阶段也将有多种多样的选择。室内有 4 个由意大利的加尔贝洛托公司制造的木制发酵槽。它们的容积为 8400 升，但只装填到 5000 升。另外还有 2 个由斯拉沃尼亚橡木和法国橡木制成的混合橡木发酵槽，以及 2 个由法国金合欢木制成的发酵槽。每个木制发酵槽都配有一个悬浮在液体中的制冷板，以便将槽内温度控制在 30℃ 以下。室外还有 4 个大型不锈钢发酵槽。它们均配有控温夹套，因为在夏天，当地会非常炎热。它们的容积为 17 600 升，每次会装入 2 个批次的麦汁（10 000 升）。目前，蒸馏厂每周处理 6 个批次。其中 4 个批次的麦汁进入木制发酵槽，另外 2 个批次的麦汁则进入其中一个不锈钢发酵槽。

不出意料，这里的故事还不限于此。木内酒造有着在清酒和啤酒酿造中使用不同类型酵母的悠久历史，所以在八乡蒸馏所，还特别有个单独的酵母繁殖区，其中包含 1 个用于煮沸部分麦汁的罐子以及 5 个 500 升的繁殖罐。木内敏之及其团队很清楚发酵阶段对于风味形成的关键影响，所以他们做了大量工作来对威士忌生产的这个阶段进行微调。目前，对于每个批次，他们会相继投入两种类型的酵母：第一种长于产生酒精，第二种则长于产生复杂风味。前者用到的是一种在现场培育繁殖的蒸馏酵母，它在发酵槽刚被填满时投入。然后，在某个未公开的时点（在蒸馏酵母即将完成其功效时），投入两种专有酵母中的其中一种（也在现场培育而成）。总的发酵时长因而异乎寻常之久：6—7天。他们也做过使用其他类型酵母（啤酒酵母等）的实验。

蒸馏室是八乡蒸馏所唯一看起来"仿佛在苏格兰"的部分：一个12 000升的初馏器以及一个8000升的再馏器，均配有壳管式冷凝器，均由福赛思制造。他们选择了一个简单的形状（直颈型及略微向下的林恩臂），因为在蒸馏阶段之前已然有大量影响风味的变量在起作用了。发酵得到的麦酒汁的酒精度为7%—8%。两个批次的麦酒汁一起被注入初馏器进行初馏。再馏的酒心提取去尾点在60%左右酒精度，以保留由其专有酵母菌株生成的一些较重的同源物。

有趣的是，不论之前的发酵过程使用的是橡木发酵槽、金合欢木发酵槽，还是不锈钢发酵槽，所有新酒在装桶之前都被混到一起。再一次地，这样做旨在创造出复杂性。酒液以63%酒精度装桶，大部分在厂区内熟成。在实际生产大楼的一层有个小的仓储区域，在生产大楼的旁边还有两个更大的仓库。后两者都是混合型：半是货架式，半是托盘式。另一个在厂区外（但仍在石冈市）的大型仓库则为垫板式。

八乡蒸馏所装填的最早一批酒桶是酒窖雪利桶（也就是说，非经调味而来）和波本桶。目前，大部分新酒都被装入波本桶中。按照蒸馏厂团队的说法，八乡蒸馏所的麦芽新酒看起来在查塔努加威士忌公司用过的酒桶中熟成得特别好。这属于那些机缘巧合的事情之一，因为这家田纳西州蒸馏厂的产品目前没有在日本销售，而八乡蒸馏所的工作人员也还没有机会尝到这些桶里原本所装的威士忌。使用的其他酒桶类型还包括朗姆桶、30加仑装的科瓦尔波本桶，以及少量的樱桃白兰地桶和啤酒桶（用于陈酿常陆野的世涛啤酒）。截至2022年夏，他们已经填满了将近3000只木桶。

2022年，一个三塔混合蒸馏器（容积4000升，吉曼制）被添加到了蒸馏室中。在本书写作之时，该混合蒸馏器仅被用于金酒生产。

八乡蒸馏所坐落在筑波市与笠间市之间的所谓"水果线"上。其附近有各种花卉公园和水果农园，再远点则是当地著名的笠间烧产区。连通蒸馏厂的公共交通不太方便，所以为了（在一定程度上）加以弥补，2022年7月10日，他们在石冈站开设了一个试饮室。这并不意味着他们已经放弃吸引人们到蒸馏厂参观的念想。为了凸显当地丰富的农业资源，蒸馏厂前一个集咖啡馆/餐厅、游客中心和商店于一体的项目已经于2022年4月开始建设。

也是在这个月，木内酒造推出了其"日之丸"威士忌品牌。到目前为止，他们已经推出两款产品：作为某种预告片的日之丸调和新生2022（Hinomaru Blended New Born 2022，2022年6月推出，限量300瓶，48%酒精度），以及日之丸首版（Hinomaru 1st Edition，2022年7月20日推出，48%酒精度，发行量较前者多得多，但未披露具体数据）。两者都由来自额田酿造所和八乡蒸馏所的麦芽和谷物威士忌调配而成。日之丸首版则完全由茨城县产的谷物（金子黄金大麦、大米和小麦）制成。木内酒造计划在2023年公开推出更多威士忌，以纪念公司创立200周年。

在本书写作之时，木内酒造正在筹划在八乡蒸馏所附近，在自己的石冈之藏厂区内建立一家新的发麦厂。届时它将配备地板发麦和滚筒式发麦的相关设施。

八乡蒸馏所的全新混合蒸馏器

从六甲山上所见的"千万美元夜景"

六甲山蒸馏所

■ AXAS控股 ■

六甲山蒸馏所由 AXAS 控股公司所有，后者主营进口和销售各种商品（化妆品、家居用品、运动／户外装备、酒精饮料等）。AXAS 控股创立于 2016 年，总部位于德岛县德岛市，但六甲山蒸馏所坐落于兵库县神户市，就在靠近六甲山山顶处。

六甲山在历史上是个很受欢迎的避暑胜地，曾被视为关西的轻井泽，但在 20 世纪 90 年代初泡沫经济破灭和 1995 年阪神大地震后，游客数量下降，此地也一蹶不振。神户市政府在 2016 年所做的一项调查显示，超过 70% 的企业休养所没有得到适当维护，大量企业休养所和私人度假屋正在逐渐沦为废墟。同年，市政府启动了一项振兴项目，为有意在六甲山的闲置土地上建立新产业的公司提供补贴。AXAS 控股为此提交了一份在六甲山上设立一家小型威士忌蒸馏厂的提案，然后在 2019 年，他们公开宣布将推进此项目。蒸馏厂于 2021 年 4 月 9 日取得威士忌生产许可证，并于当年 7 月投产。

蒸馏厂坐落在一栋原本是一家制药公司休闲场所的三层建筑内。其所在地海拔 800 米，离六甲缆车的终点站不远。蒸馏厂现在每周日对公众开放。

六甲山蒸馏所是家微型蒸馏所，预计年产量仅为 1.1 万升纯酒精。

糖化槽：　　不锈钢材质，半劳特式（2000 升）

发酵槽：　　2 个不锈钢材质（2000 升）

蒸馏器：　　1 个，荷尔斯泰因制

　　　　　　蒸汽间接加热

　　　　　　配有向下的林恩臂和壳管式冷凝器

　　每个批次使用 300 千克麦芽。目前所用的都是重泥煤麦芽（50ppm）。厂区内没有磨麦设备，所以麦芽在研磨后才被送到蒸馏厂。糖化在一个由斯洛文尼亚的什克尔利公司（SK Škrlj）制造的半劳特式不锈钢糖化槽中进行。其所用的富含矿物质的泉水与当地著名的滩五乡清酒所用的相同。

　　一个批次可产生 1500 升麦汁。发酵完成后，麦酒汁接着在一个灯罩型的荷尔斯泰因蒸馏器中进行两次蒸馏。橡木桶则在蒸馏厂建筑的三层（也就是说，阁楼）进行熟成。

　　蒸馏厂于 2021 年 11 月 22 日推出了一款纪念性质的限量版新酒产品：六甲山首版（Rokkosan THE FIRST，66% 酒精度，500 毫升，限量 350 瓶）。目前，蒸馏厂正在销售两款调和麦芽威士忌，六甲山威士忌 12 年和六甲山威士忌 12 年泥煤款，它们均由散装进口的苏格兰威士忌调配而成，并使用六甲山的泉水稀释至 42% 酒精度。

井出釀造店旁的井出
家族老宅——岳麓翠苑

富士北麓蒸馏所

■ 井出酿造店 ■

井出酿造店的前身可追溯至江户时代中期的约 1700 年，当时井出家族开始生产酱油和味噌。到了江户时代末期的约 1850 年，家族开始利用当地丰富的富士山清冽泉水，从事清酒生产。如今，井出酿造店仍是富士五湖地区唯一的清酒生产商。水不是问题（富士山的融雪在地下熔岩层中经过超过 80 年的过滤，水质没的说），但这个地区由于气候寒冷，并不适合清酒用稻米的生长。

在过去很多年里，现任第 21 代当家井出与五右卫门一直在考虑进军威士忌生产领域。他们决定在一个世事艰难的时期，即疫情大流行开始之时投身其中。在他们位于山梨县富士河口湖町的清酒厂厂区内，一家小型蒸馏厂建立了起来，并于 2020 年 7 月 14 日投产。威士忌生产在一年中较热的那半年（从 4 月初到 10 月底）进行，因为这时工作人员正好不用忙于清酒酿造。

富士北麓蒸馏所完全由清酒酿造人员运营。作为威士忌生产领域的新手，他们采取了一种不断试错的方式。谷物类型、研磨比例、发酵时长、酒心提取点等都可以进行讨论和调整，直到获得满意的结果。

但在一个参数上，他们没有探索多样性，那就是酵母类型。蒸馏厂只使用清酒酵母，这使得他们有别于日本的其他精酿威士忌生产商

糖化槽：	不锈钢材质，半劳特式
发酵槽：	2 个重新利用的带搪瓷涂层的钢制清酒罐
蒸馏器：	1 个颈部装有铜板的不锈钢蒸馏器

（当然，他们中有些也使用清酒酵母，但不是只使用清酒酵母，而是与蒸馏酵母／啤酒酵母结合使用）。发酵在重新利用的清酒罐中进行，发酵时长为 4 天，得到的麦酒汁的酒精度约为 7%。它们接着在一个颈部装有铜板的不锈钢蒸馏器中进行两次蒸馏。再馏得到的酒液的平均酒精度为 73.5%。它们在酒精度降至 63.5% 后装桶，并在厂区内进行熟成。所用的酒桶大部分是波本桶和新橡木桶。

富士北麓蒸馏所的产量很小，年产量换算下来相当于 40 桶。在头两个生产季，酒桶被临时存放在一个半开放式仓库的架子上。2022年 9 月，蒸馏厂建筑后面的一个专用货架式仓库竣工，其容量约为450 桶，足够用上好几年。

在投产一年多点时间后，蒸馏厂推出了第一款产品：富士北麓蒸馏所嗨棒。这款罐装嗨棒（8% 酒精度）仅在富士五湖地区销售，并广受欢迎。其口感舒适清新，而使用陈年约一年的威士忌（别忘了，在日本，它从技术上讲已经是"威士忌"）就可以做出这样的品质不免有点让人意外。但其最为不同寻常之处还在于，对一家小型日本精酿威士忌生产商来说，用于这款罐装嗨棒的调和威士忌是 100% 自制的。（其中的谷物威士忌以大米为主要原料制成。）

2022 年 4 月，蒸馏厂推出了一款麦芽与谷物调和威士忌大树海

两款仅在蒸馏厂商店出售的半成品威士忌

（Daijukai，45% 酒精度）。再一次，一款非常年轻的威士忌，完全由自己生产，而且价格与其他一些日本精酿威士忌生产商利用从海外散装进口的谷物威士忌而制作的调和威士忌产品持平。

富士北麓蒸馏所计划于 2023 年夏天，即其 2020 年夏天所产酒液届满三年之时，推出第一款单一麦芽威士忌产品。

酒标以西阵织制成的赤带京都威士忌

京都Miyako蒸馏所

■ 京都酒造 ■

　　尽管其在社交媒体上甚是活跃，但我们目前对京都 Miyako 蒸馏所（其中"Miyako"也为京都之意）及其背后的公司其实所知甚少。蒸馏厂位于京都府中部的京丹波町，距京都市区西北约 60 公里。它于 2020 年 7 月取得威士忌生产许可证，并于 2021 年 3 月以京都威士忌的品牌推出了第一批产品。由于这是些调和／"纯麦芽"威士忌，所以我们不得不假定，其中的酒液并不是在这家蒸馏厂蒸馏的（而且非常有可能，甚至不是在日本国内蒸馏的）。到目前为止，蒸馏厂还没有推出过单一麦芽威士忌产品。

　　所有生产都在一个车间里进行，其设备包括一个小的糖化槽、一些用作发酵槽的带搪瓷涂层的敞口罐子（清酒生产所用的那种），以及一对壶式蒸馏器（初馏器为直颈型，再馏器为鼓球型，两者均配有略微向下的林恩臂和壳管式冷凝器）。发酵时长异乎寻常之短，仅 60 小时。他们所追求的是柔和轻盈的酒液。那里还有一个小的阿兰比克蒸馏器，用于生产金酒。

　　蒸馏厂坐落于丹波高原，为周围平缓起伏的群山所环抱，而按照京都酒造的说法，这里相对较大的昼夜温差"加速了威士忌的熟成"。对此，我们将拭目以待。

深山里的井川蒸馏所

井川蒸馏所

■ 十山 ■

截至目前，井川蒸馏所是日本海拔最高的威士忌蒸馏厂。坐落于南阿尔卑斯国立公园内海拔 1200 米处，它也是日本最偏远的蒸馏厂之一。它距离静冈市区约 4 小时车程，尽管这个地点从技术上讲仍属于静冈市。蒸馏厂由十山公司所有，后者是特种东海制纸公司的全资子公司，成立于 2020 年 4 月 1 日，负责经营和管理制纸公司所有的井川山林。

在如此偏远的山区建立一家蒸馏厂非有大魄力而不可为，而十山公司内部起初对于前方可能面对的挑战也颇有担忧。蒸馏厂原本计划于 2020 年 7 月全面投产，但大雨导致的公路损毁导致计划严重推迟。

威士忌生产最终于 2020 年 11 月开始。每个批次使用 1 吨麦芽，从苏格兰进口的无泥煤、中度泥煤（30ppm）和重泥煤（50ppm）麦芽均有使用。所用设备包括一个 4700 升的糖化槽、四个不锈钢发酵槽（容积 6000 升，每次装至 5000 升），以及一对由三宅制作所制造的壶式蒸馏器（分别为 6000 升和 3000 升，均为直颈型，均配有略微向下的林恩臂和壳管式冷凝器）。他们结合使用蒸馏酵母和啤酒酵母，发酵时长为 68 小时。

熟成目前使用波本桶和雪利桶，但公司也有雄心勃勃的计划，打

糖化槽：	不锈钢材质（4700 升）
发酵槽：	4 个不锈钢材质（6000 升），带温控
蒸馏器：	1 对（初馏器 6000 升，再馏器 3000 升），三宅制
	蒸汽间接加热
	林恩臂向下，配有壳管式冷凝器

算使用从井川山林采伐的橡木之外的木材制作自己的木桶。公司的目标很明确，就是单一麦芽威士忌类别。而按照生产经理石原纪一的说法，其第一款威士忌产品，一款 5 年陈酿，计划于 2026 年推出。

蒸馏厂坐落在大井川沿岸，周边景致优美。公司计划充分利用这一点，在未来开展一些生态旅游项目，包括蒸馏厂参访和户外活动等。

三宅制的蒸馏器

宇户田祥自在蒸馏室内

久住蒸馏所

■ 津崎商事 ■

日本的许多新威士忌蒸馏厂难免多少有点跟风之嫌，但对于久住蒸馏所及其幕后主事者宇户田祥自来说，情况绝非如此。

久住蒸馏所坐落于大分县竹田市久住町。当地海拔 600 米，属于久住高原的一部分。创始人兼首席执行官宇户田祥自就生于斯，长于斯，但后来前往宫崎大学攻读农学。正是在大学期间，他开始被威士忌所吸引。"当时我和一些大学朋友去了一家酒吧，"宇户田回忆道，"我第一次喝到单一麦芽威士忌（它很有可能是格兰菲迪），并真的很享受其味道。在那时，威士忌在日本的形象并不怎么正面。它只是某种人们下班后在酒吧以水割法大快朵颐的东西。我酒量其实很弱，但我发现自己真的很享受喝单一麦芽威士忌。"

2000 年，在做了三年工薪族后，宇户田搬回了久住，经营家里的酒类商店。他在附近大分市的酒吧继续着自己的"威士忌教育"，并开始梦想有朝一日在家乡建立一家自己的威士忌蒸馏厂。2004 年冬，宇户田遇见了一个有着相似愿景的人：肥土伊知郎。"我是在伊知郎还在到处推销他自己装瓶的第一款羽生威士忌时遇见他的，"宇户田接着回忆，"平均而言，当时他跑十家酒吧才可能卖出去一瓶。拒绝的理由都差不多：它太贵，风味（太）独特，以及比不上苏格兰威士忌。稍后的扑克牌系列也同样如此。他跑一百家酒吧才可能卖出去三箱。然后慢慢地，来自海外的兴趣多了起来，再然后，东京也有人感兴趣……但在九州，情况则大不相同。这里有着很浓厚的烧酒文化，所以当我试着在自己的店里推销伊知郎麦芽时，人们通常的反应是：'一朗？那位棒球选手？'"

2010年，调酒师樋口一幸策划组织了第一届福冈威士忌节（Whisky Talk Fukuoka），宇户田的津崎商事公司则负责为活动提供特别装瓶及相关服务。"2011年，我们为第二届福冈威士忌节准备了一款羽生威士忌单桶装瓶。我们装了约180瓶，但在现场只卖出去三分之一。我们后来花了一年半时间才把剩下的卖光。2012年，我们选了一桶羽生威士忌邦穹桶，装了超过400瓶。我们知道自己卖不了那么多，所以我们将其中的一半卖给了经营海外市场的一番公司。但即便如此，我们还是花了一年时间才卖光自己手上的货。直到2013年，人们对日本威士忌的兴趣才增长到我们能够在活动现场卖光所准备的一款秩父威士忌单桶装瓶的地步。"但趋势看起来正在发生转变。也是在那一年，宇户田听说有个叫中村大航的人也在积极筹划建立一家自己的蒸馏厂（参见第297页的静冈蒸馏所）。在日本，已经出现另一个与自己有着相同梦想的人，这个事实让他受到了鼓舞。

2015年，宇户田开始认真着手他的蒸馏厂项目，等到2016年底，他已经找到并购入了一块土地。"这个地方之前有家清酒厂，名叫小早川酒造，但他们在1989年就停产了。对我来说，这表明这里拥有很好的水资源条件，不论是质量，还是数量。事实证明也是如此。我们钻到地下40米就得到了大量的水，完全足够供生产和工艺使用。"2017年，小理查德·福赛思来到现场，并绘制了一份粗略的蒸馏厂布局图。同年5月，在请求多年后，宇户田获准在秩父蒸馏所实习。（在那之后，他又多次回到那里进修。）

为了筹集资金，宇户田向调酒师、酒类零售商及其他利益相关方发行企业债券。而通过口耳相传，一些海外投资者也加入了进来，等到 2019 年，他已经设法筹集到足够的资金来支付建筑和设备的费用。装有蒸馏厂设备的集装箱于 2020 年 5 月底运抵日本。接下来本该是福赛思公司的工作人员从苏格兰来此，进行几周的安装和调试，但疫情大流行使得这一切变得不可能。"我们只好等着，一直等到 8 月，"宇户田说道，"到那时，我们知道不能再等了。我们联系了当地的工程公司平野商店，他们拥有与大型烧酒和清酒生产商合作的经验。于是在 2020 年的最后四个月里，在福赛思方面的在线支持下，他们将蒸馏厂配置好了。"蒸馏厂在圣诞节前准备就绪，威士忌生产许可证于 2021 年 1 月 5 日颁发。然后久住蒸馏所于 2021 年 2 月 20 日进行了第一次蒸馏，并于 2 月 27 日得到了第一批酒液。

从磨麦到灌装的整个生产过程都在一个布局紧凑的生产车间内进行。除了宇户田，生产环节还有四人参与。首席蒸馏师是武石裕，他于 2017 年 26 岁时，从 IT 业转行投身威士忌生产。

Kuju Distillery
久住蒸馏所

糖化槽：　不锈钢材质，半劳特式（500 千克）

发酵槽：　5 个花旗松木材质（3000 升）

蒸馏器：　1 对（初馏器 2500 升，再馏器 1800 升），福赛思制

　　　　　蒸汽渗滤器间接加热

　　　　　林恩臂向下，配有壳管式冷凝器

每个批次处理 500 千克麦芽。起初，每周处理三个批次。到了 2022 年 7 月，增加到每周七个批次。除了 8 月的一个为期三周的休整期，蒸馏厂全年运营。每年有两个月时间留给泥煤麦芽（40ppm 和 50ppm）的生产，其余时间则使用无泥煤麦芽。"我们的大麦大部分都是进口的，"武石解释道，"但我们与丰后大野市的一位农民签订了合约，他将从 2022 年起每年向我们供应 20 吨本地产大麦。"

研磨比率为碎麦 5 成 5，麸皮 3 成，面粉 1 成 5，其中麸皮占比较大多数蒸馏厂的稍高。糖化在一个半劳特式糖化槽中进行，目标是得到清澄的麦汁。蒸馏厂使用常规的"三遍水"（第一遍是 2000 升 70℃的水，第二遍是 1200 升 80℃的水，最后一遍是 1600 升 90℃的水）工艺。每个批次可以得到约 2500 升麦汁。麦汁接着被送到五个发酵槽中的一个。起初，其中四个发酵槽是重新利用的带搪瓷涂层的清酒罐（容积 4000 升），第五个则由花旗松木制成（容积 3000 升）。到了 2022 年夏末，四个清酒罐被新的花旗松木发酵槽取代。从那以后，发酵就都在木制发酵槽中进行了。发酵使用干蒸馏酵母，发酵时长为 92 小时，最终得到酒精度约 8% 的麦酒汁。

蒸馏使用一个 2500 升的初馏器和一个 1800 升的再馏器，两者均为直颈型，均配有略微向下的林恩臂和壳管式冷凝器。武石设计了壶式蒸馏器的这个基本框架，目的是打造出一种带果味的饱满的酒液。"我们选择直颈，是因为我们想要得到饱满的风味，"他解释道，"而且我们蒸馏得很慢，两次蒸馏都需要约六个半小时。对于再馏，我们掐掉不要约前八分钟的酒头，去尾点则选在 63.5% 酒精度。我们得到的酒液比我们在设计阶段所设想的要略微厚重一点，但我们还是乐于接受。"每个批次最终可以得到酒精度为 60% 的 320—330 升新酒，它们接着被装入橡木桶，并在厂区内进行熟成。一周下来，他们可以装

首席蒸馏师武石裕在检查酒液

满大致 10 只酒桶。

　　大部分酒液（约 70%）都被装入波本桶，剩下的则被装入雪利桶、白兰地桶、雅文邑桶、朗姆桶和苹果白兰地桶。投产一年后，蒸馏厂建筑旁的那个小型垫板式仓库就已经全满了（约 500 只酒桶）。在本书写作之时，他们正计划在厂区内新建一个可容纳 850—900 只桶的货架式仓库。

　　久住蒸馏所于 2022 年 3 月推出了第一款产品，久住新生（Kuju Newborn，59% 酒精度，200 毫升，限量 3087 瓶）。这是款不含泥煤的蒸馏酒，在波本桶中熟成了 7 个月。

NEW POT
Niigata
Barley

龜田蒸溜所

NIIGATA
KAMEDA
DISTILLERY

一瓶使用新潟大麦蒸馏而成的新酒

新潟龟田蒸馏所

■ 新潟小规模蒸馏所公司 ■

新潟龟田蒸馏所位于新潟县新潟市龟田地区。它是堂田浩之的心血产物，后者也是日本最大的印章制造商之一大谷公司的董事。

堂田出身北海道，并喜爱美酒。他的最爱是竹鹤17年，直到它后来根本无从入手。有一天，他又在哀叹日本威士忌的存货日益稀少，这时堂田的妻子（也是大谷公司的董事长）提议他干脆自己动手好了。这毫无疑问是个艰巨的任务，但种子也从此种下了。

随着日本政府推动合同和印章的数字化（因而个人印章可能在不远的将来成为历史遗物），大谷公司内部也急迫意识到需要开辟新业务，乃至拓展海外市场。生产威士忌的想法便被提了出来。长话短说：大谷公司寻求到了新潟当地另外两家公司的支持，并于2018年夏天宣布了这个计划。

2019年3月，堂田和妻子成立了新潟小规模蒸馏所公司，并开始翻修大谷公司位于新潟龟田一个小工业园区里的一个仓库，后者距离JR新潟站5公里。看地图你可能看不出来，但新潟龟田蒸馏所实际上是从东京出发，可以最方便（很有可能也是最快）抵达的蒸馏厂。尽管直线距离达250公里，但从东京乘坐新干线，只需2小时就可到达新潟站，再坐10分钟出租车即可抵达蒸馏厂。

糖化槽： 不锈钢材质，劳特式（2000 升）

发酵槽： 3 个金合欢木材质（3100 升）

3 个不锈钢材质（3100 升），带温控

蒸馏器： 1 对（初馏器 2000 升，再馏器 1400 升），福赛思制

蒸汽间接加热

林恩臂大幅向下，配有壳管式冷凝器

新潟龟田蒸馏所于 2020 年 6 月取得威士忌生产许可证，但由于疫情大流行导致的延误，直到 2021 年 2 月才投产。首次蒸馏于 2021 年 2 月 9 日进行。

所用的大多数麦芽（泥煤的和无泥煤的均有）从苏格兰进口，但一些当地新潟县产的大麦也得到了使用。每个批次使用 400 千克麦芽。糖化在一个吉曼制的劳特式糖化槽中进行，使用浸泡法，目标是得到清澄的麦汁（约 2000 升每批次）。

在发酵方面，他们有三个由意大利的加尔贝洛托公司制造的金合欢木糖化槽，以及三个不锈钢糖化槽。它们的容积均为 3100 升，但每次只装到 2000 升。标准发酵时长为 96 小时，但更长时间（多至 120 小时）的发酵也有尝试过。发酵使用来自不同公司的蒸馏酵母。蒸馏厂的工作人员逐渐形成了对于木制发酵槽的偏爱（因为它们可以帮助促进二次乳酸发酵），而这也成为他们现在默认的使用方式。只有当所有木制发酵槽都已被占用时，不锈钢发酵槽才会得到使用，但在这种情况下，他们也会在发酵的第三天早上，将里面的发酵物转移到木制发酵槽中，以使得它们得以在那种环境中继续二次发酵。公司计划在

不远的将来再增加三个新的木制发酵槽——这一次，由橡木制成。

蒸馏使用两个由福赛思制造的壶式蒸馏器。初馏器（2000 升）为灯罩型，再馏器（1400 升）则为鼓球型。两者均配有大幅向下的林恩臂和壳管式冷凝器。他们追求的是清新优雅，但酒体适中的风格。新潟县是日本主要的清酒产地之一，而且消费者大多偏好吟酿清酒的那种轻盈、芬芳、带有果味的风格，所以新潟龟田蒸馏所也试图打造出一种类似的清新、轻盈、带有酯味的风格。

酒液以 63% 酒精度装桶，主要使用波本桶、雪利桶和葡萄酒桶，并在新潟县内的不同地点进行熟成。在本书写作之时，其主仓库位于蒸馏厂西南约 30 公里的弥彦村。他们还使用了位于蒸馏厂东北约 30 公里的胎内市的一家酒店的地下室。他们也一直在寻求将酒桶存放在通行在岩船港与粟岛之间的渡轮上，以考察船只晃动对熟成过程的影响。更务实点的话，公司还规划在厂区内建造一个大型熟成仓库。

新潟县的稻米产量位居日本第一，而且其稻米品质上乘。新潟龟田蒸馏所正计划利用这一点，在未来尝试生产大米威士忌。为此，他们计划增添一个谷物蒸煮器。

公司于 2022 年初推出了三款限量的新酒产品，包括泥煤版、无泥煤版和新潟大麦版（均为 200 毫升装，60% 酒精度）。他们计划于 2024 年推出第一款单一麦芽威士忌产品。

羽生蒸馏所

■ 东亚酒造 ■

东亚酒造的历史可追溯至 1625 年，但其始于 1946 年的威士忌生产历史在 2004 年就走到了尽头。这段往事可参见后文第 485 页有关逝去的蒸馏厂的相关章节。那么怎么解释在这里出现的一家同名蒸馏厂？就像人们常说的，这有点复杂。

2004 年，东亚酒造被日之出通商公司（2019 年更名为日之出控股）收购。日之出的历史可追溯至 1900 年，专业生产味淋、料酒、清酒、烹饪酱料和酒精饮料等。当初日之出收购东亚酒造时，威士忌还是日本饮料行业的丑小鸭。但到了 2016 年，日本威士忌已经风光无限。在那一年，东亚酒造再次开始散装进口威士忌，以用于进一步陈年、调配和装瓶生产金马威士忌。然后到了 2021 年秋，公司宣布将恢复麦芽威士忌生产。鉴于旧的羽生蒸馏所已经被拆毁，剩下的设备散落各处，仅具历史价值（换言之，已是破铜烂铁），建立一家新的羽生蒸馏所势所必然。

公司从三宅制作所订购了一套全新设备，并于 2021 年 2 月恢复威士忌生产。这套设备包含 1 个 1 吨（6000 升）的劳特式糖化槽、5 个带温控的不锈钢发酵槽（8000 升），以及 1 对基于原版羽生蒸馏器蓝图制作的灯罩型壶式蒸馏器（分别为 6000 升和 3000 升，使用蒸汽

糖化槽： 不锈钢材质，劳特式（1 吨）

发酵槽： 5 个不锈钢材质（8000 升），带温控

蒸馏器： 1 对（初馏器 6000 升，再馏器 3000 升），三宅制

蒸汽间接加热

 林恩臂向下，配有壳管式冷凝器

间接加热，均配有向下的林恩臂和壳管式冷凝器）。公司于 2021 年
春寻求通过众筹平台 Makuake 来筹集额外资金，以建设一个游客中
心和设置蒸馏厂访学项目。他们得到了 1426 人的支持，筹集到了超
过 2600 万日元的资金（远超其原初目标金额的 20 倍）。2021 年 4 月，
蒸馏厂向这些支持者提供了两款一套的新酒装瓶，其中一款为无泥煤
版，另一款为泥煤版（均为 200 毫升，60% 酒精度）。不久后，他们
还在自己的网上商店销售了额外的 100 套。这些是目前唯一可以让人
体验到新羽生蒸馏所风味的产品。

向众筹支持者提供的羽生新酒无泥炭版

无泥煤的濑户内新酒

濑户内蒸馏所

■ 三宅本店 ■

濑户内蒸馏所是位于广岛县吴市的知名清酒生产商三宅本店的最新项目。

公司的历史可追溯至 1856 年,当时其前身名叫河内屋,主要生产味淋、烧酒和白酒。1902 年,也就是吴市设市的那一年,他们开始生产正宗清酒。

吴市有着很强的海军和工业背景(日本第二古老的海军工厂就坐落在那里),公司便也受益于这种海军背景。20 世纪 20 年代末,公司的产品成为海军舰艇上的军用清酒,并不经意间借着水兵带酒回家休假的机会,使其旗舰产品"千福"风靡全国。

时间快进到 2020 年,三宅本店决定进军威士忌和金酒领域。金酒生产于 2020 年开始。其威士忌生产许可证则于 2021 年元旦那一天取得。这不免让我们好奇,日本国税厅的人都从来不休息吗?

濑户内蒸馏所位于三宅本店总部一座不起眼的建筑里,那里之前曾被用作装瓶车间。蒸馏厂的规模相对较小。事实上,磨麦机、糖化槽、热水箱、发酵槽和混合蒸馏器就在该建筑的一面墙前一字排开。为了省钱起见,所有设备都购自中国。蒸馏厂于 2022 年 3 月 30 日准备就绪,并举办了一个正式的竣工仪式。

糖化槽：　　不锈钢材质，半劳特式

发酵槽：　　4 个不锈钢材质（1000 升）

蒸馏器：　　1 对（初馏器 1000 升，带精馏塔的再馏器 1000 升），温州大宇制

蒸汽间接加热

林恩臂分别向下和略微向上，均配有壳管式冷凝器

　　用水取自厂区内的一口钻井，井深 60 米，直抵附近灰峰的地下水层。麦芽从澳大利亚和英国进口，但也使用国产大麦。生产仅使用无泥煤麦芽。

　　即便以精酿威士忌蒸馏厂的标准来看，瀬户内蒸馏所的规模也很小。每个批次仅使用 250 千克麦芽。麦芽使用一个小型两辊轧机进行磨碎。糖化在一个 1000 升的半劳特式不锈钢糖化槽中进行，使用四遍水工艺。得到的 900 升麦汁接着被送到四个啤酒酿造所用的那种不锈钢发酵槽中的一个。醪液剩下的固体部分则被用于下个批次的糖化。

　　发酵过程结合使用啤酒酵母（现场培育）和蒸馏酵母。发酵时长为 4—5 天。得到的麦酒汁的酒精度非同寻常之高，为 10%—11%。

　　2022 年 9 月中旬之前，蒸馏在一个 1000 升的混合蒸馏器中进行。这是一个带精馏塔的鼓球型壶式蒸馏器，初馏和再馏都借助它完成。2022 年 9 月中旬，他们安装了第二个 1000 升的壶式蒸馏器（这次为直颈型，且不带精馏塔）。从那以后，他们结合使用两个蒸馏器：新安装的作为初馏器，之前的混合蒸馏器则用作再馏器。

　　蒸馏厂团队已经决定主要使用欧罗洛索雪利桶进行熟成，并计划以后大部分产品都以单桶装瓶的形式推出。装桶强度为 63.5% 酒精度。

瀬户内广岛柠檬

　　瀬户内蒸馏所于 2022 年春推出了一些新酒装瓶（60% 酒精度，200 毫升），以便让威士忌爱好者可以品尝其酒液"粗狂而独特的味道"。蒸馏厂现在还处于非常早期的阶段，所以其团队打算打造出怎样的风格，以及他们希望在日益拥挤的日本威士忌版图中找到怎样的立足之地，都有待进一步观察。

新道蒸馏所的初馏器

新道蒸馏所

■ 筱崎 ■

新道蒸馏所由筱崎公司所建，后者创立于 1922 年，以其优质的大麦烧酒知名。公司的其他产品还包括清酒、甘酒、金酒以及所谓"米曲威士忌"或"高峰威士忌"（由高峰让吉最早开创，利用米曲霉发酵生产的威士忌）。

为了回应对日本威士忌日益增长的需求，当时还是经营企划部长的企业第八代传人筱崎伦明热切地想要在位于福冈县朝仓市的公司大本营建立一家独立的威士忌蒸馏厂。建设于 2020 年 11 月开始，威士忌生产于次年 8 月开始。"新道"既是蒸馏厂所在地块的名称，但也暗含"我们将挑战的一条新道路"之意。不像日本的许多新的精酿威士忌生产商，筱崎伦明对向日本或海外的威士忌生产商问学并不怎么感兴趣。他认为，鉴于公司在大麦烧酒领域拥有数十年经验，他们完全有能力开辟出自己的道路。

每个批次使用 1 吨麦芽，每周处理 5 个批次。自 2021 年夏投产以来，他们使用过多种不同的麦芽。现在一年中有一个月留给重泥煤麦芽（50ppm）的生产，剩下的时间则使用无泥煤麦芽。

除了磨麦机由德国的金策尔公司（Künzel）制造，其他生产设备均由三宅制作所制造。糖化在一个半劳特式糖化槽中进行，并采用了

糖化槽： 不锈钢材质，半劳特式（1 吨）

发酵槽： 5 个不锈钢材质（7000 升），带水套

蒸馏器： 1 对（初馏器 5800 升，再馏器 3300 升），三宅制

蒸汽间接加热

林恩臂向下，配有壳管式冷凝器

一套复杂的糖化工艺。事实上，在新道蒸馏所，生产过程的每个方面都进行了在其他蒸馏厂见不到的那种程度的微调，而且不难理解，那里的工作人员对此口风很紧。每个批次可产生约 5800 升的清澄麦汁。

　　发酵在带水套的不锈钢发酵槽中进行，并使用了一套专有的发酵工艺。目前，蒸馏厂有 5 个发酵槽，但还留有空间可再增加 5 个。

　　经过 4—5 天发酵后，得到的麦酒汁的酒精度约为 7%。蒸馏使用

筱崎伦明在仓库

两个壶式蒸馏器。初馏器为直颈型，容积 5800 升；再馏器则为灯罩型，容积 3300 升。两者均配有向下的林恩臂和壳管式冷凝器。再一次地，在蒸馏阶段，他们也进行了大量研发。按照筱崎伦明的说法，"黄金时间"出现在再馏开始后的约 3.5 小时，这时一种明显的蜂蜜和椰香以及一种浓郁香甜的气味就会飘出来。这正是他们想要捕捉的气味。

装桶强度是经典的 63.5% 酒精度，而在本书写作之时，所用的木桶 70% 是波本桶，20% 是雪利桶，还有 10% 是"其他桶"（包含水楢桶、朗姆桶和来自新西兰的自然葡萄酒桶等）。再一次地，他们并不是手头有什么桶就装什么桶。一切都经过了深思熟虑。比如，重泥煤酒液就与朗姆桶搭配得非常好——按照筱崎伦明的说法，这个组合会引出一种黑巧克力味。

蒸馏厂目前还没有计划推出产品。鉴于公司对品质的追求，产品应该会在他们认为适当的时候推出，而不是按照某个时间表。

春天的新道蒸馏所

新雪谷蒸馏所的蒸馏器

新雪谷蒸馏所

■ 八海酿造 ■

行文至此，背景故事的这个基本套路（既有的清酒／烧酒生产商进入日本威士忌领域）可能已经听起来有点老套了，但对于新雪谷蒸馏所，其故事有点特别之处，所以还是值得再说上一说。

故事始于十年前，主人公则是八海酿造的社长南云二郎。这是一家 1922 年创立于新潟县南鱼沼市，坐落在八海山脚下的知名清酒企业。新潟县受益于日本本州降雪量最大的自然条件而拥有众多的顶级滑雪场。南鱼沼市附近的苗场滑雪场便曾经是日本最受欢迎的滑雪胜地，但在进入新千年后，这个位置被北海道的新雪谷（又译为二世古或二世谷）所取代，那里优质的粉雪赢得了世界各地游客的青睐。热切想要设法重振当地滑雪场的南云，开始定期访问新雪谷。不料，他自己也为新雪谷所吸引，并随着时间推移，越来越确信新雪谷可能是建立一家威士忌蒸馏厂的理想之所。他与当地人分享了这个想法，并得到了对方的积极回应。

南云于 2019 年 2 月 25 日成立新雪谷蒸馏所公司，作为八海酿造的子公司，于 2020 年春开工建设。蒸馏厂坐落于从新雪谷町租用的一块 9990 平方米土地上，正毗邻新雪谷安努普利国际滑雪场。蒸馏厂建筑于 2020 年 12 月 21 日竣工，然后一点一点地，从世界各地采

糖化槽： 不锈钢材质，劳特式（1 吨）

发酵槽： 3 个花旗松木材质（7500 升）

蒸馏器： 1 对（初馏器 5500 升，再馏器 3600 升），福赛思制

蒸汽间接加热

 林恩臂水平，配有壳管式冷凝器

购的设备相继入住。

第一次威士忌蒸馏于 2021 年 3 月 24—25 日间进行，然后同年 5 月初灌装了第一批酒桶。蒸馏厂还生产金酒（以"ohoro"之名贩售，后者在阿伊努语中意为"继续"）。旅游业是蒸馏厂商业计划的一个重要组成部分，所以蒸馏厂于 2021 年 10 月 1 日举办了一场盛大的开业仪式。

蒸馏厂设置是教科书般的苏格兰方式，但设备来自世界各个地

方：1 台来自瑞士的布勒四辊磨麦机，1 个来自斯洛文尼亚的什克尔利劳特式糖化槽（1 吨），3 个由日本木槽木管公司制造的花旗松木发酵槽，以及 1 对来自苏格兰的福赛思壶式蒸馏器。此外，还有 1 个 600 升的荷尔斯泰因混合蒸馏器用于生产金酒，未来则还有可能生产伏特加。

威士忌生产过程也师承苏格兰。每个批次使用 1 吨从英国进口的无泥煤麦芽。得到的 5000 升麦汁在花旗松木发酵槽中发酵 4 天。蒸馏在两个壶式蒸馏器中进行。初馏器为直颈型，再馏器为鼓球型。两者均配有水平的林恩臂和壳管式冷凝器。其目标是打造出一种清新、和谐、"表现出一种风味之平衡"的酒液。

酒液以 60% 酒精度装桶，并在厂区内的一个垫板式仓库中熟成。到目前为止，所用的木桶类型包括在日本全新制作的美国白橡木桶以及波本桶、雪利桶和葡萄酒桶。水楢桶也在计划之中。截至 2022 年 8 月下旬，他们已经装填了约 200 只橡木桶。

新雪谷蒸馏所计划于 2024 年推出第一批威士忌产品。

冬天的蒸馏厂

铜与钢

山鹿蒸馏所

■ MCA控股 ■

山鹿蒸馏所是熊本县的第一家威士忌蒸馏厂。它位于熊本县山鹿市，那里的清酒生产历史悠久，表明当地水质可靠。

蒸馏厂现在隶属于 MCA 控股，后者创立于 2006 年，由南九州可口可乐装瓶公司分设而来。MCA 控股于 2013 年投资设立 VinEx 山鹿，后者专门从事酒类和饮用水的生产和销售，并于 2014 年开始生产本格烧酒。2021 年，VinEx 山鹿业务转型，重心从烧酒生产转向威士忌生产，公司名称也变更为山鹿蒸馏所公司。

尽管公司及其员工都是威士忌生产的新手，但他们还是有种家族纽带可资利用。MCA 控股及山鹿蒸馏所公司的社长本坊正文就来自旗下拥有玛尔斯信州和玛尔斯津贯蒸馏所的本坊家族。山鹿蒸馏所的团队因而从本坊酒造那里得到了大量技术支持，其工艺（乃至蒸馏厂本身的设计）不免让人想起玛尔斯信州和玛尔斯津贯蒸馏所。

山鹿蒸馏所占地 1258 平方米，所有厂房都是新建的。公司于 2021 年 10 月 29 日取得威士忌生产许可证，并于次月开始生产。第一次蒸馏于 2021 年 11 月 15 日进行。

在山鹿蒸馏所，从磨麦到蒸馏的全部过程都在同一个车间内进行。访客可以在玻璃后面参观威士忌生产过程，就像在玛尔斯信州和

糖化槽： 不锈钢材质，劳特式（8000 升）

发酵槽： 5 个不锈钢材质（6000 升），带温控

蒸馏器： 1 对（初馏器 6000 升，再馏器 3000 升），三宅制

蒸汽间接加热

林恩臂向上，配有壳管式冷凝器

玛尔斯津贯蒸馏所那样。这里的生产规模不大，仅四个人进行生产工作。除了磨麦机，所有设备均由三宅制作所制造。

每个批次使用 1 吨（偶尔为 1.1 吨）麦芽，所用麦芽都从英国进口。大部分生产使用无泥煤麦芽，但偶尔也使用重泥煤麦芽（50ppm）。糖化过程使用菊池川的地下水，并采用标准的"三遍水"工艺。

发酵在不锈钢发酵槽中进行，发酵时长为 96 小时。无泥煤生产结合使用蒸馏酵母和艾尔啤酒酵母。（那里有两个 700 升的酵母罐，

山鹿蒸馏所

用于准备艾尔啤酒酵母。）泥煤生产则仅使用蒸馏酵母。

在蒸馏方面，他们采用了一个旨在增加酒液与铜内壁接触的设计。初馏器为鼓球型，再馏器则为直颈型。两者都为蒸汽间接加热，并配有向上的林恩臂（分别呈 100 度和 95 度）和壳管式冷凝器。所得到的酒液清新易饮。

酒液以 60% 酒精度装桶，并在厂区的一个仓库里进行熟成。仓库配有可移动的货架，可容纳约 3300 只酒桶。第一只桶（一只波本桶）于 2021 年 12 月 2 日装满。从那以后，所用的橡木桶类型主要是波本桶以及雪利桶（调味桶和酒窖桶均有）。按照蒸馏厂工作人员的说法，山鹿当地气候湿润，年温差变化大（从冬季的 −5℃ 到夏季的 40℃）——正是快速熟成威士忌的完美条件。

山鹿蒸馏所是为数不多的向公众开放的日本蒸馏厂之一。游客中心于 2022 年 4 月 16 日开放，并设计有自助式的参观路线，就像你在玛尔斯信州和玛尔斯津贯蒸馏所所见的那样。游客中心还限量供应迷你装瓶（200 毫升）的山鹿新酒（Yamaga New Pot）。

蒸馏器

三处利尻岛的泉水与一个旺多姆蒸馏器

利尻蒸馏所

■ 神居威士忌 ■

在日本地图上很难找到比利尻岛更偏远的地方了，但有时候，是一个地方选择了你，而不是反过来。对于企业家夫妇凯西·沃尔（美国）与平野未来（日本）来说，情况就是如此。2016 年，他们原计划前往北海道西北端的礼文岛。从稚内港出发的渡轮首先在利尻岛经停，再然后……他们没有再去礼文岛。这对夫妇爱上了利尻岛的壮丽景致（尤其是其中央高耸的火山，它因与富士山相似而被称为利尻富士），并开始考虑在这样一个偏远的地方，他们可以开展什么样的业务。在回程的渡轮上，在这里建立一家威士忌蒸馏厂的想法诞生了。

在十几岁的时候，沃尔有个朋友的家人住在艾雷岛，那里的景致让他倾心不已。"利尻岛让我想起了艾雷岛，"他表示，"不论是当地的景致，还是当地人的粗犷。利尻当地人有着某种非日本的特质。当然，他们说日语，但他们有点牛仔气质，有点打破规则，有点自由自在，给人感觉更像是得克萨斯人，而不像是循规蹈矩、依靠耻感来维护社会秩序的大和民族的人。这让我更爱这个地方了。"

在日本建立一家威士忌蒸馏厂已经相当具有挑战性。以外国人的身份在偏远如利尻岛的地方建立一家威士忌蒸馏厂则更加难上加难。"我们花了好几年时间才在利尻岛上获得土地并建立起必要的关系，"

沃尔解释道，"利尻岛是个关系复杂且很难做生意的地方。这里几乎没有'外地人'经营的生意。一切都是当地人掌控的。"

最终，团队设法在利尻岛西侧利尻町的神居地区获得了一片土地，就在神居海岸边，可以俯瞰日本海和礼文岛。奠基仪式于 2021 年 7 月 4 日举行，一年后，壶式蒸馏器到货。竣工仪式于 2022 年 7 月 17 日举行，生产则于同年 9 月开始。

Kamui Whisky K. K. Distillery

利尻蒸馏所

糖化槽：	不锈钢材质，劳特式（800 升）
发酵槽：	4 个不锈钢材质（700 升），带温控
蒸馏器：	1 对（初馏器 750 升，再馏器 350 升），旺多姆制
	蒸汽间接加热
	林恩臂向下，配有虫桶冷凝器

蒸馏厂建筑为紧凑的单层木结构，其外观让人联想到渔民小屋。所用的水来自经过火山岩超过 30 年时间过滤而从岛上几个天然泉眼涌出的泉水，每个都有不同的酸碱度和特性。按照沃尔的说法，"大部分生产使用丽峰泉水，但一些特殊酒桶会使用神居泉水和甘露泉水"。

所用的麦芽从苏格兰进口，但也使用了一些北海道本地产大麦。未来还计划使用当地的泥煤。"我们考察了好几块泥煤沼泽，并对其做了测试，"沃尔说，"因此，在未来，我们将使用利尻岛泥煤来熏制我们自己的泥煤麦芽。"

每个批次使用 200 千克麦芽。发酵在不锈钢发酵槽中进行。他们使用蒸馏酵母，发酵时长为 4—5 天。在未来，他们希望在利尻岛上采集野生酵母并加以培育。

蒸馏使用由来自美国肯塔基州路易斯维尔的旺多姆铜器厂（Vendôme）制造的一对壶式蒸馏器。旺多姆蒸馏器在美国到处可见，但在日本，这是第一对。每个蒸馏器均为鼓球型，拥有相对高且细长的颈部和一个短而向下的林恩臂。每个均配有一个小型虫桶冷凝器。

蒸馏厂仍处于非常早期的阶段，但他们的目标是得到一种有着"细微风味层次并具有淡淡泥煤味"的酒液。有趣的是，他们在装桶前将过滤酒液。这个所谓的"利尻岛过滤工艺"有点像田纳西威士忌所用的林肯县工艺，但使用的是火山岩，而不是木炭。"我们与一所美国大学合作，花费两年半时间开发了一套特殊的火山岩过滤系统。利尻岛上有三种形成于不同喷发时期的火山岩，当被用于过滤时，每种都会增添一种不同的风味。"

过滤后，大部分酒液被装入波本桶中。杜罗葡萄酒桶将被用于二次熟成。水楢木的采购还在进行中。装桶强度为58%—60% 酒精度。目前，厂区内有一个小型垫板式仓库，可容纳约100只酒桶。当然，它就在海边，白天仓库门开着，以最大限度地吸纳海洋性环境对熟成过程的影响。第二个仓库预计将在未来几年内建成。

规划的第一年产量是法定最低的6000升纯酒精。目前，只有两个人在负责运营，而且威士忌生产很可能将是季节性的，而不是全年运行。第一次的冬季生产将揭示生产安排的某些限度。

利尻蒸馏所及背后的日本海

混合蒸馏器的精馏塔近景

野泽温泉蒸馏所

■ MDMC公司 ■

野泽温泉村是长野县的知名旅游胜地，深受雪上运动、温泉、远足和自行车爱好者的欢迎。它所欠缺的是一家蒸馏厂，至少住在当地的一帮外国人在 2020 年时是这样想的。因此，联合创始人戴维·埃尔斯沃西、菲利普·理查兹、布拉德利·德马蒂诺·罗萨罗尔和八尾良太郎决定补足这一点。他们找到了一家距离主街步行两分钟路程的旧罐头厂，并对其加以重新利用。奠基仪式于 2021 年 9 月 10 日举办，一年多点后，蒸馏厂已经准备就绪。

之前在额田／八乡蒸馏所工作过的米田勇出任蒸馏厂的首席蒸馏师，而这是个完美的选择，因为团队想要的不是传统的日本威士忌风格（也就是说，延续苏格兰风格），而是更倾向于新世界（美国）风格，使用不同类型的谷物，并尝试打破常规。

每个批次使用 400 千克麦芽；目前，麦芽是从澳大利亚进口的无泥煤麦芽。其他谷物（本地产小麦、荞麦和大米）也有使用。蒸馏厂配备了一台锤磨机。为进行糖化过程，一个由德国卡尔制造的带直接蒸汽注入和速冷夹套的不锈钢糖化蒸煮器（2200 升）与一个糖化过滤器结合使用。野泽温泉蒸馏所是目前唯一一家使用糖化过滤器的日本精酿威士忌蒸馏厂，这给了他们去开发独特的风味特征的灵活性。

糖化槽： 不锈钢糖化蒸煮器（2200 升），带直接蒸汽注入和速冷夹套

发酵槽： 4 个不锈钢材质（2800 升），带温控及搅拌器

蒸馏器： 1 对（初馏器 1000 升，混合蒸馏器 700 升），卡尔制

蒸汽夹套间接加热

 林恩臂向下

发酵使用 4 个带温控的不锈钢发酵槽。蒸馏则使用 1 对卡尔制的蒸馏器：初馏使用容积为 1000 升的壶式蒸馏器，再馏使用容积为 700 升的混合式蒸馏器，两者均为灯罩型且配有向下的林恩臂。

蒸馏厂还有一个由塔斯马尼亚的纳普·卢尔公司（Knapp Lewer）制造的小型蒸馏器，用于生产金酒（这也是目前日本唯一的纳普·卢尔蒸馏器）。金酒生产于 2022 年 9 月开始，威士忌生产则于同年 10 月启动。

刚开箱的卡尔蒸馏器

首席蒸馏师米田勇在操作纳普·卢尔蒸馏器

抱着酒瓶的冲绳石狮

威士忌生产在冲绳

直到最近，冲绳在有关日本威士忌生产的讨论中都没有什么存在感。这并不意味着那里没有任何威士忌"生产"在进行，但事实证明，想弄清楚情况具体如何是非常困难的。

那里的酒类生产商非常乐意与感兴趣者分享泡盛（一种冲绳独有的蒸馏酒）文化。威士忌则是另一回事。一些生产商曾经断断续续地涉足过威士忌生产，但当被问及具体的时间、内容和方式时，他们往往三缄其口。我在拜访冲绳时做了一些尽职调查，但我的咨询和 / 或拜访请求都没有得到回应。可能在将来，透明度会有所改善。与此同时，下述内容反映了我们目前所知的少量情况。

赫利俄斯酒造自 20 世纪 70 年代初以来一直在"生产"威士忌。公司创立于 1961 年，起初名为大洋酒造，并专注于使用当地甘蔗制作朗姆酒。公司于 1969 年更名为赫利俄斯酒造，并于 1972 年进入威士忌领域，开始销售高地人威士忌（Highlander Whisky）和赫利俄斯威士忌（Helios Whisky），两者均为低端产品。至于这些威士忌具体是如何生产出来的，目前尚未可知。1999 年，赫利俄斯酒造开始专门在中国台湾地区推出神宫威士忌 12 年（Kamiya Whisky 12yo）。再一次地，我们不清楚瓶中酒液的来源。

1979 年，赫利俄斯酒造开始生产泡盛，而到了 20 世纪 80 年代末，公司还开始使用橡木桶陈酿泡盛。1991 年，公司推出"藏"（Kura）品牌。起初，该品牌被用于公司的橡木桶陈年泡盛，但近年来，公司使用散装进口的苏格兰麦芽威士忌制成的威士忌也使用了该品牌。

2016 年秋，赫利俄斯酒造推出了历纯麦芽威士忌 15 年（Reki Pure Malt Whisky 15yo，40% 酒精度，500 毫升，限量 200 瓶），顿时在日本威士忌界引发了一阵骚动。它以一种相当非常规的方式——通过罗森便利店进行销售。尽管价格（在当时而言）非常高（8850 日元，不含税），但它还是立即售罄了。据说，瓶中酒液来自赫利俄斯酒造在自己的一个仓库里意外发现的一批橡木桶（9 只）。看起来，它们是由他们自己蒸馏的。

这批 15 年酒液也在 2016 年和 2017 年被用于生产更多的历威士忌（这次则是无年份标识版）。不过，这一次，它是与占 80% 的从国外散装进口的麦芽威士忌调配而成的，并以 180 毫升装瓶发售，尽管还是通过同一连锁便利店。我在本段和上段文字中使用"酒液"一词并不是开玩笑。要了解其原因，我们需要快进到 2020 年的最后一天。

在那一天，赫利俄斯酒造开始销售他们所谓的有史以来第一款冲绳单一麦芽威士忌，许田桶强 2020（Kyoda Cask Strength 2020，60.9% 酒精度，限量 1432 瓶）。作为一种非典型做法，这里的年份指的是发布年份，而不是蒸馏年份。这款威士忌由赫利俄斯酒造在 2017 年使用从英国进口的泥煤麦芽蒸馏而成。

一年后，他们推出了一款单一麦芽威士忌单桶装瓶，也是在一年的最后一天：许田单桶 2021（Kyoda Single Cask 2021，4248 号桶，56.8% 酒精度，限量 556 瓶）。这款威士忌于 2018 年蒸馏而成，同样使用了从英国进口的泥煤麦芽。

许田单桶2021

让我们接着说回到那款历纯麦芽威士忌 15 年。尽管当时并没有明确这样表述，但日本的威士忌行家所留下的印象是，由于它据称由他们自己蒸馏，又由于它是一款麦芽威士忌，所以它应该是一款单一麦芽威士忌。现在赫利俄斯酒造声称许田桶强 2020 是他们有史以来推出的第一款冲绳单一麦芽威士忌，这就让上述猜想顿时站不住脚了。那么历纯麦芽威士忌 15 年到底是什么东西？我们很有可能永远不会知道，但在它发布时，日本的一些威士忌爱好者形容它具有"独特风味"，某种"烟熏味和烧酒味"。当然，这些认为这款产品其实更倾向于是烧酒 / 泡盛的人可能也只是在推测。再一次地，我们很有可能永远不会知道。

赫利俄斯酒造并不是唯一一家与威士忌有干系的冲绳生产商。在美国，所谓的琉球威士忌品牌"鲸"（Kujira）自 2018 年推出以来已经获得了大量关注。其产品线涵盖从无年份到 31 年不等，其酒液则由三家知名冲绳酒类生产商提供：Masahiro 酒造（旧名比嘉酒造）、新里酒造和久米仙酒造。这些"琉球威士忌"实际上是桶陈泡盛，而由于在生产过程中使用了米曲霉，这些产品在日本或欧盟并不被归为威士忌（因而也不见于这些市场）。有趣的是，Masahiro 酒造和新里酒造都在 2020 年取得了（正宗）威士忌生产许可证。

新里酒造在取得入场证后没有浪费时间，立刻加入了本国的威士忌市场竞逐。在本书写作之时，公司的新里威士忌（Shinzato Whisky，43% 酒精度）是冲绳最常见的威士忌。从酒类商店到超市，甚至便利店（除了标准的 700 毫升装，还以 200 毫升的小瓶装出售），它几乎无处不在。按照其包装上的说法，公司的目标是打造出一种新的冲绳威士忌："不只是美味的威士忌，还是展现出冲绳之精髓的威士忌——一种只能由泡盛生产商生产的威士忌。"新里威士忌通过将散装进口的苏格兰调和威士忌与桶陈 13 年的泡盛调配而成。接着调配后的酒液在重度炙烤的新橡木桶中进行进一步熟成。酒液在装瓶前则不再经过冷凝过滤。当然，这只是一家生产商对于冲绳威士忌的一种诠释。

我们很有可能将在未来几年看到更多的公司申请在冲绳生产威士忌，部分原因是泡盛的受欢迎程度下降。在过去 15 年里，泡盛的出货量逐年下降。2020 年的销量已经不到 2004 年的一半。

即将到来的酒税政策调整则将被证明是吸引人们进入利润丰厚的威士忌领域的另一个因素。1972 年，当冲绳从美国控制下移交日本时，当局对在该地区内生产和销售的酒精饮料实行了较低的税率。这样做旨在帮助当地产业以及当地消费者（在美国占领时，冲绳的酒类税率就要低于日本其他地区）。起初，税率差别高达 60%。这个差别在随后的几十年里逐渐被削减。到最近，在冲绳，对泡盛征收的酒税还是要比适用于日本本土生产的类似酒精饮料的税率低 35%。啤酒及其他酒精饮料的税率则要低 20%。2021 年，有 48 家冲绳公司享受了这种税收优惠。然而，到了那年年底，有传言说中央政府将从 2022 年起逐步取消这种税收优惠。泡盛生产商上书陈情，希望将这个缓冲期确定为 10 年（至 2032 年 5 月），政府也接受了。对于在冲绳生产的其他酒精饮料，税收优惠则将在 2026 年 10 月之前逐步取消。

有鉴于此，可以预期，那些已经精通蒸馏（以及在一定程度上，熟成）技艺的生产商将寻求转向威士忌生产。至于其威士忌品质是否能与日本其他地方生产的威士忌相提并论，我们将拭目以待。

轻井泽蒸馏所墙上的常青藤红叶（2015年11月）

逝去的蒸馏厂之一：轻井泽蒸馏所
和川崎蒸馏所

■ 美露香 ■

有关轻井泽蒸馏所和川崎蒸馏的故事是日本威士忌历史上最复杂的故事之一。它无疑也是最曲折的。在其过程中，我们将目睹不少于五家威士忌蒸馏厂的兴衰。其中一些仅存在了几年，其他几家则见证了 20 世纪下半叶日本威士忌如过山车般的大起大伏。随着最后一家，也是最引人注目的轻井泽蒸馏所在 2016 年初被夷为平地，这些蒸馏厂兴衰起伏的故事现在已经再无踪迹。剩下的吉光片羽只有装瓶中的酒液以及少量仍有威士忌在陈年的酒桶。

就像大多数悲剧故事，这里也涉及不同的"世家"。在这个故事里，就有两条酒类"世家"线索（三乐和欧逊），而且它们都始于 1934 年。

三乐

1934 年，铃木忠治创立了昭和酒造，以帮助进行食用酒精和合成清酒的生产。1935 年，他取得生产许可证，并开始使用大豆生产酒精。在日本全面侵华期间（1937—1945），日本面临严重的大米短缺问题，这也影响到了清酒生产。大米优先被用于供应军需，而非酿造清酒，但人们仍然想要时不时喝上一杯，所以一个创造性的解决方案应运而生。通过稀释正宗清酒，然后添加食用酒精来补充酒精含量，可以得到与人们所知和所爱的清酒大致相当的效果，虽然口感不一定如此。这就是所谓的"合成清酒"（三倍增酿清酒）。作为最早从事此类生产的生产商之一，昭和酒造在一开始状况还相对不错。

不过，昭和酒造并不是铃木忠治首次涉足商业领域。事实上，它更像一个"副业"。三年前，铃木忠治接手了由他去世的兄长铃木三郎助于 1909 年创立的铃木商店，后者正是日后的味之素公司的前身。铃木看重名字的作用，相信其味之素产品的成功部分是因为其名字——"味之素"即"味道之精华"，即味精。有一点点迷信的铃木也想为昭和酒造的产品起个好的品牌名。他最终想到了"三乐"，后者正由铃木家族的幸运数字"三"与快乐之"乐"结合而成。有人已经将这个名字注册商标，但铃木直接从对手中买了过来。

随着战争继续进行，昭和酒造的生产一落千丈，但一旦战争结束，情况又开始好转。1946 年，昭和酒造在九州建立了一家烧酒厂（八代工厂）。次年，另一家工厂建立，这次则是在川崎。在川崎工厂，他们生产了第一款威士忌产品。至于具体是如何生产的，我们不得而知，可能这样也最好。其第一款产品三乐威士忌（Sun Luck Whisky）在工厂建成的那一年推出，所以它非常有可能根本与我们现在所说的"威士忌"相去甚远。不管怎样，威士忌业务也并不是要务。它仅占昭和酒造当时业务量的 0.1%。

1949 年，公司更名为三乐酒造。管理层想要将产品多元化，所以他们开始涉足波特酒、金酒及其他西式烈酒的生产。威士忌业务于是获得了更多的预算和资源。1956 年，他们开始销售装在 180 毫升小酒瓶中的三乐威士忌。1958 年，川崎工厂开始生产"麦芽威士忌"。再一次地，鉴于相关设备和生产细节全然缺失，我们不得不相信他们的话。1959 年，他们推出了一款新产品，三乐金标（Sun Luck Gold）；次年，他们又推出了三乐柯里（Sun Luck Corrie）。特别是，前者照搬了苏格兰威士忌欧伯的模样：相同的瓶形、相同的深色玻璃瓶，以及非常相似的酒标风格。酒过三巡后，在昏暗的酒吧里，当时想必有不少客人以为自己喝的是"好东西"，并为此买单。

三乐酒造还开始以一种非常规的方式推广他们的威士忌。公司的销售人员会乔装拜访各家酒吧，并以引人注目的方式指名要喝三乐威士忌，以期吸引在场其他客人效仿。尽管看起来有点不靠谱，但他们想必运气还不错，因为销售情况还不算太糟。

到了 1961 年，川崎工厂的威士忌生产已经达到了产能上限，所以三乐酒造开始寻找新厂址。当时的想法是，找到这样一个地点，既能满足威士忌业务的发展，还能促进葡萄酒业务的开展。而说到葡萄酒，显而易见的选择是山梨县，所以他们开始在那里寻找场地，并在找到后立刻开始建设。然而，三乐酒造在那一年与日清酿造（及其旗下的葡萄酒品牌美露香）合并。由于美露香已经在日本葡萄酒界享有盛誉，他们感到，在山梨新厂推进原来的葡萄酒生产计划，到头来弄得自相残杀没有意义。所以他们决定，山梨新厂将只专注于生产威士忌。到了 1961 年 10 月，蒸馏厂落成，麦芽威士忌生产开始。

事情将在一年后发生巨大变化。然而，在我们继续讲述之前，我们需要再回过头，来看看这个故事里的第二条"世家"线索。

欧逊

20 世纪 30 年代初是日本历史上一个不怎么美好的时期。在昭和大萧条（1930—1932）期间，日本经历了其现代史上最严重的经济衰退：急剧的通货紧缩、严重的农村贫困化，以及对于几乎所有生产资料施行的配给制。1931年12月13日，新的犬养内阁上台，废除了之前的一些灾难性政策。经济在1932年开始复苏，但在接下来的岁月里，日本政治逐渐为军部所掌控。

在这样的大气候下，在酒类领域竟还有企业家施展的空间，这实属惊人。就在铃木忠治创立昭和酒造、竹鹤政孝创立大日本果汁的同年，一位名为宫崎光太郎的企业家设立了大黑葡萄酒。宫崎此前是大日本山梨葡萄酒公司的股东，后者创立于1877年，是日本首家私营葡萄酒酒庄。在生产上，公司从一开始就困难重重。由于缺乏实操知识，他们在技术上就是找不对路。当公司于1886年解散时，宫崎接手了设备，与两位合伙人一起创立甲斐产葡萄酒酿造所，继续葡萄酒酿造事业。

虽然甲斐产葡萄酒的品质有所提高，但销售成了问题。当时在日本还没有葡萄酒消费文化，对其产品也没有什么需求。宫崎在东京开设了一个零售点（甲斐产商店），但情况并没有太大改观。1890年，宫崎的合伙人退出，只剩下他一人独撑局面。次年，他将日本传统七福神中的大黑天（掌管财富和商业之神）形象作为自己葡萄酒的商标。就仿佛是改名如改运，这个品牌效果卓著，逐渐得到了广泛认可。

1934年，宫崎吸纳新资本，将甲斐产商店改组为有限公司，并受到大黑天品牌成功的启发，将新公司起名为大黑葡萄酒，产品仍以葡萄酒和白兰地为主。事实上，宫崎强烈反对将国民的主食（大米和谷物）用于除食品之外的其他任何用途。

大黑葡萄酒在战后才进入威士忌生产领域。1947年，宫崎光太郎去世，他的孙子（本名松本良朝）袭名二代宫崎光太郎，接手家族事业。正是在二代宫崎光太郎手下，大黑葡萄酒成了一家实打实的威士忌生产商。

人们有时候会将 1922 年推出的"K. M. Sweet Home Whisky"认作该公司推出的第一款威士忌产品。这里还有个特别吸引人的故事，因而一再被公司用于宣传：据说，这款酒是为了响应时任皇太子裕仁在参观酒厂时提出的建议而推出的。不过，可以合理假设这是款徒有其名的"威士忌"。至于这个故事是如何在日本的第一个壶式蒸馏器（在寿屋，也就是现在的山崎蒸馏所）设立起来的两年前被炮制出来的，我们就无从得知了。

在 20 世纪 40 年代末 50 年代初，大黑葡萄酒在其位于下落合的东京工厂生产威士忌。他们没有自己生产麦芽威士忌，但严格来说，这并不构成障碍。三级威士忌可以不含任何麦芽威士忌成分，但宫崎不喜欢这种做法。他觉得当时宝酒造的理想威士忌（Ideal）和东京酒造的汤米威士忌（Tommy）都是假威士忌。为了找到优质的麦芽威士忌以添加到大黑葡萄酒的欧逊威士忌（Ocean）当中，宫崎联系了北边的业务合作伙伴竹鹤政孝。他们达成了一项协议，用大黑葡萄酒产的食用酒精交换余市蒸馏所产的麦芽威士忌。许多老日本威士忌爱好者所不知道的是，由于这项安排，早期的欧逊威士忌装瓶中常常包含余市的麦芽威士忌——只占很小比例，但终究是有。

大黑葡萄酒方面非常重视广告推广。他们甚至将广告打到了海外刊物上。下页上部便是一则 1950 年夏刊登在一份美国知名新闻周刊上的欧逊威士忌广告，其中的酒瓶不免看得有点眼熟。也不知当时寿屋（后来的三得利）方面对此种模仿角瓶之举又作何感想呢？

1952 年，大黑葡萄酒想要开始自己生产麦芽威士忌。公司在长野县盐尻市拥有一个葡萄园，所以他们派了一位名叫田中的员工去那里

一则1950年的欧逊威士忌广告

建立一家蒸馏厂。1952年3月5日，大黑葡萄酒取得了麦芽威士忌生产许可证。有赖于关根彰，一位在这个月加入大黑葡萄酒的年轻人日后所留下的记录，我们得以了解盐尻蒸馏所当初的筚路蓝缕以及轻井泽蒸馏所的早期岁月。以下大部分内容便取自关根彰的《我在一家洋酒厂的琐记》一书，此书没有被翻译成英文，在日本也早已绝版。

在20世纪50年代建立一家麦芽蒸馏厂：一个案例研究

在大黑葡萄酒的测试实验室工作了十天后，关根被公司派往盐尻蒸馏所，田中则被召回东京。从那以后，蒸馏厂项目便由关根负责。

盐尻蒸馏所仅有一些基础设置：一台磨麦机、一个2000升的糖化槽、一个2000升的发酵槽，以及一个2500升的壶式蒸馏器。用水来自厂区内的一口15米深水井。第一次生产于1952年3月29日进行。

但很快，他们就意识到新酒的味道不是他们所期望的。关根感到，它闻起来有股草味，喝起来则更糟。在东京，田中认为，在酒桶里熟成三年后，它可能会有所改善。关根认为这只是一厢情愿的想法，但还是顺从了。

两个月后，水井干涸，威士忌生产被迫暂停。在钻一口更深的水井的同时，关根回到东京的实验室，分析盐尻新酒，并将之与其他公司的新酒进行对比。结果验证了他对盐尻新酒品质的最初判断。

在 1952 年秋的葡萄收获季结束后，关根回到盐尻蒸馏所，准备再试一次。关根在意的事情之一是地下水的铁含量。他怀疑这是导致盐尻新酒产生金属味的罪魁祸首。为了移除其中的铁离子，他们安装了一个沸石过滤器。1952 年的最后一次威士忌生产在 12 月 15 日进行。

酒液被注入美国白橡木桶中，并经受高压电流和高强度超声波的刺激以加速熟成过程。显然，他们迫切希望奇迹发生。

当他们在第二年再次开始制作威士忌时，一些新的问题出现了。发酵进行得不顺利，所以关根对发酵槽进行了彻底消杀并更换了酵母，但仍然没有效果。1954 年，他注意到水似乎在杀死酵母菌。于是他们决定转而使用附近奈良井川的水。有时候，他们甚至使用了雨水。发酵效果有所改善，所以他们显然做对了点什么，但新酒的品质仍然不尽如人意。

蒸馏过程产生的废弃物被直接排放到他们自家地里。废液被四散撒在葡萄园里（也引得自家邻居不满），酒糟则被堆到水井附近的一个坑中。实际上，他们是在污染他们自己的水源。过了一阵子，他们决定将酒糟排放到距离蒸馏厂三里远的奈良井川下游。此类做法在今天是不可想象的，但按照关根的说法，当时日本的其他蒸馏厂也在采用与此类似的"创造性"做法。

渐渐地，厂区内深水井所连通的水脉开始干涸。1955年，他们引入了不同类型的酵母（美国威士忌酵母和哥本哈根啤酒酵母），但就所得到的新酒品质而言，仍然几乎没有进展。关根感到他们已经走投无路，不得不得出结论：盐尻蒸馏所的问题是结构性的。换句话说，这个地点有问题。然而，关根及其同事也看到了该问题可能的解决方案（一个激进方案）——将蒸馏厂换个地点。

当初在1939年，大黑葡萄酒在轻井泽建立了一个葡萄酒庄园。轻井泽原是过去连接京都与江户（现在的东京）的中山道上的繁忙驿站。在明治维新后，江户时代建立起来的驿道系统逐渐被废弃，轻井泽也开始陷入一段沉沦期。1886年，苏格兰传教士亚历山大·克罗夫特·肖造访轻井泽，并喜爱上与他家乡有点相似的当地景致，于是在这里建造了一处避暑别墅。许多东京人也纷纷效仿。随着1888年一条铁路连通至此，轻井泽逐步发展成为一个具有国际风情的避暑胜地。

关根及其同事坚信，轻井泽工厂会是个好得多的威士忌生产地点。它坐落在浅间山脚下，水资源丰富，地界宽敞，而且那里还有办法妥善处理废弃物。他们向总部写信申请将蒸馏厂搬到轻井泽，但申请信终究没有被送达总部。久久没有等到回复的他们决定亲自前往东京，当面请示。当天领导心情不错，他们的申请立即获准了。

盐尻蒸馏所的故事就此画上了句点。在1952年3月至1955年11月间，他们总共生产了23万升酒液（以65%酒精度计算）。这些酒液还没有成熟，而且品质也难以令人满意，但鉴于当时日本没有至少熟成三年的规定，它们都被调配成了二级威士忌进行贩售。

轻井泽工厂的葡萄酒生产被终止，然后威士忌生产许可证从盐尻转移到了轻井泽。关根及其同事也转移到轻井泽，怀着崭新的希望和勇气，准备再次尝试生产正宗麦芽威士忌。

轻井泽蒸馏所：早期岁月

大黑葡萄酒于 1955 年开始在轻井泽建造他们的新蒸馏厂。他们采购了 1 台新的磨麦机和 1 个劳特式糖化槽，安装了 8 个覆有环氧树脂内衬的混凝土发酵槽，将旧的壶式蒸馏器从盐尻搬到了新厂址，并新添了好几个。对于早年间蒸馏厂所用的壶式蒸馏器的数量，目前存在一些相互抵牾的说法。按照关根的说法，当时有 4 个（从 2500 升到 4000 升不等）；但三乐酒造的一些出版物称，当时只有 3 个，第 4 个蒸馏器（3000 升）在 1963 年才设立起来，以增加产能。

在经过一系列的试运营后，第一次正式蒸馏在 1956 年 2 月进行。当时大黑葡萄酒需要努力克服的问题之一是，如何获取麦芽原材料。在当时，对外贸易（尤其是与农产品相关的贸易）受到了政府的严格管制。政府认为日本的农产品几乎无法在同等条件下与进口农产品相竞争，于是采取了一种直截了当的贸易保护主义政策：禁止大部分农产品进口。大麦也在其中，不论是未发芽的，还是发芽的。显而易见，那些老牌的威士忌生产商还有与国内供应商签订的合同在手，但作为麦芽威士忌领域的新玩家，大黑葡萄酒只能东寻西觅。1957 年，他们实在找不到货源，只能时不时将发芽的和未发芽的大麦混合使用。

这个掣肘之处在 1958 年对大麦（及其他农产品）的进口管制有所放松后反而变成了优势。其他威士忌生产商还要继续履行现有合同，大黑葡萄酒则可以借着这个机会，立即从苏格兰进口麦芽。事实上，他们是当时第一个从国外进口麦芽的厂家。这使得他们能够提升威士忌生产，并逐渐成为市场上更有力的竞争者。到了 1961 年，轻井泽蒸馏所使用的麦芽有一半是进口的。

关根及其同事在轻井泽蒸馏所的早年间进行了大量研发工作。他们使用了美国威士忌酵母以及来自苏格兰的酵母，还对酵母投球率、蒸馏温度等参数进行了大量实验。他们设法搞到了一些国外出版的酿造和蒸馏书籍，并在实践中不断积累实操知识。到了1959年11月，他们终于成功打造出了一种"苏格兰风格的新酒"。

企业合并与山梨蒸馏所的终结

到了20世纪50年代末，威士忌生产对大黑葡萄酒益发重要。1960年，威士忌占其总产量的53%，占销售总额的59%。当时他们的威士忌产品主要有特级的荣耀欧逊（Gloria Ocean）和老欧逊（Old Ocean）、一级的黑标欧逊（Black Ocean）以及各种二级威士忌产品，包括白标欧逊（White Ocean）、欧逊奢华（Ocean Deluxe）和欧逊角瓶（Ocean Kakubin）。葡萄酒已经不再是他们的主营业务，欧逊品牌则所在皆是，所以在1961年，公司决定更名为欧逊威士忌公司，以反映这种业务状况。

1962年，三乐酒造与欧逊威士忌合并。这在当时可是个大新闻。两家公司之前都在广告和促销上耗费了大量资源，所以他们需要在其他方面削减点成本。共享销售网络便是一个办法。另一个办法是，欧逊威士忌可以在其产品中使用三乐酒造产的调配用酒精。合并因而看起来对双方都有利。1962年7月1日，新公司成立，名为三乐欧逊。

显而易见，生产环节的一些方面也需要重组。两家公司都刚刚各自建立了一家新的麦芽威士忌蒸馏厂。但新公司并不需要两家麦芽蒸馏厂，至少在当时，麦芽威士忌在大多数调和威士忌中所占的比例都还很小。所以公司决定比较一下由两家蒸馏厂所产并已在橡木桶中熟成一年的酒液。轻井泽的酒液被认为还好，山梨的酒液则被认为"有问题"。于是关根被派往山梨蒸馏所，看看可能是哪里出了问题。

一到山梨，关根就发现了问题所在。山梨蒸馏所的两个壶式蒸馏器非常大（1.45 万升和 7200 升），而且由……不锈钢制成。这就是为何新酒闻起来有点臭——字面意义上的臭！三乐酒造方面的工作人员知道铜制蒸馏器的某些部分，尤其是天鹅颈，需要经常更换，因为铜会在蒸馏时损耗。但不锈钢不会，所以作为一家理性而务实的公司，他们自认为做了一件聪明事。但他们当初没有意识到的是，在苏格兰或法国没有人使用不锈钢蒸馏器，这并不是没有原因的。

在关根离开后，山梨蒸馏所的工作人员尝试过将铜片浸泡在新酒里。他们还试过用铜线搅拌新酒。看起来这样做确实有所帮助，但结果仍然远不如人意。公司的管理层势必已经意识到最好把宝押在轻井泽蒸馏所上，所以他们决定将麦芽威士忌的生产集中到那里。1964年，轻井泽的产能已经得到扩充，山梨的那对不锈钢蒸馏器于是被封存。出乎意料的是，在 1967—1969 年间，又需要用到山梨蒸馏所，所以在这个短暂时期里，两家蒸馏厂都在生产威士忌。所幸这是山梨蒸馏所的最后一段时光。在 1969 年之后，它被改造成了一个仓库。

川崎蒸馏所

到了 20 世纪 60 年代末，三乐欧逊开始解决一个存在已久的问题：缺少谷物威士忌。这个问题让他们始终无法提供可与来自苏格兰的普通调和威士忌一较高下的产品。日本的威士忌消费者正在开始欣赏和接受更好的（换言之，进口的，由于关税，也更昂贵的）威士忌，所以这样的比较迟早会发生。

在当时，竹鹤政孝已经第一个将科菲蒸馏器引入日本。1967年，三乐欧逊决定如法炮制，并派出一名员工前往苏格兰，调研自己生产谷物威士忌的可能性。事情进展得很顺利，1969年，一个由英国的麦克米伦公司（McMillan Coppersmiths）制造的科菲蒸馏器从苏格兰运抵日本。川崎工厂是安装这件大型设备的显而易见之选。在隔壁的味之素工厂，大量玉米被用于生产调味品，所以将其中一小部分玉米分派用于生产谷物威士忌并不用太费周章。

川崎蒸馏所的谷物威士忌生产于1969年6月开始。其主要原料是从南非进口的白玉米，它们占到了醪液配方的80%。另外20%则是麦芽，它们在糖化的后期被加入糖化槽中。起初，他们自己都被科菲蒸馏器蒸馏出的酒液吓到了，用关根的话来说，它们闻起来就像鱼油。但他们随即做了必要的调整，并成功产出了品质与他们所知的苏格兰因弗高登蒸馏厂的产品相近的谷物威士忌。

当时的标准操作是，将醪液蒸馏至94%酒精度，然后加水将其稀释至59%酒精度，最后注入橡木桶。平均熟成时间为3—4年。起初，谷物威士忌被装入波本桶，并储存在川崎工厂。那里的空间很快用光了，所以他们决定重新启用旧的山梨蒸馏所，作为仓库使用。按照当初在川崎蒸馏所也待过几个月时间的轻井泽蒸馏所末代首席蒸馏师内堀修省的说法，所有新酒都被送往山梨，并装入与当时轻井泽蒸馏所所用相同的酒桶，即雪利桶中进行熟成。山梨的夏天非常暖和，所以当时的想法是，这样的气候条件会加速熟成。

川崎蒸馏所早已不复存在，但具体是在何时停止生产及何时被拆除目前仍不清楚。初创威士忌的肥土伊知郎买下了川崎蒸馏所最后的剩余酒桶。他开始是在2006年，在轻井泽蒸馏所的内部工作人员的提醒下才得知这个机会的。在麒麟啤酒收购美露香后，山梨仓库即将进行改造，以存放葡萄酒桶。蒸馏厂的工作人员（"他们是真正爱威士忌的人"，肥土后来这样形容他们）很担心珍贵的川崎威士忌库存会被重新蒸馏或以其他方式被处理掉。肥土后来用这些库存调配了他的一些尊贵级调和威士忌，还推出过一些单桶装瓶。他所推出的最老的年份装瓶来自 1976 年，最年轻的则蒸馏于 1982 年。

稀有中的稀有：目前最老的川崎单一谷物威士忌年份装瓶（瓶号1）

很有可能，川崎蒸馏所的谷物威士忌生产一直持续到了 20 世纪 80 年代中期。正如前文所述，1983 年是日本威士忌消费量的巅峰。从那以后，销售量开始下滑。在官方出版的《三乐 50 年史》中，并没有提及川崎蒸馏所被关停或被拆除之事，而该书出版于 1986 年。所以很有可能，生产是在 20 世纪 80 年代后期或 90 年代初逐步停止的。

轻井泽蒸馏所：兴起与衰落

在整个 20 世纪 60 年代和 70 年代，轻井泽工厂（当时的称谓）的主要任务是为三乐欧逊旗下的平价调和威士忌产品提供麦芽威士忌。显而易见，鉴于麦芽威士忌在这些配方中的比例非常低，它对最终产品品质的影响是非常有限的。

1977 年，轻井泽工厂更名为欧逊轻井泽蒸馏所。这可能看起来是个微不足道的小细节，但结合在那个时期发生的其他一些事情，这多少反映出公司对这家蒸馏厂的定位有了变化——或者说，重新评估过。在稍早的 1976 年 7 月，三乐欧逊推出了第一款轻井泽单一麦芽威士忌（15 000 日元，720 毫升）。事实上，这也是日本第一款单一麦芽威士忌产品。公司使用了仓库里最高品质的麦芽威士忌，并为其设计了一个特别手工吹制的水晶酒瓶。由于优质的（换言之，成熟的）麦芽威士忌库存非常有限，公司每年只能生产 10 000 瓶轻井泽单一麦芽威士忌，而且他们实际上从未推广过该品牌，因为他们不想创造出自己无法应付的需求。这部分解释了为何轻井泽单一麦芽威士忌长久以来不见于日本单一麦芽威士忌的历史叙事。（八年后，一家比他们大得多的公司宣称他们推出了日本第一款单一麦芽威士忌产品。）

这里还有一段与第一款轻井泽单一麦芽威士忌相关的有趣逸事。在 1978 年夏天与妻子在轻井泽度假时，时任皇太子的明仁收到了一瓶轻井泽单一麦芽威士忌。他似乎非常喜欢它，因为他后来又订购了更多的货。在今天，这会被营销部门拿来大做文章，但在当时，轻井泽仓库里紧巴巴的合适库存意味着，三乐欧逊没有资本这样做。另一款新产品接着在 1977 年推出，这次则是一款"尊贵级调和威士忌"（借用这个日后才会出现的用语）。产品以矗立在轻井泽附近的浅间山为名，并装在一个看起来像块岩石的瓶子里。它限量 30 000 瓶，仅在东京地区销售（10 000 日元，720 毫升）。

在 1977—1981 年间，轻井泽蒸馏所的大部分基础设施都进行了更新换代，包括一些新的发酵槽、一台新的磨麦机、一个更高效的蒸煮器，以及一个新的劳特式糖化槽。除了提高产量，品质明显也是当时他们所关注的。我们现在也因此受益，最近由一番公司装瓶的来自

20 世纪 80 年代早期的轻井泽陈酿的超高品质便是证明。然而，在当时，它则有点明珠暗投的意味。从 20 世纪 80 年代中期开始，日本公众对威士忌的热爱开始消退，而剩下仍得以获得些许青睐的威士忌则与轻井泽威士忌风格截然相反：轻盈、柔和、"顺口"且没有个性——威士忌在试图将自己伪装成伏特加或烧酒。

仿佛是预期到这个发展，三乐欧逊在 1984 年 11 月推出了一款二级威士忌产品：MOO（另见第 068 页）。酒液几乎透明，以 35% 酒精度装瓶，包装现代而简约，它试图吸引的是那些在泡沫经济时期长大的年轻人。它有 450 毫升和 900 毫升两种瓶装，而且价格非常便宜（分别为 500 日元和 1000 日元），正适合预算有限的派对聚会。这是一种试图隐藏自己是威士忌之事实的威士忌。

1985 年，三乐欧逊将公司名称简化为三乐。5 年后，公司又更名为美露香。再一次地，这反映了业务优先级的变化。威士忌正在成为明日黄花，葡萄酒则是市场的新宠。在 1990 年春天，公司进行了一次市场调研，希望了解三乐在日本人心中的企业形象。高达 99% 的受访者将三乐视为一家古老而传统的烈酒生产商。只有 15% 的受访者知道三乐还生产葡萄酒，而美露香是三乐旗下的品牌。另一方面，三得利则被视为日本首屈一指的葡萄酒生产商。这对三乐的管理层来说是个痛心的消息。为了扭转这个局面，时任社长的铃木忠雄于 1990 年 6 月宣布将公司更名为美露香。三得利素以赞助音乐、艺术和文学而知名，铃木便也于同年建立了美露香轻井泽美术馆。美术馆就设在轻井泽蒸馏所内，并很快成为当地的名胜。当时大多数前往那个地方的人都是为了去逛美术馆，而不是蒸馏厂。

在整个 20 世纪 90 年代，美露香将其威士忌生产的重心越来越转移至单一麦芽威士忌类别。轻井泽蒸馏所终于有机会向世人展现其品质。就其所生产的产品而言，它现在终于成为舞台的焦点。但不幸的是，它的观众已经走得差不多了。自 20 世纪 80 年代中期以来，蒸馏厂的生产在持续缩减。然后在 2000 年 12 月 31 日那一天，他们决定到此为止。蒸馏厂停产封存，剩下的三名工作人员现在只是看管场地，偶尔也为蒸馏厂商店做点手工装瓶。

然而，并不是只有坏消息。2001 年，轻井泽纯麦芽威士忌 12 年在伦敦的国际葡萄酒烈酒大赛（IWSC）上获得金奖。与同年一款余市 10 年单桶麦芽威士忌赢得《威士忌杂志》的年度至高无上奖一道，掀开了日本威士忌日后将在世界各地的各项知名威士忌和烈酒比赛中屡获殊荣的序幕。

2006 年底，美露香被麒麟啤酒友好并购，成为其控股子公司。与此同时，在这一年成立的一家公司则将帮助轻井泽及其他小型生产商的高品质日本威士忌吸引到海外威士忌爱好者的注意。戴维·克罗尔和马尔钦·米勒的一番公司开始在欧洲（及后来，在其他海外市场）销售一些高品质的日本威士忌单桶装瓶。当他们将第一批轻井泽装瓶运往西方时，当时在日本以外，几乎没有人知道这家蒸馏厂。几年后，人们将竞相疯抢，只为有机会得到这样一瓶酒。

2010 年夏，美露香成为麒麟控股旗下的一家全资子公司。当初在 2006 年时，人们还原本期待轻井泽蒸馏所将在此次合并后有机会重获新生。但到了 2010 年，事情已经再清楚不过，这件事不可能发生了。麒麟是对美露香的葡萄酒业务，而不是对他们在长野县的那家尘封已久的小蒸馏厂感兴趣。就威士忌业务而言，麒麟也满足于自家既有的富士御殿场蒸馏所。

一番公司及其他至少一家有诚意者都试着从麒麟手中买下蒸馏厂，但麒麟就是不放手。他们无意自己复活轻井泽蒸馏所，也不乐见

两个褐色的桶底揭示了木桶来源——"The Macallan-Glenlivet Disty"，格兰威特蒸馏厂（拍摄于2008年春，本页图同）

通往蒸馏厂的道路

2号仓库前的旧橡木桶

1号仓库

蒸馏厂建筑

蒸馏室

存放在秩父蒸馏所的轻井泽酒桶

它在其他人手中复活。一番公司推想，或许有可能说服麒麟出售剩下的全部轻井泽库存。2011 年 8 月，经过漫长而艰难的谈判，一番公司最终买下了所有剩下的库存。到那时，轻井泽蒸馏所的遗产已经所剩不多。剩下的仅有 364 只橡木桶。

下一步是盘点库存。一位退休的调配师被请来逐一检查所有酒桶，去芜存菁。幸运的是，并没有太多前者。其中大部分都品质够好，可以用作单桶装瓶，另外 77 只酒桶（都是 1999 年和 2000 年年份的）被挑出来用于调配，少数几只坏桶则被退回。

在一番公司购得轻井泽库存后不久，他们又被麒麟告知，蒸馏厂所在土地会被出售，他们需要将自己的酒桶搬走。一番公司不免大吃一惊，因为他们之前一直被告知说地不会卖。所幸肥土伊知郎刚刚在秩父蒸馏所附近建立了一个新仓库，可以为这些酒桶提供一个临时的栖身之所。到了 2011 年底，重新评估和搬运转移这些酒桶的繁复工作已经完成，最后的好戏终于可以开始了。

最受瞩目的一款轻井泽产品是在 2013 年的东京国际酒展上推出的。5627 号桶是一只 250 升的猪头桶，于 1960 年装填，并于 2013 年元旦装瓶。它不仅是轻井泽库存里最老的，而且在装瓶后，也是在当时日本最老的单一麦芽威士忌装瓶（52 年）。不出意料，它还是有史以来最昂贵的日本威士忌，每瓶售价 200 万日元——两倍于之前纪录的保持者山崎 50 年的价格。按照马尔钦·米勒的说法，"轻井泽的天使相对比较饥渴，所以我们只装出了 41 瓶"。两年半后，它在香港的邦瀚斯拍卖行上将纪录进一步提升，918 750 港元的落槌价创下了当时日本威士忌的单瓶最高拍卖成交价。

轻井泽蒸馏所的最后日子：一份回忆录

2016 年见证了日本威士忌历史的一个篇章的结束。在那年的 2 月和 3 月，轻井泽蒸馏所的所有建筑被拆除。3 月 15 日，拆除完成后，那里已经没有任何东西可以供我们追忆这家蒸馏厂的 60 年历史：其早期的艰难摸索，后来的兴起、衰落和尘封，以及其长久以来受到无视和后来受到海外及日本国内的越来越多威士忌爱好者欣赏却为时已晚。历史不无反讽，等到推土机将一切夷为平地时，轻井泽威士忌却位列世界各地许多威士忌榜单的榜首。酒评家们对它们不吝最高的赞美和最高的评分，它们也以惊人的价格在人们之间转手。随着它在世间的肉身痕迹消失殆尽，轻井泽蒸馏所却已封神，成为少数几家真正具有标志性的蒸馏厂之一，而且是这个万神殿中的第一家非苏格兰蒸馏厂。

在前一年的 11 月下旬，蒸馏厂的所有设备被拆除。它们在年初的一场公开拍卖会上作为整体出售，并被佳流的中村大航以略高于

500 万日元的价格买下。其中大部分已经无法使用，但一些重要设备还是状况足够良好，得以在中村的静冈蒸馏所里获得新生。就在轻井泽蒸馏所的设备即将被拆除的前一周，我有幸最后一次拜访蒸馏厂。我之前去过那里很多次，但这一次最令人百感交集。当然，我知道这是我最后一次到此，但让这一切更加令人动容的是这样一个事实，即陪同我最后一次重游的是一位一生都与这家蒸馏厂紧密纠缠在一起的人：他经历了从 20 世纪 60 年代和 70 年代的光辉岁月一直到后来的衰落和尘封，他对这个地方了如指掌，他就是轻井泽蒸馏所的末代首席蒸馏师内堀修省。

内堀当初并没有打算从事威士忌行业。事实上，他对酒并不热衷。"尽管我在四年级时就开始抽烟，但我并不喝酒，"他笑着说，"我受不了酒精。光是那股气味就让我感到恶心。我父亲喝酒，但我想我还是随母亲吧。"他原本的打算是在加油站工作，还为此在高中时就考取了危险物处理资格。高中毕业后，一位在大黑葡萄酒工作的前辈建议他应聘自己公司的一个职位。薪水不错，但难度也大。录取概率只有八分之一。幸运的是，内堀发现自己成了其中的分子，而不是分母。

内堀于 1960 年 4 月入职，加入了一个总共约 50 人、分成 3 班工作的蒸馏厂团队。这是个非常忙碌的地方：7 名"锅炉工"负责能源供应（在当时还是烧煤），8 人负责糖化和发酵，8 人负责蒸馏，还有制桶 6 人，仓库 8 人，测试和行政 10 人，管理人员数人。这些年下来，内堀发现自己除了没有干过制桶的活，其他活都干过。他拥有操作锅炉的资格，处理过糖化、蒸馏、选桶和装瓶业务，还打理过酒税相关的事务。

漫步在蒸馏厂内，许多设备和设施都勾起了内堀的回忆：一些曾经存在但现已消失的东西、一些他们曾经面对并加以克服的挑战、一

通往蒸馏厂的道路，不久后，一切将不复存在（2015年11月）

些有趣的和悲伤的往事等。随着我们走进蒸馏厂主建筑，内堀点出了厂子里最有价值的设备之一：一台波蒂厄斯磨麦机。机器从英国进口，并安装于 1989 年。磨麦的好坏会影响糖化的效果，而按照内堀的说法，新的磨麦机当初确实对馏出物的品质产生了明显的影响。他默默地看着这台机器，不禁惋惜地摇了摇头。后来，他解释说，单是这台磨麦机就至少价值 2000 万日元，4 倍于年初佳流为整套蒸馏厂设备所给给出的价格。"真是便宜啊"，内堀叹息道。

另一件仍然状态良好的设备是糖化槽，这是个 1200 升的劳特式糖化槽（过去在使用时，每次只装到 1000 升）。然而，5 个花旗松木发酵槽在荒废近 10 年后已经彻底没法再用了。它们当初从苏格兰订购，通过海运运到横滨，再经由卡车拉到蒸馏厂，并于 1992 年安装完成。在那之前，蒸馏厂使用的是一些覆有环氧树脂涂层的发酵槽，再之前是不锈钢发酵槽，最早期则是八个敞口的混凝土发酵槽。发酵时长为 3—5 天，蒸馏厂结合使用啤酒酵母和蒸馏酵母，包括美露香

专有的酵母菌株。他们的习惯做
法是制备某种"生产发酵剂"。
将少量醪液转移到一个小罐中，
并在其中投入酵母。等到它发酵
成熟，再将它连同额外一点酵母
一起投入剩下的醪液。

在 4 个壶式蒸馏器中，只
有最晚近安装的那个（1975 年
安装的再馏器）仍然状态够好，
可以重新投入使用。他们的第
一个蒸馏器在苏格兰制造，原
先被用于盐尻蒸馏所，后来被

初代壶式蒸馏器

转移至此。后来三宅制作所以此为蓝本，复制了一个新的蒸馏器。在
20 世纪 60 年代初，他们从苏格兰订购了两个初馏器和一个新的再馏
器。那个初代蒸馏器便被新的再馏器所替代，后来又被搬到室外，用
于纪念展示。在蒸馏厂全盛之时，所有 4 个蒸馏器都全天运转。但到
了晚期，他们只用到其中 3 个，一年也只开工几个月。就内堀记忆所
及，这些蒸馏器始终都使用蒸汽间接加热。

所有蒸馏器均配有壳管式冷凝器。而就冷凝器而言，显而易见，
水质的重要性并没有像在蒸馏时那般重要。对它来说，重要的是冷
却水的数量。这让内堀想起了 1977 年发生的一件有趣的往事。当时
在距离轻井泽蒸馏所 200 米的地方盖了一所小学。"他们新建学校时，
还建了一个游泳池。不久后，我们就注意到，在特定某些日子，冷凝
器里的水温会升高多达 3℃。当时我们不知道是怎么回事。当然，保
持冷凝器里的水温稳定至关重要。而这需要大量的水。给游泳池换水

478

拆除前的灌装车间

也是如此。过了一段时间，我们才明白过来。似乎是因为在学校施工时，出现了一个管线施工错误，导致我们的管线连接到了他们的上面。于是当学校的游泳池换水时，我们的冷凝器就没有稳定的水流供应了。找到问题根源后，我们立刻找到市政部门，要求学校以后在晚上给游泳池换水。在那之后，我们就再没有遇到过冷凝器的问题。"

从一开始，轻井泽蒸馏所产的大部分酒液都被装入雪利桶。起初，他们通过早川物产从西班牙购买雪利桶。然后在 20 世纪 60 年代的某个时候，他们决定自己制作"雪利桶"，并在厂区内设立了一个制桶车间。除了从栃木县和茨城县聘请的制桶师，他们还从大黑葡萄酒的盐尻工厂请来五六位葡萄酒桶制桶师。他们也聘请了轻井泽当地的一些浴桶箍桶匠。制作好的全新橡木桶接着使用美露香产的雪利酒进行调味。工作人员打开橡木桶，打开一瓶瓶雪利酒，将酒倒入桶中，然后放置 6—12 月，最后清空橡木桶并装入威士忌。偶尔，他们也会使用重填橡木桶，但按照内堀的说法，"好东西还是都使用首填橡木桶"。

随着我们走进一个外墙爬满常春藤的石头仓库，扑鼻而来的是一种难以置信之厚重和强烈的沁人香气。我们的说话声在空荡荡的仓库里回响。橡木桶都已经被搬空了。很快，这些在垫板式熟成过程中经年累月积攒下来的浓郁香气也将烟消云散。

由于其仓库的木架设置方式，轻井泽蒸馏所的制桶师发展出了他们自己的雪利桶尺寸。它们比雪利大桶略小（450升，而不是500升），这样就可以在一个木架上并排放下两只橡木桶。厂区内最老的1号仓库可以容纳400只橡木桶，堆叠4层高，其中第4层专门用来存放稍小一点的酒桶（波本桶或猪头桶）。"最新"的8号仓库建于20世纪90年代后期。这是唯一一个非垫板式的，也是唯一一个完全自动化的仓库。制桶师从此不必再把橡木桶做小，因为新仓库完全可以放下标准尺寸的雪利大桶。货架通过机械操控，可以存放超过2000只橡木桶。原计划将其他仓库也陆续改建成这个样子，却不料计划赶不上变化。在蒸馏厂关停后，8号仓库被用作图书仓库。而现在，这个最先进的仓库即将被拆除。"真是浪费啊！"内堀又叹息道。

轻井泽蒸馏所熟成环节的一个有趣做法是，将陈年时间已达8—10年的威士忌调配到一起。为了确保最终产品的某种一致性，一百多只桶的酒液会被调配到一起，然后被装回原来的橡木桶中，继续熟成。有些酒液自始至终在同一只橡木桶中熟成，但大多数在轻井泽熟成的威士忌都经历过这样的中期调配操作。

在近些年，20世纪80年代初的年份酒（1981—1984）逐渐被很多人视为轻井泽蒸馏所的"黄金时代"。当被问及他可能为此想到什么原因时（比如，生产过程中的任何变化），内堀指出，净水方法在那个时期做了改变。"我们原来一直使用硅藻土来净化水，直到 20 世纪 80 年代初。1981 年，我们安装了一个新的劳特式糖化槽，同时在那个时期，我们也改换了做法，直接取用上层的干净水，而不是将水彻底净化。旧的净水方法可以得到非常纯净的水，但可能也把一些在威士忌生产过程的前半阶段可以帮助添加风味的元素一并过滤掉了。这实在是我所能想到的唯一解释了。"

当被问及他个人在轻井泽的"黄金时代"时，内堀抑制不住兴奋之情："毫无疑问是那里生产的最后十年，即 20 世纪 90 年代。在那之前，我只是个上班族，但当我成为首席蒸馏师时，我终于可以做我想做的了。"他当时的一个项目是红葡萄酒桶实验。1995 年，他从美露香位于胜沼的葡萄酒厂购入了 20 只曾经装过红葡萄酒的木桶，然后在其中装入轻井泽的酒液。他密切监控着这些酒桶的熟成过程，并在它们陈年 12 年后开始陆续装瓶销售。从 2007 年起，它们可以在蒸馏厂商店以几千日元的价格买到。而如今，人们会不惜重金购买这些珍贵的红葡萄酒桶熟成轻井泽。

内堀热切想要做更多实验（毕竟除非陈年超过 10 年，否则你很难看出来威士忌的熟成效果到底如何），但到了 20 世纪 90 年代末，轻井泽蒸馏所的威士忌生产逐渐萎缩。到最后，就像他们的酒标上所说的，它成了一家"三人威士忌工厂"，一年只生产两三个月时间。回想过去 50 人三班不停生产的日子，不由得恍若隔世。

在最后一个正式生产日（2000 年 12 月 31 日）后，内堀及其两位同事基本上成了场地管理员，负责看管厂区并手工制作了很多现在已经成为传奇的单桶装瓶（其中有些更成为这个世界上最昂贵的威士忌），但美好的时光已经结束了。2006 年夏，蒸馏器重新开启了一小段时间。某个想要建立自己的蒸馏厂的人热切想要找地方"实践"一下，并在轻井泽待了一个月时间，向内堀取经求教。这个人就是肥土伊知郎。肥土的此次见习经历算不上完美。糖化槽已经严重锈蚀，蒸馏器也状况糟糕，蒸馏时蒸汽四溢。为了还原轻井泽威士忌的特色，肥土使用了"黄金诺言"大麦。

自己的新蒸馏厂一落成，肥土就力邀内堀出山，助自己一臂之力。然而，从轻井泽到秩父有点距离。最终，想要离家更近一点的内堀在家门口找到了一份工作：在附近的 Yo-Ho 酿造酿造啤酒。这对一个不喝威士忌，但不介意下班后喝上一两杯啤酒的人来说是个不错的选择。

在最后一次挂上蒸馏厂停车场大门的锁链后，我们驱车 15 分钟来到了内堀的家，并在和室里落座。在内堀太太准备的看起来无穷无尽的一道道美食之外，一些酒瓶也开始出现在餐桌上：一些来自 20 世纪 60 年代和 70 年代的轻井泽威士忌，以及装在各式精致酒瓶里的各种纪念版产品。酒过三巡，我问他轻井泽的新酒有何特点。"何不

内堀修省回忆往昔，其身前是轻井泽过去的陈酿和2006年的新酒

由你来说说看。"内堀别有深意地笑着说道。他出去了几分钟，随后带回来一瓶 2006 年的新酒样。这是轻井泽蒸馏所最后一次蒸馏得到的酒液，即在内堀指导下，由肥土伊知郎制作的新酒。当初肥土提出实习的请求时，说好了他会买走他在轻井泽蒸馏所生产的酒液。他也这样做了，但有趣的是，肥土将这些酒液装进了各种不同类型的橡木桶中，包含一只水楢桶。有朝一日，一款水楢桶轻井泽将会面世，但那还需要很长时间。正如肥土曾告诉我的，"这批酒液非常……有个性，一点也不清新，所以它需要在橡木桶里待上大量时间"。当我将轻井泽 2006 年新酒与秩父产的第一批新酒（来自 2008 年）放到一起品尝时，我明白了他的意思。不过，我也知道，它值得等待。

在那难忘的一天之后不到 4 个月，轻井泽蒸馏所就永远消失了。各方人士曾努力试图拯救蒸馏厂，不惜到最后一刻。无奈天不遂人愿。御代田町想要在这个地块上盖一座全新的政府大楼，他们也盖成了。在这个过程中，他们也失去了他们唯一真正拿得出手的东西。但这里的反讽很有可能是当时的主事者所意识不到的。

蒸馏厂的一些设备现在正在静冈蒸馏所发挥余热，所以至少还是保留下了一些东西，哪怕是在一个不同的地方。不过，在轻井泽生产威士忌的梦想并没有完全死去。目前有多家公司正在筹划在轻井泽地区建立新的威士忌蒸馏厂，但它们不会在那个相同的位置，也不会拥有那些相同的设备。"水是关键，"当时内堀就表示，"水及气候。"那么还有可能重现轻井泽威士忌的那种独特个性吗？"我可能还能做到，"内堀笑着说道，"只要我还在……但它也不会是完全一样的。"

老的羽生初馏器，现在摆放在秩父蒸馏所门口

逝去的蒸馏厂之二：羽生蒸馏所

■ 东亚酒造/初创威士忌 ■

1941 年 11 月，东亚酒造的前身在埼玉县羽生市建立了一家烈酒生产厂。由此，肥土家族在秩父市始于 1626 年的家族事业转移到了水源丰沛、盛产谷物的羽生市。起初，羽生工厂主要生产烧酒和清酒。战后，日本国内对威士忌的需求猛增，肥土伊惣二（肥土伊知郎的祖父）决定尝试回应这一点。1946 年 4 月，他取得威士忌生产许可证，并开始使用一个自制的蒸馏器进行实验。事情进行得并不顺利，有些时候，羽生工厂生产的大部分酒液到头来只落得被用于制作烘焙食品。

到了 20 世纪 70 年代末 80 年代初，日本的威士忌消费量猛增。与当时日本的大多数小型威士忌"生产商"一样，东亚酒造严重仰赖从苏格兰散装进口的麦芽威士忌。产品的品质（和售价）越高，其中包含的苏格兰威士忌比例也越高。东亚酒造在 20 世纪 80 年代初的产品组合，品质从高到低依次是金马 100（Golden Horse 100，包含 100% 苏格兰麦芽威士忌）、金马卓越（40%）、金马特调（23%）、大金马（16%）和老哈雷（11%）。大部分此类从苏格兰散装进口的麦芽威士忌业已熟成 3 年，并接着在日本再熟成 1 年半时间。对于金马 100，他们另外采购已熟成 5 年的进口麦芽威士忌，接着在日本再熟成 2 年后才装瓶销售。调配用酒精/谷物威士忌则是他们自己生产的（使用小麦和各种谷物制成，但没有玉米），尽管公司觉得让它们在白橡木桶中熟成 2 年是比较理想的，但鉴于当时市场需求旺盛，大部分被用于上述产品的调配用酒精熟成都不足 1 年。如今，我们则在日本的精酿威士忌生产商那里看到了一个有趣的情况逆转：现在他们自己生产麦芽威士忌，同时倾向于进口谷物威士忌。

这段简短的历史回顾再次说明了为什么，老的日本威士忌装瓶除了作为历史纪念品，对藏家少有或根本没有吸引力，而不像苏格兰威士忌。当一个人购买一瓶老的金马装瓶，而且其品质还相对较高时，大多数时候，他实际上是在购买苏格兰威士忌，更具体来说，是购买亚伯乐。其他许多日本威士忌生产商的情况也是类似。唯一的区别是，东亚酒造当初对自己产品的构成开诚布公，其他生产商则没有，所以许多老的日本威士忌装瓶里到底有什么，大多数时候都难以确定。

在 20 世纪 80 年代初，在威士忌最火热的时候，东亚酒造决定加大投入，进入麦芽威士忌领域。在 20 世纪 70 年代末 80 年代初前往苏格兰采购威士忌的过程中，肥土伊知郎的父亲和祖父已经对麦芽威士忌蒸馏过程做了笔记。他们也拜访了日本的许多蒸馏厂，并就各处所用的壶式蒸馏器绘制了草图。基于这些草图，他们委托三宅制作所制造了一对铜制壶式蒸馏器。蒸馏器于 1983 年安装完毕，"以苏格兰传统方式"在东亚酒造生产麦芽威士忌终于可以开始了。由于公司已经拥有威士忌生产许可证，所以一旦事情准备就绪，他们就可以开始生产。

当时的生产规格都相当典型：无泥煤麦芽，灯罩型壶式蒸馏器（4000 升和 2000 升），壳管式冷凝器，以及主要使用猪头桶熟成。由于东亚酒造整桶进口苏格兰威士忌，他们拥有良好的猪头桶供应。在来自苏格兰的酒桶被倒空后，便可以重新填入羽生的新酒。这意味着大多数羽生酒液实际上是在重填橡木桶中进行熟成的，放在今天，这会是个非同寻常的熟成方式。约 80% 的酒液被装入重填猪头桶，剩下的则被装入由当地的一家独立制桶厂，Maruesu 洋樽制作所制造的美国白橡木邦穹桶。

一开始，一切都还顺利。不幸的是，很快世事变化，形势开始变得对东亚酒造不利。在 20 世纪 80 年代初，日元走弱，所以进口苏格兰威士忌变得相当昂贵。在这样的背景下，建立一家蒸馏厂（也就是说，自己生产麦芽威士忌）在经济上是很合算的。然而，1985 年 9 月的《广场协议》彻底扭转了这个局面。协议签订后，日元大幅升值，使得相较于散装进口苏格兰威士忌，自己生产麦芽威士忌（至少在小规模生产时）顿时变得昂贵得多。另一个不利形势是，从 1984 年开始，日本威士忌的整体消费量开始下滑。

1989 年的酒税改革则是压倒骆驼的最后那根稻草。其结果之一是，苏格兰威士忌（这里指瓶装产品，而不是散装进口产品）突然之间变得便宜得多。市场竞争因此更加激烈，利润空间则更小了。在 1991 生产季结束后，公司关停了羽生蒸馏所的蒸馏器。而在本坊酒造的玛尔斯信州蒸馏所，同样的场景也在上演。

1996 年，一个人的出现将为羽生蒸馏所重新注入活力，哪怕只是很短一段时间：这个人就是肥土伊知郎。从东京农业大学毕业后，伊知郎开始在三得利工作。他的父亲是佐治敬三的朋友，建议他去三得利应聘。伊知郎很想在山崎蒸馏所工作，但在当时，山崎蒸馏所的生产相关职位都要求研究生学历。面试官建议他去销售和市场部门试试，他接受了。他成为进口酒类（杰克丹尼、时代、麦卡伦等）的品牌经理，负责为销售团队制定策略。这说起来容易做起来难。伊知郎缺乏实际销售经验，所以他所提出的策略并不总是受到销售人员欢迎。于是他申请调动到一线工作以积累经验，并在接下来在三得利的时间里一直从事销售工作。他很享受这项工作，但在三得利待了 6 年多后，他开始感到厌倦。更重要的是，他还是想要加入生产部门。正是在这个时候（1996 年），他的父亲要他回来帮助打理家族生意。

东亚酒造当时状况不佳，所以伊知郎的销售经验正好可以派上大用场。在这家小型家族企业里，伊知郎很快发现自己需要参与每个部门的工作。他发现的一个关键问题是，东亚酒造所销售的威士忌都"太有个性"。就连公司的销售人员都在抱怨说，其个性对当下市场来说太过鲜明。它们不是那种大多数消费者想要的易饮适口的威士忌。伊知郎尝试了一些从桶中直接取出的羽生麦芽威士忌，并感到它们有着"一种独特而有趣的个性"。为了得到一些独立第三方的反馈，他取了一些酒样，带到东京各处的一些酒吧。调酒师们都对此深刻印象，所以伊知郎感到，应该想办法将这种"个性"变成优点，而非缺点。在 2000 年以前，羽生蒸馏所产的所有麦芽威士忌都被用于调和威士忌。在伊知郎的建议下，他们在这一年推出了一款单一麦芽威士忌产品，金马秩父 8 年。它以秩父为名，因为羽生蒸馏所使用的水来自肥土家族的故乡秩父。（鉴于现在在秩父也有了蒸馏厂，这个名字可能会让一些藏家乍看之下稍感疑惑。）尽管这款产品没有卖出去很多，但这表明，这种风味鲜明的威士忌也有其市场。

在 1999/2000 清酒酿造季结束后，羽生蒸馏所的蒸馏器重新启动，恢复麦芽威士忌生产。伊知郎加入团队，开始第一次生产威士忌。2000 年春天的那几个月，也将是羽生蒸馏所的最后一次运转。金马秩父单一麦芽威士忌系列新增了 10 年、12 年和 14 年等产品，但公司终究无法仅靠这些小众产品存活下去。

在伊知郎加入东亚酒造之前，他的父亲借钱投资了一套全新的大型清酒生产设备。但不幸的是，清酒市场也开始萎缩。市场竞争激烈，价格战时有发生。公司至此已经陷入严重的财务困境，所以且不说其他，很明显，想要在 2000 生产季后继续威士忌生产已是不可能了。

2004 年，肥土家族将东亚酒造转卖给了一家京都的烧酒生产商。新东家对公司的清酒和烧酒业务感兴趣，但对其威士忌业务却不感兴趣。他们想要让东亚酒造轻装上阵。投资回报周期漫长的威士忌业务是个拖累，所以他们很快开始寻求摆脱那些在仓库里熟成的威士忌，要么卖掉它们，要么处理掉它们。这是伊知郎绝不允许发生的。正如他所说的，"其中有些威士忌已经将近 20 年——它们就像是即将成年的孩子"。

东亚酒造的新东家原本想让伊知郎留下来，但这对他来说是不可能的，他的激情所在是威士忌。他感到现在自己的新使命是，拯救这些还在熟成的羽生威士忌。他联络了关东地区的几家酒类公司，但每一家的回复都类似：威士忌卖不出去，他们自己也不得不设法减少库存，更遑论买入别人的库存了。最终，他联系上了位于福岛县郡山市的笹之川酒造的时任社长山口哲司（日后将袭名山口哲藏）。笹之川酒造当时碰巧有个空置的仓库，而且他们也拥有威士忌生产许可证。伊知郎设法买下了大部分的羽生库存，并将酒桶（据说有 400 桶）转移到了笹之川酒造的仓库。小部分羽生威士忌则不得不留在东亚酒造，因为公司仍需向一些客户供应威士忌。

在一位亲戚的支持下，伊知郎创立了一家新公司，初创威士忌。从一开始，他的计划就是建立一家全新的蒸馏厂。在伊知郎买下羽生库存的那个英勇举动（也有人会说鲁莽举动）之后的几年时间里，他的身影越来越频繁地出现在全国各地的酒吧里，试着向各位调酒师推

肥土伊知郎站在老的羽生初馏器前，手持由他的新公司推出的第一款羽生威士忌

销羽生威士忌，一桶、一箱或甚至一瓶都可以。一些最具收藏价值的羽生装瓶就来自这几年，单纯是因为这些装瓶数量非常少（只有 24 瓶或 60 瓶）。也正是在这样一次拜访期间，肥土产生了扑克牌系列的创意（参见第 569 页）。2008 年，当伊知郎的新蒸馏厂竣工时，羽生库存便被转移到了那里。有些酒桶还存放在屈之川酒造的仓库里，但最终，它们也将被转移到秩父蒸馏所。

尽管羽生蒸馏所本身现在已经不复存在，但它的一些痕迹仍然存世。起初，羽生的设备被转移到了秩父的一个仓库里。肥土伊知郎的父亲原本想要使用羽生的蒸馏器来制作烧酒，无奈他年岁已大，最终只得放弃这个计划。再馏器被搬到一家由伊知郎的亲戚经营的清酒厂（秩父菊水酒造），用于生产烧酒。初馏器则被伊知郎买下，放在秩父蒸馏所的入口处：这是个美好的隐喻，过去在守护着现在和未来。秩父蒸馏所仓库里的羽生库存已经所剩无几。在一个不那么遥远的未来，最后一滴羽生威士忌将被装瓶，此后将再无羽生。但它的过去将随着每次有人倒出一杯羽生威士忌，聆听这些酒液的诉说而短暂复活，并激荡饮者的身心。

黑桃8

红桃4

红桃Q

大小王

梅花8

羽生粉丝须知的二三事

◆ 羽生威士忌只有六个年份: 1985 年、1986 年、1988 年、1990 年、1991 年, 以及 2000 年。羽生蒸馏所并不是持续不断地生产威士忌。在 20 世纪 80 年代, 生产只在有需要时才会进行。当库存下降时, 才生产些新的产品加以补充。在 1991—2000 年间, 他们没有生产威士忌。

◆ 在 2004 年之后, 羽生库存被一点一点地转移到其他各种类型的橡木桶中——不同的橡木、不同的尺寸, 以及不同的之前的内容物。当时肥土伊知郎还是威士忌界的新人, 所以他并没有大量的木桶供应可选择。他到处搜罗, 这里买几只, 那里买几只, 并随时转移一点羽生库存。其中最不寻常的二次熟成是羽生 1702 号桶 (2000/2014), 使用了一只渣酿白兰地桶。

◆ 最年轻的羽生威士忌单桶装瓶出现在初创威士忌成立之前。它是由东亚酒造于 2002 年 9 月以 "单桶秩父" (The Single Cask Chichibu) 之名装瓶的 6118 号桶, 这是一只新美国白橡木桶。桶内的酒液蒸馏于 1999 年 10 月至 2000 年 5 月间, 因而在装瓶时只熟成了两年多点时间。当时限量发售 1046 瓶 (59% 酒精度, 360 毫升)。

◆ 由肥土伊知郎装瓶的最年轻的羽生威士忌是 6076 号桶 (2000/2005), 这是一只美国橡木邦穹桶, 该桶之前曾被用于陈放谷物威士忌。另外还有一只相同酒龄的私人选桶, 9400 号桶 (2000/2005), 为已故的马修·D. 福里斯特 (Matthew D. Forrest) 装瓶, 以 "万岁" (Gu Bràth) 之名推出。福里斯特在作为银行家退休后转身成为优质威士忌供应商, 装瓶了不少特别优质的威士忌。

◆ 最老的羽生威士忌还未装瓶。在本书写作之时, 仍有一些 1985 年蒸馏的羽生威士忌还在熟成中。

◆ 大家都知道肥土伊知郎的扑克牌系列, 却很少有人知道花扎系列 (9000 号桶, 2000/2007, 56.5% 酒精度, 限量 60 瓶)。这是为位于东京高田马场的酒吧 "Bar Salvador" 装瓶的。总共有六张不同的酒标, 以日本的纸牌游戏为主题: 其中五张是不同的花牌 (芒上月、桐上凤凰、柳间小野道风、樱上幕帘、松上鹤), 第六张则把前五张图案整合到一起。在它们被装瓶的一

492

年前，9000 号桶内的大部分酒液被装瓶成为扑克牌系列的红心 9，但当时是
以 46% 酒精度装瓶的。现在市面上已经没有整套的花扎系列，只偶尔会出现
一两瓶。

◆ 最具收藏价值的羽生装瓶是在秩父蒸馏所建立之前，即在 2008 年之前装
瓶的那些。它们都是手工装瓶的，也因为如此，很容易被造假仿冒。市面上
已经出现冒牌货，所以有意购买者要小心！

羽生花札系列的大全集版酒标

白河市南湖公园的夕阳

逝去的蒸馏厂之三：白河工厂

■ 宝酒造 ■

宝酒造的白河工厂建立于 1939 年，坐落于东京以北约 200 公里的福岛县白河市内，但就像复杂故事所常有的情况，其起点在别处，还要更早。就像轻井泽蒸馏所的故事，它也有两条相交的线索，而且有趣的是，两个故事里的一条线索还是重叠的。

历史

第一条线索始于京都市伏见区竹中町，在那里，四方卯之助于 1842 年开始酿造清酒。他并不是当地第一个这样做的人。事实上，当他开始这样做时，伏见地区已有其他 28 家清酒生产商——因为那里的水好。1864 年，四方家族也开始制作烧酒和味淋。随着产业发展，宝酒造公司于 1925 年成立，其名字则来自四方家族在 1897 年为销售味淋而注册的"宝"印商标。在此后十年里，宝酒造通过收购和并购在酒类生产领域取得了进一步发展。1926 年，宝酒造与帝国酒造合并。三年后，公司又收购了东京的大正制酒，威士忌由此加入了这个故事。

大正制酒由日本企业家于 1915/1916 年在中国台湾创立。1920

年，公司在东京北部的王子町开设了一家工厂，并开始生产威士忌。至于在当时，在竹鹤政孝还在苏格兰学习威士忌生产技艺的时候，那里的"威士忌"具体是如何生产出来的，我们不得而知。王子工厂在关东大地震（1923 年）中遭受严重破坏，但生产最终还是得到了恢复。1929 年，宝酒造收购了大正制酒及其旗下的理想威士忌商标。关于王子工厂当时所用的设备和 / 或工艺，并没有资料流传下来，但宝酒造的公司记录表明，从他们涉足威士忌领域的那一刻起，就从事"正宗麦芽威士忌的生产"。

不幸再次于 1945 年降临，王子工厂在一次轰炸中被焚毁。一张关于一个带锡盖的小瓶装空瓶的模糊照片，以及一则刊登在 1930 年 2 月 8 日号《朝日新闻》上的此酒瓶之广告，是王子蒸馏所（酒标上就如此称呼）的威士忌生产所流传下来的唯一痕迹。这个酒瓶也是已知最早的"国王"（King）品牌的实例，这个品牌后来将成为宝酒造的旗舰威士忌品牌。有趣的是，这款产品在酒标上被称为"老苏格兰威士忌"，但这在日本的早期威士忌营销中并不罕见。

1933 年，宝酒造对陷入困境的一位同行施加援手，投资创立了松竹梅酒造。然后次年，他们又进行了两笔收购：日本酒造以及……大黑葡萄酒。

在这里，来自轻井泽故事里的一条线索就与宝酒造故事里的一条线索交汇了，而且不出所料，情节也变得曲折起来。原来在 20 世纪 30 年代初，甲斐产商店的业务状况不佳，但商店的供应商宝酒造伸出了援手。1934 年，宝酒造收购了商店，并将其改组为大黑葡萄酒。

1938 年，大黑葡萄酒在长野县盐尻市设立了一家新工厂。次年，他们又购入了位于长野县轻井泽的一个葡萄园。这两个地方都将在后来的日本威士忌历史中占据一席之地（其故事已见于前文的轻井泽蒸馏所相关章节）。他们还在1939年建立了白河工厂，以适应业务扩张的需要。白河工厂在那个动荡年代具体生产何种酒，现在已经不得而知。在太平洋战争结束两年后，新的反垄断法颁布，宝酒造被迫退出松竹梅酒造和大黑葡萄酒。热切想要保留白河工厂的宝酒造从大黑葡萄酒手中买下了这处资产。工厂进行了翻修，并随即开始生产烧酒、葡萄酒和白兰地等产品。按照其公司记录，麦芽威士忌的生产始于1951年。

单就麦芽威士忌生产而言，白河工厂的运营可分成三个时期，以及随后一个相当长的半停产时期。第一个时期为1951—1957年。在这个时期，他们使用国产麦芽，而且糖化采用"一遍水"工艺，水温为55℃—65℃，然后逐渐升至80℃。发酵在25℃的环境下进行，时长4天，蒸馏则在两个用蒸汽盘管加热的不锈钢壶式蒸馏器中进行。不锈钢壶式蒸馏器是通过批次蒸馏生产烧酒的标准配置，但不锈钢与威士忌生产的组合是个奇怪的搭配。基于过去日本其他蒸馏厂使用生产烧酒所用的那种不锈钢蒸馏器蒸馏得到的威士忌的风味特征，可以合理假设，这里的馏出物也是，委婉点说，非常"有个性的"。酒心提取的去尾点平均为65%酒精度。得到的酒液接着被降度至略低于60%酒精度，并被装入由日本东北产和北海道产的水楢木制成的国产350升橡木桶中。

第二个时期为1958—1966年，改用铜制壶式蒸馏器使得这个时期所产酒液的品质有了显著提高。在这个时期，他们继续主要使用国产麦芽，偶尔也使用进口麦芽作为补充。糖化过程也改用"两遍水"工艺（第一遍水在62℃下持续3小时，第二遍水在65℃下持续2小时），而且有时候，在夏季月份里，很有可能会短暂添加第三遍水（在80℃下持续15分钟），以避免醪液遭受细菌污染。发酵时长增加到 5 天，而且如前所述，蒸馏改在一对铜制壶式蒸馏器中进行。酒心提取范围相当宽（73.1%—57.1% 酒精度），由此得到的平均酒精度为66.7%。前文提到过的国产橡木桶仍是熟成的首选，但美国白橡木桶（估计是新橡木桶）和"进口桶"（尚不确定具体是哪种桶）也时不时得到使用。

第三个时期涵盖了 20 世纪 60 年代的最后两年，1968—1969 年。在这个时期，他们主要使用进口麦芽。对于糖化过程，他们最终确立了"三遍水"工艺：第一遍水在 60℃下持续 3 小时，第二遍水在65℃下持续 2 小时，第三遍水在 80℃下持续 15 分钟。发酵时长依旧为 5 天，但有趣的是，他们改为使用蒸馏酵母（由当时苏格兰最大的威士忌生产商开发）。目前尚不清楚在 1951—1966 年间，他们使用的是何种类型的酵母，但一位从 1979 年开始在白河工厂工作的工作人员回忆道，当时只有一种威士忌酵母（即蒸馏酵母），但有许多不同类型的葡萄酒酵母。公司记录中对 1951—1966 年间麦芽威士忌生产使用酵母所标记的"W-C"字样也看起来表明，它可能是公司的某种葡萄酒酵母。很有可能，我们将永远无从知晓。我们现在确实知道的是，在 1968—1969 年间，酒心提取的范围有所收窄（74.6%—60.8%酒精度），平均酒精度为 68.5%。关于他们在这个时期使用的酒桶类型，并没有相关记录存世。不过，在公司记录中，关于在这个短暂时期里生产的麦芽威士忌，有着这样一个有趣的评论："白河麦芽威士忌中最好的品质，我们达到了苏格兰麦芽威士忌的水平。"

在 20 世纪 60 年代末已经达到高水平后，其麦芽威士忌生产为何接下去出现了中断，目前仍是个未解之谜。1983 年的一部日本威士忌出版物称，宝酒造从 20 世纪 50 年代中期起生产了大量麦芽威士忌。不过，在这里也需要意识到，在 20 世纪五六十年代销售的大多数威士忌（按照定义，它们是调和威士忌）中的麦芽威士忌比例非常低。所以综合起来看，宝酒造可能单纯是因为，到了 20 世纪 60 年代末，其仓库里已经有了太多的白河麦芽威士忌。

尽管从理论上来讲，白河工厂的麦芽威士忌生产在 1969 年后就中断了，但也有些迹象表明实际情况可能并没有这么简单。在宝控股历史纪念馆内，有张照片里的酒桶底上就写有"白河工厂"和"1981"的字样。一位在 1982 年 4 月至 1988 年 3 月间在那里工作（并负责烧酒生产及各种技术职责）的工作人员则依稀记得，白河工厂曾在 1983 年和 1985 年生产过麦芽威士忌。他也记得，在 20 世纪 80 年代初，公司内部有种感觉，如果日本的威士忌消费量持续增加，公司可能会耗尽现有的麦芽威士忌库存，他们还为此在 1984 年更新了一些设备。但事实上，1984 年标志着日本威士忌消费量下滑的开始，而且一滑就滑了 25 年。然而，到了 20 世纪 80 年代中期，宝酒造已经与汤玛丁蒸馏厂（距离苏格兰的因弗内斯不远）建立了紧密的合作关系，所以不用担心优质麦芽威士忌的获取问题。威士忌生产于 1985 年转移到了宝酒造位于宫崎县的高锅工厂，白河工厂的麦芽威士忌生产也就此落下帷幕。（1986 年，宝酒造收购了汤玛丁蒸馏厂 80% 的股份。后来，这个比例进一步提高到了 100%。）

到了 20 世纪末，白河工厂的许多建筑已经破旧，设备也已经老旧。宝酒造内部进行过各种讨论和设想，但没有一个得以成形。到了 21 世纪初，白河工厂已经日薄西山，仅是作为装瓶厂使用。2003 年，工厂关闭，建筑被拆除。日本威士忌历史上一个相对较小但依然重要的篇章就此永远消失了。

2011 年 3 月 11 日当地时间下午 2 点 46 分，日本宫城县以东海域发生了一场 9.0 级地震，这是日本有记录以来的最强地震。地震引发的海啸摧毁了东北地区的沿海区域，夺去了超过 15 000 人的生命。这场自然灾害还导致福岛第一核电站发生严重的核泄漏，迫使核电站周边超过 16 万人疏散撤离。2011 年 6 月，福岛县政府通过白河市政府询问宝酒造，是否可以将白河工厂的空地用于建造安置撤离人员的应急住宅。宝酒造便将 1.5 公顷的土地交给县政府使用。三年后，当事情已经很明显，撤离人员需要更多的时间来重建他们的生活时，公司决定将土地捐给白河市。

威士忌

尽管白河工厂是日本麦芽威士忌生产的先驱之一，但它从来没有正式推出过一款单一麦芽威士忌产品。毕竟这个类别直到 20 世纪 80 年代中期才在日本确立起来，而等到那时，宝酒造的关注重心已经在其他地方了。

让消费者可以最近距离体验白河工厂的威士忌生产原貌的产品是他们于 20 世纪 80 年代推出的国王威士忌白河纯麦芽 12 年（King Whisky Shirakawa Pure Malt 12yo，43% 酒精度，720 毫升）。它当中包含 80% 产自 1968—1969 年的白河麦芽威士忌，剩下的 20% 则由两种等量的 12 年艾雷岛麦芽威士忌构成。这也是宝酒造的威士忌产品中唯一没有添加焦糖的产品。（在 −10℃ 的条件下冷凝过滤 7—10 天是宝酒造所有威士忌产品的标准生产工艺。）

在白河工厂关闭后不久，一些单一麦芽威士忌库存得以进入消费者手中——通过一种极其不同寻常的方式。vomFASS 是一家来自德国的食品连锁店，以"直接从木桶内装瓶销售"（vom Fass）的方式销售食用油、果醋、烈酒和利口酒等。在其鼎盛之时，也即大致在 2004—2007 年间，他们提供了六款威士忌可供购买。其中一款就是白河单一麦芽威士忌。作为消费者，你可以选择和购买某个尺寸的空玻璃瓶（或者免费领取一个塑料瓶），从小木桶中装满液体，然后按照容量付费。我们今天已经很难想象这样一个场景：你可以在一周的几乎任何时候走进店里，以你想要的数量，以原桶强度（55% 酒精度）购买一款熟成超过 30 年且之前从未在市面上销售过的日本单一麦芽威士忌。这些 vomFASS 手工装瓶大多数在购买后很快就会被喝完，但日本的调酒师大多擅长囤积，所以确实时不时地，从一家威士忌酒吧的酒架后面会清出一个用白色马克笔写着某些信息的小瓶子。

大约在同一时期，市面上偶尔还可以见到一款带有艺妓图案的全尺寸（700 毫升）装瓶。酒标上的信息如下："日本单一麦芽威士忌 / 国王威士忌，白河三十年 /60 年代后半段 / 原桶强度。"坊间传言，这些装瓶是由一位爱好者自制的，里面装着从 vomFASS 购买的酒液——很有可能有人觉得这种酒液理应得到比塑料瓶和白色马克笔标记更好的呈现方式。威士忌作家吉姆·默里在他 2004 年版的《威士忌圣经》中对一款 32 年的白河麦芽威士忌（同样是 55% 酒精度）做了品评。再一次地，这想必也是一款 DIY 产品，因为宝酒造并没有正式发布过单一麦芽威士忌产品。

原本看起来我们日后不太可能还有机会原汁原味地品尝到白河麦芽威士忌，但在白河工厂开始生产麦芽威士忌的 70 年后，这个不太可能的梦想变成了现实。2022 年 8 月底，汤玛丁蒸馏厂公司宣布将推出一款白河 1958（49% 酒精度，限量 1500 瓶）。产品于 2022 年 9 月 13 日正式发售。这是截至目前装瓶的已知最早的单一年份日本威士忌。

汤玛丁蒸馏厂公司的执行董事斯蒂芬·布雷姆纳对母公司宝酒造

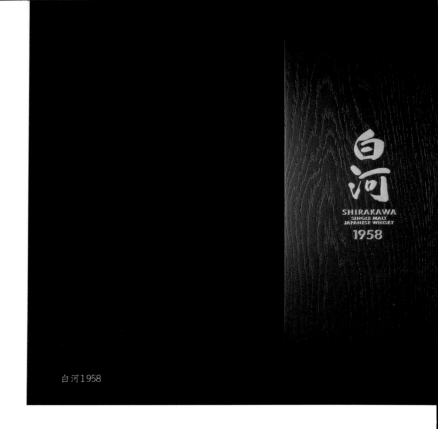

白河1958

在日本生产麦芽威士忌的历史非常感兴趣。尽管他当初对公司这方面的历史知之甚少，但他没有气馁，不断到处搜寻，希望在公司内部的某个角落里找到某些遗留下来的蛛丝马迹。他的坚持得到了回报，在公司的黑壁藏的酒罐里找到了一批蒸馏于1958年的存货。

至于所发现的这批酒液，就像白河工厂本身的历史一样，其中仍缺失了一些重要信息。这批酒液首先在橡木桶中进行了熟成，但还不清楚所用的是什么类型的酒桶，也没有记录表明这些威士忌在酒桶中熟成了多长时间。因此，这批酒液并不带年份标识。然后在某个时点，它们被转移到用于陈年烧酒的那种大陶瓷罐中。再然后，按照烧酒生产里的常见做法，这批酒液被转移到了不锈钢酒罐中。具体在何

时转移的，又是个谜。至少在 2002 年 1 月 31 日之前，这批酒液都陈放在白河工厂。之后，要么在 2002 年剩下的时间里，要么在 2003 年工厂被关闭之时，这批酒液被转移到了宝酒造的高锅工厂（它后来在 2004 年被更名为黑壁藏）。在那里，这些威士忌待在不锈钢酒罐里，并慢慢被人遗忘。随着时间流逝，公司里知道这批酒液存在的人越来越少。要不是一位从苏格兰远道而来的"天外救星"的出现，我们都不忍心想象酒罐里的这些遗珠的命运。

第三部分

品饮日本威士忌

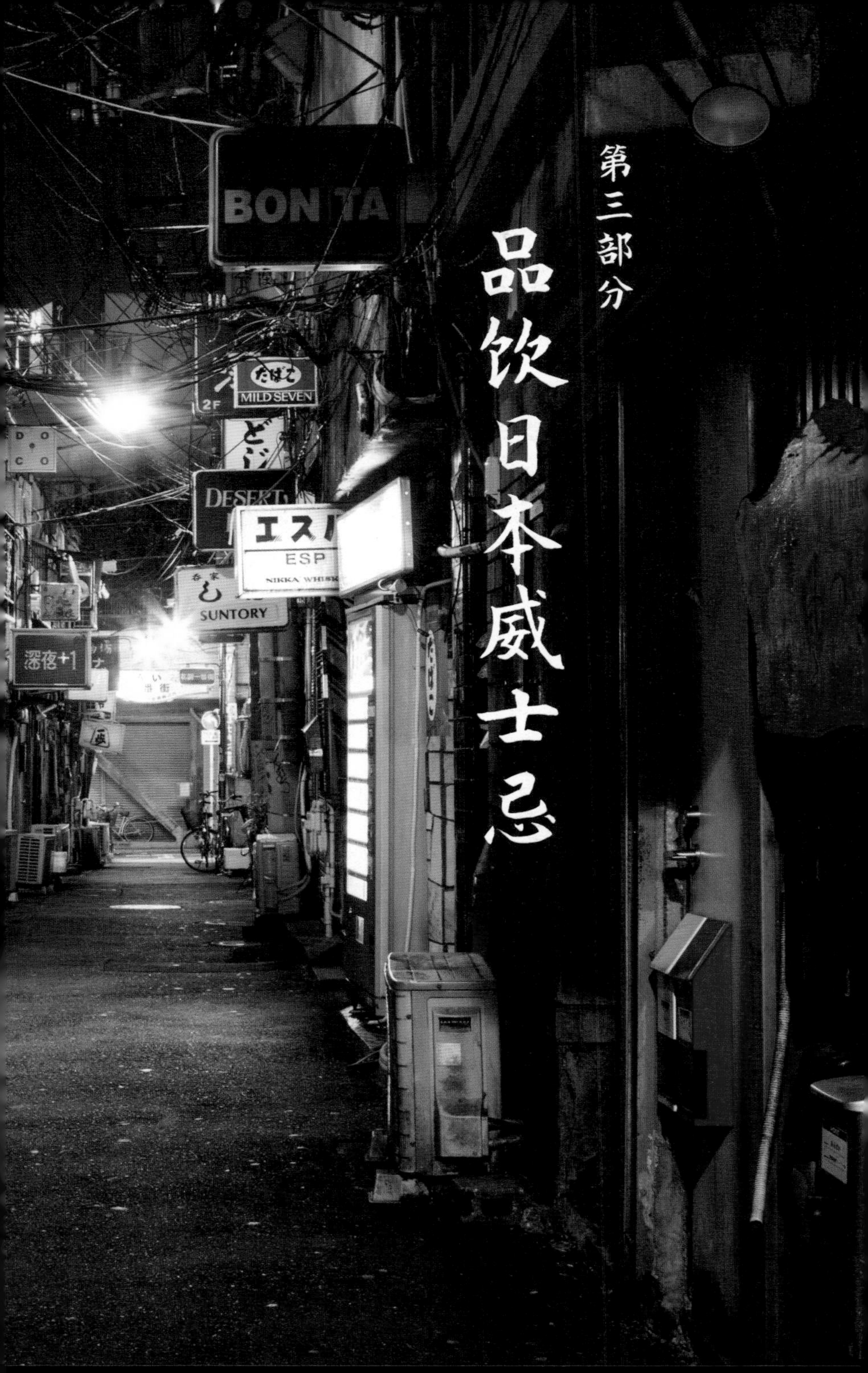

一名"偷酒贼"正在富士御殿场蒸馏所"作案"

日本威士忌的喝法

在日本，威士忌的喝法多种多样，取决于饮酒的场景、一天的时间以及个人的喜好。

纯饮（Straight）

这不是在日本饮用威士忌的最常见方式，尽管在专门的威士忌酒吧，这是更受青睐的方式。普通饮客可能在晚上酒过三巡后，或者身处俱乐部或高端酒吧时倾向于这种方式。

加冰（On the rocks）

在日本，这常常体现为将威士忌倒在古典杯内的一大块冰（rock）上。这里的无名英雄是冰块。在日本的酒吧界，冰的品质是极其重要的。所以在造访日本的一些酒吧时，你很快会注意到，他们在"冰块管理"上花费了看起来不成比例的时间。

对此的一种变体是"加冰球"。很多日本调酒师都花费了多年时间来完善其手工雕刻冰球的技艺。鸡尾酒设计师铃木隆行便这样解释了他的个人哲学："在自然界中，河床上的石块由于受到河水经年累月的冲刷而被磨成球形。"所以杯中的冰球不仅仅是为了吸引注意，按照铃木的说法，"它还代表了时间的流逝"。

加水加冰（Half rock）

这是介于"加冰"与两种常见的日本威士忌喝法（嗨棒和水割）之间的一种折中。

这种喝法要先将威士忌倒在大冰块上，搅拌一下以使威士忌降温，然后再加入等量的矿泉水或苏打水。

嗨棒（Highball）

基本上，这就是威士忌加苏打水加冰的喝法。当然，嗨棒要比这更复杂一点，但我们将在后面一点的地方探讨其复杂性。这是目前最流行的威士忌喝法。不过，这并不是一样新事物。

从 20 世纪 50 年代中期开始，嗨棒就在日本的酒吧中成为主流。受益于 20 世纪 50 年代末 60 年代初的电气化热潮，冰箱（与洗衣机和黑白电视机一道成为当时家庭"三大件"之一）在日本家庭中普及开来，嗨棒也借此开始渗透进家庭领域。20 世纪 80 年代初，嗨棒的受欢迎程度开始下降。它被视为一种"老工薪阶层的饮料"，当时的年轻人对白色烈酒和 / 或水果风味的酒饮更感兴趣。2008 年，三得利推出了他们的"角瓶嗨棒"营销活动，而对嗨棒没有任何负面印象（事实上，根本没有任何印象）的新一代年轻饮酒者发现它是啤酒的一种清爽替代。由此在日本出现了一股毋庸置疑的"嗨棒热潮"，而且在十多年后，仍然丝毫没有减弱的迹象。可能嗨棒就此不走了……至少，要待上一段时间。

角瓶嗨棒的配方（它现在已被视为制作嗨棒的经典方法）如下：在嗨棒杯或啤酒杯中挤入一瓣柠檬的柠檬汁，然后把柠檬连皮放进杯中；然后加入大量冰块、1 份威士忌和 4 份苏打水，苏打水要缓慢倒入；最后轻轻搅拌一下。对于他们的知多嗨棒（用到了单一谷物威士忌），三得利建议的比例为 1 份威士忌兑 3.5 份苏打水，且不加柠檬。对于单一麦芽威士忌嗨棒，像白州森香嗨棒，他们建议的比例是 1 份威士忌兑 3 份苏打水，并加入一片薄荷作为点缀。

另一种大不相同的嗨棒制作方法是 Samboa 嗨棒，得名自以此为特色饮料的关西连锁酒吧 "Samboa Bar"。它不是以加冰方式为基础，而是在调配之前事先冰好所有原料，连杯子也要放在冰箱里。在嗨棒杯中加入 60 毫升威士忌，倒入一瓶（190 毫升）威尔金森苏打水，再用拇指和食指指尖将一片柠檬皮挤压出油，饮用前不搅拌。由于不使用冰块，所以威士忌并没有被稀释，使得饮料保持了饱满的风味。

在东京，想要享用一杯 Samboa 嗨棒，最好的去处是银座的 "ROCK FISH"。这里 90% 以上的点单都是 Samboa 嗨棒，调酒师间口一就对他的嗨棒精益求精。他坚持使用 43% 酒精度的旧版黄标角瓶。现在的角瓶都只有 40% 酒精度的版本了。当三得利停止生产 43% 酒精度版的角瓶时，间口开始在全国各地的小杂货店里搜寻，以确保有足够的库存来继续制作他的嗨棒。2013 年 4 月，为了向 "ROCK FISH" 致敬，三得利推出了一款特别限量版角瓶，采用复古酒标，并以 43% 酒精度装瓶。包装上还有间口一就的照片。不过，这是一次性的限量发行，所以除非你在日本某个被遗忘的偏远地方邂逅了一瓶尘封的 43% 酒精度角瓶，否则你就只能将就使用 40% 酒精度版了。

嗨棒现在在日本可以说无处不在。你甚至可以在日本各地的便利店里买到罐装的即饮嗨棒。它们有两种规格（350 毫升和 500 毫升）。标准罐装的度数为 7% 酒精度，但也有 9% 酒精度的"高阶版"，还有各种时令水果风味的版本，比如柠檬、扁实柠檬（一种来自冲绳的非常酸的柑橘类水果）等。不过，我所得到的印象是，消费者还是更偏爱无果味的常规版本。

一杯 "ROCK FISH" 嗨棒

水割（Mizuwari）

水割，顾名思义是"被水分割"，也就是说，威士忌加水加冰。以下是基本的配方：在柯林斯杯，或任何你随手可找到的杯子里装满冰块；加入 30—45 毫升的威士忌，搅拌以使其冷却；再加入矿泉水（1 份威士忌可兑 2—2.5 份水）；搅拌几下，然后即可享用。竹鹤正孝便相当喜欢这种喝法。吃饭时，他会搭配清酒，但饭后，他会改喝威士忌。他喜欢的喝法是 1 份威士忌（通常是嗨日果）兑 2 份水，且不加冰。

威士忌的水割喝法实际上借鉴自烧酒饮酒文化。喝烧酒时，烧酒与水的比例大致是 3 比 2，有时甚至是 1 比 1。这与烧酒的装瓶度数比威士忌的低有关。

水割的优点是不需要苏打水。这可能看起来是在陈述一个显而易见的事实，但其影响是巨大的。在餐馆里，顾客可以在购买一瓶威士忌（或烧酒）并得到一桶冰和水后，就自己动手调酒、喝酒了。这减轻了调酒师或其他负责制作酒饮的人的负担，顾客的花费也比单点嗨棒要低。在集体聚餐时，这更是绝佳的选择。要上一瓶威士忌，然后大家就可以分饮之。水割在 20 世纪 70 年代逐渐流行起来。三得利的"筷子行动"可能在其中助了一臂之力（参见第 061 页）。不过，如今，它远没有嗨棒那么受欢迎。

热水割（Oyuwari）

这是水割在冬季的变体。热水割，顾名思义就是"被热水分割"。取一个制作热托蒂所用的杯子，用热水将其烫热；倒掉水，以 1 份威士忌兑 2—3 份水的比例加入威士忌和热水，水温在 80℃左右。如果需要的话，可以再加上一点配料作为点缀。比较流行的选择有柠檬、肉桂棒、丁香、一片新鲜罗勒或其他草本植物叶片、一勺果酱或一片苹果干。

尽管热水割也是烧酒饮酒文化的一部分，但它实际上是清酒的温酒喝法的一种变体。我现在所能找到的日本最早的有关威士忌热水割的资料，是三得利在 1955 年为托里斯威士忌所做的一则广告。其广告词说："热的也美味。"较近一次推广威士忌热水割的营销活动是在 1994 年，当时三得利开始推广其畅销产品老三得利的一个新版。这次的广告则没有那么直白。在其中一则电视广告中，时年 39 岁的知名女演员田中裕子与年仅 22 岁的年轻男演员大森南朋有了一段浪漫

京都"Bar Keller"的威士忌热水割

邂逅。其广告语是,"老也有热"。

　　我喝过的最好的威士忌热水割是在京都的酒吧"Bar Keller"——而且显而易见,是在冬天喝到的(你不会想要在湿热的夏天用这个来折磨自己)。店主兼调酒师西田稔开发出了一套自己的完美热水割喝法。他先将一定量的威士忌倒入搅拌杯中,然后加水,使酒精度降至13%(他对此要求非常严格)。接下来,他将搅拌杯中的液体倒入一个小茶壶中,并缓慢加热茶壶。等到它达到合适的温度,他将茶壶转移到吧台的一个特制底座上,并提供喝烧酒和清酒用的那种小杯子来品饮。茶壶底下配有点着的蜡烛,以保持壶内的温度。西田开发出这套喝法（甚至将之整合到他的吧台设计当中），是因为他对用大玻璃杯来喝热水割的传统方式感到不满意。那样喝的问题是，酒很快就凉了，失去了其原有的魅力。在西田看来，合适的温度是热水割喝法的存在理由，而且保持温度恒定对整个品饮体验至关重要。靠着他简单而优雅的解决方案（一个小茶壶、一只小杯子和一截小蜡烛），热水割喝法最初所带来的那种感受可以在此后很长一段时间里都继续体验到。

威士忌迷雾（Mist）

这是种不太常见的威士忌喝法。在古典杯中装满碎冰，加入30—45毫升威士忌，挤入一瓣柠檬的柠檬汁，然后将其放入杯中。迷雾喝法最适合搭配调和威士忌。

加倍（Twice up）

这是种相当简单的喝法，将威士忌与矿泉水在室温下以 1 比 1 比例混合。葡萄酒杯或品鉴杯是理想的容器选择。这实际上也是日本大多数专业调配师在评估威士忌时的喝法。按照他们的说法，将酒精度降至 20% 左右可以避免"酒精的刺激感"，并可以使威士忌的香味更好地散发出来。

10 款原创日本威士忌鸡尾酒

近年来日本威士忌被捧上神坛的一个不幸副作用是，它变得较少被用于调制鸡尾酒。下述鸡尾酒是为本书特别创作的，可以让大家一窥日本威士忌用于调制鸡尾酒的潜力。它们都是单杯制作的配方。

铃木隆行的 5 款原创鸡尾酒

铃木隆行在 20 多岁时（我们在这里有意将时间说得含糊一点）开始担任调酒师。他花了一些时间辗转于北美各地的酒吧，从温哥华直到迈阿密，但最后碍于无法获得工作签证而不得不返回日本。铃木在东京六本木的一家酒吧工作了两年多，然后回到美国，在纽约的国际调酒学校学习。他在纽约城中的各家酒吧工

铃木隆行正在凿冰球

作，但再次未能获得工作签证。回到日本后，他应邀在那须高原的一家小型豪华酒店里设立一家酒吧。2003 年 4 月，他成为东京芝公园酒店的酒吧 "Bar Fifteen" 的经理。同年 9 月，他在汐留新开的东京公园酒店设立了一家酒吧。他现在仍居住在那须，而在那里，他设立了一家肯定是日本最小、最偏远的酒吧。"Black Tea Arbor" 坐落在一片森林之中，只有一个座位。他致力于通过参加世界各地的研讨会来传播日本的调酒哲学。他还是一部精妙的自传体短篇小说集《完美马天尼》的作者。

这款水割风格的鸡尾酒试图表现从晚冬到初春的转变。竹叶杯中的酒液寓意初春，竹叶杯外的香橙风味则让人回想起冬天，因为那正是香橙当季的季节。

· 1 片竹叶
· 白薄荷利口酒
· 40 毫升竹鹤纯麦芽威士忌
· 20 毫升软水
· 1 茶匙竹叶糖浆
· 1 小瓣香橙

取一片竹叶，顺着叶脉切开一个小口，然后将竹叶的另一端从切口中穿过，拉紧，形成一个"竹叶杯"。将竹叶杯放在马天尼杯中备用。在搅拌杯中加入冰块，并加入白薄荷利口酒洗冰；然后倒掉利口酒。加入威士忌、水和竹叶糖浆（浸泡过竹叶的糖浆）。搅拌使之冷却，然后滤入马天尼杯中。在竹叶杯外轻挤一小瓣香橙，为竹叶杯外的酒液增添一种风味。

TATAMI COCKTAIL

榻榻米鸡尾酒

这款鸡尾酒的灵感来自山崎 12 年的香气和味道：可可味、热带水果味和草本柑橘味。顶上一层为室温，在静置一段时间后会一分为二（因为威士忌的密度比黑可可利口酒小），底下的热带风味酒液则略微有点冰凉。这些元素结合在一起，给人以秋日阳光照晒的榻榻米和室之感。

- · 30 毫升菠萝汁
- · 20 毫升糖浆
- · 1 茶匙杏子白兰地
- · 1 茶匙新鲜柠檬汁
- · 15 毫升山崎 12 年
- · 1 茶匙黑可可利口酒
- · 2 根（7.5—10 厘米长的）柠檬草
- · 扭成螺旋状的柠檬皮

将菠萝汁、糖浆、杏子白兰地和柠檬汁在三段式摇壶中混合，放在一旁备用。在搅拌杯中混合威士忌和黑可可利口酒，放在一旁备用。取出柠檬草，放入山崎威士忌中蘸一下，然后放在一旁备用。在摇壶中加入冰块，轻轻摇和，然后将之双重过滤到马天尼杯中。小心地将搅拌杯中的酒液倒在上面。用打火机点燃柠檬草，轻轻将其晃灭，然后将柠檬草放入马天尼杯中。最后用扭成螺旋状的柠檬皮作为点缀。

这款鸡尾酒的灵感来自雨季，日本的雨季一般从 6 月初持续到 7 月中旬。雨季正值梅子成熟之时，所以它也被称为"梅雨"。用于制作響 12 年的一些麦芽威士忌便曾经使用梅酒桶收尾。这款鸡尾酒中含有一点梅干（用盐腌制的梅子），但梅子在雨季时的实际颜色（浅绿色）是由黄瓜提供的。

- 40 毫升響 12 年
- 1 茶匙新鲜柠檬汁
- 4 片黄瓜
- 1/2 茶匙梅干
- 10 毫升糖浆
- 新鲜薄荷叶

将威士忌、柠檬汁和黄瓜放入搅拌机，搅拌成泥状。加入梅干，再搅拌一下；再加入糖浆，搅拌均匀。加入一小撮冰块并继续搅拌；重复加入冰块并搅拌，直到混合物达到了冰沙的稠度。用勺子舀到玛格丽特杯中，再用一两片薄荷叶作为点缀。

GREEN
BREEZE

绿意轻风

这款鸡尾酒的灵感来自被誉为"森林蒸馏厂"的白州蒸馏所。它使用了日本薄荷，这种薄荷比普通薄荷含有更多的薄荷醇，并有着一种清新、清爽的香气。这款鸡尾酒没有经过搅拌，而这是有意为之的。最初几口，苏打水带出薄荷的香气；然后传来汤力水的甜味；再接着是汤力水混合着威士忌；最后则是捣碎的薄荷叶的清香。简言之：就仿佛一阵充满绿意的轻风。

· 　新鲜薄荷叶
· 　白薄荷利口酒
· 　30 毫升白州 12 年
· 　汤力水
· 　苏打水

在圆锥形嗨棒杯中，用吧勺轻轻地将放入白薄荷利口酒中的薄荷叶捣碎；然后倒出利口酒。雕刻一个冰球，直径应使冰球停在杯中而不触及杯底。加入威士忌，然后加入足量汤力水，使其略高于冰球的底部。再加入苏打水。最后加入几片薄荷叶作为点缀。

经木是这款嗨棒的一个关键元素。经木是像纸片一样薄的木片（主要由赤松制成），传统上被用于包裹生鱼、肉和饭团等食物（你可以在网上买到它们）。在这款鸡尾酒中，它让人联想到水楢木的香气。它还会让人想到杏子，而杏子味正是山崎威士忌的一个突出香调。苏打水产生的微小气泡会附着在经木表面，使它看起来就像一杯年份香槟。

- 新鲜薄荷叶，以日本薄荷为佳
- 白薄荷利口酒
- 1 张经木
- 45 毫升山崎蒸馏师珍藏（NAS）
- 苏打水
- 1 片竹叶（可选）

在雷司令杯中，用吧勺轻轻地将放入白薄荷利口酒的新鲜薄荷叶捣碎，然后倒掉大部分利口酒。卷起一张经木，将其放入玻璃杯中，使之贴合玻璃杯的内壁；然后将其一端向上拉，使其伸出玻璃杯外。在杯子里放入两个大冰块。加入威士忌，再加入苏打水。如果你喜欢，可以加入一片竹叶作为点缀。

鹿山博康的 5 款原创鸡尾酒

    鹿山博康在 20 岁时开始进入酒吧工作。在不同的酒吧短暂工作过一段时间后，他成为东京西麻布的酒吧 "Bar Amber" 的首席调酒师。6 年后，他决定自立门户。2013 年 7 月，他在东京西新宿开了一家酒吧，并起名 "BenFiddich"（"Ben" 和 "Fiddich" 在盖尔语中分别意为 "山" 和 "鹿"）。鹿山热衷于植物学，所以他于 2015 年 7 月在日本赢得 "植物学家野生植物鸡尾酒比赛"（The Botanist Foraged Cocktail Contest）的头奖并不出人意料。自那之后，他赢得了更多奖项，并定期在世界各地的酒吧进行客座调酒。他的酒吧位列 2021 年世界最佳 50 家酒吧的第 32 位，是排名第二高的日本酒吧。

鹿山博康正在调制"谷物市场"鸡尾酒

如果没有巨峰葡萄，康科德葡萄是个很好的替代。原始配方中所用的马德拉酒是奥
利维拉的 1993 年份波尔葡萄。

· 　6—7 颗巨峰葡萄
· 　45 毫升日果科菲谷物威士忌
· 　20 毫升中等甜度的马德拉酒

在搅拌杯中，用搅拌器将葡萄压碎。加入威士忌和马德拉酒。倒入波士顿摇壶中，
加冰块摇匀。最后将之双重过滤，并倒入鸡尾酒杯中。

MAPLE
MARRIAGE

枫糖良缘

这款日本风情的威士忌沙瓦中所用的威士忌是一款由羽生（产于 2000 年之前）和秩父（产于 2008 年之后）调配而成的麦芽威士忌。起初的一些批次包含较多的羽生（也就是说，较老的麦芽威士忌）；最近，其中的秩父（较年轻的麦芽威士忌）比例要较高一些。根据不同的批次，可以对配方稍作调整。这款鸡尾酒的名字源于秩父也以其枫糖浆知名的事实。

- 50 毫升伊知郎麦芽双蒸馏厂（叶子酒标款）
- 10 毫升枫糖浆
- 10 毫升香橙汁
- 1 个蛋清
- 8 滴姜味苦精
- 香橙皮（可选）

使用手动搅拌器将威士忌、枫糖浆、香橙汁和蛋清在大的金属摇壶中混合。加入冰块，摇晃至起泡。然后，倒入碟形杯中，小心地将苦精滴到泡沫表面，形成一个圆形，并用牙签尖将苦精滴连接起来。如果你喜欢，可以加上香橙皮作为点缀。

FOREST
FLAVOR

森之味

这款鸡尾酒让人得以感受到有着"森林蒸馏厂"之称的白州蒸馏所的氛围。使用白州 12 年也效果非凡。

· 5 片新鲜鼠尾草叶
· 45 毫升白州蒸馏师珍藏（NAS）
· 10 毫升蜂蜜
· 10 毫升新鲜青柠汁
· 苏打水

将 4 片鼠尾草叶放入研钵中彻底研磨（最好是配木杵的日式研钵）。加入威士忌，再研磨一番；加入蜂蜜和青柠汁，继续研磨。然后转移到一个法式摇壶中，加入冰块摇和至冷却，过滤至装有冰块的嗨棒杯中。加入苏打水并轻轻搅拌，最后加入剩下的一片鼠尾草叶作为点缀。

白豆沙馅将这款鸡尾酒的各元素很好地串联到了一起。它味道很淡，是许多日式点心的基本成分。抹茶粉是研磨得很细的绿茶，从网上和店里都可以买到现成的产品。

- 1 个鸡蛋，蛋黄与蛋清分开
- 30 克白豆沙馅
- 2 茶匙抹茶粉
- 45 毫升富士山麓樽熟原酒 50°
- 20 毫升清酒（清爽型）

在一个碗中，将蛋白打至起泡。在另一个碗中，将蛋黄、白豆沙馅和抹茶粉完全混合在一起。加入蛋白泡沫，再搅打一下，使其融合。加入威士忌和清酒，搅拌均匀。转移到法式摇壶，加入冰块摇匀。最后把酒倒入清酒杯中。

秩父泥煤是款具有强烈烟熏味的威士忌，曾以不同的装瓶度数小批量发行。这个配
方所用的是 2015 年的桶强版本（62.5% 酒精度）。你可根据手头的装瓶度数适当
调整比例。所用的味美思酒是园林红味美思酒。这个有点奇特的杯子摆放并不只是
为了好看。它旨在让鸡尾酒保持冷却，但又避免由于直接加冰而被稀释。

· 40 毫升秩父泥煤桶强
· 20 毫升本笃酒
· 10 毫升红味美思酒
· 10 毫升新鲜黑醋栗果泥
· 1 茶匙非奈特布兰卡苦酒

将所有材料和冰块一起搅拌，使其冷却；将酒液倒入勃艮第杯中。在无柄马天尼杯
中装满碎冰，然后将勃艮第杯的杯体放在碎冰上。

大阪酒吧"Bar Augusta"入口处的日果威士忌标识

一份日本威士忌酒吧内行指南

　　当威士忌爱好者到访日本时，他们通常想做三件事：参观几家蒸馏厂（这很容易做到）；购买几瓶稀有的日本威士忌带回家（这远非易事，事实上，近乎不可能完成）；以及去几家酒吧，喝几杯令人难忘的美酒，不论是日本威士忌还是其他威士忌。最后一项最容易做到，也大多不负所望。按照知名威士忌作家戴夫·布鲁姆的说法，"世界上最好的威士忌酒吧在日本"。我很高兴他说过这话，这样就不需要我来说了。毕竟我生活在日本，要是这话从我口中说出，听起来不免失之偏颇。事实是，这个国家到处都有很棒的酒吧，哪怕在穷乡僻壤。特别是在像银座这样的繁华之地，你可以串游多家酒吧而不离开大厦：只需乘坐电梯，就来到下一家酒吧。正如布鲁姆所说的，"这里有如此多的酒吧（挤在高楼里，躲在地下室里，藏在清洁工储物间里），使得威士忌爱好者在第一次造访这个国家时，既感到自己仿佛置身于威士忌的极乐世界，又难免内心纠结，总是感到要是在这家酒吧再多喝一杯，自己就会错过附近其他更非凡的选择"。这份酒吧指南就旨在帮助你缓解这种焦虑。

　　尽管我个人可以为后面列表中的所有酒吧打包票，但这并不是一份"日本最好的威士忌酒吧"榜单。如果必须基于某些标准制作这样一份榜单，相信所有这些酒吧都会名列其中，但榜单上势必还会有其他许多这里没有提及的酒吧。而像"The Bow Bar"（札幌）、"The Crane"（东京）、"Bar Calvador"（京都）、"Bar Stag"（北九州）以及其他数以百计的优秀酒吧之所以没有在这里提及，主要是因为你不会去那里喝日本威士忌。它们的经营重点在其他领域。这里挑出这些酒吧，是为了帮助你去尝试一些你难以在日本以外的地方找到的日本威士忌。这就是主要的选择标准。

另外需要指出，这并不是一份完整的列表。我已经帮你做了一些脏活累活，并造访过比这里列出的数量多得多的酒吧，但我并没有去过日本的每一家威士忌酒吧。真要是如此的话，想必我早已破产或寿命已尽了——很有可能两者兼是。日本各地有成千上万的威士忌酒吧。即便穷极一生，每晚去两三家酒吧，恐怕也不能走遍它们。所以不要认为，只是因为某家酒吧不见于这个列表，它就不值得一去。事实上，在说到日本的酒吧时，永远不要预做假定！我就遇到过许多名不见经传，事实证明却是一级棒的小酒吧。实际上，相较于那些人所共知并受到人们追捧和推荐的酒吧，在那些尚不为人知的酒吧意外找到过去时代稀罕威士忌的可能性还要相对高些。

最后一点似乎可以被解读为本书其实不需要一个酒吧列表。然而，当人们来到一个陌生的地方时，他们还是需要一些指引，而这份列表就起到了这个作用：引导你踏上自己的旅程。一旦你上了道，你就可以以自己的方式找到其他地方。一般来说，日本的酒吧工作人员都乐于根据你的个人喜好，推荐当地的其他酒吧给你。很多时候，他们甚至会打电话给下一家酒吧，确认它是否在营业，并告知那里的工作人员你要到来，以便做好准备。在许多饮酒氛围浓厚的城市，各家酒吧还会联合起来，印制当地的酒吧地图，以帮助你发现当地的多样化选择。熊本、鹿儿岛、仙台及其他许多城市都有此类地图。

如今人们常说，没有什么国家比日本更抗拒变化。这话可能有一定道理，但它无疑不适用于日本的"水商卖"（指代生意有赖于人气，像水那样捉摸不定的夜间娱乐行业）。酒吧来来去去。有时候，他们搬去了其他地方；在其他时候，他们则彻底消失了。我无法未卜先知，所以如果我所推荐的某家或多家酒吧在你到访时已经不再营业了，还请不要迁怒于我。

还有其他几个提醒。日本的绝大多数酒吧都很小（可容纳 8—20人不等），而且在大多数情况下，吧台后面的那位就是老板。当店主有其他事务需要处理时（比如，紧急的个人事务或因公出差），他可能不得不在提前很短时间通知（或不通知）的情况下关店一两天，或较平时晚点开业。到时抱怨并没有什么用。但有可能转角就有另一家很棒的酒吧，你大可去那里借酒浇愁。

后面列出的酒吧主要是因为它们有着不错的日本威士忌储备而入选的。饮酒体验的其他方面（氛围、价格以及吧台后面待客热情、知识丰富的工作人员）也纳入了考虑，但酒架上的威士忌还是决定性因素。对此，有两件事需要稍作提醒。首先，对一个人来说是发现新大陆的一些威士忌，对另一个人来说可能已是司空见惯。如果你在后面列出的大多数酒吧里遇到的都是后者这种情况（尽管难以想象，但终究不能排除这种可能性），那么你很有可能已经在这里混得很熟，不再需要这份酒吧地图了。其次，有些酒吧要比其他酒吧更善于管理自己的库存。日本威士忌如今不像以前那样容易补货了，而尽管大多数酒吧老板都足够聪明，会留下几瓶以备不时之需，但确实会出现这样的情况：酒吧今天还有大量日本威士忌可选，然后第二天就什么都没有了。万一你在后面列出的某家酒吧里不幸遇到了这种状况，我相信，你仍将有来自世界其他产区的大量高品质威士忌可供选择，仍将不虚此行。

由此也引出了一件可能让许多海外游客都难以接受的事情：日本人对待吸烟的态度。许多人震惊于日本的餐馆和酒吧仍允许吸烟。粗略来说，日本九成九的酒吧（包括专门的威士忌酒吧）都允许吸烟。禁烟的酒吧是例外，而不是常规。有时候，非吸烟区的设置也只是形式上的，就像我最近造访的大阪一家有 8 个座位的酒吧，其柜台左手侧的 4 个座位是允许吸烟的，右手侧的 4 个座位则留给不吸烟者。你可以想象，这样的安排在酒吧里有几个吸烟者时是多么"有效"。我也遇到过自己边吸着二手烟，边喝着超稀有的高品质威士忌的状况。对此的最好应对方法是，把这视为某种密宗修行，在恶劣条件下练习冥想。不然的话，你也可以选择与这些珍稀佳酿失之交臂。在后面的列表中，对少数几家禁烟的酒吧，会特别提及这一点。

另一个潜在障碍是语言。英语交流并不是日本人的强项之一。像大多数日本人一样，调酒师的英语能力也往往有限。有些人会试着跨越这个鸿沟，其他人则可能在打过招呼后，就立刻表示自己的英语不可救药（当然，他们是用日语说这番话的）。我的经验是，鉴于在场的双方志趣相投，美酒及享受美酒将帮助建立起跨越鸿沟的桥梁。事实上，缺乏一种共通语言有时候反而是一件好事。正如美国作曲家莫顿·费尔德曼所说的："沟通出现在人们相互不理解对方时，因为在这种情况下，双方有意识地做出了某种努力。"

最后是一些注意事项。

（1）酒吧会收取"入场费"或"座位费"。通常是每人 500—1000 日元，具体取决于不同的酒吧。在有些地方，你会因此得到少量三明治和／或小吃；在其他地方，则只有水和坚果。这是通行做法，所以你并没有被骗。

（2）日本酒吧标准的一杯威士忌是 30 毫升。如果你打算在某家酒吧多尝几款威士忌，可以点半杯。在大多数情况下，你只需要付整杯一半的钱。酒吧也乐于满足这样的要求。事实上，对于一些非常稀有的威士忌，酒吧可能会要求你只喝半杯。这是为了确保在你之后的其他人也有机会尝到它们。

（3）在大多数酒吧，试图购买整瓶威士忌，不论是满瓶的、半满的，还是空瓶的，都是徒劳的。人们忍不住试图购买的威士忌装瓶无一例外是稀有且价值不菲的。当瓶子里还有酒时，酒吧需要它，因为这是吸引人们来此的原因。当瓶子空了时，酒吧仍然不会卖掉它。那些稀有日本威士忌如今在二级市场上的价格都疯狂之高，调酒师们很清楚，一个赠给或卖给客人的空瓶有朝一日会被"重新灌装"和"重新密封"，并出现在拍卖网站上。

（4）有些酒吧不支持信用卡支付，所以在你坐下来并点酒之前，最好先问清楚情况，以免后面出现令人不愉快的意外。

日本的酒吧经营者是一些具有创造性的家伙，这从他们为自己酒吧想出的有趣名字上就可以看出来。所以准备好接下来迎接一些大写字母、小写字母和标点符号的奇妙组合吧。这并不是编辑或印刷错误（我的编辑在这部分内容上并没有偷懒），而只是名从主人。

北海道

小樽市

Bar BoTa

🚩 小樽市花园 1 丁目 11-3

☎ 0134-22-2858

🕐 19：30—24：00，周二至周六

令人难以置信的已停产的限量版日果威士忌收藏，使它成为你在前往附近余市蒸馏所朝圣途中必停的一站。如果你喜欢户外运动（露营、钓鱼等），你会与店主相处甚欢。

Bar Hatta

🚩 小樽市花园 1 丁目 8-18

☎ 0134-25-6031

🕐 18：30—01：00，周一至周六

八田康弘在 1983 年，在日本人消费了威士忌数量最多的那一年开设了这家酒吧。八田是位"竹鹤资深品牌大使"，而且其酒吧被昵称为"29 号"（附近的余市蒸馏所之前曾有 28 个仓库），所以你可以想象这里的收藏重点是什么。

Nikka Bar Rita

🏳 小樽市色内 1 丁目 1-17，小樽出拔小路内

☎ 0134-33-5001

🕐 15：00—22：00，周一、周三至周五；14：00—22：00，周六至周日

这家复古的酒吧以竹鹤政孝的妻子命名，里面的几乎所有威士忌都由日果 / 朝日出品。它位于小樽的一个知名景点，所以你肯定会来到它的附近。我的建议是，在这里喝杯开胃酒，然后把饭后的更多时间留给前面推荐的小樽其他两家酒吧。

札幌市

Malt Bar Kirkwall

🏳 札幌市中央区南 5 条西 3 丁目，5·3 大厦四层

☎ 011-511-6116

🕐 18：00—01：00（节假日前一天至凌晨两点），每个月不定期休息三天

正如店主兼调酒师岩本强所说的，这家酒吧旨在"以合理的价格提供美味的威士忌"。我可以证明，在这两点上，它都做到了。酒吧基本上全年无休，所以没有借口不去看看。

the bar nano. gould.

🏳 札幌市中央区南 3 条西 4 丁目，J·Box 大厦四层

☎ 011-252-7556

🕐 18：00—24：00，周一、周三至周日

绝佳的威士忌，美味的鸡尾酒，精美的空间设计，而且他们热爱格伦·古尔德（Glenn Gould）！还有比这更好的吗？在我看来没有。

新雪谷

Bar Gyu+ (a.k.a The Fridge Door Bar)

🚩 新雪谷比罗夫 2 条 3 丁目 1-50

☎ 0136-23-1432（不接受预订）

🕐 19：00—24：00，周一至周日，12 月至次年 3 月

> 如果我必须在日本选择一家酒吧住下来，那就是这里了。我必须控制一下自己的形容词，但这家酒吧满足了我的所有要求：氛围绝对迷人，酒单极其出色，经营者（渡边仙司和约安娜夫妇）也是最棒的。它只在冬季开放，那时来自世界各地的滑雪和滑板爱好者都会来到新雪谷，但好消息是，在此期间，它每天都营业，包括圣诞节和元旦。

Bar Gyu+酒单里的两页，配有店主渡边仙司手绘的插图

本州

石川县

Harry's Kanazawa

🏳 石川县金泽市本町 1 丁目 3-27

☎ 076-225-8830

🕐 18：00—24：00，周二至周六

在疫情大流行期间开办一家酒吧并不容易，但一场成功的众筹活动使它变成了现实。其幕后主事者与三郎丸蒸馏所有着紧密联系，而其首席调酒师田岛一彦则是日本知识最渊博的调酒师之一。在令人惊叹的非洲红木吧台后面，有超过 1000 瓶威士忌可供单杯销售。金泽之前就差一家好酒吧，而现在，它有了一家一流的。

长野县

摩幌美（Mahorobi）

🏳 长野县松本市中央 1 丁目 13-1

☎ 0263-36-3799

🕐 19：30—23：00，周二至周六（节假日休息）

这不是那种你会无意中闯入的酒吧。尽管地处日本地理中心的位置，但它实际处于一个偏僻的地方，距离东京约三小时车程。不过，它仍然值得你绕道前往，尤其是在你前往玛尔斯信州蒸馏所或白州蒸馏所或返回途中的时候。摩幌美自 1978 年以来一直营业，这在一个酒吧来来去去不停的国度可是个相当大的成就。店主兼调酒师堀内贞明是位真正的苏格兰威士忌爱好者（及历史学家），但他也拥有非常可观的日本威士忌收藏。

埼玉县

Bar Te·Airigh

🏴 埼玉县秩父市宫侧町 8-4

☎ 0494-24-8833

🕐 17：00—23：00，周一至周二，周四至周日

这家酒吧位于秩父市，所以猜一猜它酒架上哪家蒸馏厂的酒最多？没错……但这里还有其他很多好货会让你挪不动步。跟其他人一样，店主兼调酒师横田武志也试着入手最新发售的日本威士忌及仅在日本市场发行的苏格兰威士忌。这里还有个好处是，你可以从楼上的餐厅点餐，然后边喝边吃，或喝酒之间吃，随你喜欢。如果你实在幸运，还可能发现自己身旁坐着秩父蒸馏所的工作人员。这里是他们的据点之一，所以他们时不时会来此喝上一杯啤酒或烈酒。

Highlander Inn Chichibu

🏴 埼玉县秩父市东町 16-1

☎ 0494-26-7901

🕐 15：00—23：00，周二至周五；12：00—23：00，周六至周日

原版的高地人旅店位于苏格兰的克雷盖拉希，但秩父的这家（以及东京的两家，分别位于中野坂上和日本桥人形町）也属于这个系统。对于那些热衷于取得谈资的人来说，有个"高地人旅店挑战"要求在同

一天里分别在日本和苏格兰的高地人旅店各喝上一杯（鉴于两地存在时差，这是可以做到的，但也并不容易）。秩父分店于 2019 年 9 月开业，坐落在一栋经过改建的古民居内。它遵循英国酒吧的模式，提供食物、各式啤酒以及，当然，种类繁多的威士忌。这家店也受到秩父蒸馏所工作人员的欢迎，所以在这里遇到你杯中所饮之酒的生产者的情况也并不罕见。

Bar Craic

🚩 埼玉县秩父市宫侧町 4-3

☎ 0494-22-5713

🕐 17：00—23：00，周二、周三、周五；15：00—23：00，周六至周日

这家酒吧位于秩父站前，拥有日本（也就是说，世界上）最大的可供单杯销售的秩父威士忌收藏之一（或没有之一）。这样说应该就够了。

MALT Bar SILKHAT

🚩 埼玉县草加市金明町 246-16 二层

☎ 048-932-6830

🕐 18：00—03：00，周一至周日

店主兼调酒师宝玉大介是位"竹鹤品牌大使"，所以如果你碰巧在当地，并正在寻找日果威士忌，那么这家酒吧是个错不了的选择。他也是本坊酒造的大粉丝，并很有可能拥有日本最大的玛尔斯信州 / 津贯威士忌收藏。这是个非常朴实的地方，所以不要期待什么花里胡哨的东西——这里有的只是价格合适的好威士忌。

东京都

Albion's Bar

> ⚑ 东京都北区十条仲原 2 丁目 11-21，Albion 大厦
> ☎ 03-3906-6700
> ⏱ 18：00—24：00，周一至周日（节假日休息时间不定）

如果你碰巧在东京都市圈的北部，不妨绕道去一趟这家酒吧。它吸引了许多不同类型的饮酒者：在从超市或面包店回来的路上进来喝杯啤酒或烈酒的当地人、在回家途中必须在此逗留一番的白领们、几乎已经成为陈设一部分的常客们，以及那些在见到好威士忌时慧眼识珠的人。据说店主拥有一套完整的羽生扑克牌系列（而且每一支都是 1 号瓶），但也可能应该说"曾经拥有"，因为他时不时会开封几瓶。

Aloha Whisky Bar

> ⚑ 东京都丰岛区西池袋 3 丁目 29-11，泉大楼三层 B
> ☎ 03-6912-7887
> ⏱ 18：00—23：30，周一至周日

这家酒吧于 2019 年 9 月正式开业，并在很短时间内（鉴于东京因疫情大流行而连续进入紧急状态，实际时间还要更短）就成为日本最受推崇的威士忌酒吧之一。来自夏威夷的戴维·辻本（David Tsujimoto）及其酒吧赢得了 2020 年威士忌风云人物评选（Icons of Whisky）的世界其他地区组别里的年度酒吧经营者和年度酒吧奖项，其日本威士忌收藏无与伦比。很多客人都是来自海外的威士忌爱好者，而且由于许多客人经常带着礼物前来，所以这里也有各种各样的为海外市场装瓶（因而在日本其他任何一家酒吧都找不到）的日本威士忌。

"Aloha Whisky Bar" 的秩父威士忌酒墙

Apollo Bar Ginza

🚩 东京都中央区银座 8 丁目 2-15，明兴大厦地下一层

☎ 03-6280-6282

🕐 17：00—02：00，周一至周五；17：00—24：00，周六

店主兼调酒师小松秀德在开这家酒吧之前曾在三得利工作。所以在日本（这也意味着，在世界上），没有其他哪家酒吧可以让你见到这么多已成传奇的三得利装瓶。其中有些收藏是极其罕见的，所以并不是所有东西都可以拿来品尝，但其中还有很多可以。如果你喜欢汤姆·威兹（Tom Waits）的音乐，那么你就多了另一个来此的理由：你所听到的背景音乐几乎都是这位歌手的。

Bar Espace Rassurants

🏴 东京都港区赤坂 2 丁目 13-8，赤坂口 Royal Plaza 207 室

☎ 03-6459-1556

🕐 17：00—23：30，周一至周六

这家酒吧位于繁华的赤坂。它的面积很小，但如果你想要尝试日本市场上的最新装瓶（包括日本威士忌以及面向日本市场发售的苏格兰威士忌），它就是你的不二之选。一个额外的好处是，其价格非常合理。店主兼调酒师桥本刚也是艾伦单一麦芽威士忌的忠实粉丝，所以那里也有大量艾伦官方装瓶可供单杯售卖。

Bar Gosse 目黑

🏴 东京都目黑区目黑 2 丁目 10-15，Maison 高桥 102 室

☎ 03-3779-9779

🕐 营业时间不固定

这家酒吧现在由油井兄弟拥有和经营。他们会说英语和日语，而且人非常随和，所以在那里不会遇到任何障碍。兄弟俩白天都另有忙碌的全职工作，所以在前往之前，最好在社交媒体上看看当晚是否在营业。除了精心挑选的日本威士忌，那里还有许多针对英国市场的限量版装瓶。（那里的威士忌交易所装瓶也非常丰富。）

Bar Groovy

🏴 东京都千代田区内神田 3 丁目 17-6，小山第 3 大厦

☎ 03-3256-5556

🕐 17：00—03：00，周一至周五；19：00—03：00，周六

这里的选酒相当基础，但有一个例外。店主兼调酒师藤岛茂雄非常喜欢初创威士忌的酒款，所以如果你想要寻找一些秩父或羽生威士忌，这里是个好去处。他还有一款专门为神田调酒师协会装瓶的羽生威士忌，名为神田调酒师之选。单是这一点就值得去一趟。

BAR HIGH FIVE

🚩 **东京都中央区银座 5 丁目 4-15，Efflore Ginza 5 大厦地下一层**

☎ 03-3571-5815

🕐 17：00—01：00，周一至周六

这是银座最受推崇的酒吧之一，店主上野秀嗣是位酒吧界的传奇人物。这里没有酒单，但上野及其工作人员比你自己更清楚你想要什么。这里的经营重点是经典鸡尾酒，但酒架上也有非常有趣的日本威士忌（近期的以及不那么近期的）可供选择。如果你计划在银座造访多家酒吧，最好不要从这里开始。否则，你很有可能去不了名单上的第二家酒吧。

BAR KAGE

🚩 **东京都中央区银座 6 丁目 3-6，荣大厦地下一层**

☎ 03-6252-5044

🕐 18：00—03：00，周一至周六

这家美丽的银座酒吧温馨而私密，是辛苦工作一天后放松身心的理想场所。不过，你不会和同事一起来这里。你会自己一个人去，或和你觉得很处得来的人一起去。这是那种比你的起居室或你的"男人窝"更让人感到自在的酒吧。店主兼调酒师影山武嗣对伊知郎麦芽情有独钟，所以其酒架上就有不少。风格和内容——一家酒吧要想在这两方面都表现出色并没有那么容易。但它做到了。

Bar Nadurra

🏳 东京都丰岛区东池袋 1 丁目 17-11，Park Heights 池袋 203-2 室

☎ 03-6914-3645

🕐 17：30—02：00，周一至周五；15：00—01：00，周六和节假日

这家酒吧开门很早（尤其在周六和节假日，如果你需要一些下午"茶"，这里再适合不过），而且是禁烟的。其实你知道这两点就可以了。至于其他方面，没有什么可担心的：丰富的酒款、合理的价格、放松的氛围，还有精明能干的店主松平升帮助打理好一切。

C-Shell

🏳 东京都新宿区荒木町 9 番地，Wind 荒木町大楼一层

☎ 03-6380-6226

🕐 18：00—24：00，周一至周日

这家酒吧位于曾经是花街的荒木町的一条小巷里。店主兼调酒师牧浦侑在多家酒吧工作过（包括六本木新城的"Wolfgang Puck Bar & Grill"和惠比寿的"Joel Robuchon"），并最终于 2009 年 3 月开了这家自己的店。"C"指许多以该字母开头的好东西：cocktails（鸡尾酒）、cigars（雪茄）、creativity（创造性）、conversations（交谈）等。这里没有酒单：交谈取代了这一点。按照能说一口流利英语且非常幽默的牧浦的说法，是这里的氛围让他的酒吧有别于日本的其他许多酒吧："我们试着打造出我们自己的风格，一种介于经典（classic）与休闲（casual）之间的风格（你看它们也以 c 开头），这就是在我们的'外壳'（shell）下面的东西。"这里有丰富的日本威士忌，以及一个放着大量哥斯拉模型的陈列柜，供那些与牧浦一样对日本最著名的怪兽感兴趣的同好欣赏。

Campbelltoun Loch

🏳 东京都千代田区有乐町 1 丁目 6-8，松井大厦地下一层

☎ 03-3501-5305

🕐 18：00—04：00，周一至周五；18：00—23：30，周六日及节假日

这是日本最难进入的酒吧，这里我指的是在字面意义上。它是如此之狭小拥挤，即便你有幸抢到了吧台前八个座位中的一个，也不得不与两旁的客人摩肩接踵。再一次地，这不是在打比方。不过，它仍然值得你来此挤上一挤。店主兼调酒师中村信之在酒架上摆放了大量威士忌，其中有些还是他亲自挑选的（包括一些由 "The Whisky Hoop" 装瓶的威士忌）。在这里，苏格兰威士忌的数量要远多于日本威士忌，但这不是不去的理由。这里仍有许多日本威士忌，可以让你满意而归。但需要注意的是，这里的威士忌开瓶后用不了多久就会被喝完。因此，当有人对他们在这里喝过的某款威士忌大加赞赏时，不要假定过了几周后还能喝到它。话说回来，到时肯定会有别的东西让你大加赞赏。

Grand Cave（伊势丹新宿店）

🏳 东京都新宿区新宿 3 丁目 14-1，伊势丹新宿店地下一层

☎ 03-3225-2569

🕐 14：00—20：00，周一至周日

这不是一家酒吧，而是位于新宿的高档百货公司伊势丹地下一层的一个品酒柜台。那么为什么把它放进来呢？首先，你可以在这里以象征性的费用来品尝威士忌，而如果你喜欢你所喝到的，则可以购买一整瓶。其次，他们经常推出专门为伊势丹装瓶的特别版威士忌——主要是苏格兰威士忌，但时不时也有日本威士忌。显而易见，你需要运气

非常好，正好在他们推出这样的特别版装瓶时赶上趟儿，但这总是值得一试的。再次，这里从下午两点开始营业，意味着你可以在大多数酒吧开门之前很久就开始调动你的感官。最后，这里的工作人员很棒。这就是它值得一去的四个好理由。

J's Bar

🚩 东京都丰岛区西池袋 1 丁目 34-5，青井大楼二层

☎ 03-3984-8773

🕐 13：00—01：00

这是一家实在令人感到自在的酒吧。酒的选择非常多（酒常常在发售的当天就开瓶了），价格是你在东京可以找到的最低的，氛围很闲适，店主兼调酒师连村元也非常随和（且博学）。酒吧距离池袋站的北出口只有两分钟脚程，而且周边还有各式各样的夜生活去处。

Ken's Bar 京桥店

🚩 东京都中央区八丁堀 3 丁目 11-12，地下一层

☎ 03-6869-7887

🕐 18：00—24：00

在新宿著名的黄金街上有一家"Ken's Bar"，但店主兼调酒师松山谦的存货和野心终究在这里放不下，所以在黄金街开店 11 年后，他于 2016 年 7 月 1 日在京桥开设了第二家更宽敞的酒吧。京桥店有个小的音乐表演舞台，所以有些晚上会有当地乐手献上一些一流的表演。松山是铁杆的波本威士忌粉丝，但近些年来，他也变得热衷于日本威士忌。他安排为自己的酒吧装瓶波本威士忌和日本威士忌的频率在日本酒吧界无人能及。

松山谦在他位于京桥的酒吧

M's BAR & CAFFE

🚩 东京都新宿区矢来町 118

☎ 03-3269-0743

🕐 18：00—03：00，周一至周四，周六；18：00—05：00，周五；

　　19：00—24：00，周日和节假日

这是一家位于神乐坂的很棒的社区酒吧。这里的选酒是一流的，价格
也非常合理。没有花里胡哨，没有胡说八道，只靠威士忌说话。我就
不多说什么了，除了要说它已经成为我现在前往神乐坂的主要原因。
酒吧在 2022 年 3 月庆祝开业 25 周年，而其经久不衰是有原因的，你
去到那里就会明白。

ROCK FISH

🚩 东京都中央区银座 7 丁目 3-13，New Ginza 大厦七层

☎ 03-5537-6900

🕐 15：00—20：30，周一至周五；14：00—18：00，周六日及节假日

这家酒吧靠一招鲜吃遍天，主打 Samboa 风格嗨棒。其九成的点单都是这款嗨棒。配合这款（及其他）嗨棒还有众多开胃菜可选。事实上，店主兼调酒师间口一就写过一本关于如何为酒搭配开胃菜的书。所以你在这里大可不用担心。酒吧很受工薪阶层欢迎，可以为他们在回家之前"提提神"，但它也是在银座开启酒吧之旅的完美第一站。

Shot Bar Zoetrope

🚩 东京都新宿区西新宿 7 丁目 10-14，Gaia 大楼 4 栋三层

☎ 03-3363-0162

🕐 17：00—23：45，周一至周六

这家酒吧则主打日本威士忌。此外还有一些日本朗姆酒、果渣白兰地及其他各式古怪玩意儿。这是一个日本威士忌研究所，没有人比店主兼调酒师堀上敦更了解这个领域。他就是一部行走的日本威士忌百科全书。这里的氛围也独一无二：老默片被投映在幕布上，并随机配以更现代的电影原声音乐。我上次去时，刚好是巴斯比·伯克利的影像配上了一点埃尼奥·莫里康内的意大利通心粉西部片配乐。确实妙不可言！酒吧已经被各种旅游指南所收录（它无疑当之无愧），但这也意味着，平时走进那里，你更可能被一堆外国人，而不是被一些日本的酒类爱好者所包围。这里不支持信用卡支付，所以在坐电梯上到三层前，请准备好现金。

WODKA TONIC

🚩 东京都港区西麻布 2 丁目 25-11，田村大楼地下一层

☎ 03-3400-5474

🕐 18：00—5：00，周一至周六

正如你可能已经猜到的，这家酒吧其实并不专营伏特加汤力（vodka tonic）。事实上，在我经常光顾这个地方的这些年里，我从未听过有人点伏特加汤力。当你被一些迷人的或老或新的威士忌绝品所包围时，你为什么会点它呢？但要提醒一句：他们在这里所倒的九成九威士忌已经在市面上难觅踪迹，所以如果这种状况会让你以后感到心痒难耐，你应该远离这里。如果你乐于喝到一些将令你终生难忘，但在此后的岁月里可能再也看不到或喝不到的美酒，那么你来对地方了。

周六晚的"WODKA TONIC"

The Mash Tun

🏴 东京都品川区上大崎 2 丁目 14-3，三笠大楼 B 栋二层

☎ 03-3449-3649

🕐 19：00—02：00，周一至周六；19：00—24：00，周日及节假日

酒吧拥有一帮非常忠诚的粉丝，包括许多海外的威士忌爱好者，他们每次赴日都必会在这里待上不少时间。而这要在很大程度上归功于店主兼调酒师铃木彻。他对威士忌了如指掌，而且属于少有的那种酒吧老板，不仅对自己酒架上的东西真正充满热情，还对自己所倒的酒有着大量真正有意义的事情可供分享，当然，如果你对自己即将喝到或正在喝的东西背后的故事感兴趣的话。如果你不感兴趣，他也会让你独自享用。所以不论你属于哪种类型，到时都是双赢局面。

山梨县

Bar Perch

🏴 山梨县北杜市高根町清里 3545，萌木之村

☎ 0551-48-2131

🕐 17：00—01：00，周一至周日

这家酒吧是山梨县一个名为萌木之村的山间度假村的一部分。它距离有点远（也就是说，离东京远），所以最好安排在参观白州蒸馏所后，驱车前往萌木之村，在酒吧喝上几杯，然后在那里的酒店过夜。我有幸参观过他们存放威士忌的小屋，就仿佛是重新走过了一遍日本威士忌的数十年历史。那里有几瓶老酒，如果开瓶的话，哪怕赴汤蹈火，我也要赶过去喝上一杯。

爱知县

BAR BARNS

⚑ 爱知县名古屋市中区荣 2 丁目 3-32，Amano 大楼地下一层

☎ 052-203-1114

🕐 17：00—23：30，周二至周五；15：00—23：00，周六；
15：00—22：30，周日及节假日；周一及每月第二个周三休息

这毫无疑问是名古屋最好的酒吧。它在所有方面都很出色：暖色调的装潢、良好的氛围、调配完美的鸡尾酒、种类繁多的威士忌（有些还是专门为酒吧装瓶的），以及美味的小食，以备你在喝了这些美酒之后突然有了胃口。店主兼调酒师平井杜居对水楢木非常着迷。当你有机会去那里时，一定要提起他在空闲时间用整木雕琢的水楢木威士忌"杯"。（不不，它们是非卖品……至少目前还是这样。）

Bar Rubin's-vase

⚑ 爱知县名古屋市中区荣 3 丁目 2-31，NOA 大厦四层

☎ 052-241-8633

🕐 17：00—24：00，周二至周六

店主兼调酒师伊藤史裕于 2017 年 10 月 5 日开设了这家酒吧。这里的选酒是首屈一指的，拥有大量针对日本市场推出的独家装瓶（其中有些由伊藤亲自挑选）以及许多最新发布的日本威士忌。

京都府

Bar K6

🚩 京都府京都市中京区东生洲町 481，Val's 大楼二层

☎ 075-255-5009

🕐 18：00—02：00，周一至周日

这家酒吧的幕后老板西田稔是日本酒吧界的一个传奇。他拥有非凡的味觉，而这对我们来说是件好事，因为他善于找到优质的威士忌（及果渣白兰地）库存，然后为这家酒吧和 / 或楼下的酒类商店制作装瓶。这是个优雅的地方，所以如果你不是穿着徒步鞋或网球裤现身的话，你有更大机会进去。

Bar Keller

🚩 京都府京都市中京区东生洲町 481，Val's 大楼一层

☎ 075-253-0245

🕐 18：00—02：00，周一、周三至周日

这是 K6 的姐妹酒吧。它位于同一栋楼里，但在一层。不过，它比 K6 更挑人，所以不要指望你想进去就能进去（相信我，你会想进去的！）。在冬季，这里会制作一种绝佳的热水割威士忌，也就是威士忌加热水，但具体的制作方式甚至让一般的茶道都相形见绌。这里还有一些"镶在墙上的酒桶"，里面装有独家的威士忌。但我不能再多写了，以免你万一进不去太过失落。

"Bar Keller" 的威士忌天顶

Bar SILENT THIRD

🏳 京都府京都市中京区伊势屋町 354-1，伽罗大楼二层西侧

☎ 075-746-6346

🕐 14：00—24：00，周一至周日

这家位于京都河原町站附近的宽敞酒吧是个真正的好地方。它从下午两点开始营业，这意味着你可以在旅游的间隙来点更提神的东西，而不仅仅是星巴克的绿茶或咖啡。我注意到，自从这家酒吧开业以来，当我身处京都的这片区域时，我歇脚的次数已经变得越来越频繁。我还能说什么呢？那里的鸡尾酒是一流的，威士忌的选择也非常好。

Samboa Bar

⚑ 京都府京都市东山区祇园町南侧 570-186

☎ 075-541-7509

🕐 15：00—23：00，周二至周五；15：00—22：00，周六至周日

我喜欢该连锁酒吧的地方之一是它们非常大方。这里的一杯是 60 毫升，半杯是 30 毫升。我想象不出会有多少人要求喝双份！它们以其嗨棒闻名，而这也名副其实。先喝一杯它们的招牌嗨棒，再喝其他美酒。它们在关西（京都和大阪）共有 11 家酒吧，在东京还有 3 家，所以你很有可能会在旅行途中偶然遇到一家。我无法列出其所有地址，而且鉴于东京部分已经占了很大篇幅，我姑且把它们放在京都名下，并仅以祇园店为例。

大阪府

Bar Augusta

⚑ 大阪府大阪市北区鹤野町 2-3，Arakawa 大楼一层

☎ 06-6376-3455

🕐 17：00—24：00，周一至周日

这家酒吧位于大阪梅田，交通便利。它下午五点开门，按日本的标准来说是算早的，这使得它成为在大阪进行酒吧巡游的一个完美起点。酒吧相当小，但库存充足。苏格兰威士忌是主打产品，店主兼调酒师品野清光对该领域了如指掌，但那里也有一些有趣的稀有日本威士忌可供选择。

Bar, K

📍 大阪府大阪市北区曾根崎新地 1 丁目 3-3，好阳大楼地下一层

☎ 06-6343-1167

🕐 18：00—24：00，周一至周六

这家酒吧位于大阪市中心，距离大阪梅田站约十分钟步行路程。为了到达那里，你将需要一路避开拉客的男女和各式醉汉，但一旦你找到这个地方，走下楼梯，打开大门，你就会进入一个安静放松的港湾。在这里，关注的重点是酒饮，他们对细节的关注无出其右。不要错过喝上他们的一两杯鸡尾酒的机会，哪怕你是个麦芽威士忌御宅族。

BAR whiskycat1494

📍 大阪府大阪市阿倍野区昭和町 1 丁目 10-1

☎ 06-6623-1494

🕐 18：00—02：00，周二至周三，周五至周日

这是个小而低调的地方，但这里有真正的宝藏。价格是无人可比的，但我不会大肆宣扬这一点，因为酒吧只有八个座位，我还想要下次去时能有位置呢。在日本有很多名为"Whiskycat"的酒吧，所以店主兼调酒师吉村光男加上了"1494"的后缀（苏格兰文献中首次提及威士忌或蒸馏的年份），以确保你能找对地方。

"BAR whiskycat1494"正在营业

The Court

■ 大阪府大阪市中央区伏见町 3 丁目 3-3，芝川大楼一层

☎ 06-6231-3200

🕐 15：00—02：00，周一；12：00—02：00，周二至周日

这里给人一种苏格兰酒吧的感觉，但所幸里面没有点缀的格子呢和无休止的风笛音乐。酒吧经营者对日果威士忌情有独钟，所以你会在这里找到很多日果的装瓶。地下室里还有一个小博物馆，里面有很多日果的纪念品。遗憾的是，参观需要预约。不过，他们并不是很官僚，跟调酒师说上几句好话，有可能他们就会通融一下，帮你现场"预约"一下。

兵库县

The Nineteenth Bar

■ 兵库县神户市中央区中山手通 1 丁目 22-18，STELLA LUCE 北野坂二层东

☎ 078-242-0019

🕐 17：00—01：00，周一至周六

店主兼调酒师宫森和哉在 2019 年开设了这家酒吧，并迅速使之成为在神户放松身心、喝点日本威士忌的最好去处。这里的秩父威士忌选择特别丰富。老板还运营着一个有趣的个人频道，其中包含一些他参观日本各地的威士忌（及朗姆酒和金酒）蒸馏厂的视频。他说的是日语，但哪怕听不懂他在说什么，你隔着屏幕也能感受得到他的热情。他的频道名叫"Bar studio TB by ミヤモリ"。

四国

香川县

shamrock

⚑ 香川县高松市南新町 10-1，木内大楼二层

☎ 087-835-0995

⏰ 19：00—02：00，周一至周六

对于来日本寻酒的威士忌爱好者来说，四国地区并不是最好的去处。即便在高松市，也很难找到一家有点像样的威士忌收藏的酒吧。幸运的是，这里还有 shamrock。其威士忌选择非常多，并且还有着大量有趣的啤酒可选，特别是比利时啤酒。除非你是跟完全不喝酒的人一起旅行，否则每个人都可以在这里度过一段开心的时光。

Silence Bar

⚑ 香川县丸龟市港町 307-32

☎ 087-724-3646

⏰ 19：00—03：00，周一至周日

这个地方十分昏暗，他们会给你一盏小灯，以便让你可以在吧台上找到自己的杯子，阅读酒标上的文字。所幸这里的声响并不像灯光那样凝重，不然的话，这会是番相当惊悚的体验。这里没有酒单，而且鉴于你会看不清酒架上的货品，所以你在入内前不得不在心里预先列出一个小小的愿望清单。但最棒的是，有时店主会消失在黑暗中，退入他的库房，再回来时，手里拿着一些远超你所能想象的推荐酒款。这

家酒吧拥有很多有趣的威士忌老酒，所以如果你喜欢在威士忌世界里
进行时间旅行，你会爱上这个地方的。

九州

福冈县

Bar Higuchi

🚩 福冈县福冈市博多区中洲 3 丁目 4-6，多门 BUiLD'83 一层
☎ 092-271-6070
🕐 19：00—01：00，周一至周六

这家酒吧是个绝好的去处。其对细节的关注和服务水平独树一帜。我
从来没有见过这样一家经营得如此顺畅且优雅的酒吧。店主兼调酒师
樋口一幸是九州酒吧界的一位关键人物。他也是福冈威士忌节（这可
以说是日本最好的威士忌节）的策划者。将造访樋口的酒吧与参加福
冈威士忌节结合起来的想法极具诱惑力，但我可以向你保证，到时你
需要运气很好，才能够在威士忌节举办期间挤进他的酒吧。不过，在
一年中的其他时间，你都没有理由不去造访。

Bar Kitchen

🚩 福冈县福冈市中央区舞鹤 1 丁目 8-26，Grand Park 天神一层
☎ 092-791-5189
🕐 16：00—01：00，周一至周日

2015 年 10 月，我在这家酒吧联合组织了一场前无古人的羽生全套扑
克牌系列品鉴会。我不认为当时世界上还有其他酒吧可以做到这一

点，至少是无法以一个合理的价格，所以此事应该可以让你了解这家酒吧是个怎样的宝库。自那次品鉴会以后，扑克牌系列就不再能凑齐了。事实上，我们当时喝光了不少瓶，更多一些也在那以后被耗尽，但那里仍有不少，可以让你聊以慰藉。顺便一提，尽管名字如此，但那里没有厨房，所以在去之前最好先垫垫肚子。

Whisky Bar Leichhardt

📍 福冈县福冈市中央区渡边通 2 丁目 2-1，西村大楼五层

☎ 092-215-1414

🕐 19：00—24：00，周二至周日

酒架上拥有超过 1000 种威士忌，包括许多罕见的日本威士忌，还有一位拥有非凡的鸡尾酒调制技艺的调酒师，看到这些，你就知道自己来对地方了。店主住吉祐一郎能说流利的英语。事实上，他的酒吧就是以他学生时代居住的悉尼郊区命名的。住吉是位"竹鹤资深品牌大使"，而如果你尝试过他以竹鹤 NAS 为基酒调制的原创鸡尾酒"第八次旅行"的话，你就会明白他当之无愧。下次造访福冈市时，请务必不要与之失之交臂。

熊本县

Bar:Colon

📍 熊本县熊本市中央区下通 1 丁目 9-4，宇都宫大楼地下一层

☎ 096-355-2468

🕐 20：00—03：00，周一至周六

我知道，这是个有点古怪的名字，但要知道：在搬到现在的位置之前，它曾与一个叫"卷心菜与安全套"的地方相邻。当初想必少不了

有人纳闷自己身处何处。新址的空间要更紧凑一些，但选酒一如过去那般好，尽管存货不可避免有所减少。店主兼调酒师鹤田健之曾拥有全套的三得利特定年份麦芽威士忌系列，但现在他也只剩下几瓶了。不过，酒架上还有其他很多好酒，包括为熊本酒吧协会所做的装瓶。

BAR RICORDI

🚩 熊本县熊本市中央区花畑町 13-26，第一银杏大楼地下一层

☎ 096-327-2115

🕐 19：00—03：00，周一至周日

这是家非常时尚的酒吧，并拥有无可挑剔的服务和精心挑选的威士忌。在吧台尽头的步入式酒柜里还有更多好货，所以旁敲侧击一番可能会有所收获。注意方式，也祝你好运！

本田 Bar

🚩 熊本县熊本市中央区花畑町 12-8，银杏会馆二层

☎ 096-354-0363

🕐 20：00—04：00，周一至周六

这不是那种四面被酒瓶环绕的酒吧，但它在数量上的不足，在品质上得到了弥补。店主兼调酒师本田甲介的选择不会让你失望。这里的氛围也很好（非常舒适而私密），很适合小酌一杯……或两三杯。

Bar Masquerade

🚩 熊本县熊本市中央区新市街 3-3-2，夕立大楼地下一层

☎ 096-356-8166

🕐 19：00—03：00，周一至周六

如果《歌剧魅影》的主人公也喜欢喝酒，这里应该会成为他最喜欢的酒吧：灯光昏暗，位于地下一层，玻璃吧台底下还摆满了鲜红玫瑰。氛围可谓浓郁，但这家酒吧不是只有氛围，其威士忌选择也是一流的。

鹿儿岛县

B.B.13 BAR

🚩 鹿儿岛县鹿儿岛市泉町 16-13，丰产业大楼二层

☎ 099-223-4298

🕐 18：00—02：00，周一至周日

如果你是跟不喜欢威士忌，甚至完全不喝酒的人一起旅行，这会是个很好的去处，因为它也是一家正经餐厅。鹿儿岛是本坊酒造的大本营，所以酒架上有相当多的玛尔斯威士忌。把其名字中的"13"换成扑克牌中的"13"（King），你就知道他们推崇哪位蓝调传奇了。

Ernest

🚩 鹿儿岛县鹿儿岛市山之口町 11-21，Yoshinaga 大楼地下一层

☎ 080-5608-3499

🕐 18：00—02：00，周一至周日

这家酒吧（得名自欧内斯特·海明威及其代基里酒）很有可能是日本最有趣的威士忌酒吧，而这要在不小的程度上归功于店主兼调酒师桥口真由美活泼的个性和古怪的幽默感。她的酒吧以鹿儿岛本地产威士忌为主，但也有来自日本及世界其他地区的威士忌及其他烈酒。这里可能不是埋头饮酒者的最好去处，但如果你想要拿笑声下酒，那么这里正是理想之选。

冲绳县

Bar poco rit

🏳 冲绳县那霸市松山 2 丁目 10-1，39 Plaza 松山地下一层 A

☎ 098-943-2893

🕐 19：00—03：00，周二至周日

店主兼调酒师宫里伸在 2021 年，在疫情大流行期间开设了他的酒吧。宫里从 15 岁起就梦想着开一家自己的酒吧，并在高中毕业后已经陆续在九州的各家酒吧工作了 10 年（包括在"Bar Higuchi"工作了 5 年），所以一场疫情是拦不住他的。宫里回到他的家乡冲绳县，并在不到一年时间里，将自己的酒吧变成了当地品饮威士忌的最好去处。酒吧的名字源自音乐用语"poco ritardando"，意为"渐慢"，正反映了他所成长的那个地方的生活哲学——慢着点，不用急。

ICHIRO'S CHOICE

1981

■ Bottled
CHICHIBU

▲ Warehouse
YAMANASHI

● Distillery
KAWASAKI

SINGLE GRAIN WHISKY
KAWASAKI

CASK TYPE : REFILL SHERRY BUTTS
Distillery KAWASAKI
Distilled 1981 / Bottled 2009
Warehouse
Bottled

Cask Strength
Non chill-filtered Non coloured
Bottling # **656** / 710

700 ml

"Bar poco rit"里的一瓶罕见的川崎装瓶和一些泡盛酒具

8个标志性日本威士忌系列

处理世界上纷繁复杂之事的最常见方式是，将它们分门别类。而在威士忌的世界里，这具体体现为不同的产品系列。一些产品被纳入某个系列当中，从而成为某个叙事的一部分，吸引着我们深入其中，并由此及彼。接下来，我们就将重点关注8个标志性日本威士忌系列。

山崎 / 白州单桶（三得利）

■ THE CASK OF YAMAZAKI/HAKUSHU (SUNTORY) ■

2002年7月，三得利通过其网上商店推出了三款山崎单桶装瓶：1979年水楢桶、1984年雪利桶和1991年波本桶。这三款产品以原桶强度装瓶，只做简单过滤。价格也不可思议——1979年水楢桶装瓶仅售18 000日元（不含税）。后续的一项市场调查表明，人们非常喜欢这些装瓶，并希望三得利推出更多的单桶装瓶。三得利也听进去了（那真是些好日子啊），在这一年又推出了新的三款山崎单桶。它们在30分钟内即告售罄。很明显，它们深深吸引了威士忌爱好者们。

2003年6月，三款白州单桶，连同三款新的山崎单桶一起发售。这一次，白州单桶在10分钟内即告售罄。如今，特别版装瓶都是一

经推出即告售罄，但那是在 20 年前，当时日本威士忌还不像现在这样受欢迎。

2004 年 11 月，三得利推出了其私人选桶项目，允许个人或公司购买和装瓶私人的单桶，所以从那时起，对于那些热衷于单桶威士忌的人来说，他们有了一个新的替代性选择。单桶系列于 2005 年恢复，并在 2007 年又加了几只桶。这个系列于 2008 年宣告结束。最后一款产品是一只 1979 年水楢桶，正呼应了其第一款产品。

山崎 / 白州单桶系列（2002—2008）

■ 官方装瓶 ■

年份	山崎单桶	单桶数量	白州单桶	单桶数量
2002	1979 年水楢桶	2	—	—
2002	1984 年雪利桶	2	—	—
2002	1991 年波本桶	2	—	—
2002	1993 年波本桶	2	—	—
2002	1991 年雪利桶	1	—	—
2002	1980 年白橡木桶	1	—	—
2003	1980 年雪利桶	1	1988 年波本桶	1
2003	1990 年猪头桶	1	1982 年雪利桶	1
2003	1993 年猪头桶	1	1984 年白橡木桶	1
2005	1990 年猪头桶	1	1989 年雪利桶	1
2005	1993 年猪头桶	1	1994 年波本桶	1
2007	1993 年重泥煤麦芽	2	—	—
2007	1990 年雪利大桶	4	—	—
2008	1993 年重泥煤麦芽	4	1993 年重泥煤	5
2008	1990 年雪利大桶	3	1993 年 Bota Corta 桶	3
2008	1979 年水楢桶（限免税店）	1	1998 年猪头桶	5

特定年份麦芽威士忌系列（三得利）

■ VINTAGE MALT SERIES (SUNTORY) ■

特定年份麦芽威士忌系列在销售方式上是非典型的：它整套一次性推出。而这是有其原因的。该系列的创意在其宣传语中得到了最好总结："为你的纪念年份准备的年份麦芽威士忌。"共有连续的 16 款年份酒（从 1979 年到 1994 年）可供选择，人们可以从中选出对他们来说具有特殊意义的年份：成年、大学毕业、结婚、孩子出生，等等。

有趣的是，每款年份酒都被赋予了各自的个性。每款酒都具体说明了蒸馏厂（山崎或白州）、橡木桶类型、发酵槽的材质（木制或不锈钢）、壶式蒸馏器的类型以及熟成的仓库。这显而易见旨在引人比较，意味着你会想要拥有更多款的年份酒。

这个系列于 2004 年 10 月 19 日上市销售，共有 100 套完整套装可供销售，整套售价 443 000 日元（不含税）。说实在的，这是个相当夸张的价格。如今，你要是能够在拍卖会上以这个价格买到其中一支 1979 年款的，你都是撞大运了。一年后，三得利推出了第二版。而为了给那些需要在 2005 年庆祝十周年的人，他们增加了一款 1995 年份威士忌。这一次，三得利没有提供完整套装。

三得利特定年份麦芽威士忌系列（2004—2005）

■ 官方装瓶，56% 酒精度 ■

年份	蒸馏厂	橡木桶类型	发酵槽	蒸馏器	熟成仓库	发行瓶数	
						2004	2005
1979	山崎	水楢桶	不锈钢	直颈型	山崎	300	150
1980	山崎	西班牙橡木雪利大桶	不锈钢	直颈型	近江	300	150
1981	白州	西班牙橡木雪利大桶	木制	灯罩型	近江	300	150
1982	白州	白橡木邦穹桶	木制	灯罩型	近江	300	150
1983	山崎	白橡木雪利大桶	不锈钢	直颈型	近江	300	150
1984	山崎	西班牙橡木雪利大桶	不锈钢	直颈型	近江	600	300
1985	白州	白橡木猪头桶	木制	灯罩型	屋久岛	600	500
1986	山崎	西班牙橡木雪利大桶 *	不锈钢	直颈型	山崎	300	500
1987	白州	西班牙橡木雪利大桶	木制	灯罩型	近江	300	300
1988	白州	白橡木猪头桶	木制	灯罩型	白州	300	300
1989	山崎	白橡木猪头桶	木制	直颈型	近江	2000	500
1990	白州	白橡木标准桶	木制	灯罩型	白州	2000	500
1991	山崎	白橡木标准桶	木制	鼓球型	近江	2000	500
1992	山崎	白橡木猪头桶	木制	鼓球型	近江	2000	500
1993	白州	白橡木猪头桶	木制	灯罩型	屋久岛	2000	500
1994	山崎	白橡木标准桶	木制	鼓球型	近江	2000	500
1995	山崎	西班牙橡木雪利大桶	木制	直颈型	近江	—	1000

* 在 1988 年转移至白橡木猪头桶

余市 / 宫城峡 20 年（日果）

■ YOICHI/MIYAGIKYO 20YO（NIKKA）■

2004 年 12 月，日果推出了一款 1984 年份的限量版余市。在接下来的 6 年里，他们再接再厉，在每年年底都推出了一款 20 年酒龄的单一年份威士忌。这些装瓶定价相当合理（每瓶 20 000 日元，在如今看来很便宜，但在当时已是偏高端的定价），并在日本受到了威士忌爱好者的好评。

2007 年，1986 年份的版本在世界威士忌大奖（WWA）中被评为最佳日本单一麦芽威士忌。等到奖项公布时，那一版的 500 支装瓶已经全部售罄了，所以日果在 2007 年 5 月推出了一款 WWA 特别版 1986 年份装瓶。转年，同样的问题再度出现了。1987 年份款更上层楼，在 2008 年的 WWA 中赢得了世界最佳单一麦芽威士忌的殊荣。尽管日果之前已经将该年份款的发行量提高到了 2000 支，但他们仍然发现自己遇到了与上一年一样的问题。于是，他们在 2008 年 5 月推出了一款非冷凝过滤版的 1987 年份装瓶。

2009 年 1 月，日果按照同样的概念推出了第一款宫城峡 20 年。遗憾的是，这个系列随即于 2010 年底就宣告结束。还是同样的老问题：成熟威士忌的库存愈发吃紧，所以必须重新评估优先级。这个系列在日本威士忌热潮出现之前推出，所以大多数装瓶都是为了饮用而被人们购买的。也正因为如此，哪怕在今天，它们的踪影出现在日本酒吧酒架上的情况也并不罕见。

余市 / 宫城峡 20 年单一麦芽威士忌系列（2004—2010，官方装瓶）

	发行时间	发行瓶数	酒精度（%）
余市 1984	2004.12	500	55
余市 1985	2005.12	500	55
余市 1986	2006.12	500	55
余市 1986 WWA 特别版	2007.5	430	55
余市 1987	2007.11	2000	55
余市 1987 非冷凝过滤版	2008.5	1350	55
余市 1988	2008.11	3500	55
宫城峡 1988	2009.1	1500	50
余市 1989	2009.11	3500	55
宫城峡 1989	2009.12	1000	50
余市 1990 非冷凝过滤版	2010.11	3500	50
宫城峡 1990 非冷凝过滤版	2010.11	1000	48

伊知郎麦芽扑克牌系列

■ ICHIRO'S MALT CARD SERIES ■

那是在 2005 年，在东京惠比寿的酒吧"Bar Panacee"里。在一位共同朋友的介绍下，肥土伊知郎结识了阿部健，一位拥有平面设计背景的威士忌爱好者。肥土刚刚买下了数百桶羽生蒸馏所剩下的威士忌库存，使之免于被重新用于制作烧酒的命运，从而也挽救了自己祖父残存的遗产。现在威士忌是安全了，但他不能空坐宝山。接下来的挑战是如何将它们装瓶并一点点销售出去。为此，肥土和阿部开始了头脑风暴。

他们首先考虑的问题是：人们在酒吧是如何挑选一款威士忌的？他们得出的第一个结论是，大多数对威士忌不是十分了解的人其实是基于外观，也就是酒标来挑选威士忌的。酒瓶需要在酒架上显得醒目。第二，它还需要有一点故事性，使得调酒师有谈资与客人聊上一番。换言之，酒瓶需要成为某种发起话题的引子。他们得到的第三个结论是，以系列的方式呈现，吸引力会更大：人们会本能地将它们视为同一"套"，从而激起内心的收藏欲。他们最终想出的主题可谓既简单又巧妙：一副扑克牌。在视觉上，每个人都非常熟悉扑克牌。他们可以简单说，要一杯"黑桃 A"或一杯"红桃 2"，而如果他们喜欢，还想再喝一杯或买上一瓶，他们也只需记住是哪张牌即可。

接下来的事情大家就都知道了。肥土选桶，阿部设计酒标。除了最后两张大小王，他们以四款一批的节奏推出。虽然扑克牌主题贯穿了整个系列，但每个批次都有着不同的视觉风格，以及不同的副主题（比如，花卉、星座等）。第一张牌是 2005 年推出的方块 K，最后一批则是 2014 年推出的大小王。在这十年时间里，日本威士忌的命运经历了翻天覆地的变化。如果说前十来张牌在全国各地烈酒商店的货架上无人问津好多年，试图入手最后几张牌就需要很好的运气和财力了。如果说在新世纪初推出的牌主要是被人们买去饮用的，那些在 2010 年以后推出的牌则越来越被视为收藏品（也就是说，受到追逐，不启封，并数次被转手）。等到这个系列结束时，这些装瓶在拍卖会上的价格已经二三十倍于当初的售价。

2015 年，两套完整的扑克牌系列在拍卖会上以相当于日本一套房子的价格被拍出。威士忌爱好者有机会尝到这个系列中的任何一款的可能性显然正在变得越来越小。不满于这个状况，我决定组织一场全套扑克牌系列的品鉴会。在斯科特·凡·莱嫩和福冈酒吧"Bar

Kitchen"的冈智行的协助下，我举办了"伊知郎的纸牌屋"活动。共有 30 位威士忌爱好者从世界各地前来此参加这场前无古人的品鉴会。在为期两天（2015 年 10 月 11—12 日）的 8 场品鉴活动中，我们品尝了全套扑克牌系列，并一一打分。这是第一次有人这样做。很不幸，这也非常可能是最后一次。飞涨的价格以及该系列日益受到的追捧（更别说二级市场上出现的假酒），使得这样的"纸牌屋"重现江湖的前景变得非常渺茫。

要想将整个系列分成供品鉴的套酒（flights），而且既不能太过单调，又不能太过异质，这被证明是个挑战。以下是我当时组织它们的方式，或可供其他打算组织一场部分扑克牌系列品鉴会的人参考。每组套酒的名称幽默借用了熟成过程的一些要素（桶型、尺寸和 / 或用于二次熟成的酒桶之前的内容物）。在每组套酒中，字体为黑体的扑克牌为得分平均分最高者。

第一组：西班牙宗教裁判所

　　方块 A，梅花 10，**红桃 K**，黑桃 A，黑桃 9，方块 7，方块 8

第二组：法国对美国（第一部分）

　　方块 K，方块 J，红桃 5，**梅花 9**，大王，黑桃 7，方块 9

第三组：从葡萄牙到新世界

　　黑桃 Q，红桃 3，红桃 10，梅花 4，**红桃 2**，黑桃 2，红桃 J

第四组：大尺寸

　　梅花 A，**黑桃 4**，红桃 6，梅花 8，方块 10，黑桃 10

第五组：日本猪与美国猪

　　黑桃 2，黑桃 J，**小王**，梅花 Q，梅花 7，黑桃 3，梅花 5

第六组：雪利大桶：西班牙橡木对美洲橡木

　　梅花 J，方块 5，方块 4，**红桃 A**，红桃 9，黑桃 8，红桃 8

第七组：约 262 800 秒

　　红桃 Q，红桃 7，梅花 3，**方块 3**，黑桃 K，黑桃 6，梅花 6

第八组：法国对美国（第二部分）

　　方块 6，**梅花 K**，方块 Q，红桃 4，黑桃 5，方块 2

　　综合起来，此次"伊知郎的纸牌屋"品鉴活动的前三名依次为小王、梅花 Q 和黑桃 J。自不必说，每个人都有自己的个人最爱。由于好奇此次集体选出的这前三款酒是否与肥土伊知郎自己的个人最爱相一致，我们便在福冈的活动当场给他发了短信。他的答复是："我很难选出一个最爱，因为它们都是我的孩子。事实上，每个我都喜欢。如果真要让我挑出一些我觉得比较有趣或特别的，我会说梅花 2 和梅花 A，因为它们是在水楢桶中熟成的。大王也令人难忘。当初我将1985 年到 2000 年的一些桶调配到一起，结果意外之好。它有着深厚而复杂的风味，其个性在入口后的每一秒都在变化。"阿部健的个人最爱，从酒标设计的角度来说，则是最初发布的头四款。

伊知郎麦芽扑克牌系列（2005—2014）

■ 羽生蒸馏所生产，初创威士忌装瓶 ■

	生产年份	装瓶年份	酒精度（%）	桶号	熟成（年）	收尾（月）	二次熟成／收尾桶型
红桃 A	1985	2007	56.0	9004	22	22	美国橡木雪利大桶
红桃 2	1986	2009	56.3	482	23	2	马德拉猪头桶
红桃 3	2000	2010	61.2	465	10	15	波特桶
红桃 4	2000	2011	59.2	529	11	25	干邑桶
红桃 5	2000	2008	60.0	9100	8	36	干邑桶
红桃 6	1991	2012	57.9	405	21	40	美国橡木邦穹桶
红桃 7	1990	2007	54.0	9002	17	6	美国橡木雪利大桶
红桃 8	1991	2008	56.8	9303	17	42	西班牙橡木欧罗洛索雪利大桶
红桃 9	2000	2006	46.0	9000	6	15	美国橡木雪利大桶
红桃 10	2000	2011	61.0	463	11	18	马德拉猪头桶
红桃 J	1991	2010	56.1	378	19	11	红橡木桶底猪头桶
红桃 Q	1990	2005 2006	54.0	482	15 16	6 17	干邑桶
红桃 K	1986	2009	55.4	9033	23	13	西班牙橡木 PX 雪利大桶
方块 A	1986	2008	56.4	9023	22	1	西班牙橡木奶油雪利大桶
方块 2	1991	2008	58.1	9412	17	24	波本桶
方块 3	1988	2007	56.0	9417	19	6	波本桶
方块 4	2000	2011	56.9	9030	11	28	西班牙橡木 PX 雪利大桶
方块 5	2000	2012	57.7	1305	12	18	西班牙橡木雪利大桶
方块 6	2000	2007	60.5	9410	7	11	波本桶
方块 7	1991	2010	54.8	9031	19	25	西班牙橡木 PX 雪利大桶
方块 8	1991	2009	57.1	9302	18	55	西班牙橡木欧罗洛索雪利大桶
方块 9	1985	2009	58.2	9421	24	31	波本桶
方块 10	1990	2011	54.9	527	21	25	美国橡木邦穹桶
方块 J	1988	2008	56.0	9103	20	36	干邑桶
方块 Q	1985	2007	58.5	9109	22	29	干邑桶
方块 K	1988	2005 2006	56.0	9003	17 18	6 16	美国橡木雪利大桶

（续表）

	生产年份	装瓶年份	酒精度（%）	桶号	熟成（年）	收尾（月）	二次熟成/收尾桶型
梅花 A	2000	2012	59.4	9523	12	59	水楢木邦穹桶
梅花 2	2000	2007	57.0	9500	7	18	水楢木猪头桶
梅花 3	2000	2009	61.1	7020	9	6	新美国橡木邦穹桶
梅花 4	1991	2009	58.1	9802	18	5	美国橡木朗姆桶
梅花 5	1991	2009	57.4	371	18	3	水楢木猪头桶
梅花 6	2000	2009	57.9	9020	9	14	西班牙橡木奶油雪利大桶
梅花 7	2000	2008	59.0	7004	8	13	再填美国橡木猪头桶
梅花 8	1988	2011	57.5	7100	23	67	美国橡木邦穹桶
梅花 9	1991	2011	57.3	401	20	30	波本桶
梅花 10	1990	2008	52.4	9032	18	2	西班牙橡木 PX 雪利大桶
梅花 J	1991	2005 2006	56.0	9001	14 15	6 17	美国橡木雪利大桶
梅花 Q	1988	2008	56.0	7003	20	31	新美国橡木邦穹桶
梅花 K	1988	2010	58.0	9108	22	67	干邑桶
黑桃 A	1985	2005 2006	55.0 55.7	9308	20 21	4 15	西班牙橡木雪利大桶
黑桃 2	1991	2011	55.8	477	20	18	波特猪头桶
黑桃 3	2000	2007	57.0	7000	7	23	新美国橡木猪头桶
黑桃 4	2000	2010	58.6	60	10	23	水楢木邦穹桶
黑桃 5	2000	2008	60.5	9601	8	22	美国橡木再填雪利大桶
黑桃 6	2000	2011	58.6	1303	11	8	西班牙橡木欧罗洛索雪利大桶
黑桃 7	1990	2012	53.8	525	22	35	干邑桶
黑桃 8	2000	2008	58.0	9301	8	34	西班牙橡木雪利大桶
黑桃 9	1990	2010	52.4	9022	20	25	西班牙橡木奶油雪利大桶
黑桃 10	1988	2006	46.0	9204	18	14	美国橡木邦穹桶
黑桃 J	1990	2007	54.2	7002	17	27	新美国橡木猪头桶
黑桃 Q	1990	2009	53.1	466	19	4	波特桶
黑桃 K	1986	2007	57.0	9418	21	6	波本桶
小王	1985	2014	54.9	1024	29	28	水楢木猪头桶
大王	—	2014	57.7	—	14-29	—	由 14 只桶调配而成

能系列

能系列是一番公司的戴维·克罗尔和马尔钦·米勒的创意。酒标以日本传统能剧所用的面具和服饰为题材。这个系列中的差不多所有产品都是轻井泽单桶装瓶。

第一款能系列装瓶是为日本市场而准备的 200 毫升小瓶装,更具体来说,专门供能剧团"神游"演出时销售。戴维·克罗尔解释说:"我们与神游剧团的关系纯粹是偶然建立起来的,当时我们被问及是否有兴趣赞助他们的威士忌题材新剧《麦馏》。当时正值 2008 年的'Whisky Live'举办前夕,他们欣然同意来到举办活动的东京国际展示场,并表演了其中一场戏。我们不打算使用轻井泽或一番的酒标,所以能剧的面具和服饰看起来成了显而易见的选择,而且也再适合不过。该剧团里的一些成员是热情且知识丰富的威士忌爱好者,他们也很高兴可以参与进来。为此,我们的每瓶酒都向他们支付了版权费,以支持他们的演出活动。"

有趣的是,第一款能系列装瓶并不是日本威士忌,而是苏格兰威士忌。这款小瓶装(酒标上标为神游原创单一麦芽威士忌)其实是一款 1993 年份的皇家布莱克拉 12 年(46% 酒精度)。他们后来又选了三只单桶(显而易见,都只装了一部分),一只来自卡尔里拉蒸馏厂(1995 年份,12 年酒龄,46% 酒精度),另外两只来自轻井泽蒸馏所:一只 13 年(1997/2010,3312 号桶,60.2% 酒精度),另一只 19 年(1991/2010,3206 号桶,60.8% 酒精度)。这个系列中的其他装瓶都是 700 毫升版,供国外经销商发售。

一番公司的两位创始人在 2014 年建立了京都蒸馏所，这是日本第一家专门生产金酒的蒸馏厂。在那里，能系列得到了进一步发展。"我们决定复活能系列，"克罗尔表示，"以吸引人们对我们所生产的桶陈金酒的关注，并强调我们现在对金酒所做的与之前一番公司所做的之间的联系：相同的创始团队；季能美酒瓶（它基于之前能系列经典的轻井泽蒸馏所设计，但做了微调）；以及使用轻井泽酒桶进行熟成。"第一版的季能美金酒是为伊势丹百货定制的（2017 年 8 月）。在本书写作之时，它们已经发展到了第 26 版。

能系列（2008— ）

■ 轻井泽蒸馏所和羽生蒸馏所生产，一番公司装瓶 ■

	生产年份	装瓶年份	酒精度（%）	发行瓶数	桶号	桶型	备注
轻井泽蒸馏所（均为单桶装瓶，700 毫升，除非另有说明）							
30 年	1977	2008	62.8	528	7026	雪利大桶	
13 年	1995	2008	63.0	246	5007	葡萄酒桶	
12 年	1995	2008	63.0	186	5004	葡萄酒桶	
32 年	1976	2009	63.0	486	6719	雪利大桶	
14 年	1995	2009	59.4	222	5039	葡萄酒桶	
32 年	1977	2010	60.7	190	4592	雪利大桶	
15 年	1994	2010	62.7	480	270	雪利大桶	

（续表）

	生产年份	装瓶年份	酒精度（%）	发行瓶数	桶号	桶型	备注
多年份	1981 1982 1983 1984	2011	59.1	1500	6405 4973 8184 6437	雪利大桶和波本桶	
32 年	1980	2012	50.4	102	7614	雪利大桶	
31 年	1981	2012	58.6	186	4676	雪利桶	
29 年	1982	2012	58.8	411	8529	波本桶	
28 年	1983	2012	57.2	571	7576	雪利大桶	
41 年	1971	2013	63.7	82	1842	波本桶	
32 年	1980	2013	59.2	335	3565	雪利大桶	
31 年	1981	2013	58.9	207	348	雪利大桶	
31 年	1981	2013	66.3	94	4333	雪利大桶	
31 年	1981	2013	62.5	196	8775	雪利大桶	750 毫升
31 年	1981	2013	56.0	595	155	雪利大桶	
29 年	1983	2013	59.4	205	5322	雪利猪头桶	
29 年	1983	2013	54.3	130	8552	波本桶	
23 年	1989	2013	63.9	302	7893	雪利大桶	
13 年	1999	2013	57.7	500	869	雪利大桶	750 毫升
30 年	1984	2014	61.4	279	3032	雪利桶	
30 年	1984	2015	58.2	522	2030	雪利桶	
15 年	2000	2015	62.2	495	2326	雪利桶	
21 年	1994	2016	63.6	380	6149	雪利桶	
35 年	1981	2017	56.5	486	6183	雪利桶	
35 年	1981	2017	60.6	226	4059	雪利桶	
小瓶装							
19 年	1991	2010	60.8	—	3206	雪利大桶	200 毫升
13 年	1997	2010	60.2	—	3312	雪利大桶	200 毫升
羽生蒸馏所							
21 年	1988	2009	55.6	625	9306	西班牙橡木雪利大桶	
10 年	2000	2010	61.0	463	6066	邦穹桶	

伊知郎麦芽游戏系列

■ ICHIRO'S MALT THE GAME ■

游戏系列是由日本酒类零售商信浓屋选桶推出的一系列羽生 / 秩父单桶装瓶。2009 年 1 月，时任信浓屋烈酒采购的北梶刚拜访了肥土伊知郎，商讨制作一批私人装瓶的可能性。就在前一年，信浓屋推出了基于苏格兰威士忌的店铺限定装瓶国际象棋系列。从一开始，北梶就想要以羽生威士忌作为新系列的开篇之作。肥土的扑克牌系列和信浓屋的国际象棋系列的共通之处于是成了该新系列的主题：游戏。

在酒标设计方面，信浓屋请来了扑克牌系列的设计师阿部健。第一款游戏系列装瓶的酒标简单融合了扑克牌和国际象棋的主题。从第二款开始，他们想要在视觉上传递这些日本威士忌是由日本酒类商店选桶，并为其装瓶的事实。于是后续的酒标设计中融入了浮世绘的元素，所表现的游戏则分别为：骰子（第二款）、相扑（第三款）、射击（第四款）、拼图（第五款和第六款）。

为了将整个系列串联起来，阿部从另一个传统日本游戏中获得了灵感：接龙。这是种文字游戏，要求字头接字尾。翻译成视觉语言，这体现为前一款酒的酒瓶成了新一款酒的酒标中的一个元素。

这个系列里的前五款酒都来自羽生蒸馏所最后一年（2000 年）生产的库存。第六款酒则蒸馏于 1988 年。有趣的是，它早在 2014 年就装瓶了，但直到 2017 年才借由这个系列发售。从第七款起，游戏系列转变成为秩父蒸馏所的单桶装瓶。

伊知郎麦芽游戏系列（2009— ）

■ 羽生蒸馏所（#1—6）和秩父蒸馏所（#7— ），单桶装瓶，由信浓屋选桶并为其装瓶 ■

	生产 年份	装瓶 年份	酒精度 （%）	发行 瓶数	桶号	桶型
#1	2000	2009	61.2	476	6081	谷物威士忌邦穹桶
#2	2000	2011	59.4	312	917	水楢木桶底猪头桶收尾
#3	2000	2012	57.5	309	360	红橡木桶底猪头桶收尾
#4	2000	2012	59.0	235	9805	朗姆桶收尾
#5	2000	2013	59.5	302	1302	水楢桶收尾
#6	1988	2014*	51.9	192	471	猪头桶
#7	2011	2017	61.3	260	1370	马德拉猪头桶
#8	2008	2019	61.4	—	215	波本桶

* 2017 年发售

伊知郎麦芽月与濒危动物系列

■ ICHIRO'S MALT MOON AND VANISHING ANIMALS ■

福冈威士忌节每年6月在福冈市举办。每届会上都有一些特别装瓶发售,其中一个常客就是伊知郎麦芽的月与濒危动物系列。第一款装瓶以日本狼为主题,在2011年第一届福冈威士忌节上推出。从那之后,该系列每年都会增加一款新品。所有装瓶都来自初创威士忌旗下的羽生和秩父蒸馏所。酒标则均由——还能有谁?——阿部健设计。

伊知郎麦芽月与濒危动物系列（2011— ）

■ 为福冈威士忌节特别装瓶 ■

	蒸馏厂	生产年份	装瓶年份	濒危动物	酒精度（%）	发行瓶数	桶型
#1	羽生	2000	2011	日本狼	58.7	181	猪头桶熟成，四分之一桶收尾
#2	羽生	2000	2012	朱鹮	60.1	446	美国橡木邦穹桶
#3	秩父	2009	2013	日本水獭	60.8	221	首填波本桶熟成，三填波本桶收尾
#4	秩父	2009	2014	对马山猫	60.2	225	首填波本桶熟成，三填波本桶收尾
#5	秩父	2010	2015	毛腿渔鸮	60.8	593	首填波本桶熟成，三填波本桶收尾
#6	秩父	2010	2016	日本大鲵	59.4	306	首填波本桶熟成，西班牙橡木欧罗索猪头桶收尾
#7	秩父	2011	2017	亚洲黑熊	59.5	242	首填波本桶熟成，啤酒桶收尾
#8	秩父	2010	2018	亚洲宽耳蝠	62.3	292	羽生猪头桶
#9	秩父	2012	2019	绿海龟	62.2	183	波本桶
#10	秩父	2013	2020	虾夷花栗鼠	62.9	212	波本桶
#11	秩父	2015	2021	岩雷鸟	63.0	216	首填波本桶
#12	秩父	2016	2022	海獭	62.0	259	葡萄酒桶

妖怪系列

■ THE GHOST SERIES ■

　　将一个由我自己选桶的系列纳入本章可能看起来有点不够谦逊。不过，我不会对此道歉，但我也不会太过以此自居。首先，这些威士忌并不是我制作的。（我倒是真希望如此，因为它们都品质惊人。）其次，一个系列具有标志性，靠的是威士忌爱好者和收藏家的认可，而不是靠它背后的主持者这样说；不然的话，每个系列就都是"标志性"系列了。它之所以被称为妖怪系列，是因为其酒标采用了浮世绘大师月冈芳年的遗作"新形三十六怪撰"（1889—1892）中的图像。

有几个方面让这个系列变得相当特别。首先，它展现了日本威士忌历史上古怪独特的一面。以这种或那种方式，这个系列中的酒款都有点不同寻常或独一无二。第一款酒是一款轻井泽威士忌，但不是大家所熟悉的那种轻井泽：大胆、强劲，富有油脂感和水果味。这只3681号桶展现了该蒸馏厂的另一面：轻盈、优雅、细腻。第二款酒也是轻井泽，不过是在一只曾经装过日本红葡萄酒的橡木桶中熟成的。在该蒸馏厂的历史上，总共只有20只这样的酒桶被重新装填威士忌，并且都是在1995年，而这只5022号桶是最后一只被装瓶的，也是这当中最老的。第三款是一款羽生，据我所知，也是唯一一桶使用渣酿白兰地桶收尾的日本威士忌。第四款是一款来自已经逝去的川崎蒸馏所的单一谷物威士忌，而且是目前所知的仅存的一桶1980年份酒液。第五款的灵感来自一种图像处理技术：堆栈合成（将在不同时间拍摄的同一场景的照片堆叠在一起，从而创造出某种类似印象派风格的效果）。它由轻井泽蒸馏所在从1960年到最后2000年的四个十年间所产的多款麦芽威士忌调配而成，并接着在木桶中融合一段时间后才进行装瓶。第六款是一款由肥土伊知郎使用索雷拉工艺制作的威士忌的桶强装瓶。就我目前所知，这是唯一一款出自日本的索雷拉威士忌桶强装瓶。第七款是一款来自20世纪70年代后期的调和威士忌（由轻井泽麦芽威士忌和川崎谷物威士忌调配而成），后者在日本寒冷北方的一个被遗忘的仓库里被人重新发现。由于已经在玻璃瓶中沉睡了超过30年，于是它们被装入一只刚清空的轻井泽酒桶中，并待上7个月时间，以便重新活化威士忌。这是一款真正的"时光倒流"威士忌。第八款是伊知郎麦芽双蒸馏厂的桶强版本，由较老的羽生麦芽威士忌和较新的秩父麦芽威士忌调配而成。

使这个系列显得特别的另一个方面是，尽管并非出于有意，但大部分酒款的装瓶数都非常少。数量最为有限的是第二款。当时酒桶里剩下的酒液只够装22瓶。显而易见，一些装瓶的数量极其有限的事实增加了这个系列在收藏圈里的吸引力。很不幸但也不可避免的是，这也将这些装瓶在二级市场上的价格推到了天上。2016年初，一瓶妖怪系列第二款的装瓶在拍卖会上拍出了超过25 000美元的价格。为了增添乐趣，也为了切合妖怪主题，这个系列还有意弄得有点"神出鬼没"。第六款酒只面向日本境内的特定酒吧销售。装瓶由我亲自送到酒吧，并在那里将它们开瓶，然后我径直点上一杯。这使得这个系列成了完美主义者的最糟糕噩梦。

在本书初版的日文版2018年出版之际，三款由我与日文译者之一山冈秀雄共同选桶的新装瓶（#9—11）推出。在那之后，我们还共同为这个系列选择了好几款酒。

在本书写作之时，妖怪系列已经走过半途。不可避免地，作为日本威士忌最新发展的反映，这个系列的最近几款装瓶大多酒龄较短。但就性质而言，这个项目并不着急，并对偶然性持开放态度，所以不好说这后半途会将我们带向何方。

妖怪系列（2013— ）

■ 斯蒂芬·凡·艾肯选桶，其中部分与山冈秀雄共同选桶 ■

		威士忌类型	酒精度（%）	发行瓶数	桶号	桶型
#1	轻井泽 16 年	单桶麦芽威士忌 1996/2013	59.5	140	3681	雪利桶
#2	轻井泽 18 年	单桶麦芽威士忌 1995/2013	61.9	22	5022	红葡萄酒桶
#3	羽生 14 年	单桶麦芽威士忌 2000/2014	59.9	120	1702	渣酿白兰地桶收尾
#4	川崎 33 年	单桶谷物威士忌 1980/2014	59.6	60	6165	雪利大桶
#5	轻井泽"四个十年"	单一麦芽威士忌 2014 年装瓶	61.8	24	4556	融合桶：雪利大桶
#6	伊知郎麦芽红葡萄酒桶珍藏	调和麦芽威士忌 2015 年装瓶	59.5	28	—	红葡萄酒桶，桶强
#7	轻井泽 + 川崎	调和威士忌 2015 年装瓶	43.0	282	6432	融合桶：雪利大桶
#8	羽生 + 秩父	调和麦芽威士忌 2016 年装瓶	60.1	26	—	双蒸馏厂，桶强
#9	羽生 + 秩父 + 泥煤	调和麦芽威士忌 2018 年装瓶	61.3	129	—	双蒸馏厂，桶强
#10	明石 3 年	单桶麦芽威士忌 2015/2018	61.5	500	101520	清酒桶收尾
#11	驹之岳 3 年	单桶麦芽威士忌 2015/2018	60.0	200	5141	首填波本桶（在津贯蒸馏所熟成）
#12	秩父 10 年	单桶麦芽威士忌 2009/2019	61.9	157	554	首填波本桶
#13	"怪撰"	桶陈京都蒸馏所干金酒	48.0	24	—	融合桶：轻井泽桶、水楢木邦穹桶和齐侯门波本桶
#14	明石 4 年	单桶麦芽威士忌 2015/2020	61.0	394	61791	品丽珠葡萄酒桶收尾
#15	明石 4 年	单桶麦芽威士忌 2016/2021	61.5	849	61966	茶色波特桶收尾
#16	嘉之助 3 年	单桶麦芽威士忌 2018/2022	58.0	271	20081	再填霞多丽葡萄酒桶收尾
#17	津贯 4 年	单桶麦芽威士忌 2017/2022	61.1	192	T431	首填波本桶
#18	明石 3 年	单一麦芽威士忌 2018/2022	62.0	631	101857 +101858	首填波本桶（重泥煤）

33款必尝日本威士忌

　　编一份必尝的日本威士忌列表，就有点像编一份在你死之前必听的意大利音乐列表。从哪里开始，到哪里为止，尤其是对于像威士忌或音乐这样主观的东西，这当中牵扯到个人的口味，所以任何"最佳"列表势必是主观的，不仅因为一个人惊为天人的东西可能在另一个人看来不过尔尔，还因为可曾有谁尝过每一种威士忌？总是有更多惊喜有待发现。

　　尽管如此，我们中许多人确实还是想要了解哪些是夜空中最明亮的星。为了使后面的列表稍微客观一点，我采用了专家访谈的方法。我询问了一些对日本威士忌拥有广泛经验的人（调酒师、零售商、独立威士忌评论家、日本威士忌的早期爱好者等），了解他们个人心目中的前十。然后，我把这些前十放在一起，找出那些在众多列表中都反复出现的酒款。这仍然不意味着这是份权威列表，但它已经不仅仅是一个人的意见了。

　　在进行元分析，编制这样一份前十列表（它最终变成了一份包含33款威士忌的长长列表）时，我想要确保它足以反映日本威士忌的全貌。大多数生产商都有所代表；所有类型的威士忌（调和威士忌、调和麦芽威士忌、单一麦芽威士忌、单一谷物威士忌，以及后两类中的单桶装瓶）都包括内在；有些非常老，有些非常年轻，还有些则介于两者之间；有些泥煤味／雪利酒味很冲，有些则平静而深沉。

除了开头三款，列表中的所有威士忌都是在 21 世纪推出的。这并不是一个出于务实的选择。事实上，现在的日本威士忌的品质要好过它以往任何时期的。我敢这样说，是基于我在日本各地多年苦心搜寻的经验。我试图找到一款老的日本威士忌，可以推翻这种错误的概括。但到目前为止，我还没有找到。后面列表中的大多数威士忌都是近期推出的，这个事实并不意味着你很容易就可以找到它们。不过，对于那些可能认为这是份不可能实现的遗愿清单的人，我还是要说：希望常在心中。确实，要找到它们并不容易，而且其中有些还价格不菲，但在日常场合中体验到它们并不是不可能做到的。

这份列表按生产商排序（顺序与本书第二部分介绍各蒸馏厂的顺序相同），而如果一家生产商有多款酒入围，相应按威士忌类型排序（先是调和威士忌，然后是调和麦芽威士忌，再然后是单一麦芽／谷物威士忌，最后是单桶装瓶），然后在每个类型中，按推出时间由老到新排序。对于一些酒款，本列表还给出了一些相同品质和类似风格的替代选择。

阅读威士忌酒评有点像聆听别人的旅行见闻。不过，文字的好处是，你可以快速浏览，并判断某款威士忌是否有可能吸引你，甚至跳过你不那么感兴趣的部分。

图 例

Ⓝ 闻香（nose）

Ⓟ 入口（palate）

Ⓕ 尾韵（finish）

Suntory President's Choice Whisky
三得利社长之选威士忌

调和威士忌，43% 酒精度，20 世纪 80 年代推出

正如其酒标上所写的，"这款威士忌由
三得利社长佐治敬三严选的麦芽和谷物
威士忌调配而成"。

N 香气融合得如此之好，几乎不可能
辨认出一些关键的香调；隐约有干柿子、
雨后的草地、蜜瓜、圣餐饼、旧杂志的
香气，还有些许芥末和新鲜莳萝的香气。

P 这就像是一幅马克·罗斯科的抽象
画作，但是隐藏在一副半透明的面纱后
面：有杏子利口酒、草莓大福和鼠尾草
的味道——但不要误解：这些味道不是
实打实的，而是仿佛盘旋在你的味蕾之
上，如果可以这样说的话。

F 轻轻徘徊不去，起初是一丝软糖味；
在余韵中会出现一种绿李子味。

你可能会预期这款社长之选威士忌是款
浓郁而奔放的酒。实际与此相去甚远：
它温和，低调，极其优雅，富有美丽的
诗意。它也在调配上臻于完美。它不仅
仅是整体大于其部分之和，你甚至无法
想象出其部分都是些什么。在三得利，
公司社长也是首席调配师。试试这款
酒，你就会明白这个头衔不仅仅是名片
上的一个虚名。

Hibiki 30yo
響 30 年

调和威士忌，43% 酒精度

不像其他響威士忌装在具有 24 个面（代表 24 个节气和 24 个小时）的酒瓶里，这款于 1997 年 11 月推出的響 30 年则装在一个具有 30 个面的酒瓶里。30 年的酒龄也意味着高价格，如果你能找到一瓶的话。原价 8 万日元——真是过去的好日子啊！

 在盲品的情况下，除了那些曾经喝过这款酒的人，没有人会猜到这是款调和威士忌；大多数人会将之视为一款极好的以原桶强度装瓶的老单桶威士忌。最初印象是夏朗德陈香（一个来自干邑白兰地界的用语，用来描述干邑在橡木桶中长期陈年所带有的复杂香气和味道，让人联想到旧皮革、熟透的香蕉、蘑菇、酱油、核桃油、干果等），以及抛光家具、橘子果酱、核桃、无花果干、树莓和新磨的肉豆蔻的香气。静置一会儿后，香气更加散发开，出现姜饼、肉馅、意大利香醋、青苹果皮、辣根和一丝百里香的气味；再给它一刻钟时间，你会感受到明显的草莓奶昔的香气。

 它在你的味蕾上施展了一番从甜（水果糖）到干（那是橡木桶在说话）的美妙变化。在这个变化的中途，一些苦涩的元素（新鲜柑橘、柑橘皮、葡萄皮和烧焦的焦糖的味道）相互和谐地交织在一起；然后口感逐渐变得辛辣起来（白胡椒和茴香味）。

 悠长而富有木质调（橙皮蜜饯、烤栗子、西梅果酱、黑巧克力和淡淡的薄荷味）；随着它渐渐淡出，尾韵变成了白葡萄味，一种出人意料但微妙的余韵。

相较于響 30 年，有些人更喜欢響 21 年。这么老的威士忌必然存在一些批次上的差异，所以不好太快给響 30 年下定论。我确信必定有某个批次会打动你。我就遇到过好几次这样的情况。

[Yamazaki] Age Unknown
山崎未知酒龄

酒龄超过 25 年，单一麦芽威士忌，43% 酒精度，1989 年推出

1989 年，佐治敬三被授予日本的至高荣誉——勋一等瑞宝章。为了纪念此事，佐治打造了这款威士忌，在一场为此举办的庆祝宴会上赠送给来宾。在当时，三得利使用"纯麦芽"一词来描述实际上的单一麦芽威士忌。

N 一曲迷人的水楢桶和雪利桶二重奏；首先是水楢桶的沉香、檀香和椰子油的香气，接着则是雪利桶的荔枝、百香果、杏子罐头、熟透的猕猴桃和枣的香气。基调里还有一些非常微妙的花香，以及极少的干百里香和茴香味。在杯里放置一段时间，一种美味的草莓冰沙味便会浮现出来。

P 非常复杂：一开始是西瓜味，然后是可丽饼和柠檬酒味，接着是混合果脯、甜红豆酱、干枣、松子和一滴薄荷利口酒的味道。

F 非常长且略干，橙皮蜜饯和烤莲藕味逐渐转变为持续的枇杷味余韵。

山崎 25 年在这款威士忌推出的同年作为山崎系列的常规产品上市。这款 25 年核心产品过去 100% 都在西班牙雪利桶中熟成，但从 21 世纪 10 年代中期起，它变得越来越具有明显的单宁感和侵略感。2021 年夏，三得利首席调配师福與伸二宣布，公司将放弃这款 25 年产品的原先设计，转而采用更丰富的橡木桶类型（美国橡木、西班牙橡木和水楢木）。据说下一页的那款酒是新配方的灵感来源，但这款未知酒龄应该也可以提供某种参考。

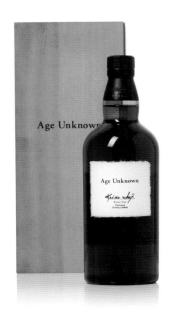

Yamazaki 1984
山崎 1984

单一麦芽威士忌，48% 酒精度，限量 2500 瓶，2009 年推出

这款酒为纪念山崎品牌面世 25 周年而推出，使用 1984 年蒸馏的麦芽威士忌调配而成，并主要在水楢桶中熟成（少量在欧洲橡木桶和美国橡木桶中熟成）。它赢得了大量奖项，包括一些业内最高荣誉（2010 年 ISC 的至高无上冠军烈酒和 2011 年 WWA 的世界最佳单一麦芽威士忌等）。

N 檀香、蜂蜡、酸梅果酱和橘子果酱、猪肉酱（含大量白兰地）、香醋炖草莓、梨子糖和青苹果皮、肉桂、沉香以及少许山椒和卸甲水的香气。加水后则会引出新鲜核果味和年轻的轻井泽威士忌那般的金属感。

P 明显的百香果前调，然后是越来越响亮的臭橙和香橙果肉味，以及较少的橙油、泡着红宝石葡萄柚的橄榄油、甘草和草本植物的味道。加水后调高了酸度，打造出一种新鲜柑橘类水果与柑橘皮味的绝妙混合，过一会儿后，焦糖洋葱和新鲜桃子味也加入其中。

F 悠长且略干，带有香橙果酱、李子果冻、老白兰地和黑胡椒味道。加水时，有种酸糖、抹茶粉、水果酸奶和熟透的甜瓜味。

这款酒格局开阔而外显，但又拥有足够的内涵，可以让你享受一个小时或更长时间。

Yamazaki 50yo
山崎 50 年

单一麦芽威士忌，57% 酒精度，限量 150 瓶，2011 年推出

这是款非常昂贵的威士忌：原价就高达 100 万日元（不含税），现在在拍卖会上价格更是高得多。所以，亲爱的读者，请原谅我没有给出细致的品酒笔记。当你手里拿着它时，你已经无暇他顾了，而且这并不是一个借口，尽管它听起来如此。

N + **P** + **F** 一种超凡体验

如果我只能带一款日本威士忌去荒岛，我会选它。曾经有一瓶原价出售的山崎 50 年摆在我的面前，但是我没有珍惜，当时我觉得应该有更好的方式去花 100 万日元。我错了。幸运的是，在日本的一些酒吧（数量不多，但确实有几家），你可以按杯喝到这款酒。不，我不会告诉你具体在哪里。这种级别的液体黄金需要你无意之中遇到，意外发现的惊喜将让那一刻更加令人难忘。

Yamazaki 1986/2007 Owner's Cask Mizunara
山崎 1986/2007，私人选桶，水楢桶

6B0018 号水楢大桶，49% 酒精度，限量 424 瓶

这是三得利世家推出的一款水楢桶单桶装瓶。我还记得当初，你可以在一周的任何时候走进一家分店遍及日本各地的大型电子产品零售商，并买到这样一瓶。而现在，有机会在酒吧里喝上这样一杯就已经像是中彩票了。

N 烘烤过的椰片、椰子马卡龙、凤梨酥、棕色松树针和温和的中东香料的香气；过了一会儿，是捣碎的草莓、鼠尾草、湿草、木屑以及介于咖啡粉与香灰之间的香气。加水后，香气变得略微更香甜，更具水果味（芒果布丁）。

P 温和的柑橘（干橙片）味，微妙的苦味（苦瓜味逐渐变成浓郁的绿茶味），香草味，温和的绿色汁液味，微妙的胡椒味，以及白巧克力慕斯和报纸的味道（不要假装你不知道报纸是什么味道！）——在这里，温和、微妙是关键词；它真的是一种美妙而克制的风味组合。

F 起初是一种温和的、逐渐变强的抹茶、醋栗、大黄果酱和一点龙舌兰糖浆的味道变化；在这些味道消失之后，我们感受到了一些微妙的烧木头的烟熏味。

这款酒极其优雅，非常诱人，是这些年来推出的少量 1986 年份山崎水楢桶单桶装瓶中我个人的最爱。尽管如此，我也不会错过品尝下述任何其他装瓶的机会，因为到了这个层次，个人的"偏爱"就像是说，相较于其他五首组曲，你更喜欢巴赫的《第六号大提琴组曲》。

✦ 山崎 1986/2006，私人选桶，水楢桶（6G5029 号水楢大桶，60% 酒精度，威士忌世家 50 周年纪念装瓶）

✦ 山崎 1986/2007，私人选桶，水楢桶（6G5020 号水楢大桶，57% 酒精度，"BAR BARNS" 5 周年纪念装瓶）

✦ 山崎 1986/2009，私人选桶，水楢桶（6B0021 号水楢大桶，51% 酒精度）

Yamazaki 1989/2011 Owner's Cask Futakata Ⅲ
山崎 1989/2011，私人选桶，二方 3 号

9W70427 号猪头桶，59% 酒精度，限量 113 瓶

这款酒由二方治装瓶，后者经营着东京酒吧"Malt Bar South Park"，直到他在 2018 年 4 月因病去世。酒吧也在一年半后歇业。甚至在考虑开酒吧之前，二方就已经从三得利购买了一些私人选桶。这是他的第三只业主桶，也是一个小小的奇迹。

N 极致的动态变化；就像一只变色龙，不断在变化。一开始是柠檬迷迭香烤鸡、牛肝菌汤、茴香和新鲜烤杏仁的咸鲜的香气，然后变成微妙的水果的香气：巨峰葡萄、青苹果、熟透的柿子和一丝百香果的香气。在那之后，有花草茶和一点百花香的香气，但咸鲜元素仍在（现在让人想起牛舌肉干和鹅肝）；再给它一点时间，你会得到烤桃子和橙汁奶油冻，然后是一杯焦糖茶……以及在很长一段时间后，美妙的熟透桃子的气味。真是一次非凡的气味之旅。

P 苦味、酸味和辣味的激烈碰撞。由于其冲击力如此强烈且持久，所以很难具体分析其构成。其中有香橙胡椒、各种柑橘皮蜜饯、焦糖烤布蕾、一丝山椒以及其他更多味道。

F 余味持久不散：又是柑橘味和轻微

的草药味，接着是姜和香料味。正是在这里，木质调浮现，但又恰到好处，不会破坏香菜籽和小豆蔻、茴香和罗望子的味道。几分钟后，你会感觉自己像是在咀嚼一些甘草片。

就对我来说的性价比而言，这是最好的三得利私人选桶。显而易见，我并没有把它们全都尝过，不然我这一辈子都不够用。说到价格，这桶酒在 2011 年时售价 200 万日元。在当时，这看起来是个大价钱。而现在，人们会抢破头来争抢这样一桶酒，不惜出价哪怕数倍于当初二方的出价。

Yamazaki 1993/2012
山崎 1993/2012

3T70070 号首填雪利大桶，57.5% 酒精度，限量 444 瓶，威士忌世家选桶

三得利对他们的雪利桶非常挑剔（好吧，他们对很多事情都非常挑剔）。他们定期派木材专家到西班牙北部的森林中寻找合适的树木，然后他们让当地工匠严格按照他们的规格准备和制作橡木桶。之后，他们将木桶送到赫雷斯的顶级酒庄，在那里用雪利酒调味至少 3 年。其中最好的桶被送回日本装填威士忌。如果你觉得雪利桶熟成的山崎有点贵，现在你知道原因了。

N 首先是黑巧克力慕斯、墨西哥巧克力辣酱、香料焦糖饼干和澳大利亚坚果的气味；然后是水果味：杏酱、摩洛血橙、葡萄干、梅干、用白兰地浸泡的樱桃和用香醋浸泡的草莓。再稍后，其他元素开始浮现：香料（肉豆蔻和丁香）、新打磨的皮革、榛子利口酒、一丝鹅肝和一种明显的花香调。

P 酸味、甜味和苦味的完美结合：甜似橙皮蜜饯、土耳其软糖、加泰罗尼亚焦糖布丁和提拉米苏；酸似青柠和山蜜柑；苦似塞维利亚橙子、黑巧克力和橡木的单宁。

F 悠长而持久的拿破仑三世松露巧克力、巧克力橙皮蜜饯、韩国泡菜巧克力、栗子奶油蛋糕和一点混合香料玛莎拉味。

其酒标上有一只大象。如果你喝过它，你就知道为什么了。

Yamazaki 2003/2014 119.14
山崎 2003/2014，119.14

酒龄 11 年，首填 Bota Corta 桶，53.9% 酒精度，限量 538 瓶，
苏格兰麦芽威士忌协会选桶

2015 年 3 月，苏格兰麦芽威士忌协会推出了 11 款日本威士忌单桶装瓶。该协会的日本分会将它们昵称为"十一武士"。记得在东京的发布会上，我注意到这款山崎看起来是其中最受瞩目的。鉴于其他 10 位武士的分量，这是说明了一些问题的。

Ⓝ 所有黑色的东西：黑色水果、黑色巧克力、浓郁的黑咖啡、黑暗森林气息、黑色朗姆酒、黑暗酒窖。在所有这些黑色元素之上，还有某种烟斗烟草、红糖糖浆、焦糖饼和黑莓焦糖烤布蕾的香气。

Ⓟ 在这里，我们深陷雪利酒的世界：炖浆果、西梅果酱、樱桃酱、枣、黑巧克力、新磨的肉豆蔻、丁香、浓缩咖啡果冻、姜蜜饯和一点薄荷醇的味道，而且所有味道都非常平衡；饱满而浓郁，但没有某种味道过于突出。

Ⓕ 不太长，但这不是个问题，因为它会诱惑你再喝一口、两口、三口……你感受蘸了巧克力的橘子皮、杏仁糖、无花果、一点酸橙皮和一丝茴香的味道；在接近尾声时略微显干，但再一次地，

这只是鼓励你再喝一口。

这不是这份列表中最复杂的威士忌，但它既有的部分是非常出彩的。它强烈而不极端，浓厚而不单一，大胆而不令人反感。它没有大的惊喜，但从头至尾都非常吸引人。我可以告诉你，我自己的这瓶酒很快就被我喝光了。

The Cask of Hakushu 1993 Spanish Oak Bota Corta
白州单桶，1993 年西班牙橡木 Bota Corta 桶

3C40789 号桶，2008 年装瓶，60.0% 酒精度，限量 571 瓶

日本的许多调酒师对来自三得利单桶系列的这款装瓶情有独钟。喝上一口，你就会明白为什么：这是一款碰巧是重雪利桶风格的出色威士忌，而非一款出色的重雪利桶威士忌——众所周知，这两者并不是一回事。

N 浓重的雪利酒的香气——炖李子、葡萄干、黑莓、咖啡利口酒和大量香料（丁香、茴香、小豆蔻）的香气——但在浓重的同时相互很和谐；背景中还有一些日本蚊香的气息；过了一会儿，则有些许甜酱油和紫罗兰利口酒的香气。

P 令人沉醉的西梅果酱、酸樱桃、黑巧克力和淡淡的薄荷味，但不仅如此，还有微妙的植物元素（烤牛蒡和王冠喇叭菇），以及给人感觉仿佛牛肉汤、乌梅、鳗鱼酱和一点山椒的味道。

F 中等长度的提拉米苏、西梅、无花果卷、柑橘油和薄荷巧克力的味道。

不要在这里寻找蒸馏厂的特色。这是款受酒桶主导的威士忌。要做出"重雪利桶风格"并不难，但要做好却很难。所谓"做好"至少有以下几个方面的要求：（1）威士忌本身的特色没有被雪利桶所妨碍或破坏；（2）这不仅仅是一次风格尝试；（3）享受饮酒体验并不仰赖于一种下意识的推崇"极端"的所谓男子气概。这款白州单桶就做得非常好，这也是它此次得以入选的原因。

Chita 2011/2014 G13.1
知多 2011/2014，G13.1

单一谷物威士忌，新橡木邦穷桶，58.3% 酒精度，限量 622 瓶，苏格兰麦芽威士忌协会选桶

这是第一款，也是在本书写作之时唯一一款知多蒸馏所的单桶谷物威士忌。

N 非常受橡木桶主导。就像是进入了一家糖果店，然后香气变得更加丰富起来，加入了香蕉面包、奶油蛋黄酱、某种介于蛋黄酒与甘酒之间的东西、朗姆酒葡萄干奶油夹心饼干、一丝年轻的黑麦威士忌、新家具和干花的香气。

P 香料味和甜味元素美妙地交织在一起，肉桂、丁香、肉豆蔻和一点点茴香味使其不至于成为一边倒的甜食味（烤棉花糖、香蕉软糖、蛋酒、巧克力椰子马卡龙、烤朗姆酒浸泡的菠萝和白巧克力慕斯）。

F 悠长而强烈的椰子木薯片味，还有一些干橙片（轻轻蘸上了牛奶巧克力）、柠檬姜汁小熊软糖、朗姆酒蛋糕和甘草糖味。

如果他们在知多生产的所有东西都能在短短四年时间内变成如此非凡的威士忌，那么我们就有麻烦了。

The Nikka 40yo
日果 40 年

调和威士忌，43% 酒精度，限量 700 瓶，2014 年推出

这款酒含有日果的一些最老的库存，包括 1945 年蒸馏的余市麦芽威士忌和 1969 年蒸馏的宫城峡麦芽威士忌，而且其麦芽成分的比例非常高（谷物成分只占约三分之一）。

N 一个神秘的谜团，仅举其中几种香气：古董店（抛光木器和旧皮革）、雨后的秋日森林、土耳其软糖和巧克力杏仁糖、薄荷和香醋腌制的草莓、焦糖苹果，以及一丝非常老的苹果白兰地、迷迭香松子饼干、冲绳酥饼、百花香（以微妙的薰衣草味为主题）、烤朗姆酒浸泡的无花果、杏子百里香酱、肉桂法国吐司、黑芝麻糊的香气。过了一会儿，有着加泰罗尼亚焦糖布丁、干苹果和芒果、微妙的花香、蜜瓜软糖和淡淡茶香（大吉岭、南非博士茶）的香气。

P 极其丝滑的口感：佛手柑茶、香橙皮蜜饯、臭橙奶油布丁、血橙果酱、温和的木质调，以及圣餐饼、巧克力松露的味道。过了一会儿，出现了一小点马拉西诺樱桃、烤杏仁、烤豆粉、粉红色花椒及其他更多的味道。

F 发展出一种可爱的苦味，好似葡萄柚皮和羽衣甘蓝苹果汁。白巧克力软糖和薄荷糖味逐渐过渡到一种美妙得无法形容的余韵。

一款无可争议的调和威士忌（以及大自然母亲！）的杰作。

Taketsuru 35yo
竹鹤 35 年

调和威士忌，43% 酒精度，限量 10 800 瓶，
在 2000—2011 年间（除了 2010 年）持续发售

这款威士忌有个地方容易引发些许混淆。所有竹鹤产品都是调和麦芽威士忌（也就是说，由余市和宫城峡麦芽威士忌调配而成），除了这一款。这款酒里还含有一些在西宫工厂蒸馏的科菲谷物威士忌，这使它成了一款调和威士忌。究竟为何日果决定在这款最老的竹鹤上打破常规，我们不得而知，但谁又在乎呢？它是款绝对惊人的威士忌，这才是最重要的。

N 饱满的淋上老白兰地的芒果布丁、西番莲果酱、安茹奶酪、生牛奶糖和熟透的哈密瓜的香气；过了一会儿，热巧克力香气中加入了橙子利口酒和肉桂棒香气；背景里则是温和的烟草和各种甘草香气——一种不同于任何其他日本威士忌的美妙香气。

P 你注意到的第一件事是，这款威士忌的奶油味何等强烈；然后你会感受到柔和的热带水果、覆盆子果酱、老白兰地、藏红花和咸焦糖茶的味道。还有一丝可爱的粉红胡椒和一点点香橙皮的味道。

F 不是非常长，但立即出现的回味是迷人的——有那么一两秒钟，葡萄柚和芒果味为这款威士忌赋予了爱尔兰威士忌的感觉，然后你感受到新鲜的薄荷叶味，在它之后则是水蜜桃、菠萝味。过了一会儿，出现了一丝非常微弱的绿茶味，是那种冲泡过四五次后的茶叶的味道。

直到 2006 年，这款产品售价 5 万日元（不含税）；从 2007 年开始，价格略微提高到 7 万日元（不含税）。真是过去的好时光啊……现在如果你在酒吧看到这款酒，千万不要犹豫，马上点上一杯。

Yoichi 1990/2001
余市 1990/2001

酒龄 10 年，223639 号桶，62% 酒精度

这就是当初在海外的威士忌界掀起波澜，使人们首次注意到日本威士忌的那款余市 10 年单桶麦芽威士忌。它在 2001 年《威士忌杂志》举办的首届比赛中赢得至高无上奖，这是非苏格兰威士忌第一次被评为世界最佳。在那之后，相继有其他几款日本威士忌也获此殊荣，但这是掀开序幕的第一枪。

N 潮湿的森林气息、甜美的烘烤食品（杏桃丹麦酥、奶油糖、香料蛋糕）、苹果梅子派、温和的泥煤和柔软的皮革味的美妙平衡；过了一会儿，有着些许烟熏鲱鱼、烤饭团和微妙的金属气息。加水则使得烟熏味更突出一些。

P 柔顺如天鹅绒般，一点也不像一款 62 度的酒。开始时有一种温和的水果甜味，此后也一直持续；然后其他风味元素浮现出来：柠檬皮和一抹青柠，接着是橙皮蜜饯和一些核桃壳，最后是一丝香料（七味粉或白胡椒）和一点点烟味。加水则会带出未成熟桃子的味道。

F 不算特别长，却是对入口各味道的完美回音。

这是一位首席调配师梦寐以求的作品，只不过在这里，酒桶是那位首席调配师。这种事情很有可能在仓库里千载难逢，但要感谢日果的人发现了这桶酒，并在正确的时间将它装瓶。

Yoichi 1988/2013
余市 1988/2013

100215 号新橡木桶，62% 酒精度，威士忌世家选桶

请准备好让自己投身于一些极端当中：这是一款在新橡木桶中存放了四分之一个世纪的重泥煤余市威士忌。

铅笔屑、新木板、杏仁奶冻和抛光家具（这是新橡木桶的味道），以及稗子（让人联想到艾雷岛波夏的一些单桶）、重烟熏坚果（山毛榉坚果、花生、杏仁）和一点水果（苹果酱）的香气。新橡木桶、重泥煤和那种典型的"脏脏"的余市特色完美结合到了一起。

P 酸樱桃、熏鸭、杏仁蛋白软糖、大黄酱、牛奶巧克力、烟熏坚果以及夏日篝火的余烟的感觉。时间已经将泥煤味美妙地融合了进去——它没有你预期中一款重泥煤威士忌可能会有的那种冲和鲜明的味道。

F 悠长而持久，泥煤烟熏味更明显，稍带一点橙皮味。加水的效果也很好，会引出更多的水果味。

从理论上讲，这看上去是款个性极为强烈的威士忌；但实际上，它可以说是个小小的奇迹——或者借用赫胥黎的话来说，"一些注定要相遇的极端"。

✦ 余市 1988/2013（100212 号新橡木桶，62% 酒精度）

✦ 余市 1991/2014（129459 号新橡木桶，62% 酒精度，威士忌世家限定装瓶）

世界上最难喝的威士忌？

在理论上，它就看起来很可疑：一款由一家不知名的日本蒸馏厂于1983年生产的单一麦芽威士忌，以原桶强度（64%酒精度）装瓶。在现实中，由山梨县的Monde酒造（其中"monde"意为"世界"）蒸馏的笛吹乡1983，也确实常与曼诺摩的黑湖（Loch Dhu）以及失落烈酒的利维坦（Leviathan）等一道出现在世界上最难喝的威士忌的榜单和讨论中。要是它能够被更广泛地获取，从而被更多人尝过，那么它毫无疑问将成为无可争议的"烂酒之王"。

洛杉矶威士忌协会的同好们在2010年品尝了笛吹乡，并写下了这些看起来非常搞笑的品酒笔记。但不幸的是，他们说得没有错。以下选录了他们的一些评论（引用已得到许可）。

> ……闻起来有金属、一些雪利酒以及阳光曝晒过的旧垃圾味；弥漫在一个有人在使用油动工具切割经过化学处理的木材的同时在做肉桂吐司的厨房里的屁味；湿纸板、还没有散完味的黑胶唱片、橡胶、不可思议的化学气味……
>
> ……味道带有明显的烧焦橡胶味，就像一辆半挂式卡车在猛踩刹车时那样；带汽车尾气的肉桂面包味；尝起来就像某种你将厨房水槽底下的东西与环保人士艾琳·布罗克维奇所反对的东西混合到一起的东西……
>
> ……余味是苦味和金属味，且看起来永远挥之不去；碎木片、薄荷和噩梦的味道；我想象中的将木灰从烧焦的木头上舔去，或者吃土和粉笔灰的味道……

目前还不清楚这种可怕的东西是如何制成的。Monde酒造基本上是家葡萄酒厂，偶尔涉足其他类型的烈酒生产。它坐落于山梨县笛吹市石和町，自20世纪60年代末以来一直在销售所谓"威士忌"。

Monde酒造曾从静冈县的东洋酿造那里购买麦芽威士忌。东洋酿造拥有规模不小的蒸馏业务，配备有几个连续蒸馏器和一对壶式蒸馏器。不过，他们的麦芽威士忌看起来无足称道。对于自己的特级和一级调和威士忌，他们使用自己生产的麦芽威士忌，并将之与从苏格兰进口的麦芽威士忌混合；对于二级威士忌，他们则完全使用自己生产的麦芽威士忌。这说明了问题。1992年，东洋酿造与旭化成合并，并从此放弃了威士忌生产业务。

还有另一种可能性。Monde 酒造看起来也自己生产"麦芽威士忌"，笛吹乡的一些酒标上就确实写着，"在山梨县的 Monde 酒造蒸馏而成"。但在 Monde 酒造，从来没有人清楚解释过那里的威士忌生产到底是怎样进行的，而鉴于他们所销售的产品的品质，让这段历史尽可能朦胧，坦白说，是对他们来说最有利的。其厂区内的唯一蒸馏器是一个用于制作果渣白兰地和白兰地的 2000 升不锈钢蒸馏器。从味道上判断，其麦芽威士忌非常有可能是在那个设备中蒸馏出来的。其味道明显就是没有接触过哪怕一丁点儿铜的味道。

我们可能永远不会知道真相，而这种神秘感也是其反常吸引力的一部分。你仍然能够在日本各地的酒吧里找到笛吹乡或其他装瓶（包括一款 1.8 升大瓶装！）。它常常被当作一项大冒险活动，或作为一个恶作剧道具来使用。如果你看到它，不妨鼓起所有勇气去尝一口。在这种可怕的酒液入口之前，你其实并不真正了解威士忌的下限在哪里。

Miyagikyo 1988
宫城峡 1988

50% 酒精度，限量 1500 瓶，2009 年推出

这是日果 20 年单一麦芽威士忌系列里的第一款宫城峡 20 年装瓶，由在经过重烤的重制雪利桶中熟成的轻泥煤和无泥煤麦芽威士忌调配而成。

N 轻柔的烟熏和草本香气（蒸甜菜根和土豆皮），然后是绿色水果香气：蜜瓜（配上火腿）、青苹果和新鲜葡萄，外加最中饼和满满一勺米布丁。

P 丰收时节的果园：淋上柠檬的青苹果、配上一些黑莓的梨子冰沙、丹麦酥皮饼和白兰地奶油的味道。入口时的泥煤感没有闻香时那么重。

F 烤苹果派和少许青柠汁味，回味中还带有温和的烟熏感，几乎像是小堆篝火的余烟。

一款说得轻声细语，但说了些实在可爱的话语的威士忌。

Miyagikyo 1996/2014
宫城峡 1996/2014

66535 号重制猪头桶，62% 酒精度，威士忌世家选桶

这款轻泥煤风格的宫城峡单桶威士忌由选品能力出众的法国装瓶商威士忌世家在 2014 年选桶和推出。

✦ 宫城峡 1999/2013（67223 号重烤猪头桶，61% 酒精度，威士忌世家限定装瓶）

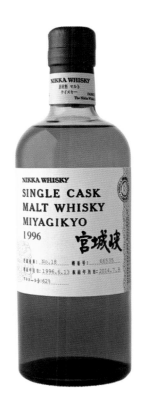

N 果香扑鼻（杏果酱、梨糖、青苹果、葡萄皮），但此外也包含其他次一等的香调：加了大量肉豆蔻的南瓜派、烟熏凤梨干、樱桃、蜂蜜甜甜圈，以及隐隐带有的一小段培根。泥煤味非常微妙，闻起来有点像隔天衣服上残存的烤肉味，或者用水浇灭后的篝火味。

P 与闻香时同样的水果味，但现在被一些酸味（丑橙、扁实柠檬）和苦味（葡萄皮、核桃皮）元素所环抱。它让人联想到法式可丽饼，但也有鲜明的辣味（辣椒、山椒），而且所有味道都被一层淡淡的泥煤味所包裹。

F 悠长且强劲，最后留下木质调的余韵，而正是在这里，泥煤味显得非常清新而澄澈。

这是对经典宫城峡风格的一个古怪诠释，也是截至本书写作之时，最后一款由宫城峡蒸馏所原厂装瓶的单桶威士忌。

Miyagikyo 1996/2014 124.4
宫城峡 1996/2014，124.4

酒龄 17 年，首填 PX 雪利大桶，60% 酒精度，限量 479 瓶，
苏格兰麦芽威士忌协会选桶

宫城峡与雪利桶的组合是天作之合。不幸的是，目前市面上并没有很多这样的单桶装瓶。这一款由苏格兰麦芽威士忌协会的同好们选桶和推出。他们认为它"充满秘密愉悦"。对此，我们表示赞同。

N 第一印象是金色葡萄干、覆盆子酱、坚果、古董家具和烧木头的烟熏气息；过了一会儿，你会感受到浸过葡萄酒的无花果、松露油、冰咖啡和一点坚果利口酒，甚至一丝牛肉汤的香气。还有大量其他细微元素增加了复杂度，以及一种微妙的烧橡胶的气味——并不极端，无疑也不刺鼻。

P 非常诱人：红色水果、篝火、太妃糖、圣诞布丁、朗姆酒浸葡萄干、带有一些辣味的肉豆蔻黑巧克力、花生酱、肉桂，以及一些茴香糖的味道。

F 悠长且口感丰满的煮莓果、墨西哥巧克力酱和烤肉的味道；接着是一种明显的柑橘调，快速从口腔后部直冲鼻腔，就仿佛吃了一勺芥末一般。余韵是美妙的坚果味，尤其在喝了一口水后，同时伴着淡淡的二手烟和吉他线（橡胶）的味道。

这款宫城峡有着与轻井泽相当的水准，但如果说轻井泽给人脚踩实地（甚至我会说，深入地里）之感，那么这款宫城峡便是离地三米飘着，如果可以这样说的话。

Fuji Gotemba Single Grain Whisky 25yo Small Batch
富士御殿场 25 年小批量单一谷物威士忌

46% 酒精度，2015 年推出

在现在，富士御殿场是日本无可争议的谷物威士忌王者。事实上，这款酒在 2016 年的世界威士忌大奖（WWA）上赢得了世界最佳谷物威士忌的殊荣，并完全实至名归。不幸的是，等到那时，它基本上已经售罄了。那些在《威士忌杂志》的评委们这样说之前就已经慧眼识珠的人很有可能现在正在偷笑呢。

N 我们内心的小孩会为之疯狂：香蕉面包、奶油泡芙、枫糖松饼、奶油糖果，而且是成堆成堆的，但又不至于太过分（我们内心的小孩都会这么说，不是吗？）。还有更多：消化饼干、蛋酒、现磨的肉豆蔻，以及微妙的杏干、干花、香醋酱汁及新木板和古董家具的香气。

P 饱满而甜润，就像是蛋奶糊、烤过的椰丝、米布丁加蜂蜜、英式奶油酱、果仁蜜饼，或其他诸如此类，但橡木在其中增添了一点香料味，而这是非常受欢迎的。

F 悠长且口感丰满的南瓜派味，但随着甜味逐渐消散，香料味逐渐浮现出来，使之几乎有种黑麦威士忌的感觉。

这款小批量单一谷物威士忌当初是跟一款小批量单一麦芽威士忌一同推出的。后者是一款非常棒的 17 年威士忌，但我认识的每一个人都更喜欢前者。单一谷物威士忌曾经是业界的丑小鸭，不只在日本，在苏格兰也是如此。但时代正在变化。

The Malt of Kagoshima 1984
鹿儿岛麦芽 1984

酒龄 25 年，雪利桶陈年，46% 酒精度，限量 3018 瓶，2009 年推出

本坊酒造的鹿儿岛工厂的单一麦芽威士忌产品一只手就数得过来，而且它们都早已消失不见。这便是其中之一。

🄝 美丽的"脏"，就像苏格兰格兰帝蒸馏厂出产的最好威士忌，闻起来相当于坐在汽车修理店里吃水果沙拉：新鲜的苹果和梨、成熟的李子、杏肉罐头和桃子味酸奶，以及些许南瓜派和萝卜泥的香气，同时隐隐带有脏的工作服、工具箱、油迹、破布以及绳索、纸板和砾石的气息。这些气息让人联想到藏红花、小豆蔻、烟灰缸、酒糟和胀起的面包团，是迷人且极其新颖的组合，而且（听起来可能奇怪），相互之间没有冲突。

🄟 起初是略微的草味和植物味，但接着香料味（孜然、香菜籽、牛肝菌粉、咖喱水果）加入其中，连同还有烤肉桂吐司、巴西坚果、一点圣诞布丁和咸焦糖酱的味道。一加水，味道就散掉了，所以不要加水。

🄕 中等长度、咸且相当干，柑橘皮和罐装黑咖啡味很快变成某种介于杏仁与澳大利亚坚果奶油之间的东西。即便在你咽下去后，它仍继续带来惊喜。你感受到某种温和但持久的干辣椒热乎乎的回甘。

2015 年，本坊酒造的工作人员在他们的一个仓库里发现了十多箱这些装瓶。出于某种原因，它们长久以来被完全遗忘。意识到直接将这些酒推向市场势必会引发困惑，他们决定将它们重新装瓶（从 720 毫升改为 500 毫升），并只向九州的调酒师们销售。这 111 瓶酒代表了鹿儿岛工厂的最后遗产，除非……

✦ 萨摩麦芽 12 年（40% 酒精度，1996 年）
✦ 萨摩麦芽 15 年（43% 酒精度，1998 年）

Mars Maltage 3+25
玛尔斯麦芽 3+25 年

调和麦芽威士忌，46% 酒精度

作为一匹黑马，这款美酒在 2013 年 WWA 上赢得了世界最佳调和麦芽威士忌的殊荣。我还记得，那是我第一次有幸成为 WWA 日本赛区评委会的成员，而在盲评时，当时评委会里没有人猜得出这款惊人的威士忌到底是何方神圣。我们中有人甚至怀疑这是个诱饵——偷偷放进一款 20 世纪 70 年代的本利亚克，以检验我们的威士忌品鉴能力。

一款极好的老斯佩塞威士忌的香气：大量杏子、烤菠萝、一点柿子干、奶油冻、软糖、大麦糖、微妙的香料味（马萨拉茶和甜酸酱）以及老图书馆的气息（皮革装订的图书和老的木书架）；过了一会儿，则是柠檬皮、蜂蜡、巴西坚果以及背景里的一丝机油的气息。

迷人而大方，不断给出惊喜：大黄酱、芒果干、苹果皮和梨皮、柠檬塔、青柠皮、坚果以及些许各式香料的味道；它还让人想到老的云顶本地大麦系列。

惊人的尾韵：杏干和杏仁糖霜味（有点像 20 世纪 60 年代的老波摩），背景里还有一些白胡椒、姜蜜饯和越橘的味道；随着这些味道逐渐消散，它又变成饱满的奶油巧克力味，并带有一丝木头的烟熏味。

它在日本的酒铺货架上许多年无人问津。然后一举成名天下知，人们便对它趋之若鹜。人如此容易受引导，但这一次，他们是被引导到一款真正非凡的威士忌面前。

Komagatake 1987/2014 Salon de Shimaji
驹之岳 1987/2014，岛地沙龙特别版

酒龄 27 年，479 号苏格兰威士忌美国白橡木桶，59% 酒精度，
限量 249 瓶，《Pen》杂志和信浓屋联合发行

曾在 20 世纪 80 年代担任著名的《周刊 Playboy》主编的岛地胜彦于 2012 年 9 月在伊势丹新宿店的八层开了一家"岛地沙龙"。2020 年 4 月，他将自己的沙龙搬到了位于港区西麻布的新址。这款单桶装瓶便由岛地为他的沙龙所挑选，并与《Pen》杂志和信浓屋联合发行。

香气全开：水果调、植物和草本调、香料调，以及环绕在它们周围的旧榻榻米和潮湿仓库的气息；你还能感受到蓝莓、金葡萄干、酸李子、甜菜根、冷普罗旺斯炖菜、鼠尾草、百里香、孜然、香菜末、少许香醋酱汁及其他众多香气。过了一会儿，则出现一种复杂的甜味。在这个过程中最迷人的一点是，所有这些不同的香气成分都融合到了一起。

P 椒味（白胡椒和一些红辣椒）贯穿始终，并伴有止咳糖浆、咸甘草糖、焦糖炒过的洋葱、茄子甜酱、酱汁饼干和大黄酱的味道。

F 极其长且有着不可思议的香料味，伴有些许蔓越莓酱、止咳糖浆和某种"老瓶效应"；它相当咸，但使它真正特别的是持久的白胡椒、干辣椒和柑橘皮蜜饯味。尾韵的香料味是如此持久而强烈，几乎要让人忍不住流泪。

在当初岛地前往玛尔斯信州蒸馏所，打算从其 1991 年以前的库存中挑出一桶酒时，蒸馏厂经理把这桶酒的酒样也放进了候选名单当中，但他其实暗地里希望岛地不要选到它，因为他本人也很喜欢它。他的希望很快破灭了。而对于我们这些酒客来说，这可能是件好事。它在适当的时间装瓶，并以合理的价格发售（24 000 日元，不含税）。要是当初这桶酒再多熟成几年，它可能就会错过最佳时机，定价也会大不相同。所以谢谢你，岛地先生。

Chichibu 2011/2015
秩父 2011/2015

3303 号啤酒桶，59.7% 酒精度，限量 267 瓶，
威士忌世家选桶

当一些日本本土的精酿啤酒生产商找到肥土伊知郎，希望得到一些威士忌桶来桶陈自己的啤酒时，肥土没有选择将桶送给或卖给他们，而是决定将桶租出去。这样当这些啤酒商使用完毕时，他就可以收回这些啤酒桶，并用它们为自己的威士忌收尾。这对他来说是个聪明之举，因为由此得到的这些秩父威士忌大多令人着迷。

浓郁的曼努卡蜂蜜和果仁蜜饼的香气，以及各种点心（杏脯丹麦酥和杏仁糖霜塔）、元宵、葡萄柚果冻、裹糖葡萄粒、香橙皮、佛手柑茶和一丝法式鸭胸肉的香气。简单来说，一位爱好甜食者的美梦……

仍有大量的甜味，但也有一小点受欢迎的咸鲜维度：蒸菊苣、姜汁雪梨酱、苹果酒炖萝卜以及苹果配一点鼠尾草。口感是不可思议如奶油般，让人联想到安茹白乳酪蛋糕、白巧克力慕斯和燕麦。柑橘味（葡萄柚皮蜜饯、苦橙和酢橘）在几秒钟后就接管你的味蕾，并主导了剩下的时间，包括悠长的尾韵，最后则是一丝玫瑰水的余韵。

极端且不同寻常，但又无法抗拒，尤其

是如果你喜欢天然蜂蜜的话。与水搭配得不是很好，所以直接享用最好。

✦ 秩父 2011/2015（3292 号啤酒桶，57.6% 酒精度，限量 261 瓶，2015 年秩父威士忌节特别装瓶）

Karuizawa 1964/2012
轻井泽 1964/2012

酒龄 48 年，3603 号 400 升雪利桶，57.7% 酒精度，限量 143 瓶，一番公司为波兰的 "Wealth Solutions" 特别装瓶

这是我最喜欢的日本威士忌之一，但我将让它自己来做介绍。

 前奏是杏仁豆腐和黑樱桃味，但它很快让位于森林调、水果调和打蜡木地板调的三声部赋格。首先进入的是森林调，让人联想到春天雨后的森林，非常清新，并带有一丝松树、岩苔、檀木和桉树的气味。此后很快，水果调不知从哪里冒了出来：熟透的杏、夕张王甜瓜、日本梨以及一些不起眼的枣的香气。此外还有淡淡的血橙和红宝石葡萄柚的感觉。在水果调之后，某种让人联想到新近打过蜡的小教堂的东西开始出现，在这当中还掺有一些新打好的干草捆、石楠花蜜和一丝新鲜碾碎的粉红胡椒的香气。加水会把青苹果和未熟透的桃子的气味推到前排，还会引出青草在阳光下被晒干时的气味。

P 闻香让你产生了特定某些预期，但入口后的味道巧妙避开了这些预期，同时又揭示出一个全新的维度；这就是这款威士忌的复杂性。第一印象是西印度樱桃、黑莓、醋栗和橙子利口酒的味道。还有一种明显的柏饼的味道。这些酸味（酸得可人）很快就让位于一种同样可人且诱人的苦味：苦瓜、核桃皮、羽衣甘

蓝青苹果汁，以及一丝非常淡的甘草味。加水会带出一种明显的酢橘味。

F 中等长度且有着些许许猕猴桃果酱、越橘果酱、甜酸酱、苦瓜，以及在所有这些味道中间的一种精致得不可思议的甜味。

我有幸尝过所有的 20 世纪 60 年代早期的轻井泽单桶装瓶，包括一些在一番公司接手库存之前的。而对我来说，它是这当中的翘楚。它属于那种少有的威士忌，可以自己创造出一个世界，并让人长时间沉醉其中，就仿佛这是大自然的生动再现。

Karuizawa Noh 1980/2012
轻井泽 1980/2012，能系列

酒龄 32 年，7614 号雪利大桶，50.4% 酒精度，限量 102 瓶，
中国台湾地区限定发行

1980 年份的轻井泽装瓶在市面上并不是非常多（确切来说，不超过 12 只桶），可能正是因为这个原因，现今的轻井泽爱好者们倾向于将其黄金时代从 1981 年（而非 1980 年）算起，直到 1984 年。就我们可以选择的来自这几年的优秀单桶装瓶而言，我们无疑是被惯坏了。但对我来说，这款超级棒的能系列装瓶超越了我所尝过的其他任何来自黄金时代的轻井泽，而这是说明了点问题的。

N 犹如一位女明星的换衣间：可爱的香水、花朵、新鲜水果、大量坚果、覆盆子慕斯、醋腌草莓、薄荷巧克力、旧书本的气息，而且一切都精致而平衡。这是那种少见的威士忌，每种香气都乐于与其他香气为伍。

P 主调是甜味和酸味：柠檬蛋黄酱、葡萄柚果冻、裹着柠檬酱的青苹果、樱桃和巧克力、西印度樱桃汁、红莓和大黄酱。如果你喜欢这种甜和酸的阴阳交融，那么你也会喜欢这款威士忌。

F 在一种看起来无穷无尽的酢橘味（这是老轻井泽的一个标志性香调，在这里则是"全高清"模式）和柠檬皮蜜饯味余韵当中，还有着一个可爱的草本维度（薄荷、百里香和尤加利叶）。

这是一款真正的威士忌杰作：清新得不可思议、活泼且强烈，但又是如此美妙而平衡。

Karuizawa 45yo Water of Life 1967/2012
轻井泽 45 年 1967/2012，命之水

2725 号雪利大桶，59.6% 酒精度，限量 310 瓶，
中国台湾地区限定发行

为老轻井泽写品酒笔记其实也是个给自己设限的练习。你需要知道自己何时止住笔，因为你可以一直写下去——但那就没人想看了。这款酒碰巧颜色绝对浓重：深桃花心木色，又有着一点糖苹果的红色。这款轻井泽刺激了你的所有感官。在质感上，它也令人难忘：如此厚实，你几乎可以用小刀将它切开。

N 陈年的意大利香醋、无花果、老的皮革装订图书和小教堂的香气，还有梅子酱、李子酱、煮熟的莓果和迷人的芝士香气；如果你真的给它时间，你甚至还可能找到某种类似于外包培根、内塞帕尔马森奶酪的枣那般的香气——不可思议的享受。

P 非常厚实且集中：李子果汁、榛果、肉馅饼、蘸过巧克力的橙皮、松树脂、甘草以及老轻井泽标志性的酢橘味。

F 尾韵？好吧，这里没有结束收尾。它只是连绵不断，满口余味数小时都不消散，而在这里，这种感觉正是你想要的。

你可以就着这杯酒享用上数小时，并感觉自己是世界上最幸运的人——这不是夸张的说法。如果你有机会尝到它，然后又不同意我的说法，还请一定告诉我。

Karuizawa 1995/2013
轻井泽 1995/2013，妖怪系列 2 号

酒龄 18 年，5022 号日本红葡萄酒桶，61.9% 酒精度，限量 22 瓶

1995 年，轻井泽蒸馏所的首席蒸馏师内堀修省搜罗了 20 只红葡萄酒桶，并为它们装入了轻井泽的新酒。它们中的大多数在 2007—2011 年间装瓶，并在蒸馏厂商店销售。我向来对这批红葡萄酒桶青睐有加，所以当我能够将它们中最后，也是最老的一桶装瓶时，兴奋之情自不必说。事实证明，这也是最后一桶 1995 年份的轻井泽。

N 覆盆子、黑莓、血橙果酱、杏干、枯树叶和古董家具，然后过了一会儿，青柠皮蜜饯、蓝莓巧克力、红味增、老的皮革装订图书和雪茄盒，以及荔枝利口酒和一点曼努卡蜂蜜、薄荷、尤加利叶和茴香的香气——所有这些微妙的香气惊喜纯粹迷人。

P 大量的莓果味道，非常厚实且集中，就像果酱那样，在这当中还有蜂胶喉糖、甘草软糖、香料蛋糕和南非国宝茶的味道。接着则是新鲜柑橘味的大爆发：酢橘味最显著，还有一点柠檬和葡萄柚味，以及不起眼的某种草莓酱味。在所有这些之后，香料味（丁香、八角、肉豆蔻）以及接着一丝微妙的苦味（羽衣甘蓝苹果汁、菊苣）过渡到尾韵。

F 草莓马卡龙和土耳其软糖味让你回想起闻香和入口时的感觉。这种甜味如此精致但强烈，让你在它退去时不由得感到伤心。

很不幸，这只最后的红葡萄酒桶到这次装瓶时只够装 22 瓶，所以要找到一瓶并不容易。不过，市面上还有一些它的姐妹桶。如果你看到一只 1995 年蒸馏且桶号以 50 开头的轻井泽，那你就找到了！

Karuizawa 1984/2015 Artifices
轻井泽 1984/2015，Artifices 系列 12 号

8838 号雪利桶，61.6% 酒精度，限量 151 瓶，
威士忌世家选桶

这是一款来自轻井泽蒸馏所"黄金时代"（1981—1984）的非凡威士忌。我一直很好奇究竟是什么让这家蒸馏厂在 20 世纪 80 年代初的这 4 年时间里得以产出一些如此优质的威士忌。这家蒸馏厂现在已经消失不见，为数不多的曾在那个时期在那里工作的人也记不太起来，所以很有可能我们将永远无从得知。

Ⓝ 惊艳的感觉；首先是一种美妙的蓝莓覆盆子果酱的香气，底下则是千百种不同的香气享受：华夫饼、浓郁的摩卡咖啡、咖啡味奶糖、稻草灰、雪茄盒、炖牛腱；它还让人联想到某种介于老朗姆与老雅文邑之间的东西。加水后，它会变得更潮湿，更有泥土味和秋天的感觉，不由我想起轻井泽那些空的垫板式仓库的气息。

Ⓟ 首先是扁实柠檬和菊苣的味道（一个不同寻常的组合），接着是榛果利口酒、甘草和黑糖味。稍加点水后，它的味道要更清楚：煮李子、红醋栗、烤牛蒡、咖啡豆、肉汁酱、茄子酸辣酱，等等。最后从薄荷和辣椒味过渡到尾韵。

Ⓕ 悠长且强烈的吉列尔莫咖啡、洋槐树胶、川野夏橙皮蜜饯的味道，以及薄

荷奶油的余味；在很长一段时间后，它甚至发展出某种老瓶效应。

这是威士忌界的亨利·罗林斯：充满激情，毫不妥协，始终激动人心。这是怎样一番享受啊。它是那种可以让你时刻投入和全神贯注的威士忌。当你品尝它时，你已无暇他顾。

◆ 轻井泽 1983/2015，"尼泊尔地震募捐特别款"（3557 号雪利桶，59.1% 酒精度，限量 50 瓶，威士忌交易所装瓶）

Kawasaki 1980/2014
川崎 1980/2014，妖怪系列 4 号

酒龄 33 年，单一谷物威士忌，6165 号雪利大桶，59.6% 酒精度，限量 60 瓶

这是目前已知唯一的 1980 年份的川崎威士忌装瓶。当初是我发现了它（或者说，它发现了我），并将它纳入我的妖怪系列，但我把它放入这里，并不是因为这个原因。酒液本身才是原因。

 第一印象是中东的香料店、老朗姆酒、抛光木器和大量甜味小吃的香气：苏格兰奶油方块糖、椰子黄油酱、加泰罗尼亚焦糖布丁和金楚糕。但这款威士忌也有咸鲜的一面：苹果香醋烤猪排、冲绳角煮以及一些鹅肝配杏肉酱。再深入挖掘，你将找到大量其他的微弱香气：熟透的夕张王蜜瓜、烤香草奶油冻配肉豆蔻、菲律宾烤粽、荷兰香料蛋糕以及一点点迷迭香、尤加利叶、薄荷和黑樱桃香气。

🅿 强烈的柑橘味冲击让你猝不及防：葡萄柚、香橙皮、金橘和塞维利亚橙味火力全开！随着柑橘味退去，其他水果调浮现出来：成熟芒果和香醋烤核果（桃子、李子和樱桃）的味道。你确实尝到了一点刚才嗅香时所期待的甜味（椰子烤饼和香草奶油冻），但没有想象中的那么多。你无疑能够找到更多的咸鲜味以及大量的香料味（丁香、肉桂和肉豆蔻）。最后从微妙的苦味（葡萄柚皮）过渡到尾韵。

🅕 悠长的柑橘味余音，连同红糖吐司、荔枝、无花果冰沙与些许姜和薄荷巧克力的味道。

复杂、美味得不可思议，可以与 20 世纪 80 年代初最好的轻井泽相媲美。

✦ 伊知郎之选川崎 1976/2009（酒龄 33 年，重填雪利大桶，65.6% 酒精度，限量 95+432 瓶）

Hanyu Queen of Clubs 1988/2008
羽生 1988/2008，扑克牌系列梅花 Q

初次熟成：猪头桶；二次熟成：7003 号新美国橡木猪头桶；
56% 酒精度，限量 330 瓶

这是款实在美妙的威士忌，而且在产品概念上也很有趣。将新酒装入新橡木桶熟成，然后转至重填橡木桶里二次熟成已经成为常规做法：使用新橡木桶在初始阶段充实酒体，并加速熟成过程，然后换桶，将这个过程减缓，这样一来从长远看，橡木桶的影响不至于盖过酒液本身。但这里却反其道而行之：在重填橡木桶里缓慢熟成 17 年后，再转至新美国橡木桶里进行两年半的活化。

不可思议厚的重蓝莓酱、蔓越莓酱烤鹿肉、鹅肝配杏肉酱、香菜碎、血肠配黑樱桃酱以及杏仁挞的香气；过了一会儿，你感受到果仁蜜饼、可乐块和百里香的香气。加水会带出更多风味，但它也有丹麦酥皮饼和布列塔尼布丁蛋糕的香气。

非常强烈，首先是白胡椒味以及一点点葡萄柚皮味；在那之后，你仿佛在潮湿的森林里享用一顿丰盛的野餐：野味肉、莓果、坚果、水果干、咖喱面包、干草木、大量香料、一点加泰罗尼亚焦糖布丁以及一些阿拉伯树胶的味道。加水则会带出柑橘味（塞维利亚橙和红宝石葡萄柚）。

悠长且强烈的柑橘皮、大黄酱和棉花糖味，回甘中还带有异域木质、熏香和精油味。

扑克牌系列并没有一定之规，但肥土伊知郎也说过，他习惯将高品质的桶留给"大牌"（A、J、Q 和 K）。我已经尝过整个系列，而我要说：我相信他所说的。

Hanyu 1985/2009
羽生 1985/2009

1732 号桶，57.1% 酒精度，限量 61 瓶，威士忌世家选桶

这是款来自当初日本威士忌还是小众爱好时代的装瓶。如今，很多人都会对此趋之若鹜。

 诱人而神秘。最初印象是哈密瓜、芒果酸辣酱、栗子涩皮煮、法式棉花糖和孜然，然后是些许姜蜜饯、松脂、各种草本（包括日本薄荷）、混合香料、木屑和柠檬蜂蜜茶的香气。在玻璃杯中醒酒半小时，你会闻到邮票背胶、白板记号笔和扁杏仁糕的气息——一个看起来风马牛不相及的组合，却相互之间异常平衡。

P 咸且异常辣：七味唐辛子和红辣椒味转变成为香橙胡椒味；接着，在一些新磨生姜的帮助下，柑橘味（金橘）变得越来越占据主导。再然后，出现了些微苦味（苦瓜、萝卜芽）和一点马铃薯皮味。加水带出了更多草本味和一点玫瑰水味。闻着时外柔，尝着时则内刚。

F 无穷无尽：香料味和椒味里带点柑橘味（就像吮吸了一片柠檬），最初则有点苦味（葡萄籽）以及一丝竹笋和牛至的味道。随着这些刺激味道淡去，它变得略干，更具矿物感。

在喝羽生单桶时，一般最好在手边放点水，以便尝试并找到合适的加水量。但对于这款威士忌，要特别小心。尽管它味道强烈，但它也相当脆弱，可能多加了几滴水，它就会失去其大部分的迷人魅力。

Hanyu King of Clubs 1988/2010
羽生 1988/2010，扑克牌系列梅花 K

初次熟成：猪头桶；二次熟成：9108 号干邑桶；58% 酒精度，限量 417 瓶

它同样来自著名的扑克牌系列。我尝过了整个系列，要从中挑出最好的一款是个吃力不讨好的任务。但这款酒是我个人最喜欢的之一。它花了四分之三的时间在一只重填猪头桶里，又花了另外四分之一的时间在一只干邑桶里，所以这里不是快速"化妆"一下的收尾，而是实打实的二次熟成。效果也看起来非常之好。

强烈而诱人的罗望子果酱、五香柿子酸辣酱、萝卜泥、法式橙汁炖鸭胸、香醋蜜桃、川野夏橙皮蜜饯、焦糖洋葱和各种柑橘的香气；仿佛就像是女明星的换衣间（香水的香气）旁开了家中东香料店。过了一会儿，你感受到可丽饼、黑樱桃和一点曼奴卡蜂蜜的香气；无疑是想象力的盛宴。

P 非常咸（就像在沙滩上待了一整天后，舔一下自己嘴唇），也非常鲜美——蒸粗麦粉、沙拉三明治、火鸡胸肉配少许中式辣油、一些芹菜籽粉，以及大量浓缩果汁味：血橙迷迭香果酱、白兰地浸泡过的葡萄干、枣子等。加水带出更多水果味。

F 悠长且带有香料味（辣椒、胡芦巴、姜黄）以及些许蘸巧克力的葡萄干、越

南咖啡、浓郁的牛肉汤、小豆蔻和木瓜的味道。让尾韵真正吸引人的是当中的臭橙味。加水会让香料味柔和一点。

羽生是为美食爱好者准备的威士忌，充满了来自世界各地的不同风味。有时候，这样不免在整合感和平衡感上有所失，但在那些最好的桶中，这些各不相同的元素得以融合得浑然天成。这款就属于这样的桶。

Hanyu The Game III 2000/2012
羽生 2000/2012，游戏系列 3 号

酒龄 12 年，360 号红橡木桶底猪头桶收尾，57.5% 酒精度，
限量 309 瓶，信浓屋选桶

红橡木在威士忌行业中并不常见。不像所在皆是的白橡木，红橡木的导管中没有侵填体，所以很容易漏液，不适合用作密闭的酒桶。热切想要了解红橡木对威士忌熟成过程影响的肥土伊知郎找到了一个变通方法，即为常规的猪头桶配上红橡木制成的桶底。从到目前为止推出的这几只桶来判断，这样的冒险是很值得的。

阳刚、复杂且极其香：一整排香料（肉豆蔻、肉桂、小茴香等）、米莫雷特奶酪、抹上波本蔓越莓烧烤酱的小肋排、淋上蜂蜜的苹果戈贡佐拉奶酪比萨、印度奶茶、消化饼干、布列塔尼布丁蛋糕、凝块奶油、椰片以及独特的炖白桃和猕猴桃果酱的香气，背景里则是美妙的木香（日本寺庙、新的漆器、古董家具）以及一丝烟熏气息。

🅟 口感非常柔滑，果味 / 香料味以及甜味 / 咸鲜味相互交融。这里有一整屋的风味有待发现：红色水果、酸辣酱、果酱（最显著的是血橙）、异国糖果、巧克力、各种茶、糖浆（枫糖和黑蜜）、烘焙食品（香草烤饼和胡萝卜蛋糕等）等。

🅕 极其悠长，椒味以及少许橙皮蜜饯、枣、葡萄干和咖喱菠萝味慢慢让位于牛奶糖和迷迭香巧克力脆饼味。

在这款游戏系列产品推出后不久，信浓屋与北海道的十胜野乳酪工坊合作推出了一款用这款威士忌擦洗制成的洗式乳酪。如果你好奇它是什么风味的，你可以取一块卡芒贝尔奶酪，然后开始用威士忌擦洗。如果你需要一款替代的威士忌，以下任何一款都很合适。

✦ 羽生 1991/2010，红桃 J（378 号红橡木桶底猪头桶收尾，56.1% 酒精度）

✦ 羽生 1991/2010（377 号红橡木桶底猪头桶收尾，56.0% 酒精度，一番公司为比利时的 "The Nectar" 装瓶）

✦ 羽生 2000/2015（358 号红橡木桶底猪头桶收尾，56.5% 酒精度，秩父蒸馏所为伊势丹装瓶）

本地产秩父大麦

参考文献

Abe, Atsuko, 1999, *Japan and the European Union: Domestic Politics and Transnational Relations*, London & New Brunswick, NJ: The Athlone Press, 86–117.

Asai, Shogo, 2003, "The Introduction of European Liquor Production to Japan," in Tadao Umesao, et al. (eds.), *Senri Ethnological Studies*, 64: 49–61.

Buxrud, Ulf, 2008, *Japanese Whisky: Facts, Figures & Taste*, Malmoe: DataAnalys Scandinavia AB.

Checkland, Olive, 1998, *Japanese Whisky, Scotch Blend*, Edinburgh: Scottish Cultural Press.

Fukuyo, Shinji & Yoshio Myojo, "Japanese Whisky," in Inge Russell & Graham Stewart (eds.), 2014, *Whisky: Technology, Production and Marketing, 2nd edition*, Amsterdam: Elsevier Ltd., 17–26.

National Tax Agency, 2016, [National Tax Agency Reports], www.nta.go.jp/kohyo/tokei/kokuzeicho/tokei.htm.

Nonjatta, https://nonjatta.blogspot.com/.

Suntory Holdings Ltd., 2014, *Tales of the Founders—The Origins of Suntory II*, Tokyo: Suntory Public Relations Department.

Suntory Liquors Ltd., 2014, *The Founder of Japanese Whisky—Shinjiro Torii*, Tokyo: Suntory Spirits Division, Whisky Department.

Van Eycken, Stefan, 2013, "Future Dream Drams," in *Whisky Magazine*, 116: 20–25.

Van Eycken, Stefan, 2016, "The Japanese Boom," in *Whisky Magazine*, 135: 48–50.

World Trade Organization, 1987, "Japan—Customs Duties, Taxes and Labelling Practices on Imported Wines and Alcoholic Beverages" [Report of the Panel adopted on 10 November 1987], www.wto.org.

80 年史编纂委员会编，2015，《ニッカウヰスキー 80 年史：1934–2014》，东京：日果威士忌株式会社。

关根彰，2004，《ある洋酒造りのひとこま》，大阪：たる出版。

浅野肇编，2014，《ニッカウヰスキー製品リスト：Nikka Whisky 80th anniversary ver. 2014 年 11 月 2 日》，柏市：柏ニッカ人。

三得利株式会社编，1999，《日々に新たに：サントリー百年誌》，大阪：三得利株式会社。

三乐株式会社社史编纂室编著，1986，《三楽 50 年史》，东京：三乐株式会社。

杉森久英，1986，《美酒一代：鸟井信治郎伝》，东京：新潮社。

穗积忠彦，1983，《痛快！地ウイスキー宣言》，东京：白夜书房。

名词解释

百万分率（parts per million, ppm）

即百万分之几。在威士忌的语境中，这通常指的是麦芽中的酚类化合物含量。轻泥煤一般低于 15ppm，中度泥煤约为 20ppm，重泥煤超过 30ppm，超重泥煤则超过 50ppm。

垫板式仓库（dunnage warehouse）

在苏格兰用来指代那种传统威士忌仓库，通常高度低矮，有着厚砖墙或石墙、泥土或煤渣地面以及石板屋顶。橡木桶在里面堆叠至三四层高。其运营成本要较货架式或托盘式仓库高得多，不仅因为其空间有限，还因为将酒桶搬入搬出垫板式仓库需要耗费更多人工。

发酵槽（washback；fermenter）

用于发酵的容器。

发行量（outturn）

某款产品发行时的瓶数。

回流（relux）

在蒸馏过程中，在抵达冷凝器之前凝结并落回蒸馏器的那些酒精蒸气和较重的芳香化合物。蒸馏器的形状、其颈部的高度和宽度、林恩臂的角度等都会影响回流的程度。回流越多，得到的酒液就越轻盈。

回旋链（rummager）

一种由许多铜制连环构成的回转链条，被置于直火加热的初馏器底部，用来搅动其底部的物质，以避免烧焦（从而避免在酒液里引入一些不受欢迎的味道）。

酒精度（alcohol by volume，abv）

代表一定体积的一款酒精饮料里含有多少酒精（乙醇）。其计算方式为，在20℃下，每100毫升的酒精饮料里含有多少毫升的纯乙醇，以百分比方式表示。

科菲蒸馏器（Coffey still）

一种由爱尔兰人埃尼亚斯·科菲发明并在1830年注册专利的连续蒸馏器。它包含两座相连的塔。在第一座塔（称为"醪塔"）里，热的醪液由上而下，蒸气由下而上，以便将酒精从醪液中提取出来。混合蒸气上升到醪塔的顶部，并被导至第二座塔（称为"精馏塔"）的底部。在那里，混合蒸气一边为管子里冷的醪液预热，一边在塔内的多层塔板上一次次进行蒸馏分离。沸点较低的酒精蒸气继续上升，沸点较高的其他组分则冷凝下降，并在重新加热后回流到醪塔。这个过程连续进行，直到酒精提纯达到预定的强度。起初，科菲蒸馏器在英国主要被精馏师和金酒生产商所采用。19世纪40年代中期，苏格兰的蒸馏师开始使用科菲蒸馏器来生产谷物威士忌。1963年，竹鹤政孝将第一个科菲蒸馏器引入日本。

冷凝过滤（chill-filtering）

在威士忌装瓶前将之冷却和过滤，以移除那些日后在低温条件下存储或饮用时会引起混浊或沉淀的化合物（这出现在装瓶的酒精度低于 46% 时）。相信这个工艺会对威士忌的风味和口感产生负面影响（因而决定将自己的部分或全部产品都不再冷凝过滤处理）的威士忌生产商数量正在增加，但大厂商仍然认为需要借此得到好的卖相。

冷凝器（condenser）

一个与蒸馏器相连，使得酒精蒸气冷凝成液体的冷却装置。传统所用的是虫桶冷凝器（一根口径越来越小的盘曲如虫的铜管浸在一个有冷水持续流动的桶里）。现在大多数蒸馏厂使用的则是现代的壳管式冷凝器（众多铜制细管浸在一个有冷水持续流动的长条铜壳容器里）。后者被认为导热更有效率，且提供了酒液与铜内壁的更多接触（从而生成一种"更清新"的酒液），但一些蒸馏厂现在仍在使用老式的虫桶冷凝器，因为"轻盈而清新"并不是他们所追求的风格。

林恩臂（lyne arm/pipe）

连接蒸馏器顶部与冷凝器的管子。其朝向、角度和粗细会影响产出酒液的风格：更多回流和铜接触会产出较轻盈的酒液，反之则会得到较厚重的酒液。

麦汁（wort）

糖化过程结束后，从糖化槽中过滤得到的液体。其中包含的从麦芽中提取的糖分将在接下来的发酵过程中被转化成酒精。

麦酒汁（wash；distiller's beer）

严格来说，一旦麦汁冷却，并被加入酵母开始发酵，它就变成了麦酒汁，但大多数业界人士还是将发酵过程结束时得到的液体视为麦酒汁。

梅酒（umeshu）

一种将青梅和糖浸泡在酒中制成的日本传统利口酒。它在酒铺出售，但也常常在自家酿制。其酒精度在 10%—15% 之间，通常加冰或加苏打水饮用，又或者与烧酒和苏打水混合制成"沙瓦"（sour）。

清酒（sake；nihonshu）

一种使用稻米、清酒曲和水酿造，并通过压滤或过滤的日本发酵酒。瓶装清酒的平均酒精度是 15%—16%。日本法律规定其酒精度必须低于 22%。

烧酒（shochu）

一种日本蒸馏酒，原料多种多样。一些较正统的烧酒类型包括大米烧酒、大麦烧酒、红薯烧酒、荞麦烧酒和黑糖烧酒。按制作方式区分，则有两种类型：甲类烧酒，使用连续蒸馏器得到酒精度非常高的酒液，再在销售前降至 35% 酒精度；乙类烧酒（又称为本格烧酒），单次蒸馏（通常使用不锈钢蒸馏器）至不超过 46% 酒精度。

收尾（finishing）

也称为过桶、二次熟成（secondary maturation）。将酒液从一种桶转移到另一种桶中继续熟成，以增加威士忌风味的复杂性，时间可以从几月到几年不等。通常使用强化葡萄酒桶，比如雪利桶、波特桶或马德拉桶，但现代威士忌行业也开始使用普通葡萄酒桶、啤酒桶、朗姆酒桶，甚至全新橡木桶。

塔式 / 连续蒸馏器（column/continuous still）

一种用于生产淡色烈酒或食用酒精的装置。其连续蒸馏方式比壶式蒸馏器的批次蒸馏方式更快，因而也更经济。大多数谷物威士忌都是由柱式 / 连续蒸馏器蒸馏得到的。

糖化 / 醪液（mash）

作为动词，它指代用热水从磨碎的麦芽中提取糖分的糖化过程；作为名词，它指代磨碎的麦芽与热水的固液混合物，即醪液。

糖化槽（mash tun）

供糖化过程使用的大型容器。

天使的分享（angels' share）

这个富有诗意的行业术语指代在熟成过程中每年从酒桶内蒸发掉的那部分威士忌，以其占桶内总体积的百分比表示。一般来说，气候越温暖，天使的分享就越高。在苏格兰，天使的分享平均约为 2%。在印度果阿的雅沐特蒸馏厂，天使的分享高达 12%—15%。

调味桶（seasoned cask）

专为威士忌行业打造的雪利桶。由于西班牙法规限制以整桶形式出口雪利酒，一些威士忌蒸馏厂便与西班牙的酒庄或制桶厂合作，订制新桶，再以雪利酒润桶。用来润桶的雪利酒相对年轻，此后也并不会装瓶。

窑塔（kiln）

一个用于烘烤麦芽的区域。大部分窑塔都有着一个独特的宝塔形烟囱。这已经成为苏格兰威士忌蒸馏厂的一个标志性符号，哪怕现在已经鲜少有蒸馏厂在自家厂区内烘烤麦芽，这样的宝塔形烟囱仍常常被当作建筑元素保留或沿用下来。

装桶强度（filling strength；entry proof）

酒液被装入橡木桶时的酒精强度。在苏格兰，装桶强度通常是63.5% 酒精度。

橡木桶类型

	公制容积 （升）	美制容积 （加仑）	
波特桶 Port Pipe	550—600	145—158	这种被用于波特酒行业的橡木桶尺寸巨大，难以搬运、存储和获得；在威士忌界，它们主要被用于二次熟成
大桶 Butt	500	132	大桶往往与雪利桶是同义词，但比如在日果，他们就制作了从未装填过雪利酒的大桶（比方说新橡木大桶）
邦穹桶 Puncheon	500	132	跟大桶的容积一样，但要更矮胖；尺寸可以相差很大
Bota Corta 桶	480	126	较大桶略矮胖；三得利就使用这种类型的西班牙橡木雪利桶；轻井泽蒸馏所常用的缩短版大桶也可被归入这种类型
干邑桶 Cognac Cask	350	92	有各种尺寸，这里所列的是最常见的尺寸
猪头桶 Hogshead	250	65	使用美国标准桶的木条重做而成；拆解五只标准桶，可以重做成四只猪头桶（还需要另配新的桶底）
波尔多桶 Barrique	225	59	葡萄酒行业最常使用的葡萄酒桶类型
美国标准桶 Barrel	195	53	波本威士忌行业最常使用的桶型，也是日本及其他地区的威士忌行业最常使用的波本桶类型
秩父小桶 Chibidaru	130	34	秩父蒸馏所制作和使用的四分之一桶；基本上是一种缩短版的猪头桶

备注：所有橡木桶的尺寸都是近似值。它们都是手工制成的，因而实际尺寸在不同的制桶厂之间存在差异。

译 后 记

作为一名威士忌爱好者，我有幸品尝过数以千计的威士忌，也写过不少品酒笔记。但要论当初冥冥中，是哪款酒引我走上了这条品鉴之路，那就是十年前的一杯山崎 18 年。

在彼时，日本威士忌并不像现在这样被大众所熟知。尽管如此，对于不了解威士忌的新晋饮客，酒架上那几个醒目的汉字仍可以吸引足够的目光。就是在这样的情景下，照射在日本威士忌瓶身上的聚光灯逐渐变亮，直到成为威士忌爱好者们心中的白月光。

2016 年初，中文世界的威士忌资料少之又少，我和一帮同样充满热忱的年轻酒友创立了 "WhiskyENJOY 享威"，希望它能陪伴像我一样仍在探索中的威士忌爱好者，畅游威士忌的海洋。那时的我们如饥似渴地搜索着所有能找到的威士忌资料，本书作者斯蒂芬·凡·艾肯更新的博客 "Nonjatta" 便成为我们了解日本威士忌的重要窗口。

这种神交最终化为了翻译本书 2017 年初版的契机。大部分国内爱好者所接触到的日威种类并不多，而借着探访日本的酒吧，参与日本的威士忌展会与活动，结交著名的威士忌收藏家、评论家与装瓶商，我有幸站到了日本威士忌宝库的门口，跟随斯蒂芬·凡·艾肯的"足迹"，一探那光环背后的究竟。

日本威士忌经历过漫长的低谷，最近则重新迎来了高峰。借着2020 年东京奥运会的机遇，日本涌现出了一大批新兴蒸馏厂，它们的背景不尽相同，在各自擅长的赛道上奋勇直奔。随着作者修订本书，写作第 2 版，我们决定将尚未出版的初版译本同步进行更新，以期与新版同步出版，并赶上日威百年纪念。在两年多的时间里，我与作者沟通了数百条信息，对新版扩充内容的翻译几易其稿，甚至推翻重译。

在每年的 WHISKY+ 展会上，我们都会倡导"把有限的肝脏留给更好的酒精"。不论你是刚接触日威的新手爱好者，还是喝遍大小关停酒厂的日威老饕，我都希望这本书可以帮助你梳理日本威士忌的前世今生，成为你的旅行及佐酒良伴。

最后，感谢在本书翻译过程中给予我大力支持的将进酒 Dionysus 团队、相关品牌方、众多日威界前辈、享威编辑部的伙伴们，以及最重要的，我的家人们！

支彧涵

中国酒业协会威士忌专业委员会副秘书长

WhiskyENJOY 享威与 WHISKY+ 创始人

图片版权

图书策划＿将进酒 Dionysus

出 版 人＿王艺超

出版统筹＿唐 奂

产品策划＿景 雁

策划编辑＿郭 薇

责任编辑＿赵彬彤

特约编辑＿刘 会

营销编辑＿李嘉琪 高 寒

责任印制＿陈瑾瑜

装帧设计＿尚燕平

美术编辑＿陆宣其

商务经理＿蒋谷雨 绿川翔

品牌经理＿高明璇

🐦 @Jiu-Dionysus

⬣ 将进酒 Dionysus

联系电话＿010-87923806

投稿邮箱＿Jiu-Dionysus@huan404.com

感谢您选择一本将进酒 Dionysus 的书

欢迎关注"将进酒 Dionysus"微信公众号